情報系のための数学＝3

例解と演習 離散数学

守屋 悦朗 著

サイエンス社

サイエンス社のホームページのご案内
http://www.saiensu.co.jp
ご意見・ご要望は　rikei@saiensu.co.jp　まで．

序

　離散数学は情報系の分野を学ぶ大学生にとって基礎的な素養として必須のものであるが，扱うべき項目が多種多様で，項目によってはそれだけで 1 冊以上の成書が出版されているものもあり，入門書にはどの項目をどこまで含めるかが思案のしどころである．そのため，シリーズ「情報系のための数学」の第 1 分冊『離散数学入門』では，基本的事項を広く浅く取り上げ，説明も懇切丁寧に行い，例題と演習問題を多く入れることにした．初学者にとっての最良の勉強法は，繰り返し問題を解いてみることであると思ったからである．しかし，問題の解答は略解にとどめた．

　本書では，その『離散数学入門』の演習書として，同書の節末・項末に置いたすべての問題に加え，さらに多くの追加問題について，丁寧な解答・解説をつけることにした．また，ページ数の都合で『離散数学入門』では取り上げなかった事項についても取り上げるとともに，最終章として複数の章にまたがるような総合的問題も置いた．総合問題は，それが扱っているすべての章を読み終わってから一定の時間 (1 つの総合問題あたり 2 時間程度) 内で解いてみることをお薦めしたい．

　本書は，演習書とはいえ，問題とその解答を列挙するというだけではなく，各節・各項ごとに事項の簡潔なまとめと例題を配したので，本書だけでも離散数学への入門的学習ができるようになっている．

　『離散数学入門』が出版されてから 6 年にもなるが，著者の多忙と怠惰のゆえにその姉妹編たる本書の出版は延び延びとなっていた．この間，サイエンス社の編集部長 田島伸彦氏，および足立豊氏の叱咤激励により，漸くこのたび出版に漕ぎつけることができたことを感謝申し上げたい．また，『離散数学入門』の中の誤りや不適切な記述等を指摘して下さった多くの方々や，本書の初稿の一部を読んで多くのご指摘を下さった群馬大学の天野一幸准教授をはじめとする方々にも衷心よりお礼申し上げたい．

　本書が初学者が基礎的なことをきちんと身につけるための一助になれば浅学の著者としては望外の喜びである．

2011 年 10 月 13 日

守　屋　悦　朗

目　　　次

第1章　基本的な数学概念　　　1

- 1.1 集　　合 ………………………………………………………… 1
  - **1.1.1** 集合を表すための記法 …………………………………… 1
  - **1.1.2** 集合の間の関係，集合に関する演算 …………………… 5
- 1.2 関　　数 ………………………………………………………… 8
  - **1.2.1** 関　数　と　は ……………………………………………… 8
  - **1.2.2** 単射，全射，全単射，合成関数 ………………………… 9
  - **1.2.3** 逆　関　数 …………………………………………………… 11
- 1.3 無限集合と濃度 ………………………………………………… 14
  - **1.3.1** 有限集合と無限集合 ………………………………………… 14
  - **1.3.2** 濃　　度 ……………………………………………………… 15
- 1.4 行　　列 ………………………………………………………… 18
  - **1.4.1** 行　列　と　は ……………………………………………… 18
  - **1.4.2** 連立1次方程式と行列 ……………………………………… 21
- 1.5 命題と述語 ……………………………………………………… 26
  - **1.5.1** 命　　題 ……………………………………………………… 26
  - **1.5.2** 述　　語 ……………………………………………………… 28
- 1.6 言語＝文字列の集合 …………………………………………… 32
  - **1.6.1** 言語とは何だろう …………………………………………… 32
  - **1.6.2** 符号化・・・なんでもかんでも文字列で表す ……………… 33

第2章　数学的帰納法と再帰的定義　　35

- 2.1 数学的帰納法 ……………………………………… 35
  - 2.1.1 自然数と数学的帰納法 …………………… 35
  - 2.1.2 いろいろな数学的帰納法 ………………… 36
  - 2.1.3 自然数に関するいろいろな性質はどうやってわかる？ …… 38
- 2.2 再帰的定義 ………………………………………… 40
- 2.3 バッカス記法 ……………………………………… 41

第3章　関　　係　　47

- 3.1 2 項 関 係 ………………………………………… 47
- 3.2 同 値 関 係 ………………………………………… 51
- 3.3 順　　序 …………………………………………… 55
- 3.4 有向グラフ ………………………………………… 59
  - 3.4.1 2項関係の図示 ……………………………… 59
  - 3.4.2 半順序集合とハッセ図 …………………… 61
- 3.5 2項関係補遺 ……………………………………… 65
  - 3.5.1 関係の閉包 ………………………………… 65
  - 3.5.2 チャーチ–ロッサー関係 …………………… 66
- 3.6 関係データベース ………………………………… 68
  - 3.6.1 データベースとは ………………………… 68
  - 3.6.2 関 係 代 数 ………………………………… 68

第4章　グ ラ フ　　72

- 4.1 グラフについての基本的概念 …………………… 72
- 4.2 連　結　性 ………………………………………… 76
  - 4.2.1 道 と 閉 路 ………………………………… 76
- 4.3 いろいろなグラフ ………………………………… 82
  - 4.3.1 グラフ上の演算 …………………………… 82
  - 4.3.2 オイラーグラフ …………………………… 83

- 4.3.3 ハミルトングラフ ・・・・・・・・・・・・・・・・・・・・・・・・・・・・・・・・ 83
- 4.3.4 2部グラフ ・・・・・・・・・・・・・・・・・・・・・・・・・・・・・・・・・・・・・・ 86
- 4.3.5 区間グラフ・弦グラフ ・・・・・・・・・・・・・・・・・・・・・・・・・・・・ 86
- 4.3.6 木 ・・ 88
- 4.3.7 平面グラフ ・・・・・・・・・・・・・・・・・・・・・・・・・・・・・・・・・・・・・ 92
- 4.4 ラベル付きグラフ ・・・・・・・・・・・・・・・・・・・・・・・・・・・・・・・・・・・・・・ 95
  - 4.4.1 頂点や辺にデータを置いたグラフ ・・・・・・・・・・・・・・・・ 95
  - 4.4.2 構文図 ・・ 96
  - 4.4.3 有限オートマトン ・・・・・・・・・・・・・・・・・・・・・・・・・・・・・・ 97
  - 4.4.4 グラフの採色 ・・・・・・・・・・・・・・・・・・・・・・・・・・・・・・・・・・ 101
- 4.5 グラフアルゴリズム ・・・・・・・・・・・・・・・・・・・・・・・・・・・・・・・・・・・・ 104
  - 4.5.1 グラフ上の巡回 ・・・・・・・・・・・・・・・・・・・・・・・・・・・・・・・・ 104
  - 4.5.2 2分木の巡回 ・・・・・・・・・・・・・・・・・・・・・・・・・・・・・・・・・・ 107
  - 4.5.3 貪欲法と最大/最小全域木 ・・・・・・・・・・・・・・・・・・・・・・・ 109
  - 4.5.4 最短経路 ・・・・・・・・・・・・・・・・・・・・・・・・・・・・・・・・・・・・・・ 110
  - 4.5.5 優先順位キュー ・・・・・・・・・・・・・・・・・・・・・・・・・・・・・・・・ 112
  - 4.5.6 2部グラフとマッチング ・・・・・・・・・・・・・・・・・・・・・・・・ 113

第5章　論理とその応用　　　115

- 5.1 命題論理 ・・・ 115
  - 5.1.1 論理式 ・・ 115
  - 5.1.2 標準形 ・・ 120
- 5.2 述語論理 ・・・ 123
- 5.3 論理回路 ・・・ 128
  - 5.3.1 命題論理を別の観点から見ると ・・・・・・・・・・・・・・・・・・ 128
  - 5.3.2 論理回路設計への応用 ・・・・・・・・・・・・・・・・・・・・・・・・・・ 132
  - 5.3.3 ブール関数の簡単化 ・・・・・・・・・・・・・・・・・・・・・・・・・・・・ 132

第6章　アルゴリズムの解析　137

- 6.1 関数の漸近的性質 ……………………………… 137
- 6.2 分割統治法 ……………………………………… 141
- 6.3 再帰方程式の解法 ……………………………… 144
  - 6.3.1 展開法 …………………………………… 144
  - 6.3.2 漸近解の公式 …………………………… 145
  - 6.3.3 母関数と線形差分方程式 ……………… 146
- 6.4 数え挙げ ………………………………………… 149
  - 6.4.1 和と積の法則 …………………………… 149
  - 6.4.2 鳩の巣原理 ……………………………… 151
  - 6.4.3 順列 ……………………………………… 152
  - 6.4.4 組合せ …………………………………… 153
- 6.5 確率 ……………………………………………… 156
  - 6.5.1 確率とは何か …………………………… 156
  - 6.5.2 期待値 …………………………………… 159

第7章　総合問題　164

問題解答　179

索引　269

第1章 基本的な数学概念

この章では,本ライブラリ『情報系のための数学』で必須の基本的な数学概念(特に,数学的な記法)について演習問題を通して学ぶ.

1.1 集合

1.1.1 集合を表すための記法

相異なるものの集まりを**集合**といい,その個々の「もの」をその集合の**元**あるいは**要素**という.元を1つも含まない集合を**空集合**といい,記号 $\emptyset$ で表す.

$\emptyset$	空集合
$x \in X$, $X \ni x$	x は集合 X の元
$x \notin X$, $X \not\ni x$	x は集合 X の元でない
$\{x \mid P(x)\}$	$P(x)$ を満たす元 x からなる集合
$\{x_1, x_2, \ldots, x_n\}$	元 $x_1, x_2, \ldots, x_n$ を列挙した集合
$\boldsymbol{N}, \boldsymbol{Z}, \boldsymbol{Q}, \boldsymbol{R}$	自然数 (本書では 0 を含む),整数,有理数,実数の集合
(a, b)	実数の開区間 $\{x \in \boldsymbol{R} \mid a < x < b\}$
$[a, b]$	閉区間 $\{x \in \boldsymbol{R} \mid a \leqq x \leqq b\}$
$(a, b]$	半開区間 $\{x \in \boldsymbol{R} \mid a < x \leqq b\}$
$(-\infty, b)$	$\{x \in \boldsymbol{R} \mid x < b\}$
$[a, \infty)$	$\{x \in \boldsymbol{R} \mid a \leqq x\}$

例題1.1 次の集合を求めよ.

(1) $\{x \mid x \in \boldsymbol{N},\ x^2 < 10\}$ (2) $\{x \in \boldsymbol{R} \mid x^2 < 0\}$
(3) $\{n \in \boldsymbol{N} \mid n = n^2\}$ (4) $\{n \in \boldsymbol{Z} \mid n^3 + 1 = 0\}$
(5) $\{2n+1 \mid n\text{ は }10\text{ 以下の素数}\}$ (6) $\{n \in \boldsymbol{N} \mid 10 \leqq n^2 \leqq 100\}$

解 (1) $\{0, 1, 2, 3\}$ (2) $\emptyset$ (3) $\{0, 1\}$
(4) $\{-1\}$ (5) $\{5, 7, 11, 15\}$ (6) $\{4, 5, 6, 7, 8, 9, 10\}$

● **条件を表すための記法** 例えば，2 つの集合 X と Y が等しいことは
$$\forall x\,[\,(x \in X \Longrightarrow x \in Y) \land (x \in Y \Longrightarrow x \in X)\,]$$
と表すことができる．記号 $\Longrightarrow$，$\land$ はそれぞれ「ならば」，「かつ」を表し，$\forall x$ は「すべての x について」を表す．

$\forall x P(x)$	すべての x に対して $P(x)$ が成り立つ．$\forall$ は**全称記号**．
$\exists x P(x)$	$P(x)$ を成り立たせる x が存在する．$\exists$ は**存在記号**．
	$\forall x \in X$ (X に属する任意の x について) とか，$\exists x \geq 0$ (非負の数 x が存在して) のように用いることや，$P(x)$ の部分を [ ] でくくって明示してもよい．
	$\forall x [\exists y [P(x,y)]]$ などは $\forall x \exists y [P(x,y)]$ や $\forall x \exists y\, P(x,y)$ のように略記してもよい．
$\nexists x P(x)$	$P(x)$ が成り立つような x は存在しない．
	否定を表す $\neg$ を使った $\neg \exists x P(x)$ と同値．
$P \Longrightarrow Q$	P が成り立つなら Q も成り立つ．
	P は Q の**十分条件**．Q は P の**必要条件**．
$P \Longleftrightarrow Q$	$(P \Longrightarrow Q) \land (Q \Longrightarrow P)$ の意．P が成り立つための必要十分条件は Q が成り立つことである．
	P と Q は同値とか，P と Q は等価ともいう．
$\neg P$	P は成り立たない．P の否定．
$P \land Q$	P も Q も成り立つ．
$P \lor Q$	P または Q が成り立つ．「または」は P と Q の少なくともどちらか一方が成り立つという意味である．
	記号の適用順 (式の評価順) についてのルール：
	1. 式 $x+y=y+x$, $x \in \boldsymbol{R}$, $x \geq 0$ などを最も先に評価する．
	2. 次いで $\neg, \land, \lor$ をこの順に適用する．
	3. 最後に $\Longrightarrow, \Longleftrightarrow$ をこの順に適用する．
	に基づいて，適用順を指定するための ( ) を可能な限り省略してもよい．

例題1.2 次の式はどういうことを表しているか？ただし，$a \mid b$ は a が b を割り切ることを表す．

(1) $2 \mid x \land 3 \mid x \Longrightarrow 6 \mid x$ 　　(2) x が素数 $\Longrightarrow \nexists y \in \boldsymbol{Z}\,[x = 4y]$

(3) $\forall x \in \boldsymbol{R}\ \exists y \in \boldsymbol{R}\,[x + y = 0]$

(4) $\forall x \in \mathbf{R} \, \forall y \in \mathbf{R} \, [x > 0 \land y > 0 \iff x + y > 0 \land xy > 0]$

解 (1) x が 2 と 3 で割り切れるなら 6 でも割り切れる．
(2) 素数は 4 の倍数ではない．
(3) どんな実数 x に対しても，$x + y = 0$ となる実数 y が存在する．
(4) 2 つの実数がともに正であるための必要十分条件は，それらの和も積も正であることである． □

例題1.3 次の事柄を $\forall, \exists, \Longrightarrow, :=$ などを使って式で表せ．
(1) x が自然数なら $x \geqq 0$ である．
(2) x が整数かつ $x^3 > 0$ であることと，x が 0 でない自然数であることとは同値である．
(3) 積が 0 である 2 つの実数のどちらかは 0 である．

解 (1) $\forall x [x \in \mathbf{N} \Longrightarrow x \geqq 0]$. あるいは $\forall x \in \mathbf{N} [x \geqq 0]$
(2) $x \in \mathbf{Z} \land x^3 > 0 \iff x \in \mathbf{N} \land x \neq 0$
(3) $\forall x \in \mathbf{R} \, \forall y \in \mathbf{R} \, [xy = 0 \Longrightarrow (x = 0 \lor y = 0)]$ □

● **定義を表す記法** ある事柄を定義することは，それと同値な言い換えを示すことであるから，$\iff$ と類似の記号 $\overset{\text{def}}{\iff}$ を用いる．とくに，集合や要素を定義する際は，$=$ の代わりに $:=$ を用いることもある．

$P \overset{\text{def}}{\iff} Q$	P であることを記述 Q によって定義する．
$X := \mathcal{Y}$	集合や要素 X を $\mathcal{Y}$ として定義する．

例題1.4 次のもの/ことを定義せよ．
(1) 偶数の集合 E． (2) z は x と y の最大公約数 $\gcd(x, y)$ である．

解 (1) $E := \{n \in \mathbf{N} \mid 2 \mid n\}$
(2) $z = \gcd(x, y) \overset{\text{def}}{\iff} z \mid x \land z \mid y \land \nexists w [w \mid x \land w \mid y \land z < w]$ □

例題1.5 $P \Longrightarrow Q$ のとき，P を Q の十分条件といい，Q を P の必要条件というのはなぜか？

解 Q が成り立つためには P が成り立てば十分である．一方，$P \Longrightarrow Q$ は $\neg Q \Longrightarrow \neg P$ と同値である (対偶) から，Q が成り立たないと P も成り立たない．つまり，P が成り立つためには Q が成り立つことが必要である． □

1.1.1項 問題

問題 1.1 次の集合の元をすべて示せ．$\gcd(m,n)$ は m と n の最大公約数を表す．
(1) $\{x \in \mathbf{Q} \mid 0 < x < 1 \land 10x \in \mathbf{N}\}$
(2) $\{\gcd(x, x+1) \mid x \in \mathbf{N}\}$
(3) $\{x \in \mathbf{Z} \mid x \in (-1, 0) \lor x \in [0, 1)\}$
(4) $\{x \in \mathbf{R} \mid \forall y \in \mathbf{R} \, [x \geqq y]\}$
(5) $\{x \in \{0, 2, 4, 6, 8\} \mid \exists y \in \mathbf{N} \, [x = 4y]\}$
(6) $\{x \mid x \in \{\emptyset\}\}$
(7) $\{x \in \{\emptyset, \{0\}, \{1\}, \{0, 1\}\} \mid 0 \notin x\}$
(8) $\{x \mid x \in \{x \in \mathbf{Z} \mid x < 0\}, x^2 < 5\}$
(9) $\{x \in \mathbf{R} \mid \forall y \exists z \, [x > y \Longrightarrow x > z]\}$
(10) $\{x \in \mathbf{R} \mid \exists y \forall z \, [x > y \Longrightarrow x > z]\}$

問題 1.2 次の式の意味をいえ．
(1) $\forall x \in \mathbf{R} \, \forall y \in \mathbf{R} \, [x < y \Longrightarrow \exists z \, [x < z < y]]$
(2) $x \in \mathbf{N} \land (x \geqq 2) \land \forall y \in \mathbf{N} \, \forall z \in \mathbf{N} \, [x = yz \Longrightarrow (y = 1 \lor z = 1)]$
(3) $a_0 \in A \subset \mathbf{R} \land \forall a \, [a \in A \Longrightarrow a \leqq a_0]$
(4) $\forall M \, [M \subseteqq \mathbf{N} \land M \neq \emptyset \Longrightarrow \exists m_0 \in M \, \forall m \in M \, [m_0 \leqq m]]$

問題 1.3 次の事柄を $\forall, \exists, \Longrightarrow, :=$ などを使って式で表せ．
(1) 誰からも愛される人がいる．ただし，$\text{love}(x, y) := $「$x$ は y を愛している」と定義する (ヒント：「誰にも愛する人がいる」は $\forall x \exists y \, [\text{love}(x, y)]$ と表すことができる)．
(2) いくらでも大きい自然数が存在する．
(3) z は x と y の最小公倍数である．
(4) x が正の実数なら，$x = y^2$ を満たす負の実数 y が存在する．
(5) 集合 A にも B にも属す元の集まりを $A \cap B$ で表す．

問題 1.4 $x, y \in \mathbf{R}$ とする．次のそれぞれは $x^2 + y^2 < 1$ であるための必要条件か，十分条件か，必要十分条件か，それらのいずれでもないか？
(1) $x < 1$ かつ $y < 1$ (2) $y < \sqrt{1 - x^2}$ かつ $y > -\sqrt{1 - x^2}$
(3) $|xy| < \dfrac{1}{2}$ (4) $|x| < \dfrac{1}{\sqrt{2}}$ かつ $|y| < \dfrac{1}{\sqrt{2}}$

問題 1.5 x, y を実数とする．(1)〜(7) の間の関係 (必要/十分/同値) を示せ．
(1) $x = y = 0$ (2) $xy = 0$ (3) $x = 0 \lor y = 0$ (4) $x = 0$
(5) $x^2 + y^2 = 0$ (6) $x + y = 0$ (7) $x \geqq 0 \land y \geqq 0 \land x + y = 0$

1.1.2 集合の間の関係,集合に関する演算

集合 X のすべての元が集合 Y の元でもあるとき,X は Y の**部分集合**であるといい,$X \subseteq Y$ とか $Y \supseteq X$ と表す.$X \subseteq Y$ かつ $X \neq Y$ であるとき,X は Y の**真部分集合**であるといい,$X \subsetneq Y$ とか $Y \supsetneq X$ と表す.

2つの集合 X, Y から第3の集合を定義する集合演算には,$X \cup Y$ (**和集合**),$X \cap Y$ (**共通部分**),$X - Y$ (**差集合**),$A \oplus B$ (**対称差**) などがある.

集合 X の部分集合すべてからなる集合族を X の**冪集合**といい,2^X,$\mathfrak{P}(X)$,$\mathcal{P}(X)$ などで表す.

有限個の元しか含まない集合を**有限集合**といい,そうでないものを**無限集合**という.有限集合の元の個数を $|A|$ で表す.

> **定理 1.1** A が有限集合ならば,$|2^A| = 2^{|A|}$ である.

n 個の要素 $x_1, x_2, \ldots, x_n$ にこの順で順序を定めた一組を n-**タップル**といい,$(x_1, x_2, \ldots, x_n)$ で表す.この場合,タップルの同等性を次のように定義する:
$$(x_1, \ldots, x_n) = (y_1, \ldots, y_n) \overset{\text{def}}{\iff} x_1 = y_1 \wedge \cdots \wedge x_n = y_n$$
集合 $A_1, A_2, \ldots, A_n$ からそれぞれ1つずつ元を取ってきて作った n-タップルすべてからなる集合を $A_1, A_2, \ldots, A_n$ の**直積**(デカルト積 Descartes) という:
$$A_1 \times A_2 \times \cdots \times A_n := \{(a_1, a_2, \ldots, a_n) \mid a_i \in A_i \ (i = 1, 2, \ldots, n)\}.$$
特に,$A_1 = \cdots = A_n = A$ のとき A^n と書く.

$X \subseteq Y,\ Y \supseteq X$	X は Y の部分集合
$X \subsetneq Y,\ Y \supsetneq X,\ X \subset Y$	X は Y の真部分集合
$X \nsubseteq Y$	X と Y は比較不能
$X \cup Y,\ X \cap Y,\ X - Y$	和集合,共通部分,差集合
$X \oplus Y,\ X \nabla Y$	対称差
$X^c,\ \overline{X}$	X の補集合
$\bigcup_{i \in I} X_i,\ \bigcap_{i \geq 1} Y_i$	複数の集合の和,共通部分
$2^X,\ \mathfrak{P}(X),\ \mathcal{P}(X)$	X の冪集合
$|X|$	有限集合 X の元の個数
$(x, y),\ (x_1, \ldots, x_n)$	順序対,n-タップル
$X \times Y,\ X_1 \times \cdots \times X_n,\ X^n$	直積

例題1.6 集合 A, B, C, D に対し，次のことは成り立つか？
（1） $A \cup B = A \cup C \implies B = C$ （2） $A - B = A - C \implies B = C$
（3） $\overline{A} \subseteq \overline{B} \implies A \subseteq B$ （4） $A \oplus \emptyset = A, \; A \oplus A = \emptyset$
（5） $(A - B) \times (C - D) = (A \times C) - (B \times D)$

解 （1） 成り立たない．例えば，$B \subseteq A, C \subseteq A, B \neq C$ のとき．
（2） 成り立たない．例えば，$A \cap B = \emptyset, A \cap C = \emptyset, B \neq C$ のとき．
（3） 成り立たない．$\overline{A} \subseteq \overline{B} \iff B \subseteq A$ が成り立つ．
（4） 成り立つ．$\oplus$ の定義より，$A \oplus \emptyset = (A - \emptyset) \cup (\emptyset - A) = A \cup \emptyset = A$.
$A \oplus A = (A - A) \cup (A - A) = \emptyset$.
（5） 成り立たない．例えば，$A = \{a, b\}, B = \{b\}, C = \{c, d\}, D = \{d\}$ のとき，左辺 $= \{(a, c)\}$，右辺 $= \{(a, c), (a, d), (b, c)\}$. □

例題1.7 集合 A, B, C, D について次が成り立つことを示せ．
（1） $A \times B \subseteq C \times D \iff A \subseteq C \wedge B \subseteq D$
とくに，$A \times B = C \times D \iff A = C \wedge B = D$
（2） $(A \cap B) \times (C \cap D) = (A \times C) \cap (B \times D)$

解 （1） まず，$A \times B \subseteq C \times D \implies A \subseteq C \wedge B \subseteq D$ を示す．任意の $a \in A$ と任意の $b \in B$ を考える．$(a, b) \in A \times B$ であるから $A \times B \subseteq C \times D$ より，$(a, b) \in C \times D$. よって，直積の定義より，$a \in C$ かつ $b \in D$. つまり，$A \subseteq C \wedge B \subseteq D$. 次に，$A \subseteq C \wedge B \subseteq D \implies A \times B \subseteq C \times D$ を示す．任意の $x \in A \times B$ を考える．直積の定義より，$x = (a, b)$ となる $a \in A$ と $b \in B$ が存在する．仮定 $A \subseteq C \wedge B \subseteq D$ より $a \in C, b \in D$ となるから，$(a, b) \in C \times D$
$\therefore A \times B \subseteq C \times D$.
（2） 包含関係① $(A \cap B) \times (C \cap D) \subseteq (A \times C) \cap (B \times D)$ と，逆の包含関係②を示す．
①の証明：$x \in (A \cap B) \times (C \cap D)$ とすると，$x = (u, v), u \in A \cap B, v \in C \cap D$ が存在する．$u \in A, v \in C$ より $(u, v) \in A \times C$. $u \in B, v \in D$ より $(u, v) \in B \times D$.
$\therefore x = (u, v) \in (A \times C) \cap (B \times D)$. ②の証明：$x \in (A \times C) \cap (B \times D)$ とすると，$x \in A \times C$ かつ $x \in B \times D$. $x \in A \times C$ より，$x = (u, v), u \in A, v \in C$ なる u, v が存在する．$x \in B \times D$ より，$x = (u', v'), u' \in B, v' \in D$ なる u', v' が存在する．順序対の定義より，$u = u', v = v'$. $\therefore u \in A \cap B, v \in C \cap D$.
$\therefore (u, v) \in (A \cap B) \times (C \cap D)$. □

1.1 集合

1.1.2項 問題

問題 1.6 $A := \{0,1,2,3,4,5,6,7,8\}$, $B := \{1,3,5,7\}$, $C := \{0,2,4,6,8\}$, $D := \{0,3,6,9\}$, $E := \{0,4,8\}$ とする．次の集合を求めよ．
(1) $A \cup B$ (2) $A \cap D$ (3) $(B \cup C) \cap \overline{D}$
(4) $\overline{A - B}$ （A の補集合として） (5) $A - (B \cup C)$
(6) $C \oplus D$ (7) $B \times (C - D)$ (8) $2^{C \cap D}$
(9) $\{X \mid |X| = 2, X \subseteq C, X \nsubseteq E\}$ (10) E^2

問題 1.7 次の集合の間の包含関係を示せ．
(1) $\{x \mid x \text{ は偶数で } x^2 \text{ は奇数}\}$ (2) $\{x \in \mathbf{Z} \mid \exists y \in \mathbf{N} \,[\, x = 2y\,]\}$
(3) $\{2x \mid x \in \mathbf{Z}\}$ (4) $\{x - y, y - x \mid x, y \in \mathbf{N}\}$
(5) $\{x \in \mathbf{Q} \mid 2x \in \mathbf{N} \lor -3x \in \mathbf{N}\}$ (6) $\mathbf{R} \cap \mathbf{Q}$
(7) $\{x \mid x \in \mathbf{R}, x^2 + x + 2 > 0\}$ (8) $\mathbf{R} - \{x \mid x \in \emptyset\}$

問題 1.8 集合 A, B, C, D に対し，次のことは成り立つか？
(1) $A \cap B = A \cap C \implies B = C$ (2) $A \oplus B = A \oplus C \implies B = C$
(3) $2^A \subseteq 2^B \implies A \subseteq B$ (4) $(A - B) \cap (A - C) = A - (B \cup C)$
(5) $(A \cup B) \times (C \cup D) = (A \times C) \cup (B \times D)$

問題 1.9 集合 A, B, C, D について次が成り立つことを示せ．
(1) $\overline{X \cup Y} = \overline{X} \cap \overline{Y}$, $\overline{X \cap Y} = \overline{X} \cup \overline{Y}$
(2) $\overline{X \cup Y \cup Z} = \overline{X} \cap \overline{Y} \cap \overline{Z}$, $\overline{X \cap Y \cap Z} = \overline{X} \cup \overline{Y} \cup \overline{Z}$
(3) $(A \cup B) \times C = (A \times C) \cup (B \times C)$, $(A \cap B) \times C = (A \times C) \cap (B \times C)$
(4) $(X - Y) - Z = X - (Y \cup Z) = (X - Z) - (Y - Z)$

問題 1.10 次のことを定義に従って証明せよ．
$$X \subseteq Y \iff X \cap Y = X \iff X \cup Y = Y \iff X - Y = \emptyset$$

問題 1.11 集合 A, B, C について，次のことが成り立つ場合にはその理由を説明し，成り立たない場合には**反例**(成り立たない具体例のこと) を挙げよ．
(1) $|A \cup B| = |A| + |B|$ (2) $|A - B| = |A| - |B|$
(3) $|A \oplus B| = |A - B| + |B - A|$ (4) $|A \times B| = |A| \times |B|$

問題 1.12 A が有限集合のとき，$|2^{2^A}|$ を求めよ．また，$2^{2^{\{2\}}}$ を求めよ．

問題 1.13 A が B の部分集合であるとき，$|2^{\overline{A}}|$ と $|2^{\overline{B}}|$ の大小を比較せよ．

1.2 関数

1.2.1 関数とは

集合 X のどの元にも集合 Y のある元が 1 つだけ対応しているとき，この対応のことを X から Y への**関数**あるいは**写像**といい，
$$f\colon X \to Y \quad \text{とか} \quad X \xrightarrow{f} Y$$
のように表す．X を f の**定義域** ($\mathrm{Dom}\,f$ で表す)，Y を f の**ターゲット**という．f によって X の元 x に Y の元 y が対応づけられているとき，
$$f\colon x \mapsto y \quad \text{とか} \quad f(x) = y$$
と書き，y を f による x の**像**という．また，$A \subseteq X$ のとき，$f(A) := \{f(a) \mid a \in A\}$ を f による A の像という．$f(A)$ を f の**値域**とか，f による A の像といい，$\mathrm{Range}\,f$ あるいは $\mathrm{Im}\,f$ で表す．

X のある元 x に対応する Y の元が存在しないことも許された関数を**部分関数**といい，それに対して本来の意味での関数を**全域関数**ということがある．

Y の部分集合 B に対して，$\underset{\text{エフ・インバース}}{f^{-1}}(B) := \{x \in X \mid f(x) \in B\}$ を f による B の**原像**あるいは**逆像**という．とくに，$f^{-1}(\{y\})$ を $f^{-1}(y)$ と略記する．

集合 X を固定しておいて，その部分集合 A に対する**特性関数**とは，次のように定義される関数 $\underset{\text{カイ}}{\chi_A}\colon X \to \{0,1\}$ のことをいう．
$$\chi_A(x) := \begin{cases} 1 & (x \in A \text{ のとき}) \\ 0 & (x \notin A \text{ のとき}). \end{cases}$$
逆に，χ_A が与えられれば，$A = \{x \mid \chi_A(x) = 1\}$ が定まる．

関数 $f\colon X \to Y$ において，ある $y_0 \in Y$ が存在して，すべての $x \in X$ に対して $f(x) = y_0$ であるとき，f を**定数関数**という．また，すべての $x \in X$ に対して $f(x) = x$ である f を**恒等関数**とか**恒等写像**といい，id_X とか 1_X で表す．X が明らかな場合，添字を省略して単に id とも書く．

直積 $X_1 \times \cdots \times X_n$ の元 $(x_1, \ldots, x_n)$ の特定の**成分** x_i を取り出す関数を**射影**といい，$\underset{\text{パイ}}{\pi_i}$ で表す．つまり，$\pi_i(x_1, \ldots, x_n) = x_i$ $(1 \leqq i \leqq n)$．

関数 $f\colon X \to Y$ の定義域 X を $A \subseteq X$ に制限した関数を f の A への**制限**といい，$f|_A$ で表す．逆に，f は $f|_A$ の**拡張**であるという．

1.2 関数

例題1.8 次の対応それぞれは関数か？ 部分関数か？
(1) 実数 x に x の実数平方根を対応させる対応 f_1.
(2) $\mathbf{R}_{\geq 0} := \{x \in \mathbf{R} \mid x \geq 0\}$ とするとき，対応 $f_2: x \mapsto \sqrt{x}$.
(3) 2つの自然数 m, n にそれらの最小公倍数を対応させる f_3.

解 (1) $x < 0$ に対して $\sqrt{x}$ は定義されないし，$x > 0$ には2つの実数 $\sqrt{x}$ と $-\sqrt{x}$ が対応するので，f_1 は $\mathbf{R}$ から $\mathbf{R}$ への関数ではない．
(2) f_2 は $\mathbf{R}$ から $\mathbf{R}_{\geq 0}$ への部分関数であるが，$x < 0$ に対して $f_2(x)$ が定義されないので (全域) 関数ではない．しかし，f_2 の定義域を $\mathbf{R}_{\geq 0}$ に制限したものは全域関数である．
(3) $\mathbf{N} \times \mathbf{N}$ から $\mathbf{N}$ への "2変数" 関数である． □

例題1.9 f を X から Y への部分関数とする．次の (1)〜(4) はいずれも f が関数 (全域関数) であるための必要十分条件であることを示せ．
(1) $\mathrm{Dom} f := \{x \in X \mid f(x) \in Y\} = X$ (2) $f^{-1}(Y) = X$
(3) $f^{-1}(f(X)) = X$ (4) $f^{-1}(\mathrm{Range} f) = X$

解 (1) 全域関数の定義そのもの．
(2) f^{-1} の定義によると $f^{-1}(Y) = \{x \in X \mid f(x) \in Y\}$ であるが，これは (1) で定義した $\mathrm{Dom} f$ に等しい．
(3) f が全域関数なら $f(X) = Y$ なので，(2) より $f^{-1}(f(X)) = X$ である．逆に，$f^{-1}(f(X)) = X$ なら $\forall y \in f(X)$ に対して $f^{-1}(y) \in X$ が存在するので，f は全域関数である．
(4) 定義より，$\mathrm{Range} f = \{y \in Y \mid \exists x \in X\, [f(x) = y]\}$ であるが，右辺は $f(X)$ に等しいので (3) より導かれる． □

1.2.2 単射，全射，全単射，合成関数

関数 $f: X \to Y$ が X の任意の元 x_1, x_2 に対して
$$f(x_1) = f(x_2) \implies x_1 = x_2 \text{ すなわち } x_1 \neq x_2 \implies f(x_1) \neq f(x_2)$$
を満たすとき，f を **単射** あるいは **1対1関数** という．また，任意の $y \in Y$ に対して $f(x) = y$ となる $x \in X$ が存在するとき，f を **全射** あるいは **上への関数** という．全射かつ単射である関数を **全単射** という．

関数 $f: X \to Y$ と $g: Y \to Z$ が与えられたとき，
$$g \circ f : x \mapsto g(f(x))$$
により定義された関数 $g \circ f: X \to Z$ を f と g の **合成関数** という．

> **定理 1.2** $f: X \to Y$, $g: Y \to Z$, $h: Z \to W$ とする.
> (1) $f \circ id_X = f = id_Y \circ f$ (2) $h \circ (g \circ f) = (h \circ g) \circ f$
> (3)(a) f, g がともに全射ならば $g \circ f$ も全射である.
> (b) f, g がともに単射ならば $g \circ f$ も単射である.
> (c) $g \circ f$ が全射ならば g は全射である.
> (d) $g \circ f$ が単射ならば f は単射である.

例題1.10 次の関数は単射か？ 全射か？ そのいずれでもないか？
(1) $\boldsymbol{R}$ から $\boldsymbol{R}$ への関数 $x \mapsto x+1$ (以下, $\boldsymbol{R} \to \boldsymbol{R}$, $x \mapsto x+1$ と書く)
(2) $\boldsymbol{N} \to \boldsymbol{N}$, $n \mapsto n+1$ (3) $\boldsymbol{Z} \to \boldsymbol{N}$, $n \mapsto n^2$

解 以下, 関数名を f として説明する.
(1) 全単射である.
(2) 単射 ($\because$ 任意の $x, y \in \boldsymbol{N}$ に対して, $f(x) = f(y) \Longrightarrow x+1 = y+1 \Longrightarrow x = y$) であるが全射ではない ($\because$ $0 \in \boldsymbol{N}$ は $f(\boldsymbol{N})$ に属さない).
(3) いずれでもない (任意の $x \in \boldsymbol{Z}$ に対し $f(-x) = x^2 = f(x)$ であるが $x \neq 0$ なら $-x \neq x$ なので単射ではない. また, 例えば, $f(x) = x^2 = 5 \in \boldsymbol{N}$ となる $x \in \boldsymbol{Z}$ は存在しないので, 全射でもない). ■

2変数以上の関数の場合, $f_i : X \to Y$ $(1 \leqq i \leqq n)$, $g : Y^n \to Z$ のとき, これらの関数の合成 $g(f_1, \ldots, f_n) : X^n \to Z$ を次のように定義する:

$$g(f_1, \ldots, f_n)(x) := g(f_1(x), \ldots, f_n(x)).$$

実数関数 $f : \boldsymbol{R} \to \boldsymbol{R}$ は, 任意の実数 x, y に対して, $x < y$ ならば $f(x) \leqq f(y)$ が成り立つとき**単調増加**であるといい, 任意の x, y に対して, $x < y$ ならば $f(x) < f(y)$ が成り立つとき**狭義単調増加**であるという. $\leqq, <$ をそれぞれ $\geqq, >$ に置き換えて, **単調減少, 狭義単調減少**が定義される. 例えば, $\boldsymbol{R}_{\geqq 0} \to \boldsymbol{R}_{\leqq 0}$, $x \mapsto \lfloor -x \rfloor$ (y を実数とするとき, $\lfloor y \rfloor$ は y 以下の最大の整数を表す) は単調減少 (狭義単調減少ではない), $\boldsymbol{R} \to \boldsymbol{R}$, $x \mapsto x+1$ は狭義単調増加である. ただし, $\boldsymbol{R}_{\leqq 0} := \{x \in \boldsymbol{R} \mid x \leqq 0\}$ である.

1.2.3 逆関数

関数 $f: X \to Y$ が単射であれば f^{-1} は Y から X への部分関数となり，さらに全射でもあれば Y から X への関数 (全域関数) となり，しかも全単射である．このような f^{-1} を f の**逆関数**という．$f: X \to Y$, $g: Y \to Z$ が全単射のとき，$(f \circ g)^{-1} = g^{-1} \circ f^{-1}$ が成り立つ．

例題1.11 次の各関数について，（ⅰ）(狭義) 単調増加か，(狭義) 単調減少か，そのいずれでもないか？（ⅱ）$f(X)$, （ⅲ）$f^{-1}(Y)$, （ⅳ）全単射の場合は $f^{-1}(x)$ $(x \in Y)$, について答えよ．
(1) $f: \boldsymbol{Z} \to \boldsymbol{N}$, $x \mapsto |x|$; $X = \boldsymbol{N}$, $Y = \{1\}$
(2) $f: \boldsymbol{R} \to \boldsymbol{R}$, $x \mapsto 2^x$; $X = (-\infty, 0]$, $Y = \{x \in \boldsymbol{R} \mid x \geqq 1\}$
(3) $f: \boldsymbol{R} \to \boldsymbol{R}$, $x \mapsto 3$; $X = \boldsymbol{N}$, $Y = \boldsymbol{Z}$

解 (1)（ⅰ）いずれでもない（$\{z \in \boldsymbol{Z} \mid z \leqq 0\}$ で狭義単調減少であり，$\{z \in \boldsymbol{Z} \mid z \geqq 0\}$ で狭義単調増加であるが，$\boldsymbol{Z}$ ではいずれでもない）
（ⅱ）$\boldsymbol{N}$　（ⅲ）$\{1, -1\}$　（ⅳ）全単射ではない（$x \in \boldsymbol{Z}$ も $-x \in \boldsymbol{Z}$ も同じ $|x|$ に写されるので単射ではない．ただし，全射である）
(2)（ⅰ）狭義単調増加　（ⅱ）$(0, 1]$　（ⅲ）$[0, \infty)$　（ⅳ）$\log_2 x$
(3)（ⅰ）単調増加かつ単調減少（ただし，狭義ではいずれでもない）　（ⅱ）$\{3\}$
（ⅲ）$\boldsymbol{R}$　（ⅳ）全射でも単射でもない　□

例題1.12 関数 $f: X \to Y$, $g: Y \to Z$ の合成関数 $g \circ f$ が単射で f が全射なら，f も g も単射であることを示せ (定理 1.2 (3) 参照)．

解 定理 1.2 (3)(d) より，f は単射である．g も単射であることを示すために，$g(x) = g(y)$ とする．f は全射だから $x = f(x')$, $y = f(y')$ となる $x', y' \in X$ が存在する．よって，$g(f(x')) = g(f(y'))$, すなわち $g \circ f(x') = g \circ f(y')$. $g \circ f$ は単射だから $x' = y'$. ∴ $x = f(x') = f(y') = y$. f が全射でないと g は必ずしも単射にならないことに注意しよう．　□

例題1.13 有限集合 A から A への関数 f について，単射であること，全射であること，全単射であることは同値であることを示せ．

解 $A = \{a_1, \ldots, a_n\}$ とする．$f(A) \subseteq A$ であるから，f が全射 $\iff f(A) = A \iff f(a_1), \ldots, f(a_n)$ がすべて異なる．よって，f が全射 $\iff f$ が単射であり，これらは f が全単射であることと同値である．　□

1.2節　問題

問題 1.14　関数 $f: \boldsymbol{N} \to \boldsymbol{N}$, $g: \boldsymbol{N} \to \boldsymbol{N}$ を $f(n) = n^2$, $g(n) = f(n) - 2n + 1$ で定義する．次のものを求めよ．
(1) $f(1)$, $g(10)$, $f(100)$, $g(1000)$　(2) $f^{-1}(81)$, $g^{-1}(81)$, $f^{-1}(18)$
(3) $f(\{1, 2, 3\})$, $g(\{4, 5\})$　(4) $f^{-1}(\{0, 1, 4\})$, $g^{-1}(\{0, 1, 2\})$

問題 1.15　実数 x に対し，x の床 $\lfloor x \rfloor$ および x の天井 $\lceil x \rceil$ とは，次のように定義される $\boldsymbol{R}$ から $\boldsymbol{Z}$ への関数である：
$$\lfloor x \rfloor := x \text{ 以下の最大の整数}, \quad \lceil x \rceil := x \text{ 以上の最小の整数}.$$
例えば，$\lfloor 3.2 \rfloor = 3$, $\lceil 3.2 \rceil = 4$ である．次のものを求めよ．
(1) $\lfloor -3.2 \rfloor$　(2) $\lceil -3.2 \rceil$　(3) $\lfloor -5 \rfloor$　(4) $\lceil 10 \rceil$
(5) $\lfloor \frac{n}{2} \rfloor + \lfloor \frac{n+1}{2} \rfloor$　(6) $\lceil \frac{n}{2} \rceil - \lfloor \frac{n}{2} \rfloor$　(ただし，(5), (6) で $n \in \boldsymbol{N}$)

問題 1.16　男の集合 X から女の集合 Y への対応 love, wife をそれぞれ $\text{love}(x) :=$ 「x が好きな女性」, $\text{wife}(x) :=$ 「x の妻」で定義する．love および wife は関数か？関数でないなら，関数となるための条件は何か？

問題 1.17　次の各関数はどのような種類の関数か？（例えば，定数関数など）ただし，$n \bmod m$ は，自然数 n を正整数 m で割った余りを値とする関数．
(1) $f: \boldsymbol{R} \to \boldsymbol{R}$, $x \mapsto \sin^2 x + \cos^2 x$
(2) $f: \boldsymbol{N} \to \{0, 1\}$, $x \mapsto x \bmod 2$
(3) $f: \boldsymbol{R}^3 \to \boldsymbol{R}$, $(x, y, z) \mapsto \pi_1(\pi_2(x, y, z), \pi_3(x, y, z))$
(4) $f: X \to X$, $x \mapsto id_X^{-1}(x)$
(5) $f: \boldsymbol{R} \to \boldsymbol{R}$, $x \mapsto \chi_{\boldsymbol{N}}(|\lfloor x \rfloor|)$

問題 1.18　特性関数について，次のことを示せ．
(1) $\chi_{A \cup B}(x) = \chi_A(x) + \chi_B(x) - \chi_A(x) \cdot \chi_B(x)$
(2) $\chi_{A \cap B}(x) = \chi_A(x) \cdot \chi_B(x)$
(3) $\chi_{\overline{A}}(x) = 1 - \chi_A(x)$
(4) $\chi_{A - B}(x) = \chi_A(x)(1 - \chi_B(x))$

問題 1.19　次の関数は単射か？　全射か？　そのいずれでもないか？
(1) $(-\frac{\pi}{2}, \frac{\pi}{2}) \to \boldsymbol{R}$, $x \mapsto \tan x$
(2) $\boldsymbol{R} \times \boldsymbol{R} \to \boldsymbol{R}$, $(x, y) \mapsto xy$
(3) 日本人すべての集合 $\to \{0, 1, 2, \ldots, 1000\}$, $x \mapsto x$ の年令

1.2 関数

問題 1.20 次の各関数について, (i) (狭義) 単調増加/減少か, そのいずれでもないか? (ii) $f(X)$, (iii) $f^{-1}(Y)$, (iv) 全単射の場合は $f^{-1}(y)$ $(y \in Y)$ を答えよ.
(1) $f : \mathbf{Z} \times (\mathbf{Z} - \{0\}) \to \mathbf{Q}$, $(x, y) \mapsto \frac{x}{y}$; $X = \mathbf{Z} \times \{1\}$, $Y = \{1\}$
(2) $f : (0, 1) \to \mathbf{R}$, $x \mapsto \frac{\frac{1}{2} - x}{x(1-x)}$; $X = (0, \frac{1}{2}]$, $Y = \mathbf{R}$
(3) R を $\mathbf{R}$ の有限部分集合とするとき, $f : 2^R \to \mathbf{N}$, $x \mapsto |x|$, $X = 2^R$, $Y = \{0\}$. ただし, $x, y \in 2^R$ に対して, $x \leqq y$ $(x < y) \iff x \subseteq y$ $(x \subsetneq y)$ と定義する.

問題 1.21 関数 f を順序対の集合 $\{(x, f(x)) \mid x \in \mathrm{Dom}\, f\}$ によって表すことがある. $A := \{1, 2, 3, 4, 5\}$, $f : A \to A$ で $f := \{(1, 1), (2, 3), (3, 4), (4, 1), (5, 2)\}$ であるとき, 次のそれぞれを求めよ.
(1) $\mathrm{Dom}\, f$ (2) $\mathrm{Range}\, f$ (3) $f(1), f(\{2\}), f(\{3, 4\})$
(4) $f^{-1}(5), f^{-1}(\{4\}), f^{-1}(\{3, 2, 1\})$ (5) $f^{-1}(f(A))$
(6) $(f \circ f)(5)$ (7) $(f^{-1} \circ f^{-1})(1)$ (8) $(f \circ f \circ f \circ f \circ f)(A)$

問題 1.22 $f : X \to Y$, $A \subseteq X$, $B \subseteq Y$ とする. 次のことを示せ.
(1) $f^{-1}(f(A)) \subseteq A$. f が単射なら $f^{-1}(f(A)) = A$.
(2) $f(f^{-1}(B)) \subseteq B$. f が全射なら $f(f^{-1}(B)) = B$.

問題 1.23 次のことを示せ.
(1) $f : Y \to Z$ が単射で $g, h : X \to Y$ のとき, $f \circ g = f \circ h$ ならば $g = h$.
(2) $f : X \to Y$ が全射で $g, h : Y \to Z$ のとき, $g \circ f = h \circ f$ ならば $g = h$.

問題 1.24 $f : X \to Y$, $g : Y \to Z$ が全単射ならそれらの合成関数 $g \circ f : X \to Z$ も全単射で, $(g \circ f)^{-1} = f^{-1} \circ g^{-1}$ であることを示せ.

問題 1.25 関数 $f : \mathbf{R} \to (1, \infty)$, $g : (1, \infty) \to \mathbf{R}$ を
$$f(x) := 3^{2x} + 1, \quad g(x) = \frac{1}{2} \log_3 (x - 1)$$
と定義する. f と g は互いに他の逆関数であることを示せ.

問題 1.26 関数 $f : X \to Y$ に対して, $g \circ f = id_X$ を満たす関数 $g : Y \to X$ があれば, g を f の**左逆関数**という. 同様に, $f \circ g = id_Y$ を満たす g を f の**右逆関数**という. 次のことを示せ.
(1) f が単射 $\iff f$ の左逆関数が存在する.
(2) f が全射 $\iff f$ の右逆関数が存在する.

問題 1.27 集合 A から集合 B への写像 (関数) 全体の集合を B^A で表す. A, B が有限集合なら $|B^A| = |B|^{|A|}$ であることを証明せよ.

1.3 無限集合と濃度

1.3.1 有限集合と無限集合

集合 X から集合 Y への全単射 $\varphi: X \to Y$ が存在するとき X と Y は**濃度が等しい**といい,$X \sim Y$ と書く.

ある自然数 n を選べば $X \sim \{1, 2, \ldots, n\}$ となる集合 X を**有限集合**といい,どんな自然数 n に対しても $X \sim \{1, 2, \ldots, n\}$ でないような集合 X を**無限集合**という(注:$n = 0$ のとき,$\{1, 2, \ldots, n\}$ は空集合を表す).特に,集合 X から X の真部分集合への全単射 f が存在するとき(すなわち,f が単射かつ $f(X) \subsetneq X$ のとき)X は**デデキント(Dedekind)無限**であるという.

例題1.14 次の集合は有限集合か,無限集合か? 有限集合の場合,濃度が等しい $\boldsymbol{N}$ の部分集合を示せ.無限集合の場合,$\boldsymbol{N}$ と濃度が等しいか?
(1) $2^\emptyset$ (2) $2^{\{1,2\}}$ (3) $\boldsymbol{N}$ の有限部分集合の全体 (4) $2^{\boldsymbol{N}}$

解 (1) $2^\emptyset = \{\emptyset\} \sim \{1\}$ である($2^\emptyset = \emptyset$ ではない)から,有限集合.$2^\emptyset$ から $\{1\}$ への全単射は $\emptyset \mapsto 1$.
(2) $2^{\{1,2\}} = \{\emptyset, \{1\}, \{2\}, \{1,2\}\} \sim \{1,2,3,4\}$ であるから有限集合.$\sim$ を与える全単射は,例えば $\emptyset \mapsto 1, \{1\} \mapsto 2, \{2\} \mapsto 3, \{1,2\} \mapsto 4$.
(3) この集合を F とする.F の元となる集合は,$k = 0, 1, 2, \ldots$ について,元の個数が k 以下でかつどの元の値も k 以下であるような $\boldsymbol{N}$ の部分集合を順次列挙すれば得られる.この列挙の n 番目に現れるものに $\boldsymbol{N}$ の元 $n-1$ を対応させれば全単射となるから,$F \sim \boldsymbol{N}$ である.
(4) (3) の F を含むので無限集合.実は,$2^{\boldsymbol{N}} \sim \boldsymbol{R}$ であり(問題 1.32 (2) 参照),$2^{\boldsymbol{N}} \sim \boldsymbol{N}$ ではない. ■

例題1.15 次のことを示せ.
(1) $f: A \to B \ (\neq \emptyset)$ が全射で,A が有限集合なら B も有限集合である.
(2) A, B が無限集合なら $2^A, A \cup B, A \times B, A^B$ それぞれも無限集合.

解 (1) $y \in B$ に対して $f^{-1}(y)$ は空でない有限集合であるからその中の 1 つの元を y_0 とする.$g: B \to A$ を $g(y) = y_0$ で定義すると $f \circ g = id_B$ であるから,定理 1.2 (3)(d) より g は単射である.証明すべきことの対偶「B が無限集合なら A も無限集合である」を証明すればよい.B を無限集合とすると,全単射 $h: B \to B$

で $h(B) \subsetneq B$ であるものが存在する. $g : B \to A$ は単射なので g と h の合成 $g \circ h : B \to A$ は定理 1.2 の (3)(b) により単射であり, g が単射かつ $h(B) \subsetneq B$ であるから $g \circ h(B) \subsetneq g(B) \subseteq A$ (すなわち, $g \circ h$ は A の真部分集合 $g \circ h(B)$ への全単射) である. よって, A は無限集合である.

(2) 例えば, $f : 2^A \to A$ を, $x \in A$ には $f(\{x\}) = x$, a_0 を A の任意の元として, その他の $X \in 2^A$ には $f(X) = a_0$ と定義すると, f は全射である. よって, (1) の対偶より, もし A が無限集合だとすると 2^A も無限集合でなければならない. 他も同様. □

1.3.2 濃度

集合 X, Y に対して $|\cdot|$ を $|X| = |Y| \overset{\text{def}}{\iff} X \sim Y$ と定義し, $|X|$ を X の**濃度**と呼ぶ (つまり, 集合 X の濃度を $|X|$ で表す). 集合 X の濃度が $\boldsymbol{N}$ または $\boldsymbol{N}$ の部分集合の濃度と等しいとき, X を**可算集合**とか可付番集合という. とくに, $X \sim \boldsymbol{N}$ (すなわち, $|X| = |\boldsymbol{N}|$) であるとき, X は**可算無限**であるという. 可算無限集合の濃度を $\aleph_0$ (アレフ・ゼロ) で表す. 有限集合 $\{1, 2, \ldots, n\}$ の濃度は n.

ある集合の元を $0, 1, 2, \ldots$ と番号を振って並べ挙げることを**枚挙**という. $X \sim \boldsymbol{N}$ ならば X のすべての元を枚挙できる.

> **定理 1.3** 実数の半開区間 $(0, 1]$ は (よって, $\boldsymbol{R}$ も) 可算集合ではない.

$\boldsymbol{R}$ の濃度を $\aleph$ (アレフ) とか c で表し, **連続の濃度**(あるいは連続体の濃度) という.

> **例題1.16** 次のことを示せ. 一般に, 任意の実数 $a < b, c < d, e < f, g < h$ に対して $(a, b) \sim (c, d) \sim (e, f] \sim [g, h]$ が成り立つ.
> (1) $(0, 1) \sim (1, 2)$ (2) $(0, 1) \sim [-10, 10]$
> (3) $(0, 1) \sim (0, \infty) \sim \boldsymbol{R}$

解 (1) $x \mapsto x + 1$ は $(0, 1)$ から $(1, 2)$ への全単射であるから.
(2) まず, $f : [0, 1] \to (0, 1)$ を次のように定義する.
$$f(x) = \begin{cases} \frac{1}{2} & (x = 0 \text{ のとき}) \\ \frac{1}{n+2} & (x = \frac{1}{n} \ (n \text{ は正整数}) \text{ のとき}) \\ x & (\text{その他の } x \in (0, 1)) \end{cases}$$

f は全単射である．よって，$[0,1] \sim (0,1)$．$x \mapsto 20(x - 0.5)$ により $[0,1] \sim [-10, 10]$．よって，$\sim$ の対称性・推移性により，$(0,1) \sim [-10, 10]$．
（3） $x \mapsto \frac{\pi}{2}x$ により $(0,1) \sim (0, \frac{\pi}{2})$．また，$x \mapsto \tan x$ により $(0, \frac{\pi}{2}) \sim (0, \infty)$．よって，$(0,1) \sim (0, \infty)$．同様に，$(0,1) \sim \boldsymbol{R}$ を示すことができる． □

例題1.17 次の集合の濃度を求めよ．
（1） $\boldsymbol{Z}, \boldsymbol{N}^2, \boldsymbol{Z}^2, \boldsymbol{R}^2, \boldsymbol{C}$ （2） 平面 $\boldsymbol{R}^2$ 上で頂点が非負整数の正方形の全体
（3） $\{0,1\}$ から $\boldsymbol{N}$ への関数全体（$\boldsymbol{N}^{\{0,1\}}$ と書く） （4） 平面 $\boldsymbol{R}^2$ 上の直線全体

解 （1） $\boldsymbol{Z}$ の元は $0, 1, -1, 2, -2, \ldots$ と枚挙でき，$\boldsymbol{N}^2$ の元は $(0,0), (1,0), (0,1), (2,0), (1,1), (0,2), \ldots$ と枚挙できるので，$|\boldsymbol{Z}| = |\boldsymbol{N}^2| = |\boldsymbol{N}| = \aleph_0$．$|\boldsymbol{Z}^2| = \aleph_0, |\boldsymbol{R}^2| = |\boldsymbol{C}| = \aleph$ については問題 1.28（2）を参照せよ．
（2） $\aleph_0$．これらの正方形は，左上の頂点の座標と一辺の長さとの組と同一視できるから，求める濃度は $|\boldsymbol{N}^3|$ である．$|\boldsymbol{Z}^2| = \aleph_0$ の証明と同様に，$|\boldsymbol{Z}^3| = \aleph_0$．
（3） $\aleph_0$．$\{0,1\}$ から $\boldsymbol{N}$ への関数 f は $(f(0), f(1)) \in \boldsymbol{N} \times \boldsymbol{N}$ と同一視できるので，$|\boldsymbol{N}^{\{0,1\}}| = |\boldsymbol{N}^2| = |\boldsymbol{N}|$．
（3） $\aleph$．直線とその方程式 $y = ax + b$ すなわち $(a, b) \in \boldsymbol{R}^2$ とを同一視する． □

濃度をあたかも数のように考え，それらの間に演算を定義する．

 和 $X \cap Y = \emptyset$ で，$m = |X|, n = |Y|$ ならば $m + n = |X \cup Y|$

 積 $m = |X|, n = |Y|$ ならば $m \cdot n = |X \times Y|$

 累乗 $m = |X|, n = |Y|$ ならば $m^n = |X^Y|$

（1） $\aleph_0 + 1 = \aleph_0, \quad \aleph_0 + \aleph_0 = \aleph_0. \quad \aleph_0^2 = \aleph_0$
（2） $\aleph_0 + \aleph = \aleph + \aleph = \aleph, \quad \aleph_0 \cdot \aleph = \aleph \cdot \aleph = \aleph$．
（3） $2^{\aleph_0} = \aleph_0^{\aleph_0} = \aleph^{\aleph_0} = \aleph, \quad 2^{\aleph} = \aleph_0^{\aleph} = \aleph^{\aleph}$．
（4） $\aleph_0 < 2^{\aleph_0} = \aleph < 2^{\aleph} < 2^{2^{\aleph}} < \cdots$．

例題1.18 $\aleph_0 + 1 = \aleph_0, \aleph_0 + \aleph_0 = \aleph_0, \aleph_0^2 = \aleph_0$ を示せ．

解 $\boldsymbol{Z}_{>0} := \{x \in \boldsymbol{Z} \mid x > 0\}, \boldsymbol{Z}_{<0} := \{x \in \boldsymbol{Z} \mid x < 0\}$ とする．全単射 $x \mapsto x + 1$ によって $\boldsymbol{N} \sim \boldsymbol{Z}_{>0}$．$\boldsymbol{N} = \boldsymbol{Z}_{>0} \cup \{0\}$ だから，$\aleph_0 + 1 = \aleph_0$．一方，全単射 $\boldsymbol{Z}_{>0} \to \boldsymbol{Z}_{<0}, x \mapsto -x$ により $\boldsymbol{Z}_{>0} \sim \boldsymbol{Z}_{<0}$ であるが，$\boldsymbol{Z} \sim \boldsymbol{N} \sim \boldsymbol{Z}_{<0}, \boldsymbol{Z} = \boldsymbol{N} \cup \boldsymbol{Z}_{<0}, \boldsymbol{N} \cap \boldsymbol{Z}_{<0} = \emptyset$ であることより $\aleph_0 + \aleph_0 = \aleph_0$ が示され，$\boldsymbol{N}^2 \sim \boldsymbol{N}$ より $\aleph_0^2 = \aleph_0$ が示される． □

1.3 無限集合と濃度

1.3節　問題

問題 1.28　次の集合は有限集合か，無限集合か？　直観的に理由を説明せよ．証明はしなくてもよいが，濃度も示せ．
(1)　$\bigcap_{X \in 2^N} X$ 　　　　　　　　(2)　$\mathbf{Z}^n, \mathbf{R}^n, \mathbf{C}^n$ $(n = 1, 2, \dots)$
(3)　$\{X \subseteq \mathbf{N} \mid X \text{ は無限集合}\}$　(4)　$\{0, 1\}$ から $\mathbf{N}$ への写像の全体

問題 1.29　濃度に関して次のことを示せ．
(1)　$(0, 1) \sim [0, \infty)$　　(2)　奇数の全体 $\sim$ 偶数の全体 $\sim \mathbf{N}$
(3)　任意の $a, b \in \mathbf{R}$ $(a < b)$ に対して，$(-\infty, a) \sim (b, \infty) \sim (a, b)$

問題 1.30　デデキント無限の定義に従って次のことを証明せよ．
(1)　$A' \subseteq A$ で，A' が無限集合なら A も無限集合である．
(2)　$A' \subseteq A$ で，A が有限集合なら A' も有限集合である．
(3)　$\mathbf{Z}, \mathbf{Q}, \mathbf{R}$ はそれぞれ無限集合である．

問題 1.31　A が無限集合で B が有限集合なら $A - B$ は無限集合であることを示せ．B も無限集合の場合にはどうか？

問題 1.32　(1)　次の論法はどこがいけないか？
「$\mathbf{N}$ の部分集合は，$\emptyset$，$\{0\}$ の部分集合すべて，$\{0, 1\}$ の部分集合すべて，$\{0, 1, 2\}$ の部分集合すべて，… とすればすべて枚挙できるので $2^{\mathbf{N}} \sim \mathbf{N}$ である．」
(2)　$2^{\mathbf{N}} \sim \mathbf{R}$ であることを示せ．

問題 1.33　次の各々は可算無限集合であることを示せ．
(1)　$A := \{\sqrt{x} \mid x \in \mathbf{N}\}$　　(2)　素数の全体
(3)　有理係数の 2 次方程式すべて $\{ax^2 + bx + c = 0 \mid a, b, c \in \mathbf{Q},\ a \neq 0\}$
(4)　1 次不定方程式 $5x - 4y + 3z = 21$ の整数解 (x, y, z) の全体

問題 1.34　$X \sim X'$, $Y \sim Y'$ とする．次のことを示せ．
(1)　$X \cap Y = \emptyset$, $X' \cap Y' = \emptyset \implies X \cup Y \sim X' \cup Y'$
(2)　$X \times Y \sim X' \times Y'$　　　(3)　$X^Y \sim X'^{Y'}$

問題 1.35　集合 A, B の濃度 $|A|, |B|$ に関して次のことを示せ．ただし，$|A| \leqq |B| \overset{\text{def}}{\iff} A$ から B への単射が存在する，と定義する．
(1)　$A \subseteq B$ なら $|A| \leqq |B|$．　(2)　A が有限集合で $A \subsetneq B$ なら $|A| < |B|$．
(3)　$A \subsetneq B$ かつ $|A| = |B|$ であるような A, B が存在する．

問題 1.36　任意の集合 X に対し，$|X| < |2^X|$ であることを証明せよ．

1.4 行　列

1.4.1 行　列　と　は

mn 個の実数 a_{ij} $(1 \leqq i \leqq m, 1 \leqq j \leqq n)$ を次のように矩形状に配置した A のことを (実数を成分とする) **行列**といい，a_{ij} を A の (i,j) **成分**という (これを $A = (a_{ij})$ と表記することがある)：

$$A = \begin{bmatrix} a_{11} & a_{12} & \cdots & a_{1n} \\ a_{21} & a_{22} & \cdots & a_{2n} \\ \vdots & \vdots & \ddots & \vdots \\ a_{m1} & a_{m2} & \cdots & a_{mn} \end{bmatrix} \begin{matrix} \leftarrow \text{第 1 行} \\ \leftarrow \text{第 2 行} \\ \vdots \\ \leftarrow \text{第 } m \text{ 行} \end{matrix}$$

↑　　↑　　　　↑
第1列　第2列　⋯　第n列

A は **$m \times n$ 行列**であるとか，m 行 n 列の行列であるという．とくに，$n \times n$ 行列のことを **n 次正方行列**という．

すべての成分が 0 である行列を O で表し，**零行列**（ゼロ）という．また，対角線上の成分がすべて 1 で，それ以外の成分がすべて 0 である $n \times n$ 行列を E_n で表し (単に E と書くこともある)，n 次元の**単位行列**という．

$$E_n := \begin{bmatrix} 1 & 0 & \cdots & 0 \\ 0 & 1 & \cdots & 0 \\ \vdots & \vdots & \ddots & \vdots \\ 0 & 0 & \cdots & 1 \end{bmatrix}.$$

同じ型の行列 $A = (a_{ij})$ と $B = (b_{ij})$ の**和** $A + B = (c_{ij})$ は成分ごとの和を取ったものであり，**スカラー倍** $\lambda A = (d_{ij})$ は各成分を λ（ラムダ）倍したものである：

$$c_{ij} = a_{ij} + b_{ij}, \quad d_{ij} = \lambda a_{ij}.$$

$(-1)A$ を $-A$ と略記する．また，$A + (-1)B$ を $A - B$ と書いて，A と B の**差**という．行列の**積**は限られた型の場合にだけ定義される．$l \times m$ 行列 $A = (a_{ij})$ と $m \times n$ 行列 $B = (b_{ij})$ の積 $AB = (c_{ij})$ を

$$c_{ij} := \sum_{k=1}^{m} a_{ik} b_{kj}$$

で定義する．n 個の A の積を A^n で表し，A の n 乗という．

● 行列に関する基本的性質

A, B, C を $m \times n$ 行列とし，$\lambda, \mu \in \mathbf{R}$ とする．
(1) $(A+B)+C = A+(B+C)$ （+ の結合律）
(2) $A+O = A = O+A$ （O は + の単位元）
(3) $A+A' = O = A'+A$ となる $m \times n$ 行列 A' が存在する
$\quad (A' = -A)$ （A' は + の逆元）
(4) $A+B = B+A$ （+ の可換律）
(5) $\lambda(A+B) = \lambda A + \lambda B$
$\quad (\lambda+\mu)A = \lambda A + \mu A$ （分配律）
(6) $(\lambda\mu)A = \lambda(\mu A)$ （スカラー倍の結合律）
(7) $1A = A$ （1 はスカラー倍の単位元）
(8) $0A = O$

A, A' を $k \times l$ 行列，B, B' を $l \times m$ 行列，C を $m \times n$ 行列，O_{kl} を $k \times l$ 型の零行列とし，$\lambda, \mu \in \mathbf{R}$ とする．
(1) $(AB)C = A(BC)$ （結合律）
(2) $A(B+B') = AB + AB'$，$(A+A')B = AB + A'B$ （分配律）
(3) $(\lambda A)(\mu B) = \lambda\mu(AB)$ （スカラー倍）
(4) $AO_{lm} = O_{km}$，$O_{kl}B = O_{km}$ （零行列）
(5) $E_k A = A = AE_l$ （E は積の単位元）

$m \times n$ 行列 $A = (a_{ij})$ に対し，(i,j) 成分が a_{ji} であるような $n \times m$ 行列を A の**転置行列**といい，${}^t\!A$ で表す．

---
(1) ${}^t(A+B) = {}^t\!A + {}^t\!B$ (2) ${}^t(\lambda A) = \lambda \, {}^t\!A$
(3) ${}^t(AB) = {}^t\!B \, {}^t\!A$ (4) ${}^t({}^t\!A) = A$

$A = {}^t\!A$ を満たす行列 A を**対称行列**といい，$A = -{}^t\!A$ を満たす行列 A を**交代行列**という．

例題1.19 $A = \begin{bmatrix} 2 & -3 & 5 & 1 \\ 1 & 0 & 3 & 0 \\ -7 & 0 & 0 & -2 \end{bmatrix}$, $B = \begin{bmatrix} 5 & 10 & 15 & 10 \\ 1 & 2 & 3 & 2 \\ -2 & -4 & -6 & -4 \end{bmatrix}$,

$C = \begin{bmatrix} 2 & -6 & 12 \\ 4 & 2 & 8 \\ -2 & 10 & 0 \end{bmatrix}$ のとき，$A + 3B, C^2, C\,{}^tC$ を求めよ．

解 $3B = \begin{bmatrix} 15 & 30 & 45 & 30 \\ 3 & 6 & 9 & 6 \\ -6 & -12 & -18 & -12 \end{bmatrix}$, $A + 3B = \begin{bmatrix} 17 & 27 & 50 & 31 \\ 4 & 6 & 12 & 6 \\ -13 & -12 & -18 & -14 \end{bmatrix}$.

$C = 2 \begin{bmatrix} 1 & -3 & 6 \\ 2 & 1 & 4 \\ -1 & 5 & 0 \end{bmatrix}$ なので，$C^2 = 2^2 \begin{bmatrix} 1 & -3 & 6 \\ 2 & 1 & 4 \\ -1 & 5 & 0 \end{bmatrix}^2 = 4 \begin{bmatrix} -11 & 24 & -6 \\ 0 & 15 & 16 \\ 9 & 8 & 14 \end{bmatrix}$.

${}^tC = 2 \begin{bmatrix} 1 & 2 & -1 \\ -3 & 1 & 5 \\ 6 & 4 & 0 \end{bmatrix}$ なので，$C\,{}^tC = 4 \begin{bmatrix} 46 & 23 & -16 \\ 23 & 21 & 3 \\ -16 & 3 & 26 \end{bmatrix}$. □

例題1.20 任意の $\lambda \in \mathbf{R}$ に対し，$(\lambda A)^n = \lambda^n A^n$ が成り立つことを示せ．

解 $n = 1$ のときは，定義より $(\lambda A)^1 = \lambda A = \lambda^1 A^1$ なので ok．
$n \geqq 2$ のとき，$(\lambda A)^n = (\lambda A)(\lambda A)^{n-1}$ （n 乗の定義）
$= (\lambda A)(\lambda^{n-1} A^{n-1})$ （帰納法の仮定）
$= (\lambda \lambda^{n-1})(A A^{n-1})$ （行列の積の性質 (3)）
$= \lambda^n A^n$. □

例題1.21 任意の行列 A に対し，$A + {}^tA$ および $A\,{}^tA$ は対称行列であり，$A - {}^tA$ は交代行列であることを示せ．

解 $A = (a_{ij}), B := A + {}^tA = (b_{ij}), C := A - {}^tA = (c_{ij})$ とすると，
$$b_{ij} = a_{ij} + a_{ji} = a_{ji} + a_{ij} = b_{ji}$$
だから A は対称行列であり，
$$c_{ij} = a_{ij} - a_{ji} = -(a_{ji} - a_{ij}) = -c_{ij}$$
だから A は交代行列である．また，
$${}^t(A\,{}^tA) \stackrel{\text{転置行列の性質 (3)}}{=} {}^t({}^tA)\,{}^tA \stackrel{\text{転置行列の性質 (4)}}{=} A\,{}^tA$$
であるから $A\,{}^tA$ は対称行列である． □

1.4.2 連立1次方程式と行列

● **行列の基本変形と階数** 以下の操作を行に関する基本変形という．列に関する基本変形も同様に定義される．両方合わせて，単に基本変形という．

> 1. ある行に 0 でない定数を掛ける．
> 2. ある行を別の行に加える．
> 3. 2 つの行を入れ替える．

定理 1.4 どんな $m \times n$ 行列も，基本変形によって次の形 (**標準形**) に変形することができる．ここで，$*$ は適当な実数を表す．

$$r\text{ 行}\left\{\begin{pmatrix} \overbrace{1 & 0 & \cdots & 0}^{r\text{ 列}} & * & \cdots & * \\ 0 & 1 & \cdots & 0 & * & \cdots & * \\ \vdots & \vdots & \ddots & \vdots & \vdots & & \vdots \\ 0 & 0 & \cdots & 1 & * & \cdots & * \\ 0 & 0 & \cdots & 0 & 0 & \cdots & 0 \\ \vdots & \vdots & & \vdots & \vdots & & \vdots \\ 0 & 0 & \cdots & 0 & 0 & \cdots & 0 \end{pmatrix}\right.$$

定理 1.4 の r をその行列の**階数**といい，rank で表す．基本変形を施しても行列の階数は変わらない．次の性質が成り立つ．

> (1) $\operatorname{rank} {}^t\! A = \operatorname{rank} A$．
> (2) B, C が正則行列ならば，$\operatorname{rank} BA = \operatorname{rank} A = \operatorname{rank} AC$．

$x_1, x_2, \ldots, x_n$ を未知数とする連立 1 次方程式

$$\begin{cases} a_{11}x_1 + \cdots + a_{1n}x_n = b_1 \\ \vdots \qquad \vdots \qquad \vdots \qquad \vdots \\ a_{m1}x_1 + \cdots + a_{mn}x_n = b_m \end{cases}$$

は，$A = \begin{bmatrix} a_{11} & \cdots & a_{1n} \\ \vdots & \ddots & \vdots \\ a_{m1} & \cdots & a_{mn} \end{bmatrix}$，$\boldsymbol{x} = \begin{bmatrix} x_1 \\ \vdots \\ x_n \end{bmatrix}$，$\boldsymbol{b} = \begin{bmatrix} b_1 \\ \vdots \\ b_m \end{bmatrix}$ を使って，$A\boldsymbol{x} = \boldsymbol{b}$ と表すことができる．

定理 1.4 により，係数行列が A である n 元連立 1 次方程式において A の階数が r ならば，r 個の未知数については解が一意的に定まる．特に，$\operatorname{rank} A = n$ ならば，すべての未知数 $x_1, \ldots, x_n$ の解が一意的に定まり，それは A に基本変形を施すことにより求められる．

> **定理 1.5** A を n 次正方行列とする．このとき，次が成り立つ．
> $\operatorname{rank} A = n \iff BA = E_n = AB$ を満たす行列 B が存在する．

$BA = E_n = AB$ を満たす行列 B を A の**逆行列**といい，A^{-1} で表す．逆行列を持つ行列のことを**正則行列**という．

係数の行列 A が正則 (n 次正方行列) である n 元 1 次連立方程式
$$A\boldsymbol{x} = \boldsymbol{b}$$
の解は，両辺に左から A^{-1} を掛けると
$$A^{-1}A\boldsymbol{x} = E\boldsymbol{x} = \boldsymbol{x} = A^{-1}\boldsymbol{b}$$
と求めることができる．

> A, B が正則な正方行列のとき，次のことが成り立つ．
> (1) $A^{-1}A = E = AA^{-1}$
> (2) $(AB)^{-1} = B^{-1}A^{-1}$
> (3) $(A^{-1})^{-1} = A$

● 逆行列の求め方

> **定理 1.6** A を n 次正方行列とするとき，A の横に単位行列を配置して得られる $n \times 2n$ 行列を $(A \mathrel{\vdots} E)$ で表す．$(A \mathrel{\vdots} E)$ に行に関する基本変形を適用して $(E \mathrel{\vdots} B)$ が得られるときに限り A は正則行列であり，このとき，$B = A^{-1}$ である．

例題1.22 次の連立方程式を，定理 1.6 の方法で係数行列 A の逆行列を求めることにより解け．

1.4 行　列

$$\begin{cases} x + 3y + 4z = 3 \\ 2x - 5y + 7z = 16 \\ 3y + z = -2 \end{cases}$$

解 どのような基本変形を適用したかを $\longrightarrow$ の上に記した.

$$(A \vdots E) = \begin{bmatrix} 1 & 3 & 4 & 1 & 0 & 0 \\ 2 & -5 & 7 & 0 & 1 & 0 \\ 0 & 3 & 1 & 0 & 0 & 1 \end{bmatrix} \xrightarrow{(2)-(1)\times 2} \begin{bmatrix} 1 & 3 & 4 & 1 & 0 & 0 \\ 0 & -11 & -1 & -2 & 1 & 0 \\ 0 & 3 & 1 & 0 & 0 & 1 \end{bmatrix}$$

$$\xrightarrow{(2)\times \frac{-1}{11}} \begin{bmatrix} 1 & 3 & 4 & 1 & 0 & 0 \\ 0 & 1 & \frac{1}{11} & \frac{2}{11} & -\frac{1}{11} & 0 \\ 0 & 3 & 1 & 0 & 0 & 1 \end{bmatrix} \xrightarrow{(1)-(2)\times 3} \begin{bmatrix} 1 & 0 & \frac{41}{11} & \frac{5}{11} & \frac{3}{11} & 0 \\ 0 & 1 & \frac{1}{11} & \frac{2}{11} & -\frac{1}{11} & 0 \\ 0 & 3 & 1 & 0 & 0 & 1 \end{bmatrix}$$

$$\xrightarrow{(3)-(2)\times 3} \begin{bmatrix} 1 & 0 & \frac{41}{11} & \frac{5}{11} & \frac{3}{11} & 0 \\ 0 & 1 & \frac{1}{11} & \frac{2}{11} & -\frac{1}{11} & 0 \\ 0 & 0 & \frac{8}{11} & -\frac{6}{11} & \frac{3}{11} & 1 \end{bmatrix} \xrightarrow{(3)\times \frac{11}{8}} \begin{bmatrix} 1 & 0 & \frac{41}{11} & \frac{5}{11} & \frac{3}{11} & 0 \\ 0 & 1 & \frac{1}{11} & \frac{2}{11} & -\frac{1}{11} & 0 \\ 0 & 0 & 1 & -\frac{3}{4} & \frac{3}{8} & \frac{11}{8} \end{bmatrix}$$

$$\xrightarrow{(2)-(3)\times \frac{1}{11}} \begin{bmatrix} 1 & 0 & \frac{41}{11} & \frac{5}{11} & \frac{3}{11} & 0 \\ 0 & 1 & 0 & \frac{1}{4} & -\frac{1}{8} & -\frac{1}{8} \\ 0 & 0 & 1 & -\frac{3}{4} & \frac{3}{8} & \frac{11}{8} \end{bmatrix} \xrightarrow{(1)-(3)\times \frac{41}{11}} \begin{bmatrix} 1 & 0 & 0 & \frac{13}{4} & -\frac{9}{8} & -\frac{41}{8} \\ 0 & 1 & 0 & \frac{1}{4} & -\frac{1}{8} & -\frac{1}{8} \\ 0 & 0 & 1 & -\frac{3}{4} & \frac{3}{8} & \frac{11}{8} \end{bmatrix}$$

なので, $A^{-1} = \begin{bmatrix} \frac{13}{4} & -\frac{9}{8} & -\frac{41}{8} \\ \frac{1}{4} & -\frac{1}{8} & -\frac{1}{8} \\ -\frac{3}{4} & \frac{3}{8} & \frac{11}{8} \end{bmatrix} = \frac{1}{8}\begin{bmatrix} 26 & -9 & -41 \\ 2 & -1 & -1 \\ -6 & 3 & 11 \end{bmatrix}.$

これより, $\begin{bmatrix} x \\ y \\ z \end{bmatrix} = \frac{1}{8}\begin{bmatrix} 26 & -9 & -41 \\ 2 & -1 & -1 \\ -6 & 3 & 11 \end{bmatrix}\begin{bmatrix} 3 \\ 16 \\ -2 \end{bmatrix} = \begin{bmatrix} 2 \\ -1 \\ 1 \end{bmatrix}.$ ☐

例題1.23 次の行列の階数を求めよ. 正則なら逆行列も求めよ.

$$B = \begin{bmatrix} a & b & 1 \\ c & 1 & 0 \\ 1 & 0 & 0 \end{bmatrix}, \quad C = \begin{bmatrix} 1 & 0 & 0 \\ 0 & 0 & 1 \\ 0 & 1 & 0 \end{bmatrix}$$

解
$$B = \begin{bmatrix} a & b & 1 \\ c & 1 & 0 \\ 1 & 0 & 0 \end{bmatrix} \xrightarrow{(1)\leftrightarrow(3)} \begin{bmatrix} 1 & 0 & 0 \\ c & 1 & 0 \\ a & b & 1 \end{bmatrix} \xrightarrow{(2)-(1)\times c}$$

$$\begin{bmatrix} 1 & 0 & 0 \\ 0 & 1 & 0 \\ a & b & 1 \end{bmatrix} \xrightarrow{(3)-(1)\times a} \begin{bmatrix} 1 & 0 & 0 \\ 0 & 1 & 0 \\ 0 & b & 1 \end{bmatrix} \xrightarrow{(3)-(2)\times b} \begin{bmatrix} 1 & 0 & 0 \\ 0 & 1 & 0 \\ 0 & 0 & 1 \end{bmatrix}.$$

よって，$\operatorname{rank} B = 3$ で，B は正則である．ここで，$\leftrightarrow$ は行の入れ替えを表す．

定理 1.6 の方法で逆行列を求めるには，上の基本変形操作を単位行列に適用すればよいので，

$$B = \begin{bmatrix} 1 & 0 & 0 \\ 0 & 1 & 0 \\ 0 & 0 & 1 \end{bmatrix} \xrightarrow{(1)\leftrightarrow(3)} \begin{bmatrix} 0 & 0 & 1 \\ 0 & 1 & 0 \\ 1 & 0 & 0 \end{bmatrix} \xrightarrow{(2)-(1)\times c}$$

$$\begin{bmatrix} 0 & 0 & 1 \\ 0 & 1 & -c \\ 1 & 0 & 0 \end{bmatrix} \xrightarrow{(3)-(1)\times a} \begin{bmatrix} 0 & 0 & 1 \\ 0 & 1 & -c \\ 1 & 0 & -a \end{bmatrix} \xrightarrow{(3)-(2)\times b} \begin{bmatrix} 0 & 0 & 1 \\ 0 & 1 & -c \\ 1 & -b & -a+bc \end{bmatrix}.$$

よって，$B^{-1} = \begin{bmatrix} 0 & 0 & 1 \\ 0 & 1 & -c \\ 1 & -b & -a+bc \end{bmatrix}$．

$C = \begin{bmatrix} 1 & 0 & 0 \\ 0 & 0 & 1 \\ 0 & 1 & 0 \end{bmatrix}$ は，第 2 行と第 3 行を入れ替える (行列の基本変形の 1 つ) を適用すると単位行列となる．よって，C は正則であり，C の逆行列は C 自身である．$\operatorname{rank} C = 3$. □

例題1.24 正方行列 A の正則性について，次のことを証明せよ．
（1） $A^k = E$ となる $k \in \mathbf{N}$ が存在するならば A は正則である．
（2） $A^2 = A$, $A \neq E$ であるならば A は正則でない．

解 （1） $k = 1$ の場合，$A^k = A$ であり，単位行列 E は正則であるから，$A^k = E$ は A が正則であることを意味する．

$k \geqq 2$ の場合，$A^k = A^{k-1}A = E$ が成り立つとすると，$AA^{k-1} = A^k = E$ でもあるから，A^{k-1} は A の逆行列である．よって，A は正則である．
（2） A が正則だとすると，A^{-1} が存在するので，$A^2 = A$ の両辺に A^{-1} を左から掛けると，左辺 $= A^{-1}A^2 = A^{-1}(AA) = (A^{-1}A)A = EA = A$ である (行列の積に関して結合律が成り立つことを使った)．一方，右辺 $= A^{-1}A = E$ である．これは $A \neq E$ という仮定に反す. □

1.4節 問題

問題 1.37 $A = \begin{bmatrix} 1 & 2 & 3 \\ 0 & 0 & 1 \\ 1 & 0 & 0 \end{bmatrix}, B = \begin{bmatrix} 2 & 0 \\ 0 & 1 \\ 1 & 2 \end{bmatrix}, C = A\,{}^tA$ のとき，次のそれぞれを求めよ．$n \in \mathbf{N}$ とする．

(1) ${}^tA$　　(2) C　　(3) $A + {}^tA$　　(4) AB

(5) C^{-1}　　(6) A^2　　(7) $nA + n\,{}^tA$　　(8) ${}^tC$

問題 1.38 次の連立方程式を解け．

(1) $\begin{cases} b + c + 3d = 4 \\ 2a - 3b + 4d = -12 \\ 8a - 4b - 3c - 4d = -5 \\ 2a + 2b - 3c - 13d = 16 \end{cases}$

(2) $\begin{cases} 2x - y + u + 3v = 8 \\ 5y + 4u = 6 \\ x + y - 3u - v = 3 \\ 3y + u - 2v = -1 \end{cases}$

(3) $\begin{cases} a + b + 3c - d = -6 \\ 2b - 8c + d = -1 \\ 3a + c = 6 \\ 4a - b - 4c - 2d = 1 \end{cases}$

問題 1.39 問題 1.37 の A, B, C について，次の各行列を求めよ．$n \in \mathbf{N}$．

(1) $E^n A (E^{-1})^n$　　(2) $(A^2)^{-1}$　　(3) $(A + A^{-1})^2$

問題 1.40 行列の積に対する簡約律に関し，次のことを示せ．

(1) $AB = AC$ であるが $B = C$ でないような行列 A, B, C の例を示せ．

(2) A が正則ならば，$AB = AC \implies B = C$ であることを示せ．

問題 1.41 次の行列の階数を求めよ．正則の場合には逆行列もを求めよ．

$A = \begin{bmatrix} 3 & 2 \\ 1 & 1 \end{bmatrix}, \quad B = \begin{bmatrix} 1 & 0 & 0 \\ 0 & 0 & 1 \\ 0 & 1 & 0 \end{bmatrix}, \quad C = \begin{bmatrix} a & b & 1 \\ c & 1 & 0 \\ 1 & 0 & 0 \end{bmatrix}, \quad D = \begin{bmatrix} 2 & 5 \\ 0 & 3 \\ 1 & 0 \\ 1 & 1 \end{bmatrix},$

単位行列 $E, \quad F = \begin{bmatrix} 1 & a & a \\ a & 1 & a \\ a & a & 1 \end{bmatrix}, \quad G = \begin{bmatrix} 1 \\ 2 \\ 3 \\ 4 \end{bmatrix}, \quad$ 零行列 O．

問題 1.42 正方行列 A の正則性について，次のことを証明せよ．

(1) $A^k = O$ となる $k \in \mathbf{N}$ が存在するならば A は正則ではない．

(2) $A^2 - A + E = O$ であるならば A は正則である．

(3) A, B が正則行列ならば AB も正則行列である．

1.5 命題と述語

1.5.1 命題

真 (正しい) か偽 (正しくない) かがはっきりしている言明 (陳述) を**命題**と呼ぶ．'真'，'偽' を値と考え，それぞれ T, F で表し**真理値**とか**論理値**という．

例題1.25 次の陳述は命題か？ 命題ならその真偽も答えよ．
(1) 月は地球の衛星である (2) 猿も木から落ちる (3) $2+3=6$
(4) $\forall x \, \exists y \, [\, x+y=2\,]$ (5) $x,y \in \boldsymbol{R} \implies x^2+y^2 \geqq 0$
(6) $\forall x \in \boldsymbol{Z} \, \forall y \in \boldsymbol{Z} \, \exists z \in \boldsymbol{Z} \, [\, x=yz\,]$

解 (1) 命題, T (2) 命題でない   (3) 命題, F
(4) 命題でない (x,y の定義域が不明)   (5) 命題, T
(6) 命題 (「整数を整数で割った商は整数である」を表す), F □

● **論理演算** 命題 p, q のどちらも成り立つことを $p \wedge q$ で表す．$p \wedge q$ を p と q の**論理積**という．$\wedge$ を $\{\boldsymbol{F}, \boldsymbol{T}\}$ 上の演算と考えたとき，その作用は下左図のような表 (**真理表**あるいは**真理値表**という) で表すことができる．$\wedge$ と同様に，$\vee, \implies, \iff, \oplus, \neg$ は下右図のように定義される演算である．結合の強さは $\neg > \wedge > \vee, \oplus > \implies > \iff$ の順であり，括弧は適当に省略してもよい．

p	q	$p \wedge q$
F	F	F
F	T	F
T	F	F
T	T	T

p	q	$p \vee q$	$p \implies q$	$p \iff q$	$p \oplus q$	$\neg p$
F	F	F	T	T	F	T
F	T	T	T	F	T	T
T	F	T	F	F	T	F
T	T	T	T	T	F	F

$p \vee q$ を p と q の (**内包的**) **論理和**といい，$p \oplus q$ を**排他的論理和**という．$p \implies q$ は「p が成り立つならば q も成り立つ」ことを表す (**含意**という)．命題 $p \implies q$ において，p を**仮定**(**前提**), q を**帰結**(**結論**) という．$p \iff q$ は「p が成り立つとき，かつそのときに限り q も成り立つ」ことを表し，p と q は**同値** (**等価**) であるとか，p の**必要十分条件**は q であるとか，p と q は**論理的に等しい**とかいう．

1.5 命題と述語

例題1.26 次の陳述を適当な命題変数(命題を表す変数) p や q を用いて論理的関係がわかるような式で表せ. T か F か?
(1) 天候が晴れなら海は青い. よって, 海が青くないなら晴れではない.
(2) 自然数 n に関する陳述「n が 2 以外の偶数なら素数でない. よって, $n = 4$ なら n は 2 でない偶数なので素数でない.」. ただし,「$n = 2$ である」を p で,「$n = 4$ である」を q で,「n は 2 で割り切れる」を r で,「n は素数である」を s で表すものとする.

解 (1) $p =$「天候は晴れ」, $q =$「海は青い」とすると, $(p \Longrightarrow q) \Longrightarrow (\neg q \Longrightarrow \neg p)$. T.
(2) 「n が 2 以外の偶数なら素数でない」は $\neg p \wedge r \Longrightarrow \neg s$ で表すことができ,「$n = 4$ なら n は 2 でない偶数である」は $q \Longrightarrow \neg p \wedge r$ で表すことができる. よって, この陳述は $(\neg p \wedge r \Longrightarrow \neg s) \wedge (q \Longrightarrow \neg p \wedge r) \wedge q \Longrightarrow \neg s$ と表すことができる.

例題1.27 次の, 命題に関する式(論理式という)の真理表を書け.
(1) $\neg \neg p \Longleftrightarrow p$ (2) $p \wedge p \Longrightarrow q$ (3) $\neg (q \wedge \neg q) \Longrightarrow \neg p$

解 (1) 値 T だけを取る(このようなものをトートロジーという).
(2) 結合順は $\wedge$ の方が $\Longrightarrow$ より強い(すなわち, $(p \wedge p) \Longrightarrow q$ に等しい)ので, $p \Longrightarrow q$ に論理的に等しい. 真理表は下中図.
(3) $\neg p$ に論理的に等しい. 真理表は下右図.

p	$\neg \neg p \Longleftrightarrow p$
F	T
T	T

p	q	$p \wedge p \Longrightarrow q$
F	F	T
F	T	T
T	F	F
T	T	T

p	q	$\neg (q \wedge \neg q) \Longrightarrow \neg p$
F	F	T
F	T	T
T	F	F
T	T	F

● 証明論法に関する論理式
- 命題 $q \Longrightarrow p$ を命題 $p \Longrightarrow q$ の逆という. 元の命題が真であっても逆は必ずしも真ではない(この 2 つの命題は論理的に等しくない).
- 命題 $p \Longrightarrow q$ とその対偶 $\neg q \Longrightarrow \neg p$ は論理的に等しい.
- 背理法(帰謬法)が正しいことは, $p \wedge \neg q \Longrightarrow F$ と $p \Longrightarrow q$ とが論理的に等しいことによる.
- 三段論法が正しいことは, $p \Longrightarrow q$ が真かつ $q \Longrightarrow r$ が真であるならば $p \Longrightarrow r$ も真であることによる.

- $\neg(p \wedge q)$ と $\neg p \vee \neg q$, $\neg(p \vee q)$ と $\neg p \wedge \neg q$ はそれぞれ論理的に等しい．これらを**ド・モルガンの法則**という．

例題1.28 命題 $p \Longrightarrow q$ に対して，$\neg p \Longrightarrow \neg q$ を元の命題の**裏**という．次のことを示せ．
(1) ある命題とその裏は論理的に等しくない．
(2) ある命題の逆と裏は論理的に等しい．

解 (1) $p \Longrightarrow q$ は $p = F, q = T$ のとき T であるが，$\neg p \Longrightarrow \neg q$ は $p = F, q = T$ のとき F であるので，両者は論理的に等しくない．
(2) $p \Longrightarrow q$ の裏 $\neg p \Longrightarrow \neg q$ は，$p \Longrightarrow q$ の逆 $q \Longrightarrow p$ の対偶であるから，両者は論理的に等しい． ∎

1.5.2 述　　語

T, F だけを値に取る関数を**述語**という．X の上の n 変数述語は，X に属す n 個の元の間の性質とか条件を表すものである．例えば，整数 x についての性質「x は正である」は Z 上の1変数述語 $Posi(x)$ として

$$Posi(x) := \begin{cases} T & (x \text{ が正 } (x > 0) \text{ のとき}) \\ F & (x \text{ が } 0 \text{ または負 } (x \leq 0) \text{ のとき}) \end{cases}$$

と定義することができるが，これを簡潔に $P(x): x \geq 0$ と表す．

全称記号 $\forall$ や存在記号 $\exists$ を伴う述語について，以下のことが成り立つ．$P(x), Q(x), R(x, y)$ を任意の述語，S を変数 x を含まない任意の述語とする．

(i) $\neg [\forall x P(x)] \iff \exists x [\neg P(x)]$
(ii) $\neg [\exists x P(x)] \iff \forall x [\neg P(x)]$
(iii) $\forall x P(x) \iff \neg \exists x [\neg P(x)]$
(iv) $\exists x P(x) \iff \neg \forall x [\neg P(x)]$
(v) $\alpha x \, \alpha y \, R(x, y) \iff \alpha y \, \alpha x \, R(x, y) \quad (\alpha = \forall, \exists)$
(vi) $\alpha x \neg \neg P(x) \iff \alpha x \, P(x) \quad (\alpha = \forall, \exists)$
(vii) $[\alpha x \, P(x) \wedge S] \iff \alpha x \, [P(x) \wedge S] \quad (\alpha = \forall, \exists)$
(viii) $[\alpha x \, P(x) \vee S] \iff \alpha x \, [P(x) \vee S] \quad (\alpha = \forall, \exists)$

(ix) $[\forall x\, P(x) \wedge \forall x\, Q(x)] \iff \forall x\,[P(x) \wedge Q(x)]$

(x) $[\exists x\, P(x) \vee \exists x\, Q(x)] \iff \exists x\,[P(x) \vee Q(x)]$

(xi) $[\forall x\, P(x) \vee \forall x\, Q(x)] \implies \forall x\,[P(x) \vee Q(x)]$

(xii) $\exists x\,[P(x) \wedge Q(x)] \implies [\exists x\, P(x) \wedge \exists x\, Q(x)]$

例題1.29 $\boldsymbol{N}$ 上の述語 $Q(x,y): x$ は y で割り切れる,$G(x,y): x>y$,$S(x): x$ は素数である,を用いて,次のことを表す命題や述語を作れ.
(1) 11 は素数である. (2) x は奇数である. (3) 偶数は素数ではない. (4) x は最小の素数である. (5) 素数は無限に存在する.
(6) x と y は互いに素である (x と y の最大公約数は 1 である).

解 (1) $S(11)$ (2) $\neg Q(x,2)$ (3) $\forall x\,[(Q(x,2) \implies \neg S(x)]$
(4) $S(x) \wedge \neg \exists y[G(x,y) \wedge S(y)]$ (5) $\forall x\,[S(x) \implies \exists y\,[G(y,x) \wedge S(y)]]$
(6) $\forall z\,[(Q(x,z) \wedge Q(y,z)) \implies \neg G(z,1) \wedge \neg G(1,z)]$

例題1.30 任意の述語 $P(x), Q(x)$ に関して次が成り立つことを示せ.
(1) $\exists x\,[P(x) \implies Q(x)] \iff [\forall x P(x) \implies \exists x\, Q(x)]$
(2) $[\exists x P(x) \implies \exists x\, Q(x)] \implies \exists x\,[P(x) \implies Q(x)]$

解 (1) $[p \implies q] \iff [\neg p \vee q]$ である(真理表を書いて確かめよ)から,$\exists x\,[P(x) \implies Q(x)] \iff \exists x\,[\neg P(x) \vee Q(x)] \iff$ 公式 (x) より $[\exists x\, \neg P(x) \vee \exists x\, Q(x)] \iff$ 公式 (i) より $[\neg \forall x P(x) \vee \exists x\, Q(x)] \iff [\forall x P(x) \implies \exists x\, Q(x)]$.
(2) (1)の結果より,$[\exists x P(x) \implies \exists x\, Q(x)] \implies [\forall x P(x) \implies \exists x\, Q(x)]$ を示せばよい.真理表を考える.$\forall x P(x) = \boldsymbol{T}$ ならば $\exists x P(x) = \boldsymbol{T}$ であるから,下の表の 5, 6 行目はありえない.この表から求める結論が得られる($\bigcirc \implies \triangle$ が $\boldsymbol{T}$ となる真理値 $\bigcirc, \triangle$ の組を考えよ).

$\forall x P(x)$	$\exists x P(x)$	$\exists x Q(x)$	$\exists x P(x) \implies \exists x Q(x)$	$\forall x P(x) \implies \exists x Q(x)$
F	F	F	T	T
F	F	T	T	T
F	T	F	F	T
F	T	T	T	T
T	F	F	$\times$	$\times$
T	F	T	$\times$	$\times$
T	T	F	F	F
T	T	T	T	T

1.5節 問題

問題 1.43 次の陳述は命題か？ 命題ならその真偽も答えよ．
(1)　この湖の水は澄んでいる．
(2)　2 は偶数で 3 は奇数である．
(3)　今何時ですか？
(4)　$\forall x \in \boldsymbol{R} \; \exists y \in \boldsymbol{R} \; [\, x > y \,]$
(5)　$\forall x \in \boldsymbol{N} \; \forall y \in \boldsymbol{N} \; \exists z \in \boldsymbol{N} \; [\, x = y - z \,]$
(6)　円周率 π の小数第「千兆の千兆乗」の位の数字は 3 である．

問題 1.44 次の陳述を適当な命題変数 p や q を用いて表せ．$\boldsymbol{T}$ か $\boldsymbol{F}$ か？
(1)　ピーターパンはネバーランドに住んでいないのではない．ということは，ピーターパンはネバーランドに住んでいるということである．
(2)　政治家は嘘つきであるが，嘘つきでも政治家であるとは限らない．
(3)　美人薄命である．だから，絶世の美女であった楊貴妃は早世だった．

問題 1.45 $p \Longrightarrow p \land q$ の（1）否定，（2）逆，（3）対偶，（4）論理的に等しくて $\Longrightarrow$ を含まないもの，をそれぞれ示せ．

問題 1.46 次の，命題に関する式の真理表を書け．
(1)　$p \Longrightarrow (p \Longrightarrow q)$
(2)　$\lnot (p \lor q) \Longleftrightarrow \lnot p \land \lnot q$
(3)　$(p \Longleftrightarrow q) \Longrightarrow (p \Longrightarrow r)$
(4)　$p \land (q \Longrightarrow r) \Longrightarrow (p \Longrightarrow r)$

問題 1.47 論理的に等しいか？
(1)　$3 + 4 = 8 \Longrightarrow 10 + 20 = 100$ と $3 + 4 = 7 \Longleftrightarrow 10 + 20 = 100$
(2)　$p \land p \land p$ と $p \land (q \lor \lnot q)$
(3)　$(p \land (\lnot q)) \Longrightarrow \boldsymbol{F}$ と $\lnot q \Longrightarrow \lnot p$
(4)　$\lnot (p \lor q)$ と $(\lnot p) \lor (\lnot q)$
(5)　$p \Longleftrightarrow q$ と $(p \Longrightarrow q) \land (q \Longrightarrow p)$
(6)　$(p \land \lnot p) \Longrightarrow (p \lor (q \land \lnot q) \lor \lnot q)$ と $\boldsymbol{T} \Longrightarrow \boldsymbol{F}$

問題 1.48 A が成り立つなら B が成り立ち，B が成り立つなら C が成り立つとする．このとき，次のように推論することは正しいか？
(1)　C が成り立たないなら A は成り立たない．
(2)　C が成り立つなら A または B が成り立つ．
(3)　A または B が成り立つなら B も C も成り立つ．

（4） B が成り立たないなら「A ならば C」は成り立たない．
（5） A が成り立たないなら B も C も成り立たない．

問題 1.49　$P(x,y,z)$：$x = y+z$ とする．次のそれぞれはどのようなことを表す述語か？ 命題（つねに T）か？
（1） P が N の上の 3 変数述語の場合，$P(0,y,z)$ は何を表すか？
（2） P が N^3 の上の述語の場合，$\exists z P(x,y,z)$ は何を表すか？
（3） P が $R^2 \times Z$ の上の述語の場合，$\neg \exists z P(x,y,z)$ は何を表すか？
（4） P が R^3 の上の述語の場合，$\forall y \forall z \exists x\, P(x,y,z)$ は何を表すか？
（5） P が R^3 の上の述語の場合，$\exists x P(x,x,12.3)$ は何を表すか？

問題 1.50　次の陳述を，陳述の論理構造が分かるような命題や述語を導入して表せ．
（1） 「「正しくない」というのが正しくない」のであれば「正しい」といえる．
（2） 6 の倍数は 2 の倍数でも 3 の倍数でもある．
（3） 述語 $P(x)$ が成り立つ x が存在するからといって $P(x)$ が任意の x に対して成り立つわけではない．
（4） 嘘をつかない政治家なんていない．犬養毅は政治家である（あった）．よって，犬養毅といえども嘘はつく（ついた）．
（5） 先週の金曜日の夜，公園で事件が起きた．先週の金曜日の夜，私は忙しかった．私は忙しいと戸外に出ない．勿論，公園は戸外であるし，犯人は公園にいなければ犯罪を犯すことができない．だから，私は金曜日の公園の事件の犯人ではない．

問題 1.51　次の各々について，命題の場合はその真偽を，述語の場合は T となる条件を求めよ．
（1）　(a)　$\forall x \exists y\,[x$ は y と結婚している$]$
　　　(b)　$\exists y \forall x\,[x$ は y と結婚している$]$
（2）　$\exists y \in R\ \exists z \in R\,[x = y^2 + z^2]$
（3）　$\forall x \in R\ \forall y \in R\,[x = y^2 \implies \exists z \in R\,[\neg(y=z) \wedge x = z^2]]$
（4）　R^3 の上の述語　$\neg(x > y \wedge y \geqq z \wedge \neg(z < 2x))$
（5）　P を N^3 の上の述語 $P(x,y,z) \overset{\text{def}}{\iff} x = yz$ とする．
　　　(a)　$Q(x,y) \overset{\text{def}}{\iff} \exists z P(x,y,z) \wedge \exists z P(y,x,z)$
　　　(b)　$R(x) \overset{\text{def}}{\iff} P(x,x,x)$
　　　(c)　$\forall y\,[\exists z\,[P(x,y,z) \wedge \neg Q(y,z)] \implies (R(y) \wedge \neg Q(y,0))]$

1.6 言語＝文字列の集合

1.6.1 言語とは何だろう

文字を元とする有限集合のことを**アルファベット**という．アルファベット Σ (シグマ) の元を有限個並べてできる文字列を Σ 上の**語**という．語 x を構成している文字の個数を x の**長さ**といい，$|x|$ で表す．便宜的に長さ 0 の文字列 (**空語**) を考え，記号 λ で表す．Σ 上の語の全体からなる集合を Σ^* で表し，Σ^* から空語を除いたものを Σ^+ で表す．Σ^* の部分集合を Σ 上の**言語**という．

語 x の後に語 y をつなげる演算 $(\cdot)$ を**連接**という．x を n 個連接したものを x^n で表し，x の文字の並び順を逆にした語を x の**鏡像**といい x^R で表す．語 $x \in \Sigma^*$ が $x = uvw$ $(u, v, w \in \Sigma^*)$ と表されるとき，u, v, w を x の**部分語**という．とくに，u を x の**接頭語**といい，w を x の**接尾語**という．

言語 L, L' に対し，L と L' の連接 LL'，L の n 乗 L^n，L の鏡像 L^R，L の**クリーン閉包** (Kleene) L^*，L の正閉包 L^+ をそれぞれ次のように定義する：

$$LL' := \{\, xy \mid x \in L, \ y \in L' \,\} \quad L^0 := \{\lambda\}, \quad L^n := L^{n-1}L \ (n \geq 1).$$

$$L^R := \{\, x^R \mid x \in L \,\}. \quad L^* := \bigcup_{n=0}^{\infty} L^n, \quad L^+ := \bigcup_{n=1}^{\infty} L^n.$$

言語 A, B, C について，次の公式が成り立つ．

> (i) 結合律：$A(BC) = (AB)C$，　分配律：$A(B \cup C) = AB \cup AC$
>
> (ii) $A^1 = A, \quad A^m A^n = A^{m+n} \ (m, n \in \mathbf{N}), \quad (AB)^R = B^R A^R$
>
> (iii) $(A^*)^* = A^* A^* = A^*, \quad AA^* = A^* A = A^+ A^+ = A^+,$
> $\lambda \notin A$ なら $A^+ = A^* - \{\lambda\}$

例題1.31　(1) $\Sigma = \{a, b\}$，$x = abbaaa \in \Sigma^*$，$A = \{\lambda, a, ab\} \subsetneq \Sigma^*$，$B = \{\lambda, b\} \subsetneq \Sigma^*$ のとき，$|x|, x^2, x^R, A^2 B$ を求めよ．

(2) 自然数を 2 進数表現した文字列の集合 N，正の偶数からなる N の部分集合 E をアルファベット $\{0, 1\}$ 上の言語として表せ．

解　(1) $|x| = 6$, $x^2 = abbaaaabbaaa = ab^2 a^4 b^2 a^3$, $x^R = aaabba$, $A^2 B = \{\lambda, a, b, ab, a^2, a^2 b, aba, ab^2, a^2 b^2, (ab)^2, (ab)^2 b\}$

(2) $N = \{0\} \cup \{1\}\{0,1\}^*$，$E = \{0\} \cup \{1\}\{0,1\}^*\{0\}$

定理 1.7
A, B を任意の言語とする．$\lambda \notin A$ のとき，$X = AX \cup B$ を満たす言語 X は $X = A^*B$ ただ 1 つである．

例題1.32 言語の演算に関する前ページの等式 (i) を証明せよ．

解 $A(BC) \subseteq (AB)C$ の証明：$x \in A(BC)$ だとすると $x = a(bc)$ となる $a \in A, b \in B, c \in C$ が存在する．語 a, b, c については明らかに $a(bc) = (ab)c$ が成り立つから $x \in (AB)C$ である．よって，$A(BC) \subseteq (AB)C$ が示された．$A(BC) \supseteq (AB)C$ の証明も同様．

$A(B \cup C) \subseteq AB \cup AC$ の証明：$x \in A(B \cup C) \implies x = ay$ となる $a \in A, y \in B \cup C$ が存在する $\implies a \in A$ かつ $[y \in B$ または $y \in C] \implies ay \in AB$ または $ay \in AC \implies x \in AB \cup AC$. $\therefore A(B \cup C) \subseteq AB \cup AC$. $A(B \cup C) \supseteq AB \cup AC$ の証明も同様． ∎

1.6.2 符号化・・・なんでもかんでも文字列で表す

Ω（オメガ）を対象の集合とし，Σ を有限アルファベットとする．Ω から Σ^* への全単射 σ（シグマ）のことを Ω の**符号化**と言い，$\sigma(x)$ を $x \in \Omega$ の**符号語**と呼ぶ．逆に，$\alpha \in \Sigma^*$ から $\sigma^{-1}(\alpha) \in \Omega$ を求めることを**復号**という．

例題1.33 次のそれぞれを適当なアルファベットを使って符号化せよ．
(1) 有限集合 M から $\boldsymbol{N}$ への関数　　(2) 将棋の棋譜

解 (1) $M = \{m_1, \ldots, m_k\}$ とする．関数 $f : M \to \boldsymbol{N}$ は $M \times \boldsymbol{N}$ の部分集合 $\{(m, f(m)) \mid m \in M\}$ と同一視できるので，この有限集合の元を $\overline{(m, f(m))} := \overline{i} 2 \overline{f(m)} 2$ ($m = m_i$ のとき) と符号化した符号語 ($\{0,1,2\}$ 上の語) を連接すればよい．ただし，$n \in \boldsymbol{N}$ に対して $\overline{n}$ は n の 2 進数表現を表す．
(2) コマに番号を付け (対局者のどちら側のコマであるかも区別する)，それらが将棋版のどの位置に置かれているか (あるいはどちらかの対局者の持ち駒になっているか) を整数の組 (x, y, z)，$1 \leqq x, y \leqq 13$，$1 \leqq z \leqq 3$ で表せばよい．(x, y) は $1^x 01^y \in \{0,1\}$ とか $\overline{\overline{x}} 0 \overline{\overline{y}} \in \{0,1\}^*$ で表せばよい．ただし，$\overline{\overline{w}}$ は，$\overline{\overline{5}} = 110011$ のように $\overline{w}$ を構成する各文字を 2 個ずつにして表したものである． ∎

1.6節 問題

問題 1.52 $A = \{\lambda, 0\}$, $B = \{1, 01\}$ とする．次の言語の元を列挙せよ．
(1) A^0 (2) A^2 (3) B^3 (4) AB
(5) A^* (6) A^+ (7) $(AB)^R$ (8) $A^* \cap B^*$

問題 1.53 w は有限アルファベット Σ 上の語で，$|\Sigma| = k$, $|w| = l$ とする．
(1) $|\Sigma^n|$ を求めよ． (2) w の接頭語，接尾語の個数を求めよ．
(3) w の部分語は最大何個あるか？ 最小では？

問題 1.54 (1) 語 x, y に対して，$x^2 = y^2$ ならば $x = y$ か？
(2) 言語 A, B に対して，$A^2 = B^2$ ならば $A = B$ か？

問題 1.55 32ページの言語の演算に関する等式 (ii),(iii) および次の (iv) を証明せよ．
(iv) $(A^* B^*)^* = (A \cup B)^* = (A^* \cup B^*)^*$

問題 1.56 $\lambda \in A$ のとき，$X = A^* B$ 以外の $X = AX \cup B$ の解を見つけよ．

問題 1.57 言語 A, B, C について，次の等式が成り立つ例と成り立たない例を示せ．
(1) $A^R = A$ (2) $A^+ = A^* - \{\lambda\}$ (3) $(AB)^* = (BA)^*$
(4) $A(B \cap C) = AB \cap AC$ (5) $(B \cap C)A = BA \cap CA$

問題 1.58 自然数の 10 進表現はアルファベット $\Sigma = \{0, 1, \cdots, 9\}$ 上の語とみなすことができる．次の自然数の集合を表す言語を示せ．
(1) 自然数すべての集合 (2) 偶数すべての集合
(3) 5 の倍数すべての集合 (4) 1000 以上の整数すべての集合
(5) 2 桁つづけて 0 が現れることがないような数すべての集合

問題 1.59 語 x が語 y の接頭語であることを $x \preceq y$ と書くことにする．$x \preceq y$ かつ $w \preceq y$ ならば $w \preceq x$ または $x \preceq w$ であることを示せ．

問題 1.60 $\lambda \in A$, $\lambda \in B$ ならば $(A \cup B)^* = (AB)^*$ であることを示せ．

問題 1.61 身の回りにある符号化の例を挙げよ．

問題 1.62 次のそれぞれを適当なアルファベットを使って符号化せよ．
(1) 楽譜 (2) 整数係数多変数方程式 ($3x^5 z + y^2 z - 8x^3 + 7 = 0$ など)
(3) ひらがなの回文 (前から読んでも後から読んでも同じ文章)

問題 1.63 実数の符号化について考察せよ．

第2章
数学的帰納法と再帰的定義

この章では，コンピュータサイエンスの分野で必須の概念である，再帰的定義と数学的帰納法について学ぶ．

2.1 数学的帰納法

2.1.1 自然数と数学的帰納法

G. ペアノ^{Peano}(1889) は自然数を次のように公理的に定義した．

> 集合 $\boldsymbol{N}$ が次の (1)〜(3) を満たすとき，$\boldsymbol{N}$ の元を**自然数**という．
> (1) $\boldsymbol{N}$ はある特定の元 0 を含んでいる．すなわち，$0 \in \boldsymbol{N}$．
> (2) $\boldsymbol{N}$ から $\boldsymbol{N}$ への単射 S が存在し，$0 \notin S(\boldsymbol{N})$ である．
> (3) $\boldsymbol{N}$ の部分集合 M が次の (a),(b) を満たすならば $M = \boldsymbol{N}$ である．
>   (a) $0 \in M$
>   (b) $S(M) \subseteq M$，すなわち，$m \in M$ ならば $S(m) \in M$．

$S(m)$ を m の**後者**といい，$m+1$ に相当する．$S^0(0) = 0$，$S^n(0) := S(S^{n-1}(0))$ と定義するとき，$0, S(0), S^2(0), S^3(0), \ldots$ はすべて異なる．これらは自然数 $0, 1, 2, 3, \ldots$ に相当する．我々が自然数について知っている性質は (1)〜(3) に必要な概念を追加定義することにより導くことができる．

公理 (3) を数学的帰納法の公理という．(3) から次の定理が証明できる．

> **定理 2.1** (**数学的帰納法**) $P(x)$ を x に関する命題とする．$P(x)$ がすべての自然数 x に対して成り立つことを証明するためには，次の (a) と (b) を証明すればよい．
> (a) $P(0)$ が成り立つ．
> (b) 任意の自然数 k に対し，$P(k)$ が成り立つならば $P(k+1)$ も成り立つ．

(a) を帰納法の**基礎**，(b) を**帰納ステップ**と呼び，(b) の「$P(k)$ が成り立つ」の部分を**帰納法の仮定**という．

例題2.1 ペアノの公理系において，$0, S(0), S^2(0), \ldots, S^n(0), \ldots$ はすべて異なることを示せ．

解 まず，任意の $n = 0, 1, \ldots$ について，$S^n(0) \in \boldsymbol{N}$ であることを示そう．$M := \{n \mid S^n(0) \in \boldsymbol{N}\}$ とおいて，$M = \boldsymbol{N}$ であることを示せばよい．明らかに $0 \in M$．$m \in M$ だとすると $m = S^m(0) \in \boldsymbol{N}$ であるからペアノの公理 (2) より $S^{m+1}(0) = S(S^m(0)) \in \boldsymbol{N}$．よって，$m+1 = S(m) \in M$．ゆえに，数学的帰納法の公理 (3) により $M = \boldsymbol{N}$．

次に，どの $n > 0$ についても $S^n(0) \neq 0$ である．なぜなら，$S^{n-1}(0) \in \boldsymbol{N}$ であるから，$S^n(0) = 0$ だとすると $0 = S^n(0) = S(S^{n-1}(0)) \in S(\boldsymbol{N})$ となり，$0 \notin S(\boldsymbol{N})$ とする公理 (2) に反す．最後に，$S^n(0) = S^{n+m}(0)$ となる $n > 0, m > 0$ が存在したとし，そのような最小の n を考える．公理 (5) より $S^{n-1}(0) = S^{n-1+m}(0)$ が得られるが，これは n の最小性に反す． ∎

2.1.2 いろいろな数学的帰納法

（1）「命題 $P(n)$ は，すべての自然数 n に対して成り立つわけではないが，n_0 以上のすべての自然数に対しては成り立つ」ということを証明するためには，「$P(n_0)$ が成り立つ」ことと，「n_0 以上の任意の k に対して，もし $P(k)$ が成り立つなら $P(k+1)$ も成り立つ」ことを証明すればよい．

（2） 次の形の数学的帰納法を**完全帰納法**とか数学的帰納法の第 2 原理とか呼ぶことがある．

> すべての自然数 n に対して $P(n)$ が成り立つことを証明するためには，次の (a), (b) を証明すればよい．
> (a) $P(0)$ が成り立つ．
> (b) k を任意の自然数とする．k 以下のすべての自然数 k' に対して $P(k')$ が成り立つならば，$P(k+1)$ も成り立つ．

（3） **多重帰納法**(次の定理 2.2 は多重帰納法の 1 つの 2 重帰納法)

2.1 数学的帰納法

定理 2.2 命題 $P(m,n)$ がすべての自然数 m,n に対して成り立つことを証明するには，次の (a), (b) が成り立つことを示せばよい．
(a) $P(0,0)$ が成り立つ．
(b) $P(k,l)$ が成り立つならば，$P(k+1,l)$ も $P(k,l+1)$ も成り立つ．

例題2.2 次のことを数学的帰納法で証明せよ．
(1) 自然数 n について，$(1+2+\cdots+n)^2 = 1^3+2^3+\cdots+n^3$.
(2) 3つの連続する整数の3乗の和は9で割り切れる．
(3) 8円以上の郵便料金は3円切手と高々2枚の5円切手で支払える．

解 (1) (基礎) $1^2 = 1^3$ だから OK.
(帰納ステップ) $(1+\cdots+k+(k+1))^2 = (1+\cdots+k)^2 + 2(1+\cdots+k)(k+1)+(k+1)^2$. ここで，$1+\cdots+k = \frac{k(k+1)}{2}$ であることと，帰納法の仮定 $(1+\cdots+k)^2 = 1^3+\cdots+k^3$ を使うと，与式 $= 1^3+\cdots+k^3+k(k+1)^2+(k+1)^2 = 1^3+\cdots+k^3+(k+1)^3$.

(2) 整数 m が整数 n を割り切ることを $m \mid n$ で表す．3つの連続する整数を $x, x+1, x+2$ とする．$x \leq -2$ のときは，$-(x+2), -(x+1), -x$ は連続する自然数で，かつ $9 \mid ((-(x+2))^3 + (-(x+1))^3 + (-x)^3) \iff 9 \mid (x^3 + (x+1)^3 + (x+2)^3)$ であるから，$x \geq -1$ の場合，すなわち，任意の自然数 n に対して $9 \mid ((n-1)^3 + n^3 + (n+1)^3)$ を証明すればよい．
(基礎) $n=0$ のとき，$(-1)^3 + 0^3 + 1^3 = 0$ は9で割り切れるから OK.
(帰納ステップ) $k^3 + (k+1)^3 + (k+2)^3 = (k-1)^3 + k^3 + (k+1)^3 + ((k+2)^3 - (k-1)^3) = (k-1)^3 + k^3 + (k+1)^3 + 9(k^2+k+1)$ で，帰納法の仮定により $9 \mid ((k-1)^3 + k^3 + (k+1)^3)$ であることより OK.

(3) (基礎) 8円のときは1枚の5円切手と1枚の3円切手で OK.
(帰納ステップ) $n \geq 9$ 円のとき．n が3円の倍数 ($n=3k$) の場合，3円切手だけで OK. $n = 3k+1$ の場合，$n \geq 9$ なので $k \geq 3$ であり，$n = 3(k-3)+9+1 = 3(k-3)+5 \times 2$ なので，5円切手2枚と3円切手だけで OK ($k-3 < n$ に完全帰納法を適用していることに注意)．$n = 3k+2$ の場合，$n = 3(k-1)+3+2 = 3(k-1)+5$ なので，5円切手1枚と3円切手だけで OK. □

2.1.3 自然数に関するいろいろな性質はどうやってわかる？

N 上の 2 変数関数 a, b を次のように定義する．

$$\begin{cases} a(x,0) = x & ① \\ a(x, S(y)) = S(a(x,y)) & ② \end{cases} \quad \begin{cases} b(x,0) = 0 \\ b(x, S(y)) = a(b(x,y), x) \end{cases}$$

$a(x,y), b(x,y)$ をそれぞれ $x + y, x \cdot y$ と略記する (加法と乗法)．また，$x \geqq y \overset{\text{def}}{\iff} \exists z\, [x = y + z]$ と定義する．この定義の下で，$+, \cdot, \geqq$ に関する基本的性質を導くことができる．このようにして，ペアノの公理を出発点として，我々が自然数に関して知っているあらゆる性質を導くことができる．

例題2.3 $+$ の定義に基づき，次のことを証明せよ．$x, y, z \in N$ である．
(1) $x + 0 = 0 + x$ (2) $x + S(y) = S(x) + y$

解 (1) x に関する帰納法．$M := \{x \in N \mid x + 0 = 0 + x\}$ とする．
(基礎) $x = 0$ のとき，左辺 $= 0 + 0 =$ 右辺 であるから $x \in M$ である．
(帰納ステップ) $x \in M$ とする．$S(x) \in M$ を示したい．以下で，「$+$ の定義の第 1 式①」「$+$ の定義の第 2 式②」をそれぞれ $\overset{①}{=}, \overset{②}{=}$ でも表している．

$$\begin{aligned} 右辺 &= 0 + S(x) = S(0 + x) & (\text{$+$ の定義の第 2 式 ②}) \\ &= S(x + 0) & (\text{帰納法の仮定}) \\ &= S(x) & (\text{$+$ の定義の第 1 式 ①}) \\ &= S(x) + 0 = 左辺. & (\text{$+$ の定義の第 1 式 ①}) \end{aligned}$$

よって，$S(x) \in M$ であることが示された．ゆえに，ペアノの公理 (3) により，$M = N$，すなわち，$x + 0 = 0 + x$ がすべての $x \in N$ に対して成り立つ．

以上の証明はペアノの公理そのものに基づいた証明であるが，(2) では，ごく普通の数学的帰納法 (定理 2.1) に基づいた証明を行う．
(2) y に関する帰納法．
(基礎) 左辺 $= x + S(0) \overset{②}{=} S(x + 0) \overset{①}{=} S(x) \overset{①}{=} S(x) + 0 =$ 右辺．
一方，(帰納ステップ) では，任意の $y \in N$ について，$x + S(y) = S(x) + y$ が成り立つ (帰納法の仮定) ならば $x + S(S(y)) = S(x) + S(y)$ も成り立つことを示せばよい．左辺 $= x + S(S(y)) \overset{②}{=} S(x + S(y)) \overset{\text{帰納法の仮定}}{=} S(S(x) + y) \overset{②}{=} S(x) + S(y) =$ 右辺． ∎

2.1節 問題

問題 2.1 次のことを数学的帰納法 (または完全帰納法) で証明せよ．

(1) 任意の集合 $A_1, A_2, \ldots, A_n$ $(n \geq 1)$ に対して次の等式が成り立つ (ド・モルガンの法則)．

    (a) $\overline{\bigcup_{i=1}^n A_i} = \bigcap_{i=1}^n \overline{A_i}$ (b) $\overline{\bigcap_{i=1}^n A_i} = \bigcup_{i=1}^n \overline{A_i}$

(2) $n \geq 4$ ならば $2^n < n!$ である．

(3) $f_0 = 0,\ f_1 = 1,\ f_{n+2} = f_{n+1} + f_n$ $(n \in \boldsymbol{N})$ で定義される数列 $\{f_n\}$ の第 n 項は

$$f_n = \frac{1}{\sqrt{5}} \left(\frac{1+\sqrt{5}}{2}\right)^n - \frac{1}{\sqrt{5}} \left(\frac{1-\sqrt{5}}{2}\right)^n \quad (n = 0, 1, 2, \cdots).$$

(4) 凸 n 角形 $(n \geq 3)$ の内角の和は $(n-2) \times 180°$ である．

問題 2.2 完全帰納法が正しいことを証明せよ．

問題 2.3 実数 x に対し，$\lfloor x \rfloor$ は x 以下の最大整数を表す．$P(n)$ を自然数 n に関する命題とする．次の (a), (b) が成り立つなら，$P(n)$ はすべての自然数 n に対して成り立つことを示せ．

(a) $P(0)$ が成り立つ．

(b) 任意の自然数 k に対して，$P(\lfloor \frac{k}{2} \rfloor)$ が成り立つなら $P(k)$ も成り立つ．

問題 2.4 例題 2.3 と同様に証明せよ．ただし，大小関係 $\geq$ は

$$x \geq y \overset{\text{def}}{\iff} \exists z \in \boldsymbol{Z}\,[x = y + z]$$

と定義されている．

(1) $x + y = y + x$

(2) $x + y = 0 \implies x = y = 0$

(3) $x \cdot 0 = 0 \cdot x = 0,\quad x \cdot 1 = 1 \cdot x = x$

(4) $x \cdot (y + z) = (x \cdot y) + (x \cdot z)$

(5) $x \cdot y = y \cdot x$

(6) $x \cdot (y \cdot z) = (x \cdot y) \cdot z$

(7) $x \cdot y = 0 \implies (x = 0) \lor (y = 0)$

(8) $(x \geq y) \land (y \geq z) \implies x \geq z$

(9) $x \geq x$

(10) $(x \geq y) \land (y \geq x) \implies x = y$

2.2 再帰的定義

> **再帰的定義**(集合 S を定義する場合)
> (ⅰ) **初期ステップ** S の要素となるものをいくつか(有限個)列挙する．
> (ⅱ) **再帰ステップ** すでに S の要素であることがわかっているものを使って S の新しい要素を定める方法を述べる．
> (ⅲ) **限定句** 初期ステップをもとにして再帰的ステップを有限回適用して得られるものだけが S の元であることを述べる．すなわち，S は初期ステップと再帰ステップを満たす集合の中で最小のものである．このような限定句は当然のこととして述べないことが多い．

このような定義方法を**再帰的定義**とか**帰納的定義**という．再帰的に定義された事柄に関する証明には数学的帰納法が有効なことが多い．

例題2.4 再帰的に定義せよ．
(1) 偶数でない 3 の倍数すべての集合 T (2) 関数 $\mathrm{sum}(n) = \sum_{i=0}^{n} i$
(3) 定数数列 $a_n = 3$ $(n = 0, 1, \dots)$ (4) 自然数の間の大小関係 $\geqq$
(5) アルファベット Σ 上の語 x の長さ $\mathrm{length}(x)$
(6) n 桁の自然数 x に下から 3 桁おきにコンマ (,) を入れる操作 $\mathrm{comma}(x, n)$

解 再帰的定義においては，何がそれ以上分解できない基本的なものであるかや，上位のものを下位のものを用いて表す際の基本的操作や演算が何であると考えるかによって，答が変わる．以下の解は例に過ぎない．限定句は省略した．
(1) (ⅰ) $3 \in T$ (ⅱ) $x \in T \implies x + 6 \in T$
(2) (ⅰ) $\mathrm{sum}(0) = 0$ (ⅱ) $n > 0 \implies \mathrm{sum}(n) = \mathrm{sum}(n-1) + n$
(3) (ⅰ) $a_0 = 3$ (ⅱ) $a_{n+1} = a_n$
(4) (ⅰ) $0 \geqq 0$ (ⅱ) $x \geqq y \implies x + 1 \geqq y$
(5) (ⅰ) $\mathrm{length}(\lambda) = 0$ (ⅱ) $x \in \Sigma^*, a \in \Sigma \implies \mathrm{length}(xa) = \mathrm{length}(x) + 1$
(6) (ⅰ) $n \leqq 3 \implies \mathrm{comma}(x, n) = $「$x$ を書く」
 (ⅱ) $n \geqq 4 \implies \mathrm{comma}(x, n) = $「$\mathrm{comma}(x \div 1000$ の商 $, n-3)$ を行った結果の後ろにコンマを 1 つ書き，それに続けて $x \bmod 1000$ の頭に 0 を付けて 3 桁としたものを書く」

例題2.5 次のような再帰的な定義によって，どんな集合や関数が定義されるか？ 限定句は省略してある．
（1） 集合 A 　（ⅰ）a さん $\in A$ 　（ⅱ）b さん $\in A \Longrightarrow b$ さんの子 $\in A$
（2） （ⅰ）$f(0) = f(1) = 1$ 　（ⅱ）$n \geqq 2$ に対して，$f(n) = f(n-1)f(n-2)$
によって定まる関数 $f : \boldsymbol{N} \to \boldsymbol{N}$
（3） 次のように定義された，アルファベット $\{0,1\}$ 上の言語 L
　　（ⅰ）$\{0\} \subseteq L$ 　（ⅱ）$x \in L \Longrightarrow \{1x, 10x\} \subseteq L$

解 （1） a さんと a さんの子孫すべてからなる集合．
（2） 定数関数 $f(n) = 1 \, (n \in \boldsymbol{N})$ 　　（3） $L = \{1, 10\}^*\{0\}$ ■

2.3 バッカス記法

バッカス記法 (**BNF** ともいう) は，プログラミング言語の**構文**(シンタックス) を厳密に定義する方法の 1 つである．

次のような式を**超式**といい，この超式は，10 進数とは $0, 1, \ldots, 9$ を 1 個以上任意に並べた文字列のことであることを定義している．

　　　　〈10 進数〉 ::= $0 \mid 1 \mid \cdots \mid 9 \mid$ 〈10 進数〉$0 \mid \cdots \mid$ 〈10 進数〉9

〈 〉でくくったものを**超変数**という．一方，$0, 1, \ldots, 9$ や A, B, C, $\ldots$, Z, a, b, c, $\ldots$, z, $+, -, *, /, \langle, \rangle, =, (,)$ といった文字や記号は基本文字である．超式の左辺には定義したい超変数を書き，右辺には基本記号と超変数と記号 '$\mid$' を含んだ文字列を書く．左辺はこの右辺に書かれた形をしているものとして定義される．'$\mid$' は「または」を表す．上の例のように，左辺の超変数が右辺に「再度」現われてもよい (一般に，このことが「再帰的」という名称の由来である)．

例題2.6 次の事柄 (または，もの) を BNF で定義せよ．
（1） 10 進数．ただし，0 から始まる 10 進数としては 0 しか許さない．
（2） 美人には形態美人と精神美人とがある．形態美人には顔美人，プロポーション美人があり，顔美人には目美人，口元美人，鼻美人があり，プロポーション美人は胸美人，脚美人，八頭身美人にわけられる．A さんは目美人であり，B さんと C さんは八頭身美人である．

（3） 3 の倍数である非負整数.

解 （1）〈10 進数〉::= 0 |〈0 以外の数字〉|〈0 以外の数字〉〈10 進数〉
〈0 以外の数字〉::= 1 | 2 | ⋯ | 9
（2）〈美人〉::=〈形態美人〉|〈精神美人〉
〈形態美人〉::=〈顔美人〉|〈プロポーション美人〉
〈顔美人〉::=〈目美人〉|〈口元美人〉|〈鼻美人〉
〈プロポーション美人〉::=〈胸美人〉|〈脚美人〉|〈八頭身美人〉
〈目美人〉::= A さん | ⋯   〈八頭身美人〉::= B さん | C さん | ⋯
（3）〈0,3,6,9〉::= 0 | 3 | 6 | 9　〈1,4,7〉::= 1 | 4 | 7　〈2,5,8〉::= 2 | 5 | 8
〈3 の倍数〉::=〈0,3,6,9〉|〈3 の倍数〉〈0,3,6,9〉|〈余り 1〉〈2,5,8〉|〈余り 2〉〈1,4,7〉
〈余り 1〉::=〈1,4,7〉|〈余り 1〉〈0,3,6,9〉|〈余り 2〉〈2,5,8〉|〈3 の倍数〉〈1,4,7〉
〈余り 2〉::=〈2,5,8〉|〈余り 2〉〈0,3,6,9〉|〈余り 1〉〈1,4,7〉|〈3 の倍数〉〈2,5,8〉　■

'数式' をバッカス記法で次に示したように定義したとき (↑ は累乗演算子)，$a + 2 * b$ が数式であることは下図に示したようにわかる．この図は，$a + 2 * b$ がこの BNF による定義に関してどのような構造をしているかを表しており，**構文木**という．

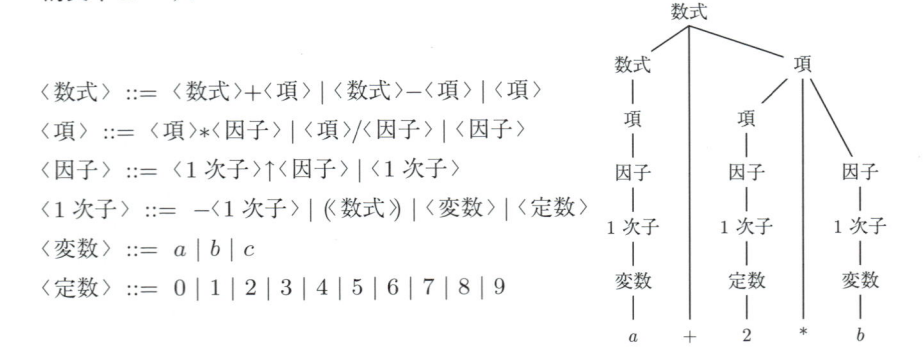

〈数式〉::=〈数式〉+〈項〉|〈数式〉−〈項〉|〈項〉
〈項〉::=〈項〉*〈因子〉|〈項〉/〈因子〉|〈因子〉
〈因子〉::=〈1 次子〉↑〈因子〉|〈1 次子〉
〈1 次子〉::= −〈1 次子〉|《数式》|〈変数〉|〈定数〉
〈変数〉::= a | b | c
〈定数〉::= 0 | 1 | 2 | 3 | 4 | 5 | 6 | 7 | 8 | 9

例題2.7 上記の BNF によって定まる '数式' に関して答えよ．
（1） $-3 * (4 - 5)$ の構文木を書き，それに従って計算した値を求めよ．
（2） $a - -2$ は数式として許されるか？
（3） $a + b - c$ は $(a + b) - c$ と計算されるか？ または $a + (b - c)$ と計算されるか？ また，$-2 ↑ 2, 3 ↑ 1 ↑ 2$ の値はいくつか？

2.3 バッカス記法

解 （1） 下左図に示す構文木しか存在しないので，$((-3)*(4-5))$ という順序で計算されて，値は 3．
（2） 許される（下右図に示す構文木しか存在しない）．$a-(-2)$ を意味する．
（3） 構文木は省略する．$a+b-c$ は $(a+b)-c$ と計算され，$3\uparrow 1\uparrow 2$ は $3^{(1^2)}=3$ であり，$-2\uparrow 2$ は $(-2)^2=4$ である． □

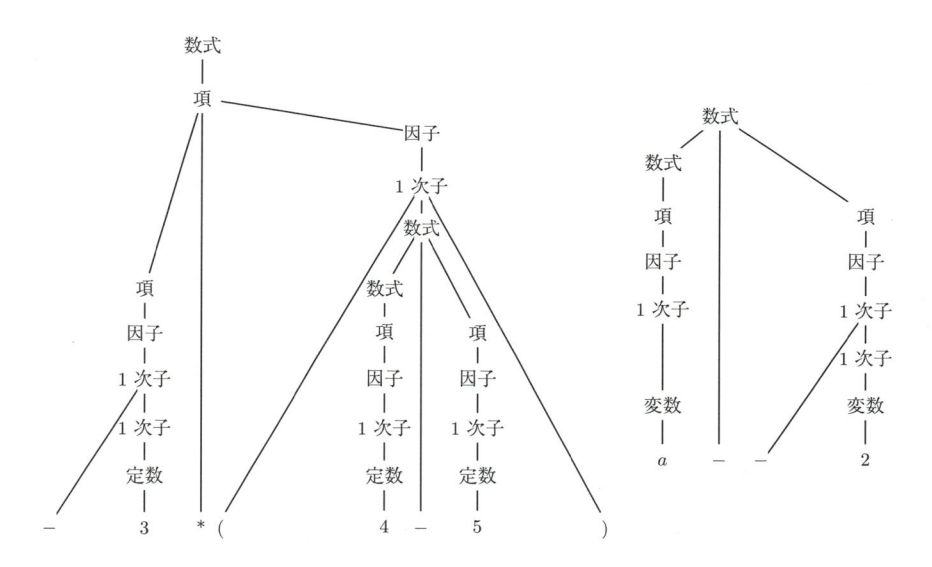

● **(文脈自由) 文法** α を超変数とし，$\beta_1,\ldots,\beta_n$ を文字 '|' を含まない文字列とする．超式

$$\alpha ::= \beta_1 \mid \cdots \mid \beta_n$$

と $\alpha\to\beta_1,\ldots,\alpha\to\beta_n$ を同一視する．各 $\alpha\to\beta_i$ $(1\leq i\leq n)$ は，α を β_i に書き換える「書き換え規則」であると考える．

BNF に現れる超変数それぞれは，文字列の集合すなわち言語を定義する．いくつも超式がある場合でも，それらの左辺 (超変数) は 1 つの例外 (主超変数と仮に呼ぶことにする) を除き，他の超変数を定義している超式の右辺に現れる．超変数 (非終端記号ともいう) の集合を Γ，基本文字 (終端記号ともいう) の集合を Σ，超式に対応する書き換え規則の集合を Π とし，主超変数 ($\boldsymbol{S}$ とする) を指定すると，それは BNF と本質的に同じものである．BNF をこのように，文字列の書き換え規則の集合として表したシステム $G:=(\Gamma,\Sigma,\Pi,\boldsymbol{S})$ のこ

とを**文脈自由文法**(**CFG**と略記する) と呼ぶ.

CFG $G = (\Gamma, \Sigma, \Pi, \boldsymbol{S})$ が定義する (**生成**するともいう) のは Σ 上の語の集合であり,それは次のように定義される. α が文字列 x の部分語であり $(x = u\alpha v;\ u, v \in (\Gamma \cup \Sigma)^*$ とする), $\alpha \to \beta$ が Π の書き換え規則であるとき, x の中の α を β に書き換えて文字列 $x' = u\beta v$ が得られるとき,

$$x \Rightarrow x' \quad \text{すなわち} \quad u\alpha v \Rightarrow u\beta v$$

と書く. $\Rightarrow$ は書き換えの 1 ステップを表す. $\Rightarrow$ を 0 回以上行って $x_0 \Rightarrow x_1 \Rightarrow \cdots \Rightarrow x_n$ となるとき (これを x_n の**導出**という),途中を省略して $x_0 \Rightarrow^* x_n$ と書く. $\boldsymbol{S}$ から書き換え $\Rightarrow$ を 0 回以上行って得られる Σ 上の語の集合 $L(G) := \{x \in \Sigma^* \mid \boldsymbol{S} \Rightarrow^* x\}$ を G によって生成される言語 (**文脈自由言語**) という.

例題2.8 次の文脈自由文法 (CFG) が生成する言語を求めよ.また,生成される語を 1 つ,その導出とともに示せ.
(1) $G_1 = (\{X\}, \{0\}, \{X \to 00X \mid 0\}, X)$
(2) 例題 2.7 の BNF に対応する CFG G_2.

解 (1) X は 2 個ずつ 0 を生成しつづけ,最後に 0 を 1 個生成して消滅する: $X \Rightarrow 00X \Rightarrow 0000X \Rightarrow^* (00)^n X \Rightarrow (00)^n 0$. $L(G_1) = \{0^{2n+1} \mid n \geq 0\}$.
(2) $G_2 = (\{E, T, F, P, V, C\}, \{a, b, c, 0, 1, \ldots, 9, +, -, *, /, \uparrow, (,)\}, \{E \to E+T \mid E-T \mid T,\ T \to T*F \mid T/F \mid F,\ F \to P \uparrow F \mid P,\ P \to -P \mid (E) \mid V \mid C,\ V \to a \mid b \mid c,\ C \to 0 \mid 1 \mid \cdots \mid 9\}, E)$.

導出の例 (例題 2.7 の (2)): $E \Rightarrow E - T \Rightarrow T - T \Rightarrow F - T \Rightarrow P - T \Rightarrow V - T \Rightarrow a - T \Rightarrow a - F \Rightarrow a - P \Rightarrow a - -P \Rightarrow a - -C \Rightarrow a - -2$. ■

例題2.9 アルファベット $\{a, b, c\}$ 上の次の言語を生成する CFG を示せ.
(1) $\{a, ab\}^*$ (2) $\{a^n b^n c^m \mid n, m \geq 1\}$
(3) $\{x \in \{a, b, c\}^* \mid x$ は a, b を同数ずつ含む $\}$

解 (1) $(\{S\}, \{a, b\}, \{S \to \lambda \mid aS \mid abS\}, S)$
(2) $(\{S, A, C\}, \{a, b, c\}, \{S \to AC,\ A \to aAb \mid ab,\ C \to cC \mid c\}, S)$
(3) $(\{S, A, B\}, \{a, b\}, \{S \to aSB \mid bSA \mid \lambda,\ A \to a \mid aS \mid Sa,\ B \to b \mid bS \mid Sb\}, S)$. ■

2.3 節 問題

問題 2.5 再帰的に定義せよ．
(1) 2 の累乗 (2^n という形の自然数 ($n = 0, 1, 2, \dots$))
(2) 符号の付いていない 2 進数すべてを表す言語 $B := \{0\} \cup \{1\}\{0,1\}^*$
(3) 前から読んでも後ろから読んでも同じであるような，数字 0,1 の列
(4) n 組の左右括弧の対 $[_1,]_1, \dots, [_n,]_n$ が整合しているような括弧の列を元とする言語 D_n．$\lambda \in D_n$ とする．特に，D_1 を**ダイク言語**(Dyck)という．
(5) 自然数 m を正整数 n で割った余り　(6) $\{a_1, \dots, a_n\}$ の中の最大値

問題 2.6 次の再帰的定義によってどんな集合や関数が定義されるか？
(1) 次のように定義された自然数上の 2 変数関数 $p(m,n)$ と $q(m,n)$
　(i) $p(0,0) = q(0,0) = 0$　(ii) $p(m+1, n) = q(n, m+1)$,
　$p(m, n+1) = q(n+1, m)$,　$q(n, m+1) = q(m+1, n) = q(n, m) + 1$
(2) 次のように定義された関数 $d : \boldsymbol{N} \times \boldsymbol{N}_{>0} \to \boldsymbol{N}$
　(i) $d(0, y) = 0$　(ii) $d(x+1, y) = \begin{cases} d(x, y) & (x \bmod y) + 1 < y \text{ のとき} \\ d(x, y) + 1 & (x \bmod y) + 1 = y \text{ のとき} \end{cases}$
(3)　(i) $n \leqq 9 \Longrightarrow f(n) = 1$　(ii) $n \geqq 10 \Longrightarrow f(n) = f(n \div 10 \text{ の商}) + 1$
によって定義された関数 $f : \boldsymbol{N} \to \boldsymbol{N}$
(4)　D_1 をダイク言語とする．(i) $d(\lambda) = 0$ ($\lambda \in D_1$ であることに注意)
　(ii) $x, y \in D_1 \Longrightarrow d([_1 x]_1) = d(x) + 1$, $d(xy) = \max\{d(x), d(y)\}$
(5) ある図形△がどのようなものであるかと，△の○とは何かと，○に対する $d(○)$ を次のように再帰的に定義する．

　(i) ● だけからなる図形は△であり，● はその○であり，$d(その●) = 0$

　(ii) T が△で，○ が T の○である $\Longrightarrow T' :=$ ［図］ は△であり，T の○のうちの ○ 以外のものは T' の○であり (○ は T' の○ではない)，T' の 2 つの新しい ● も T' の○であり，$d(その●) = d(○) + 1$ である (2 つの新しい ● 以外の○については $d(○)$ は変わらない)．ただし，［図］ は図形 T (と，その○の 1 つである ○) を表示したものである．図形 T に対し，$\max\{d(○) \mid ○ \text{は} T \text{の○}\}$ を T の□という．

問題 2.7 m, n の最大公約数は，(i) $f(n, 0) = n$, (ii) $n > 0$ のとき $f(m, n) = f(n, m \bmod n)$ によって与えられることを示せ．

問題 2.8 次の事柄 (または, もの) を BNF で定義せよ.
(1) $\Sigma = \{a, b\}$ 上の文字列 (空語を含める場合と除く場合の両方について)
(2) 文字 a, b だけを使った回文
(3) 言語 $\{0\} \cup \{1, 2, \cdots, 9\}\{1, 2, \cdots, 9\}^*$ の元を '符号なし整数' と呼ぶ. 符号なし整数自身か, 符号なし整数に符号 $(+, -)$ を付けたものを '整数' という.
(4) 数には整数と実数がある. 整数は実数である. 実数には整数の他に, 符号の付いていない 2 個の整数の中間にピリオド . を書いたもの, その前に符号を付けたもの, こういった実数の後ろに文字 E を書き, さらに続けて整数を書いたものがある.

問題 2.9 次の方程式の解 $\mathbf{N}, \mathbf{A}, \mathbf{L}, \mathbf{D}$ は一意的に定まることを証明せよ.

$$\begin{cases} \mathbf{N} = \mathbf{L} \cup \mathbf{NA} \\ \mathbf{A} = \mathbf{L} \cup \mathbf{D} \\ \mathbf{L} = \{A, B, C, \ldots, Z, a, b, c, \ldots, z\} \quad (\mathbf{L}\text{ は基本文字の集合}) \\ \mathbf{D} = \{0, 1, 2, \ldots, 9\} \quad\quad\quad\quad\quad\quad (\mathbf{D}\text{ も基本文字の集合}) \end{cases}$$

問題 2.10 p.42 の '数式' の定義を変更し, 次の 3 通りの BNF で定義する.
文法 1 : 〈数式〉::=〈定数〉 | 〈変数〉 | 〈数式〉+〈数式〉 | 〈数式〉*〈数式〉 | (〈数式〉)
文法 2 : 〈数式〉::=〈項〉+〈数式〉 | 〈項〉   〈項〉::=〈因子〉*〈項〉 | 〈因子〉
        〈因子〉::=〈定数〉 | 〈変数〉 | (〈数式〉)
文法 3 : 〈数式〉::=〈項〉*〈数式〉 | 〈項〉   〈項〉::=〈因子〉+〈項〉 | 〈因子〉
        〈因子〉::=〈定数〉 | 〈変数〉 | (〈数式〉)
(1) 文法 3 に関して $(a+1)*b+2$ の構文木を 1 つ示せ.
(2) 文法 1 を CFG で表し, $(a+1)*b+2$ の生成の過程 (導出) を 1 つ示せ.
(3) どの文法がもっとも良いといえるか? 理由を説明して答えよ.

問題 2.11 次の言語を生成する文脈自由文法 (CFG) を示せ.
(1) 2 進数 (ただし, 0 から始まるものは 0 しか許さない)
(2) $\{a^i b^j c^{i+j} \mid i, j \geq 0\}$ (3) $\{x \in \{0, 1, 2\}^* \mid x\text{ は } 0 \text{ を } 3 \text{ 個含む}\}$

問題 2.12 次の文脈自由文法 (CFG) が生成する言語を求めよ.
(1) $G_2 = (\{X, Y\}, \{1\}, \{X \to XX, X \to YY, Y \to 1\}, X)$
(2) $G_3 = (\{S, B\}, \{a, b\}, \{S \to aBS \mid BaS, B \to b \mid \lambda\}, S)$
(3) $G_4 = (\{A_0, A_1, A_2\}, \{0, 1, \ldots, 9\}, \{A_i \to jA_{(i+j) \bmod 3} \mid 0 \leq i \leq 2, 0 \leq j \leq 9\} \cup \{A_0 \to 0 \mid 3 \mid 6 \mid 9\}, A_0)$

第3章

関　　係

　この章では，1章で学んだ'関数'を拡張した概念である'関係'と，それを図的に表すことができる'有向グラフ'という概念について学ぶ．

3.1　2 項 関 係

　集合 A, B の直積 $A \times B$ の部分集合 R を **A から B への 2 項関係**，あるいは単に A から B への関係といい，$R: A \to B$ と書く．とくに，A から A 自身への関係を **A の上の関係**ともいう．$(a,b) \in R$ であるとき a と b は **R の関係にある**といい，$a R b$ とも書く．

- $R(a) := \{\, b \in B \mid a R b \,\}$
- R の逆関係　　R^{-1} (アール・インバース) $:= \{(b,a) \mid a \in A,\, b \in B,\, a R b\}$
- R の定義域　$\mathrm{Dom}\, R := \{ a \in A \mid b \in B\ が存在し,\ a R b \}$
- R の値域　　$\mathrm{Range}\, R := \{ b \in B \mid a \in A\ が存在し,\ a R b \}$
- $R: A \to B$ と $S: B \to C$ の合成 $S \circ R : A \to C$
  $S \circ R := \{(a,c) \in A \times C \mid b \in B\ が存在し,\ a R b\ かつ\ b S c\}$

関数は 2 項関係の特別な場合である．すなわち，2 項関係 $R: X \to Y$ が任意の $x \in X$ に対して $|R(x)| = 1$ を満たすなら，R は X から Y への関数である．

例題3.1　A 上の 2 項関係 R に対し，$R \circ R^{-1}$ や $R^{-1} \circ R$ は必ずしも A 上の恒等関係 id_A に等しくない．その例を示せ．また，$\mathrm{Dom}(A) = \mathrm{Range}(A) = A$ なら $R \circ R^{-1} \supseteq id_A$ および $R^{-1} \circ R \supseteq id_A$ が成り立つことを示せ．等号は？

解　例えば，$A = \{a,b\}$, $R = \{(a,b)\}$ のとき，$R^{-1} \circ R = \{(a,a)\}$, $R \circ R^{-1} = \{(b,b)\}$ であり，これらは $id_A = \{(a,a),(b,b)\}$ と等しくない．

任意の $a \in A$ に対し，$\mathrm{Range}(R) = A$ なので $(a,b) \in R$ となる $b \in A$ が存在

する．よって，$(b,a) \in R^{-1}$．ゆえに，$(a,a) \in R^{-1} \circ R$．∴ $id_A \subseteq R^{-1} \circ R$．$id_A \subseteq R \circ R^{-1}$ の証明も同様．等号が成り立つための条件は R^{-1} および R が関数であること．なぜなら，逆の包含関係 $id_A \supseteq R^{-1} \circ R$ が成り立つためには $(a,b) \in R \implies R^{-1}(b) = \{a\}$ でなければならず，これと $\mathrm{Range}(R) = A$ であることより，R^{-1} が関数であることが導かれる．同様に，R も関数でなければならない． □

> **定理 3.1**　（合成に関する結合律）　2項関係 $R_1: A \to B$, $R_2: B \to C$, $R_3: C \to D$ に対し，$R_3 \circ (R_2 \circ R_1) = (R_3 \circ R_2) \circ R_1$ が成り立つ．

R を A の上の2項関係とし，$S, T: A \to B$ とする．

- R の累乗　$\begin{cases} R^0 := id_A := \{(a,a) \mid a \in A\} \\ R^{n+1} := R^n \circ R \quad (n = 0, 1, 2, \cdots) \end{cases}$
- R と S の和 $R \cup S$　$a(R \cup S)b \stackrel{\mathrm{def}}{\iff} aRb$ または aSb
- R と S の共通部分 $R \cap S$　$a(R \cap S)b \stackrel{\mathrm{def}}{\iff} aRb$ かつ aSb
- R の反射推移閉包　$R^* := \bigcup_{n=0}^{\infty} R^n$
- R の推移閉包　$R^+ := \bigcup_{n=1}^{\infty} R^n$

定義より，次のことが成り立つ．

$$aR^*b \iff aR^nb \text{ となる整数 } n \geq 0 \text{ が存在する．}$$
$$aR^+b \iff aR^nb \text{ となる整数 } n \geq 1 \text{ が存在する．}$$

任意の自然数 n に対して $(R^n)^{-1} = (R^{-1})^n$ が成り立つ（R^{-n} と書く）．

例題3.2　$\{a,b,c,d\}$ の上の2項関係 $R = \{(a,b), (b,c), (d,b), (d,c)\}$ と $S = \{(a,b), (a,c), (a,d), (b,c), (b,d), (c,d)\}$ を考える．次を求めよ．
(1)　$R \circ S$, R^2, $(R \cup S)^{-1}$　(2)　$R^* \cup S^*$, $(R \cup S)^*$

解　(1)　$R \circ S = \{(a,b), (a,c), (b,b), (b,c), (c,b), (c,c)\}$,
$R^2 = \{(a,c), (d,c)\}$, $S^2 = \{(a,c), (a,d), (b,d)\}$,
$(R \cup S)^{-1} = \{(b,a), (b,d), (c,a), (c,b), (c,d), (d,a), (d,b), (d,c)\}$.
(2)　$R^* \cup S^* = R^0 \cup R \cup R^2 \cup S^0 \cup S \cup S^2 \cup S^3 = \{a,b,c,d\} \times \{a,b,c,d\} - \{(b,a), (c,a), (c,b), (d,a)\}$,
$(R \cup S)^* = \{a,b,c,d\} \times \{a,b,c,d\} - \{(b,a), (c,a), (d,a)\}$. □

3.1 2項関係

定理 3.2 R を A 上の2項関係とし, x, y を A の元とする. $xR^n y$ が成り立つ必要十分条件は
$$x = z_0,\ z_0\,R\,z_1,\ z_1\,R\,z_2,\ \ldots,\ z_{n-1}\,R\,z_n,\ z_n = y$$
を満たす A の元 $z_1, z_2, \ldots, z_{n-1}$ が存在することである.

$R_1, S_1 : A \to B, R_2, R_3 : B \to C, R_4 : C \to D$ とし, $R, S : A \to A$ とする. また, m, n は符号が同じ任意の整数 (0 を含む) とする. 次の公式が成り立つ.

- (i) $(R_3 \cup R_2) \circ R_1 = R_3 \circ R_1 \cup R_2 \circ R_1$
  $R_4 \circ (R_3 \cup R_2) = R_4 \circ R_3 \cup R_4 \circ R_2$
- (ii) $(R_3 \cap R_2) \circ R_1 \subseteq R_3 \circ R_1 \cap R_2 \circ R_1$
  $R_4 \circ (R_3 \cap R_2) \subseteq R_4 \circ R_3 \cap R_4 \circ R_2$
- (iii) $\text{Dom}\,R_1 = A \implies R_1^{-1} \circ R_1 \supseteq id_A$
  $\text{Range}\,R_1 = B \implies R_1 \circ R_1^{-1} \supseteq id_B$
- (iv) $R_1 \subseteq S_1 \implies R_1^{-1} \subseteq S_1^{-1}$
- (v) $(R_2 \cup R_3)^{-1} = R_2^{-1} \cup R_3^{-1},\quad (R_2 \cap R_3)^{-1} = R_2^{-1} \cap R_3^{-1}$
- (vi) $(R_2 - R_3)^{-1} = R_2^{-1} - R_3^{-1}$
- (vii) $\text{Range}\,R_1 = \text{Dom}\,R_2$ のとき, $(R_2 \circ R_1)^{-1} = R_1^{-1} \circ R_2^{-1}$
- (iix) $R^m \circ R^n = R^{m+n},\quad (R^m)^n = R^{mn}$
- (ix) $(R^+)^+ = R^+,\quad R \circ R^* = R^+ = R^* \circ R,\quad (R^*)^* = R^*$

例題 3.3 上記の (i), (iv), (vii) を証明せよ.

解 (i) $x((R_3 \cup R_2) \circ R_1)y \implies \exists z[x\,R_1\,z \land z(R_3 \cup R_2)y] \implies \exists z[x\,R_1\,z \land (z\,R_3\,y \lor z\,R_2\,y)] \implies \exists z[(x\,R_1\,z \land z\,R_3\,y) \lor (x\,R_1\,z \land z\,R_2\,y)] \implies x(R_3 \circ R_1)y \lor x(R_2 \circ R_1)y \implies x(R_3 \circ R_1 \cup R_2 \circ R_1)y$.
$\therefore (R_3 \cup R_2) \circ R_1 \subseteq R_3 \circ R_1 \cup R_2 \circ R_1$. 逆の包含関係や他の等式も同様.

(iv) $R_1 \subseteq S_1$ とすると, $(x, y) \in R_1^{-1} \stackrel{R_1^{-1}\text{の定義}}{\implies} (y, x) \in R_1 \stackrel{R_1 \subseteq S_1}{\implies} (y, x) \in S_1 \implies (x, y) \in S_1^{-1}$. $\therefore R_1^{-1} \subseteq S_1^{-1}$.

(vii) $x(R_1 \circ R_2)^{-1} y \iff y(R_1 \circ R_2)x \iff \exists z[y\,R_2\,z \land z\,R_1\,x] \iff \exists z[z\,R_2^{-1}\,y \land z\,R_1^{-1}\,x] \iff x(R_2^{-1} \circ R_1^{-1})y$.

3.1 節　問題

問題 3.1　次の各関数 f に対し，$R_f := \{(x,y) \mid y = f(x),\ x \in \boldsymbol{R}\}$ (f のグラフ) は $\boldsymbol{R}$ の上の 2 項関係である．R_f^{-1} は $\boldsymbol{R}$ から $\boldsymbol{R}$ への関数か？
(1)　$f : \boldsymbol{R} \to \boldsymbol{R},\ x \mapsto x^2$　　　(2)　$f : \boldsymbol{R} \to \boldsymbol{R},\ x \mapsto 2x+3$
(3)　$f : \boldsymbol{R}_+ \to \boldsymbol{R},\ x \mapsto \log x$　　(4)　$f : \boldsymbol{R} \to \boldsymbol{R},\ x \mapsto |x|$

問題 3.2　例題 3.2 の 2 項関係 R, S を考える．
(1)　$S^2,\ R \cap S,\ R^* \cap S^*,\ (R \cap S)^*$ を求めよ．
(2)　$R^i = S^j$ となる最小の $i, j > 0$ を求めよ．

問題 3.3　$\boldsymbol{N}$ の上の 2 項関係 ρ_2, ρ_3 を $x \rho_2 y \overset{\text{def}}{\iff} x = 2y,\ x \rho_3 y \overset{\text{def}}{\iff} x = 3y$ によって定義する．$\rho_2^* \cup \rho_3^* \subsetneq (\rho_2 \cup \rho_3)^*,\ (\rho_2 \circ \rho_3)^* \subsetneq (\rho_2 \cup \rho_3)^*$ を証明せよ．

問題 3.4　JR の駅の上の 2 項関係 $\boxdot$ を，$x \boxdot y \overset{\text{def}}{\iff} x$ と y は隣り合う駅，と定義する．$J_2 = \{x \mid 東京駅 \boxdot^2 x\},\ J_* = \{x \mid x \boxdot^* 東京駅\}$ を求めよ．

問題 3.5　$\boldsymbol{N}$ 上の 2 項関係 R を $xRy \overset{\text{def}}{\iff} x = y+2$ で定義する．xR^*0 および xR^+1 はそれぞれ何を表すか？

問題 3.6　$\rho : \boldsymbol{Z} \to \boldsymbol{Z}$ を $x \rho y \overset{\text{def}}{\iff} |x-y| \leqq 1$ で定義する．$x \rho^i y$ が成り立つための条件を求めよ．

問題 3.7　例題 3.3 と同様に，p.49 の公式 (ii),(iii),(v),(vi) を証明せよ．

問題 3.8　A 上の 2 項関係 R と自然数 m, n に対して，次のことを証明せよ．
(1)　$R^m \circ R = R \circ R^m$　　　(2)　$(R^{-1})^m = (R^m)^{-1}$
(3)　$(R^{-1})^* = (R^*)^{-1}$　　　(4)　$R^m \circ R^n = R^{m+n}$

問題 3.9　m, n の符号が違うとき，$R^m \circ R^n = R^{n+m}$ が成り立たない 2 項関係 R の例を示せ．

問題 3.10　A を有限集合とする．A 上の 2 項関係 $R \subseteq A \times A$ に対し，$R^2 = R$ となる十分条件，$R^* = R^+$ となる必要十分条件をそれぞれ求めよ．

問題 3.11　2 項関係 R, S について，$R^+ = S^+$ ならば $R = S$ か？

問題 3.12　$|A| = n$ で，R は A の上の 2 項関係とする．$R^i = R^j$ となる $0 \leqq i < j \leqq 2^{n^2}$ が存在することを証明せよ．

3.2 同値関係

A 上の2項関係 R が次の (ⅰ),(ⅱ),(ⅲ) を満たすとき**同値関係**という．
- (ⅰ) **反射律** 任意の $a \in A$ に対して aRa が成り立つ．
- (ⅱ) **対称律** 任意の $a, b \in A$ に対して $aRb \Longrightarrow bRa$ が成り立つ．
- (ⅲ) **推移律** 任意の $a, b, c \in A$ に対して $aRb \land bRc \Longrightarrow aRc$ が成り立つ．

R を集合 A 上の同値関係とする．このとき，A の元 a と R の関係にあるような A の元全体の集合 $[a]_R := \{b \in A \mid aRb\}$ のことを a を含む (R に関する) **同値類**といい，a を同値類 $[a]_R$ の**代表元**という．R がわかっているときは，$[a]_R$ を $[a]$ と略記する．

定理 3.3 A の任意の元 a, b, c に対し，次のことが成り立つ．
- (1) $a \in [a]$
- (2) $b \in [a] \iff bRa \iff aRb$
- (3) $b, c \in [a] \implies bRc$
- (4) $aRb \iff [a] = [b]$
- (5) $[a] = [b], [a] \cap [b] = \emptyset$ のどちらか一方だけが必ず成り立つ．
- (6) $\bigcup_{a \in A} [a] = A$

定理 3.3 の (5), (6) は，同値関係によって集合 A は同値類に分割されることを言っている．A 上の同値関係 R による同値類全体のつくる集合を A/R と書き，A の R による**商集合**という：$A/R := \{[a] \mid a \in A\}$．

例題3.4 同値関係であるものはどれか？ 同値類も示せ．
- (1) 2つの三角形が '合同である' という関係，'相似である' という関係
- (2) 実数の上の大小関係 $\leqq$
- (3) 人間の集合の上の '同性である' という関係 $\approx$
- (4) 関数 $f : X \to Y$ と $x_1, x_2 \in X$ に対して
$$x_1 \sim x_2 \overset{\text{def}}{\iff} f(x_1) = f(x_2)$$
と定義された2項関係 $\sim$

解 （1） いずれも三角形の上の同値関係である．各同値類は「互いに合同 (相似)な三角形の全体」．

（2） $\leqq$ は対称律を満たさないので同値関係ではない．

（3） 同値関係．$\approx$ により人間の集合は 2 つの同値類に類別される：

[キュリー夫人]$_\approx$ = 女性すべての集合，　[夏目漱石]$_\approx$ = 男性すべての集合．

（4） 同値関係．各々の $y \in Y$ に対して $f^{-1}(y)$ は $\sim$ に関する同値類であり，$X/\sim = \{f^{-1}(y) \mid y \in Y\}$ である．実は，f が全射でなくても，$\sim$ は X 上の同値関係である． □

R_1, R_2 が A 上の同値関係で，任意の $x, y \in A$ に対して $xR_1y \Longrightarrow xR_2y$ が成り立つとき，R_1 は R_2 の**細分**であるという．このとき，任意の $x \in A$ について $[x]_{R_1} \subseteq [x]_{R_2}$ が成り立ち，R_2 の同値類は R_1 の同値類いくつかの和集合となる (R_1 の方が R_2 よりも細かい)．

例題3.5 R_1, R_2 が A 上の同値関係のとき $R_1 \cap R_2$ も A 上の同値関係であること，および任意の $x \in A$ に対して，$[x]_{R_1 \cap R_2} = [x]_{R_1} \cap [x]_{R_2}$ が成り立つことを示せ．よって，$R_1 \cap R_2$ は R_1 の細分かつ R_2 の細分である．

解 一般に，R_1, R_2 それぞれが $\mathrm{Dom}R_1 = \mathrm{Dom}R_2$ を満たす同値関係なら $R_1 \cap R_2$ は同値関係である．実際，任意の a, b, c に対して，次のいずれも成り立つ．

（i） 反射律：$aR_1a \wedge aR_2a$ だから $a(R_1 \cap R_2)a$．

（ii） 対称律：$a(R_1 \cap R_2)b \Longrightarrow aR_1b \wedge aR_2b \Longrightarrow bR_1a \wedge bR_2a \Longrightarrow b(R_1 \cap R_2)a$．

（iii） 推移律：$a(R_1 \cap R_2)b \wedge b(R_1 \cap R_2)c \Longrightarrow (aR_1b \wedge bR_1c) \wedge (aR_2b \wedge bR_2c) \Longrightarrow aR_1c \wedge aR_2c \Longrightarrow a(R_1 \cap R_2)c$．

$y \in [x]_{R_1 \cap R_2} \iff y(R_1 \cap R_2)x \iff yR_1x$ かつ $yR_2x \iff y \in [x]_{R_1}$ かつ $y \in [x]_{R_2} \iff y \in ([x]_{R_1} \cap [x]_{R_2})$．$\therefore [x]_{R_1 \cap R_2} = [x]_{R_1} \cap [x]_{R_2}$． □

定理 3.4 R を A の上の 2 項関係とする．R が同値関係であるための必要十分条件は $R = (R \cup R^{-1})^*$ が成り立つことである．

3.2節　問題

問題 3.13　次のそれぞれは同値関係か？同値関係なら，その同値類を求めよ．

(1)　'日' の集合 DAY の上の '同じ曜日である' という関係

(2)　N 上の関係 $\approx$：$n \approx m \overset{\text{def}}{\iff} n$ と m は 1 以外の公約数を持つ

(3)　2 つの空でない集合 A, B に対し，$A \sim_1 B \overset{\text{def}}{\iff} A \cap B \neq \emptyset$ により定義された関係 $\sim_1$．$A \sim_2 B \overset{\text{def}}{\iff} A \cup B \neq \emptyset$ についてはどうか？

(4)　英単語の間の '頭文字が同じ' という関係．'同じ文字を含む' という関係についてはどうか？

(5)　R を平面図形の間の同値関係とする．平面図形の間の '面積が等しく R が成り立つ' という関係

問題 3.14　(1) $\{a, b, c, d, e\}$ 上の 2 項関係 $R = \{(a, a), (a, b), (b, a), (b, b), (c, c), (c, d), (e, e)\}$ は同値関係でないことを示せ．

(2)　$R \subseteq R'$ となる最小の同値関係 R' とその同値類を求めよ．

問題 3.15　R, S が同値関係のとき，次のそれぞれは同値関係か否か？
(1)　$R \cup S$　　(2)　$R \circ S$　　(3)　R^{-1}　　(4)　R^2　　(5)　R^*

問題 3.16　$N \times N$ 上の 2 項関係 $\sim$ を
$$(a, b) \sim (c, d) \overset{\text{def}}{\iff} a + d = b + c$$
で定義すると，$\sim$ は同値関係である．整数は自然数から，この同値関係 $\sim$ による商集合 $(N \times N)/\sim$ の元として定義することができる．(a, b) を含む $\sim$ の同値類を $[a, b]$ と書くことにする．また，整数 $((N \times N)/\sim$ の元のこと) を $\boldsymbol{a}, \boldsymbol{b}, \boldsymbol{c}$ のように太字で書くことにする．次の各々を証明せよ．

(1)　2 つの整数 $\boldsymbol{a} = [a, c], \boldsymbol{b} = [b, d]$ の和を $\boldsymbol{a} + \boldsymbol{b} = [a + b, c + d]$ で定義する．$\boldsymbol{a} + \boldsymbol{b}$ は代表元 $[a, c], [b, d]$ の選び方によらない．すなわち，$(a, c) \sim (a', c')$, $(b, d) \sim (b', d')$ ならば $(a + b, c + d) \sim (a' + b', c' + d')$．

(2)　$\boldsymbol{a} = [a, c], \boldsymbol{b} = [b, d]$ の積を $\boldsymbol{ab} = [ab + cd, ad + bc]$ で定義すると，$\boldsymbol{ab}$ は代表元の選び方によらない．

(3)　$\boldsymbol{a}, \boldsymbol{b}, \boldsymbol{c}$ を整数とすれば，次の各々が成り立つ．
$$\boldsymbol{a} + \boldsymbol{b} = \boldsymbol{b} + \boldsymbol{a}, \quad \boldsymbol{ab} = \boldsymbol{ba}, \quad (\boldsymbol{a} + \boldsymbol{b}) + \boldsymbol{c} = \boldsymbol{a} + (\boldsymbol{b} + \boldsymbol{c}),$$
$$(\boldsymbol{ab})\boldsymbol{c} = \boldsymbol{a}(\boldsymbol{bc}), \quad \boldsymbol{a}(\boldsymbol{b} + \boldsymbol{c}) = \boldsymbol{ab} + \boldsymbol{ac}$$

問題 3.17　$Z \times N_{>0}$ 上の 2 項関係 $\approx$ を
$$(a, b) \approx (c, d) \overset{\text{def}}{\iff} ad = bc$$
で定義する．$\approx$ は同値関係であることを証明せよ．$(Z \times N_{>0})/\approx$ の元を有理数と

いう．これは整数から有理数を定義する一つの方法である．

問題 3.18 次の論法の誤りを正せ．どのような条件があれば成り立つか？

「R を対称的かつ推移的関係とする．（ⅰ）R は対称的なので，$xRy \implies yRx$．また，（ⅱ）R は推移的なので $xRy \wedge yRx \implies xRx$．（ⅰ），（ⅱ）より R は反射的でもあるので，同値関係である．」

問題 3.19 R を A 上の反射的な 2 項関係とする．R が同値関係となるための必要十分条件は，任意の $a, b, c \in A$ に対して $aRb \wedge aRc \implies bRc$ が成り立つことである．このことを証明せよ．

問題 3.20 $m \in \boldsymbol{N}$ とするとき，整数 x, y に対して
$$x \equiv_m y \overset{\text{def}}{\iff} m \mid (x-y)$$
と定義する．$m \mid (x-y)$ は「m は $x-y$ を割り切る」ことを表す．$\equiv_m$ は $\boldsymbol{Z}$ 上の同値関係である．$x \equiv_m y$ であるとき，x と y は m を**法**として**合同**であるといい，$x \equiv y \pmod{m}$ と書く．次のことを証明せよ．
（1） $x \equiv x' \pmod{m}$，$y \equiv y' \pmod{m}$ ならば $x+y \equiv x'+y' \pmod{m}$．
（2） a, b を整数とする．x を未知数とする合同式 $ax \equiv b \pmod{m}$ が解を持つ必要十分条件は，a, m の最大公約数が b を割り切ることである．

問題 3.21 無限に広い将棋盤を考え，将棋盤のコマ位置を $\boldsymbol{Z} \times \boldsymbol{Z}$ の点として表す．左図のように○の位置から●の位置へ 1 回で跳べる駒を「桂馬もどき」と呼ぶことにする．すなわち，桂馬もどきは点 (x, y) から 4 点 $(x+1, y+2), (x+1, y-2), (x-1, y+2), (x-1, y-2)$ のどれかへ 1 回で跳べる．

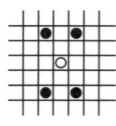

コマ位置の間の 2 項関係 $\to$ を次のように定義する：
$$P \to Q \overset{\text{def}}{\iff} P から Q へ 1 回で跳べる．$$

（1） $\to$ の反射推移閉包 $\to^*$ は同値関係であることを示せ．
（2） $(x, y) \to^k (u, v)$ のとき，(x, y) と (u, v) の間の関係を求めよ．
（3） $(\boldsymbol{Z} \times \boldsymbol{Z})/\to^*$ を求めよ．
（4） ●以外にさらに 1 箇所だけ 1 回で跳べるようにして，桂馬もどきが盤上のすべての点に移動できるようにするにはどうしたらよいか？

3.3 順　　序

A 上の2項関係 R が次の性質を満たすとき，R を A の上の**半順序**という．

(ⅰ)　**反射律**　任意の $a \in A$ に対して aRa．
(ⅱ)　**反対称律**　任意の $a, b \in A$ に対して，$aRb \wedge bRa \implies a = b$．
(ⅲ)　**推移律**　任意の $a, b, c \in A$ に対して，$aRb \wedge bRc \implies aRc$．

次の (ⅰ)′ ～ (ⅲ)′ 各々が成り立つ R' を A の上の**擬順序**という．

(ⅰ)′　**非反射律**　任意の $a \in A$ に対して $aR'a$ が成り立たない ($a \not{R'} a$)．
(ⅱ)′　**非対称律**　任意の $a, b \in A$ に対して，$aR'b \implies b \not{R'} a$．
(ⅲ)′　**推移律**　任意の $a, b, c \in A$ に対して，$aR'b \wedge bR'c \implies aR'c$．

例題3.6　(1)　擬順序の定義における (ⅱ)′ は (ⅰ)′, (ⅲ)′ から導かれることを示せ．
(2)　$R' = R - id_A$，$R = R' \cup id_A$ とするとき，次の関係を証明せよ．
　(ⅰ) $\wedge$ (ⅱ) $\wedge$ (ⅲ) $\iff$ (ⅰ)′ $\wedge$ (ⅱ)′ $\wedge$ (ⅲ)′．

解　(1)　(ⅱ)′ が成り立たない ($aR'b \wedge bR'a$ が成り立つような a, b が存在する) とすると，(ⅲ)′ より $aR'a$ が成り立ち，これは (ⅰ)′ に反す．
(2)　($\implies$)　(1) より，(ⅰ)′ と (ⅲ)′ が成り立つことを示せばよい．まず，(ⅰ)′ が成り立つことは R' の定義より明らか．次に，(ⅲ)′ を示すために，$aR'b \wedge bR'c$ とすると，R' の定義より $aRb \wedge a \neq b \wedge bRc \wedge b \neq c$ が成り立つ．よって，(ⅲ) より aRc が成り立つ．もし $a = c$ とすると，$cRb \wedge bRc$ が成り立つことと (ⅱ) より $b = c$ となり矛盾．よって，$aR'c$ が成り立つ．すなわち，(ⅱ)′ が示された．

($\impliedby$) の証明は問題 3.23 の解答を参照せよ．　□

$\leqq$ が集合 A の上の半順序であるとき，A は $\leqq$ のもとで**半順序集合**であるといい，$(A, \leqq)$ のように $\leqq$ を明記して書くことがある．

半順序集合 $(A, \leqq)$ の2元 a, b に対し，$a \leqq b$ または $b \leqq a$ が成り立つとき a と b は**比較可能**であるといい，どちらも成り立たないとき**比較不能**であるという．任意の2元が比較可能であるような半順序のことを**全順序**あるいは**線形順序**といい，全順序が定義されている集合を**全順序集合**という．

定理 3.5 R を A の上の 2 項関係とする.
(1) R が半順序 $\iff R = R^*$ かつ $R \cap R^{-1} = id_A$.
(2) R が擬順序 $\iff R = R^+$ かつ $R \cap R^{-1} = R \cap id_A = \emptyset$.

半順序集合 $(A, \leqq)$ の元 a_0 に対して，$a_0 < a$ となる A の元 a が存在しないとき，a_0 を A の**極大元**という．同様に，**極小元**が定義される．

一方，A の元 a_0 が A のどの元 a に対しても $a \leqq a_0$ であるとき，a_0 を A の**最大元**といい，$\max A$ で表す．同様に，**最小元** $\min A$ が定義される．

例題 3.7 最大元 (最小元) は存在すればただ 1 つであることを証明せよ．

解 a も b も最大元だとすると，a が最大元であることの定義より $b \leqq a$. 同様に，b が最大元であることより $a \leqq b$. よって，反対称律により，$a = b$ でなければならない． □

半順序集合 $(X, \leqq)$ の部分集合 A を考える．A の任意の元 a に対して $a \leqq x_0$ であるような，X の元 x_0 が存在するとき，A は**上に有界**であるといい，x_0 を A の**上界**という．A の上界全体の集合に最小元が存在するとき，この元を A の**最小上界**とか**上限**といい，$\sup A$ で表す．同様に，**下に有界**，**下界**，**最大下界**(**下限**，$\inf A$ で表す) が定義される．

例題 3.8 $\boldsymbol{N}_{>0} := \boldsymbol{N} - \{0\}$ の上の半順序 $|$ を，$n \mid m \stackrel{\text{def}}{\iff} n$ は m を割り切る，と定義する．また，半順序集合の部分集合が 2 要素だけ $\{a, b\}$ のとき，$\{a, b\}$ の上限を $a \vee b$ で表し，$\{a, b\}$ の下限を $a \wedge b$ で表す．以下の各々に答えよ．
(1) $\{18, 20, 40\}$ の上界と下界を求め，上限と下限が存在すれば求めよ．
(2) $60 \vee 55$, $13 \wedge 31$ を求めよ．

解 (1) 一般に $\{n, m\}$ の上限は n と m の最小公倍数，下限は m と n の最大公約数である．$\{18, 20, 40\}$ の上界すべての集合は $\{360n \mid n \in \boldsymbol{N}_{>0}\}$，下界は 1 と 2 だけ，上限は 360，下限は 2 である．
(2) $60 \vee 55 = 660$, $60 \wedge 55 = 5$ □

3.3 順　　序

3.3 節　問題

問題 3.22　次の用語の違いについて答えよ．
（1）反射律が成り立たなければ非反射律が成り立つといえるか？
（2）対称的かつ反対称的な 2 項関係は存在するか？
（3）対称律が成り立たないなら非対称律が成り立つといえるか？ その逆は？

問題 3.23　例題 3.6 の（2）の（$\Longleftarrow$）を証明せよ．

問題 3.24　次のそれぞれの 2 項関係について，反射的か，対称的か，反対称的か，推移的かを調べ，同値関係か否か，半順序であるか否か，全順序であるか否かを答えよ．
（1）2 冊の本が "ページ数または値段が等しい" という関係
（2）2 人の人間が "親子である" という関係
（3）$(x, y) R (x', y') \overset{\text{def}}{\Longleftrightarrow} x \leqq x' \wedge y \leqq y'$，で定義された $\boldsymbol{R}^2$ 上の関係 R
（4）2 つの英単語の間の "1 つ以上共通文字を含んでいる" という関係
（5）実数の上の "等しくない" という関係 $\neq$
（6）ある試験の受験者の間の関係：
　　(a) $a R_1 b \overset{\text{def}}{\Longleftrightarrow} a$ の得点は b の得点より真に高い
　　(b) $a R_2 b \overset{\text{def}}{\Longleftrightarrow} a$ の得点は b の得点以上
　　(c) 得点の間の関係 $a R_3 b \overset{\text{def}}{\Longleftrightarrow}$ 得点 a は 得点 b 以上
（7）アルファベット Σ 上の語の間の関係：
　　(a) $x \leqq_1 y \overset{\text{def}}{\Longleftrightarrow} x$ は y の接頭語
　　(b) $x \leqq_2 y \overset{\text{def}}{\Longleftrightarrow} x$ は y の部分語
（8）2 項関係の間の "反射推移閉包が等しい" という関係
（9）整数の間の "倍数である" という関係
（10）同値関係の間の細分であるという関係

問題 3.25　$(A, \leqq_1)$, $(B, \leqq_2)$ が半順序集合のとき，
$$(a, b) \leqq (a', b') \overset{\text{def}}{\Longleftrightarrow} a \leqq_1 a' \wedge b \leqq_2 b'$$
と定義すると $(A \times B, \leqq)$ も半順序集合になることを証明せよ．全順序の場合はどうか？ また，$\wedge$ の代りに $\vee$ とした場合はどうか？

問題 3.26　前問において，$(A, \leqq_1)$, $(B, \leqq_2)$ は最大元 a_1, b_1，最小元 a_2, b_2 をそれぞれ持つとする．$(A \times B, \leqq)$ の最大元, 最小元を求めよ．$(A, \leqq_1)$, $(B, \leqq_2)$ が複数の極大元, 極小元を持つ場合はどうか？

問題 3.27　例題 3.8 の半順序 $|$ について考える．$A = \{1, 2, 3, 5, 6, 8, 10, 60\}$, $B = \{2n \mid n \in \boldsymbol{N}_{>0}\}$ とするとき，$\max A$, $\max B$, $\min A$, $\min B$, $\sup A$, $\sup B$, inf A, inf B を求めよ.

問題 3.28 （1） 一般に，半順序集合 $(X, \leqq)$ の任意の 2 要素 a, b に上限 $a \vee b$ と下限 $a \wedge b$ が存在するとき，$(X, \vee, \wedge)$ を**束**(そく)という．$(\boldsymbol{N}, \leqq)$ は束であることを示せ．この場合，$a \vee b$ および $a \wedge b$ は何を表すか？
（2） （1）以外の束の例を考えよ (ヒント：代表的な半順序集合を考えよ).
（3） 最大元 (1 で表す) と最小限 (0 で表す) を持つ束 X の任意の元 a, b, c が分配律 $a \wedge (b \vee c) = (a \wedge b) \vee (a \wedge c)$, $a \vee (b \wedge c) = (a \vee b) \wedge (a \vee c)$ を満たし，任意の $x \in X$ に対し $x \vee \bar{x} = 1$, $x \wedge \bar{x} = 0$ を満たす元 $\bar{x}$ が存在するとき，$(X, \vee, \wedge)$ を**ブール代数**(Boole)という．ブール代数の例を挙げよ．

問題 3.29 次のそれぞれの条件を満たす A 上の 2 項関係 R のうち，半順序になるものはどれとどれか？
（1） $id_A \subseteq R$, $R \circ R \subseteq R$, $R \cap R^{-1} = id_A$
（2） $R = R^*$, $R \cap R^{-1} = id_A$
（3） $R^* \subseteq R$, $\forall a, b \in A\,[\,(a,b) \in R \implies (b,a) \notin R\,]$

問題 3.30 $(A, \leqq)$ を全順序集合とする．A の空でない任意の部分集合に $\leqq$ に関する最小元が存在するとき $(A, \leqq)$ は**整列集合**であるといい，$\leqq$ を A の整列順序という．例えば，$(\boldsymbol{N}, \leqq)$ は整列集合である．
（1） $(\boldsymbol{Z}, \leqq)$ は整列集合でないことを示し，$\boldsymbol{Z}$ に整列順序を定義せよ．
（2） アルファベット Σ は $|\Sigma| \geqq 2$ であるとする．辞書式順序の下で Σ^* は整列集合でないことを示せ．Σ^* 上の整列順序の例を示せ．

参考：次の 3 つの命題は同値であることが知られている．
(a) 選出公理 ($\mathcal{S}$ を空でない集合を元とする集合族とすると，$\mathcal{S}$ に属す各集合から 1 つずつ元を選んでそれらを元とする集合をつくることができる，と主張する命題のこと).
(b) すべての集合は整列可能である (すなわち，その集合上に整列順序を定義することができる).
(c) 半順序集合 X のどんな全順序部分集合 A にも上界が存在するなら，X には極大元が存在する (この命題を**ツォルンの補題**(Zorn)という).

3.4 有向グラフ

3.4.1 2項関係の図示

空でない有限集合 V と，$V \times V$ の部分集合 E との対 $G = (V, E)$ のことを**有向グラフ**という．V の元を**頂点**といい，E の元 (u,v) を**辺**という．

頂点すべてを平面上に点として描き，辺 (u,v) を $u \to v$ と描くことにより，有向グラフは図として描くことができる．これは，V 上の2項関係 E を図示したものに他ならない．頂点数が p，辺数が q の有向グラフを **(p, q) 有向グラフ**といい，p を G の**位数**，q を**サイズ**という．

$e = (u,v)$ が辺であるとき，頂点 u は頂点 v へ**隣接**（v は u から**隣接**）しているという．また，辺 e は頂点 v へ**接続**（e は u から**接続**）しているという．頂点 u の**入次数**とは u へ接続している辺の個数のことであり，**出次数**とは u から接続している辺の個数のことであり，それぞれ in–deg(u), out–deg(u) で表す．入次数と出次数の和を u の**次数**といい，deg(u) で表す．

G の頂点を有限個並べた列 $\langle v_0, v_1, \ldots, v_n \rangle$（ただし，各 $1 \leqq i \leqq n$ について $(v_{i-1}, v_i) \in E$）のことを v_0 から v_n への**道**といい，n をこの道の**長さ**という．v_0 を**始点**，v_n を**終点**という．同じ辺を2度以上通らない道を**単純道**といい，同じ頂点を2度以上通らない道を**基本道**という．また，始点と終点が一致する道を**閉路**という．長さが3以上で同じ辺を2度以上通らない閉路を**単純閉路**といい，長さが3以上で終点が始点に一致する以外には同じ頂点を2度以上通らない閉路を**基本閉路**とか**サイクル**という．

例題3.9 次の有向グラフについて以下のそれぞれを求めよ．
（1） v_1 を始点とする最長の基本道
（2） 最大入次数と最小出次数
（3） v_2 から v_5 への長さ7の道
（4） 最大長のサイクル

解 （1） $\langle v_1 - v_5 - v_2 - v_3 \rangle$ と $\langle v_1 - v_2 - v_3 - v_5 \rangle$
（2） 最大入次数 in-deg$(v_5) = 4$，
最小出次数 out-deg$(v_3) = $ out-deg$(v_5) = 1$
（3） $\langle v_2 - v_5 - v_2 - v_5 - v_2 - v_3 - v_5 \rangle$ （4） $\langle v_2 - v_3 - v_5 - v_2 \rangle$

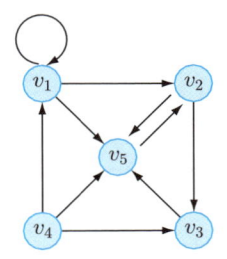

> **定理 3.6** R を A 上の 2 項関係,$G = (A, R)$ を有向グラフとする.
> (1) $xR^n y \iff G$ において,x から y への長さ n の道が存在する.
> (2) $xR^* y \iff G$ において,x から y への道が存在する.
> (3) $xR^+ y \iff G$ において,x から y への長さ 1 以上の道が存在する.

有向グラフ $G = (V, E)$ に対し,$V' \subseteq V$,$E' \subseteq E$ である有向グラフ $G' = (V', E')$ を G の **部分有向グラフ** という.

● **連結性**
- 頂点 u から頂点 v へ **到達可能**:u から v への道が存在すること.
- G が **片方向連結**:G のどの 2 頂点もどちらかから他方へ到達可能なこと.
- G が **強連結**:G のどの 2 頂点も互いに一方から他方へ到達可能なこと.
- G は **弱連結**:E を V 上の 2 項関係と見たとき,元々ある辺だけでなく,それらと逆向きの辺をさらに付け加えてできる有向グラフ $(V, E \cup E^{-1})$ が強連結となること.
- G が **非連結**:弱連結でないこと.
- ×××連結な部分有向グラフの中で極大なものを×××**連結成分**という.

例題 3.10 例 3.9 のグラフ G の強/弱/片方向連結成分を求めよ.

解 強連結成分は 3 個ある:$(\{v_1\}, \emptyset)$,$(\{v_4\}, \emptyset)$,$(\{v_2, v_3, v_5\}, \{(v_2, v_3), (v_2, v_5), (v_3, v_5), (v_5, v_2)\})$.片方向連結成分および弱連結成分は G 自身. ■

> **定理 3.7** 有向グラフ $G = (V, E)$ の辺集合 E を V 上の 2 項関係と見たとき,次のことが成り立つ.
> (1) G は片方向連結 $\iff E^* \cup (E^{-1})^* = V \times V$.
> (2) G は強連結 $\iff E^* \cap (E^{-1})^* = V \times V$.
> (3) G は弱連結 $\iff (E \cup E^{-1})^* = V \times V$.

G の「**全域**×××」とは「G のすべての頂点を含んでいる×××」のことである.特に,全域道 (全域閉路) とはすべての頂点を通過する道 (閉路) のことである.

3.4 有向グラフ

> **定理 3.8** （1）G が片方向連結 $\iff$ G には全域道が存在する．
> （2）G が強連結 $\iff$ G には全域閉路が存在する．

有向グラフ $G = (V, E)$ の頂点集合が $V = \{v_1, \ldots, v_p\}$ であるとき，0 または 1 を成分とする p 次正方行列 $A = (a_{ij})$ と $B = (b_{ij})$ を

$$a_{ij} = \begin{cases} 1 & ((v_i, v_j) \in E \text{ のとき}) \\ 0 & ((v_i, v_j) \notin E \text{ のとき}) \end{cases}, \quad b_{ij} = \begin{cases} 1 & (v_i \text{ から } v_j \text{ へ到達可能のとき}) \\ 0 & (\text{そうでないとき}) \end{cases}$$

と定義する．A を G の**隣接行列**といい，B を**到達可能性行列**という．

3.4.2 半順序集合とハッセ図

半順序は反射律，推移律を満たすから，すべての頂点に自己ループがあり，a から b へ辺があり b から c へ辺があれば a から c へも辺がある．このような，描かなくても存在することがわかっている辺を省略して簡単にした有向グラフを**ハッセ図**（Hasse）という．

例題3.11 半順序の有向グラフについて，その特徴を挙げよ．

解 （ⅰ）自己ループ以外に閉路が無い．
（ⅱ）極大元から接続する辺および極小元へ接続する辺は自己ループだけである．
（ⅲ）頂点 u から頂点 v へ道があれば辺 (u, v) もある（$u = v$ の場合も含む．すなわち，すべての頂点に自己ループがある）．
（ⅳ）最小元からは任意の頂点への道があり，最大元からは自分以外のどの頂点へも道がない，など． ■

例題3.12 $\boldsymbol{N} \times \boldsymbol{N}$ 上の半順序 $\preceq$ を次のように定義する：

$(x_1, y_1) \preceq (x_2, y_2) \overset{\text{def}}{\iff} x_1 \leq x_2 \wedge y_1 \leq y_2$

$(\boldsymbol{N} \times \boldsymbol{N}, \preceq)$ のハッセ図を描け．

解 右図． ■

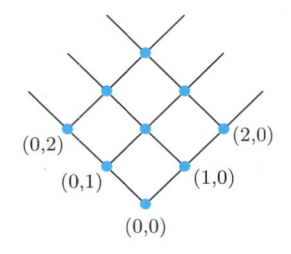

3.4節 問題

問題 3.31 次の有向グラフ $G = (V, E)$ について，以下の問に答えよ．

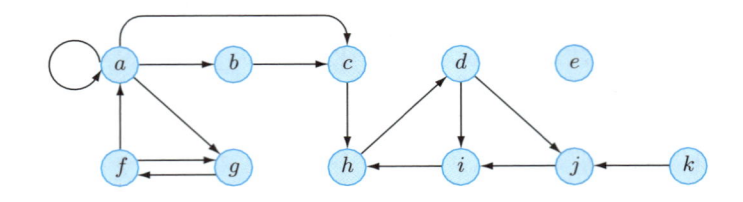

(1) V, E を示せ．
(2) G の位数とサイズを求めよ．
(3) 頂点 a, e, g の入次数，出次数，次数を求めよ．
(4) a から h への長さ $2, 3, 4, 5$ の道をそれぞれ 1 つずつ示せ．
(5) G の中で最も長い単純道を求めよ．
(6) G の中で最も長い基本道を求めよ．
(7) G のサイクル (基本閉路) をすべて示せ．
(8) G の強連結成分を示せ．
(9) G の片方向連結成分を示せ．
(10) G の弱連結成分を示せ．

問題 3.32 問題 3.31 の有向グラフ $G = (V, E)$ の左半分に相当する部分グラフをあらためて G とする．すなわち，$G = (\{a, b, c, f, g, h\}, \{(a, a), (a, b), (a, c), (a, g), (b, c), (c, h), (f, a), (f, g), (g, f)\})$．

次の有向グラフそれぞれを図示せよ．
(1) $G^{-1} := (V, E^{-1})$
(2) $G^2 := (V, E^2)$
(3) $G^* := (V, E^*)$
(4) $G^{\pm 1} := (V, E \cup E^{-1})$
(5) $G_{abfg} := (\{a, b, f, g\}, E \cap (\{a, b, f, g\} \times \{a, b, f, g\}))$

問題 3.33 問題 3.32(5) の有向グラフ G_{abfg} の隣接行列 A，接続行列 B，到達可能性行列 C を示せ．a, b, f, g の順に頂点に順序を付ける (番号を振る) ものとする．また，辺 $(a, a), (a, b), (a, g), (f, a), (f, g), (g, f)$ にはこの順で番号を振るものとする．**接続行列** $B = (b_{ij})$ は，i 番目の頂点から j 番目の辺へ接続しているとき $b_{ij} = 1$，そうでないとき $b_{ij} = 0$，と定義される行列のことである．

問題 3.34 英文 this is a red pencil and that is an oily ballpoint pen に出現する単語の集合を Σ とし，Σ 上の 2 項関係 R を，

$$\alpha R \beta \overset{\text{def}}{\iff} \overset{\text{アルファ}}{\alpha} と \overset{\text{ベータ}}{\beta} は共通文字を 2 文字以上含む$$

によって定義する．
(1) R を求めよ．
(2) R を Σ を頂点集合とする有向グラフ $G = (\Sigma, R)$ で表せ．
(3) R^2, R^* を求め，有向グラフとして表せ．

問題 3.35 半順序集合の有向グラフについて，次の各問に答えよ．
(1) $(2^{\{a,b\}}, \subseteq)$ を有向グラフとして描け．
(2) $(2^{\{a,b\}}, \subseteq)$ のハッセ図を描け．
(3) $(2^{\{a,b,c\}}, \subseteq)$ を有向グラフと見たときの位数はいくつか？また，$(2^{\{a,b,c\}}, \subseteq)$ のハッセ図のサイズはいくつか？

問題 3.36 (**握手補題**) 有向グラフ $G = (V, E)$ において，次の式が成り立つことを示せ：

$$\sum_{v \in V} \text{in-deg}(v) = \sum_{v \in V} \text{out-deg}(v) = |E|$$

問題 3.37 次の有向グラフの強連結成分，片方向連結成分，弱連結成分をそれぞれ求めよ．

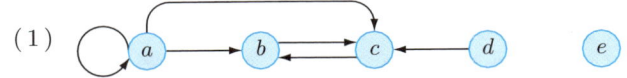

(1)

(2) $G = (\{a,b,c,d,e\}, \{(b,a), (c,a), (d,a), (e,a), (b,c), (c,d), (d,e), (e,b)\})$

問題 3.38 定理 3.7 を証明せよ．

問題 3.39 $G = (V, E)$ を有向グラフとする．$s \in V$ が条件

どの頂点 $v \in V$ に対しても s から v への道が存在する

を満たすとき，V 上の 2 項関係 $\geqq_s$ を

$$x \geqq_s y \overset{\text{def}}{\iff} \begin{array}{l} s \text{ から } y \text{ への道があり,} \\ \text{かつ } s \text{ から } y \text{ へのどの道も } x \text{ を含んでいる} \end{array}$$

によって定義する．$\geqq_s$ は半順序であることを示せ．

問題 3.40 この問題以降，強連結成分，片方向連結成分，弱連結成分を総称して「連結成分」と呼ぶ．半順序を表す有向グラフにおいては，どの連結成分も弱連結で閉路が無く，どの頂点にも自己ループがあり，どの 2 頂点間にも辺は高々 1 本しかなく，道がある 2 頂点間には辺もある．

次のそれぞれを表す有向グラフについて，同様な特徴を有向グラフの用語使って述べよ．

（1）擬順序　（2）同値関係

問題 3.41　正しいか否か？
（1）同値関係の有向グラフの連結成分は強連結である．
（2）半順序の有向グラフの連結成分は片方向連結である．
（3）片方向連結な有向グラフは，ある半順序集合のハッセ図である．
（4）強連結成分同士は辺も頂点も共有しない．

問題 3.42　有向グラフの隣接行列の行の和，列の和はどんなことを表しているか？

問題 3.43　G がそれぞれ（1）強連結，（2）片方向連結，（3）弱連結であるための条件を G の隣接行列 A を使って述べよ．

問題 3.44　次の半順序集合のハッセ図を描け．
（1）$A = (\{1, 2, \ldots, 10\}, |)$．ただし，$x \mid y \overset{\text{def}}{\iff} x$ は y を割り切る．また，$0 \mid 0$ であると定義した場合，$B = (\{0, 1, 2, \ldots, 10\}, |)$ のハッセ図はどのように変わるか？ $x \mid y$ のとき y は x「以上である」と定義するとき，それぞれの半順序集合の極小元，極大元，最小元，最大元を示せ．
（2）$(\{1, 2, \ldots, 10\}, \sqsubset^*)$．ただし，$n \sqsubset m \overset{\text{def}}{\iff} n < m$ かつ n と m は公約数を持つ．（注：$\sqsubset$ は半順序でも擬順序でもないが $\sqsubset^*$ は半順序である．）

問題 3.45　全順序集合でない半順序集合 $(A, \leqq)$ の元の中には比較不能なものが存在するので，A のすべての元を大小順に並べること（ソーティング，整列化という）はできない．比較不能なものの並び順は任意とし，比較可能なものについてだけ半順序関係 $\leqq$ を満たすように並び変えることを**トポロジカルソート**という．

$\{$ 本人, 父, 母, 長男, 長女, 孫, 祖父, 兄, 弟, 従兄, 叔父 $\}$ を"先祖–子孫"の関係（先祖 $<$ 子孫）の下で昇順にトポロジカルソートせよ．

問題 3.46　有向グラフ $G_1 = (V_1, E_1)$ と $G_2 = (V_2, E_2)$ は，V_1 から V_2 への全単射 φ が存在して，任意の $u, v \in V_1$ に対して $(u, v) \in E_1 \iff (\varphi(u), \varphi(v)) \in E_2$ を満たすならば**同型**であるといい，$G_1 \cong G_2$ と書く．
（1）自己ループの無いすべての (3,3) 有向グラフを同型なものを除いて列挙せよ．
（2）$V_1 = V_2$ かつ，V_1 から V_2 への全単射 φ が存在して，任意の $v \in V_1$ に対して「v へ接続する辺の数 $= \varphi(v)$ へ接続する辺の数」，「v から接続する辺の数」$= \varphi(v)$ から接続する辺の数」ならば $G_1 \cong G_2$ か？

3.5 2項関係補遺

3.5.1 関係の閉包

A 上の 2 項関係 R の各種の閉包を次のように定義する：

$r(R)$	反射閉包	R を含み反射的な最小の 2 項関係
$s(R)$	対称閉包	R を含み対称的な最小の 2 項関係
$t(R)$	推移閉包	R を含み推移的な最小の 2 項関係
$rs(R)$	反射対称閉包	R を含み反射的かつ対称的な最小の 2 項関係
$st(R)$	対称推移閉包	R を含み対称的かつ推移的な最小の 2 項関係
$rt(R)$	反射推移閉包	R を含み反射的かつ推移的な最小の 2 項関係
$rst(R)$	反射対称推移閉包	R を含み反射的対称的推移的な最小の 2 項関係

定理 3.9 R を A の上の 2 項関係とする．
(1) $r(R) = R \cup id_A$ (2) $s(R) = R \cup R^{-1}$
(3) $t(R) = R^+$ (4) $rt(R) = r(t(R)) = t(r(R)) = R^*$
(5) $rs(R) = r(s(R)) = s(r(R)) = R \cup R^{-1} \cup id_A$
(6) $rst(R) = (R \cup R^{-1})^*$

---

(3),(4) に鑑み，R^+, R^* を R の推移閉包，反射推移閉包と呼ぶ．

例題 3.13 定理 3.9 の (1),(2) を証明せよ．

解 (1) $R' = R \cup id_A$ とおき，R' が R の反射閉包となるための条件 (R' は R を含む最小の反射的な 2 項関係であること) を満たすことを示す．先ず，明らかに $R \subseteq R'$ かつ R' は反射的である．いま，$R \subseteq R''$ とし，R'' が反射的であるとすると $id_A \subseteq R''$ だから，

$$
\begin{aligned}
(a,b) \in R' &\implies (a,b) \in R \lor (a,b) \in id_A &&\quad R' = R \cup id_A \text{ による}\\
&\implies (a,b) \in R'' \lor (a,b) \in id_A &&\quad R \subseteq R'' \text{ による}\\
&\implies (a,b) \in R'' &&\quad id_A \subseteq R'' \text{ による}
\end{aligned}
$$

であり，$R' \subseteq R''$ (R' の最小性) が示された．よって，$R' = r(R)$ である．
(2) 明らかに，$R \subseteq R \cup R^{-1}$．次に，$(R \cup R^{-1})^{-1} = R^{-1} \cup (R^{-1})^{-1} = R^{-1} \cup R$ であるから $R \cup R^{-1}$ は対称的である．最後に，$R \subseteq R''$ とし R'' が対称的である

なら $R \cup R^{-1} \subseteq R''$ であることを示せばよい：

$$\begin{aligned}
(a,b) \in R \cup R^{-1} &\Longrightarrow (a,b) \in R \vee (a,b) \in R^{-1} \\
&\Longrightarrow (a,b) \in R'' \vee (b,a) \in R \quad & R \subseteq R'' \text{だから} \\
&\Longrightarrow (a,b) \in R'' \vee (b,a) \in R'' \quad & R \subseteq R'' \text{だから} \\
&\Longrightarrow (a,b) \in R'' \quad & R'' \text{は対称的だから}
\end{aligned}$$

よって，$R \cup R^{-1} \subseteq R''$ である． □

例題3.14 $A = \{a,b,c,d\}$, $R = \{(a,a),(a,b),(b,d),(c,d),(d,c)\}$ とする．$r(R), s(R), t(R), rs(R), rt(R), st(R), rst(R)$ を求めよ．

解 $r(R) = R \cup \{(b,b),(c,c),(d,d)\}$, $s(R) = R \cup \{(b,a),(d,b)\}$, $t(R) = R \cup \{(a,c),(a,d),(b,c),(c,c),(d,d)\}$, $rs(R) = R \cup \{(b,b),(c,c),(d,d),(b,a),(d,b)\}$, $rt(R) = R \cup \{(a,c),(a,d),(b,b),(b,c),(c,c),(d,d)\}$, $st(R) = rst(R) = A \times A$.

因みに，R は図のような有向グラフで表すことができる． □

3.5.2 チャーチ–ロッサー関係

A 上の2項関係 R において，aR^*b であるとき，a から b へ R により**到達可能**であるという．さらに，bRc となる c が存在しないとき，b を**終点**と呼ぶ．任意の $a \in A$ が丁度1つの終点を持つとき R は**チャーチ–ロッサー**(Church–Rosser)であるといい，高々1つの終点を持つとき**部分チャーチ–ロッサー**であるという．また，任意の $a \in A$ に対してある整数 k_a が存在して任意の $b \in A$ に対して $aR^ib \Longrightarrow i \leqq k_a$ であるならば，R は**有限的**であるという．

定理 3.10 R を A の上の有限的な2項関係とする．R がチャーチ–ロッサーであるための必要十分条件は,任意の $a \in A$ に対して $aRb \wedge aRc \Longrightarrow \exists d[bR^*d \wedge cR^*d]$ が成り立つことである．

3.5節　問題

問題 3.47　定理 3.9 の (3) を証明せよ．

問題 3.48　$\{a,b,c\}$ 上の 2 項関係 R, S で，$s(t(R)) \subsetneq t(s(R))$ となるもの，および $t(R) \cup t(S) \subsetneq t(R \cup S)$ となるものを求めよ．

問題 3.49　$R \subseteq A \times A$ のとき，$rst(R)$ と等しいものはどれか？
(1)　$r(t(s(R)))$　　　(2)　$s(tr(R))$　　　(3)　$t(rs(R))$

問題 3.50　$\boldsymbol{R}$ の上の 2 項関係 $=$, $\neq$, $\leqq$, $\emptyset$ について，次のものを求めよ．
(1)　$r(=), r(\emptyset), s(\leqq), s(=), s(\neq), s(<), s(\leqq), t(=), t(\leqq)$
(2)　$rs(<), rt(<), st(<), rst(<)$

問題 3.51　アルファベット (記号の集合) $\Sigma := \{(,)\}$ 上の語の上の 2 項関係 $\succ$ を $x()y \succ xy$ $(x,y \in \Sigma^*)$ で定義する (すなわち，$\succ$ は隣接する 1 対の括弧を取り除くことを表す)．次の各問に答えよ．
(1)　$x \succ^* \lambda \iff x$ は括弧対がきちんと整合している，であることを示せ．
(2)　$\succ$ がチャーチ–ロッサーであることを示せ．

問題 3.52　次の 2 項関係は有限的か？ チャーチ–ロッサーか？
(1)　$\boldsymbol{N}_+$ 上の 2 項関係 $m \Vdash n \overset{\text{def}}{\iff} n \mid m$ かつ $n \neq m$，と逆関係 $\Vdash^{-1}$
(2)　最大元を持つ集合 X の上の擬順序 $\prec$

問題 3.53　$\boldsymbol{N}$ 上の 2 項関係 $\mid_{3,4,5}$ を，$x \mid_{3,4,5} y \overset{\text{def}}{\iff} x = py$ となる $p \in \{3,4,5\}$ が存在する，により定義する．
(1)　$\mid_{3,4,5}^*$ または $\mid_{3,4,5}^+$ は半順序か？ 擬順序か？
(2)　420 から 7 へ到達するルート ($420 \mid_{3,4,5}^+ 7$ となる遷移の仕方) は何通りあるか？ハッセ図を描いて考えよ．

問題 3.54　有向グラフ $G = (V, E)$ の上の 2 つの変換
T_1:「自己ループを削除する」
T_2:「$(x, y) \in E$ で in-deg$(y) = 1$ のとき，頂点 x と y を 1 つに合併して 1 つの頂点だけにする」
を考える．有向グラフ G_1 に T_1 または T_2 を適用して G_2 が得られるとき $G_1 \Rightarrow G_2$ であると定義すれば，$\Rightarrow$ は有向グラフ上の 2 項関係である．$\Rightarrow$ は有限的かつチャーチ–ロッサーであることを証明せよ．

(参考) プログラムの流れ図を有向グラフ G として書いたとき $G \Rightarrow^*$「1 頂点のみ」となるものは性質の良い構造を持ったプログラムである．

3.6 関係データベース

3.6.1 データベースとは

データベースとは，コンピュータ上で大量に蓄積されたデータを構造を持たせた形式で記録しておくことにより，効率的な利用ができるようにしたものである．「データを記録するための構造」（データ構造という）には，(1) 階層型，(2) ネットワーク型，(3) リレーショナル型という 3 つの方法がある．リレーショナルデータモデル（関係データモデル）は，E. F. コッド^{Codd} (1970) がデータベースの数学的モデルの 1 つとして提案したものであり，データの間の関係を表として記録する方式である．リレーショナルデータモデルに基づいたデータベースを**関係データベース**(リレーショナルデータベース) と呼ぶ．

3.6.2 関 係 代 数

データベースを操作する際にデータベースとの間で交わすやり取りを記述するための言語をデータベース操作言語という．SQL は関係代数に基づいて設計された関係データベース操作言語であり，Microsoft 社のデータベース管理システムである Access は SQL に準拠している．

$A_1, A_2, \ldots, A_n$ を有限集合とするとき，直積 $A_1 \times A_2 \times \cdots \times A_n$ の部分集合 $R \subseteq A_1 \times A_2 \times \cdots \times A_n$ を n 項関係とか関係表 (テーブル) といい，$R[A_1, A_2, \ldots, A_n]$ で表す．n を R の**次数**といい，R の元 $(a_1, a_2, \ldots, a_n)$ を n-**タップル**と呼ぶ．関係表は，次のように「表」として表すことがある．

$R[A_1, A_2, \ldots, A_n]$

A_1	A_2	$\cdots$	A_n
a_{11}	a_{12}	$\cdots$	a_{1n}
$\cdots$	$\cdots$	$\cdots$	$\cdots$
a_{k1}	a_{k2}	$\cdots$	a_{kn}

$R = \{(a_{11}, \ldots, a_{1n}), \ldots, (a_{k1}, \ldots, a_{kn})\}$ であり，$A_1, A_2, \ldots, A_n$ は R が持つ**属性**を表す．$a_{1i}, \ldots, a_{ki}$ は属性 A_i を持つデータである．属性番号 i と属性名 A_i を同一視することがある．

任意のタップル $\boldsymbol{a} = (a_1, \ldots, a_n)$, $\boldsymbol{b} = (b_1, \ldots, b_n)$ に対し $\boldsymbol{a} \neq \boldsymbol{b}$ ならば $a_i \neq b_i$ が成り立つような属性 A_i を $R[A_1, A_2, \ldots, A_n]$ の**キー**という．

関係代数は，関係表の集合と，その上のいくつかの演算の組として定義される．以下，$R[A_1, \ldots, A_n]$, $S[B_1, \ldots, B_m]$ を関係表とする．

3.6 関係データベース

(a) **合併演算** ∪　属性名のリストが一致している (すなわち, $n = m$, $A_1 = B_1, \ldots, A_n = B_n$ である) とき, 2つの関係表を合併して新しい関係表を求める演算: $(R \cup S)[A_1, \ldots, A_n] := \{x \mid x \in R \text{ または } x \in S\}$.

(b) **差演算** −　R と S の属性名のリストが一致しているとき, R から S の元を削除する演算: $(R - S)[A_1, \ldots, A_n] := \{x \mid x \in R \text{ かつ } x \notin S\}$.

(c) **直積演算** ×　R と S の直積を求める演算:
$$(R \times S)[A_1, \ldots, A_m, B_1, \ldots, B_n] := \{(x_1, x_2, \ldots, x_m, y_1, y_2, \ldots, y_n) \mid (x_1, x_2, \ldots, x_m) \in R \text{ かつ } (y_1, y_2, \ldots, y_n) \in S\}.$$

(d) **射影演算** π　R の第 i_1 成分, …, 第 i_k 成分を抜き出す演算:
$$\pi_{i_1,\ldots,i_k}(R)[A_{i_1}, A_{i_2}, \ldots, A_{i_k}] := \{(x_{i_1}, x_{i_2}, \ldots, x_{i_k}) \mid (x_1, x_2, \ldots, x_n) \in R\}.$$

(e) **選択演算** σ　特定の条件を満たすタップルだけを抜き出す演算. ρ を属性番号や属性名を使って表された条件式とする (R の元は ' ' で囲んで表す) とき,
$$\sigma_\rho(R)[A_1, \ldots, A_n] := \{(x_1, \ldots, x_n) \in R \mid (x_1, \ldots, x_n) \text{ は } \rho \text{ を満たす}\}$$

(a)〜(e) の5つの演算があれば, 他のどんな関係表操作も記述できる.

(f) **共通集合演算** ∩　2つの関係表に同時に入っているようなタップルだけを抜き出す演算:
$$(R \cap S)[A_1, \ldots, A_n] := \{x \mid x \in R \text{ かつ } x \in S\}.$$

(g) **商演算** ÷　ある関係表のタップルの末尾が別の関係表のタップルであるとき, その末尾を削除したタップルを求める演算:
$$(R \div S)[A_1, \ldots, A_n] := \{(x_1, \ldots, x_n) \mid \text{すべての } (y_1, \ldots, y_m) \in S \text{ に対して } (x_1, \ldots, x_n, y_1, \ldots, y_m) \in R\}.$$

(h) **結合演算** ⋈$_{条件式}$　$1 \leq i \leq p$ を R の属性番号 (属性名 A_i でもよい), $1 \leq j \leq q$ を S の属性番号 (属性名 B_j でもよい), θ (シータ) を比較演算とするとき,
$$(R \bowtie_{i \theta j} S)[A_1, \ldots, A_p, B_1, \ldots, B_q] := \{(x_1, \ldots, x_p, y_1, \ldots, y_q) \in R \times S \mid x_i \theta y_j\}.$$

(i) **自然結合演算** ⋈　R と S に共通の属性を1つにまとめて結合する演算. すなわち, $1 \leq i_1, i_2, \ldots, i_k \leq n$ を R の属性番号, $1 \leq j_1, j_2, \ldots, j_k \leq m$ を S の属性番号, $A_{i_1} = B_{j_1}, \ldots, A_{i_k} = B_{j_k}$, $\{p_1, \ldots, p_q\} = \{1, \ldots, n, n+1, \ldots, n+m\} - \{n+j_1, \ldots, n+j_k\}$ ($p_1 \leq \cdots \leq p_q$) のとき,
$$(R \bowtie S)[A_{p_1}, \ldots, A_{p_q}] := \{(x_{p_1}, \ldots, x_{p_q}) \mid (x_1, \ldots, x_{n+m}) \in R \times S, \ x_{i_1} = x_{n+j_1}, \ldots, x_{i_k} = x_{n+j_k}\}.$$

例題3.15 X を男性の集合,Y を女性の集合とするとき,

$$R := \{(x, y, z) \mid z \text{ は父 } x \text{ と母 } y \text{ の子である }\} \subseteq X \times Y \times (X \cup Y)$$

は,"両親と子"を表す3項関係である.

(1) $R := \{(a,b,x), (a,b,y), (a,c,z), (d,e,u), (d,e,v)\}$ とするとき,$\pi_{2,3}(\sigma_{1='a'}(R))$ を求めよ.

(2) 上述の3項関係 R に対し,"父子関係"を表す2項関係 F,"母子関係"を表す2項関係 M,"兄弟関係 (異母兄弟,異父兄弟を含む)"を表す2項関係 B_1,"同じ両親をもつ兄弟関係"を表す2項関係 B_2 それぞれを,関係データベースの基本演算を用いて記述せよ.

(3) 逆に,F, M, B_1, B_2 のうちの必要なものを使って R を表せ.

解 (1)

b	x
b	y
c	z

または $\{(b,x), (b,y), (c,z)\}$

(2) $F = \pi_{1,3}(R)$,$M = \pi_{2,3}(R)$,
$B_1 = \pi_{3,6}(\sigma_{((1=4)\vee(2=5))\wedge\neg(3=6)}(R \times R))$,
$B_2 = \pi_{3,6}(\sigma_{(1=4)\wedge(2=5)\wedge\neg(3=6)}(R \times R))$.$\neg(3=6)$ は $3 \neq 6$ でもよい.

(3) $R = F \bowtie M$

例題3.16 以下の条件すべてを満たす関係表 $R[A,B,C]$ と $S[B,C]$ をすべて求めよ.

(a) 2つの関係表に現れるエンティティ (実データ) は整数1〜9だけである.
(b) R のタップルは4個だけ,S のタップルは2個だけである.
(c) R のタップルの1つは $(1,2,3)$ である.
(d) $\pi_1(\sigma_{A \leqq '2'}(R)) \times S = R$ および $\sigma_{(B \leqq '2') \wedge (C \geqq '3')}(\pi_{B,C}(R)) \cap S = \pi_{2,3}(R)$ が成り立つ.

解

$R[A,B,C]$

A	B	C
1	2	3
1	b	c
2	2	3
2	b	c

$S[B,C]$

B	C
2	3
b	c

ただし,b, c は $b \leqq 2, c \geqq 3, (b,c) \neq (2,3)$ を満たす1桁の任意の整数.

3.6 関係データベース

3.6 節 問題

問題 3.55 $R[A,B]$, $S[A,C,D]$ は次のような 2 項関係，3 項関係とする．
$$R := \{(a,x), (b,y), (b,x), (d,z)\}, \quad S := \{(a,1,2), (b,3,2), (c,5,4)\}.$$

(1) R と S を関係表として表せ．

(2) 次の関係表をそれぞれ求めよ．
 (a) $T[A,B,C,D] := R[A,B] \bowtie S[A,C,D]$
 (b) $U[A,C] := \pi_{1,4}(\sigma_{(2='x') \wedge (4 \geq 5)}(R \times S))$

問題 3.56 $R[A_1, A_2, \cdots, A_n]$ を関係表とし，X, Y を $\{A_1, A_2, \cdots, A_n\}$ の部分集合とする．R の元であるどの 2 つのタップルについても「X に属する属性がすべて一致していたら Y に属する属性もすべて一致している」が成り立つならば，Y は X に**関数従属**であるといい $X \to Y$ と書く．$\to$ は推移律を満たすことを示せ．

問題 3.57 関係データベースについて，次の各問に答えよ．

(1) 次のような学生に関する関係表 S と T がある．

S(成績情報)$[N,S,A,G,C]$

番号 N	氏名 S	代数 A	幾何 G	解析 C
E1J020	西田	89	93	88
E2J002	浅野	77	80	57
E2J054	小川	45	70	20
E2J102	石田	98	65	78
E0J037	森高	85	55	74
E9J078	小泉	60	35	66

T(一般情報)$[S,N,J]$

氏名 S	番号 N	住所 J
西田	E1J020	杉並区
森高	E0J037	新宿区
石田	E2J102	中野区
細川	E2J054	新宿区
西田	E1J098	豊島区
浅野	E0J123	新宿区

(a) ① $\sigma_{A \geq '70'}(S)$, ② $\pi_S(\sigma_{J='新宿区'}(T))$, ③ $\pi_{2,1}(S \bowtie_{N=N} T)$, ④ $S \bowtie T$, ⑤ $\pi_{N,C,C}(S) \bowtie T$, ⑥ $(S \times T) \div T$ をそれぞれ求めよ．

(b) どの科目の成績も 60 点以上である学生の氏名，番号，住所だけをこの順で属性とする関係表を求めるための関係代数の式を示せ．

(2) $R[A,B]$, $S[A,B]$ のとき，$\sigma_{A=A}(R \times S) \bowtie \sigma_{B=B}(R \times S)$ を簡単にせよ．

第4章

グ ラ フ

有向グラフでは辺に向きがあったが，この章では辺に向きのない無向グラフについて学ぶ．無向グラフのことを単にグラフという．

4.1 グラフについての基本的概念

有限個の点の集合 V と，V の2点を結ぶ何本かの辺の集まり E を**無向グラフ**あるいは単に**グラフ**といい，$G = (V, E)$ で表す．V の元を**頂点**，E の元を**辺**という．グラフ G の頂点集合を $V(G)$ で，辺集合を $E(G)$ で表すことがある．頂点数 (位数ともいう) が p で辺数 (サイズともいう) が q のグラフを (p, q) グラフともいう．一般に，$0 \leqq q \leqq \frac{p(p+1)}{2}$ である．$(1, 0)$ グラフを**自明グラフ**という．

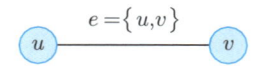

$$e = \{u, v\}$$
$$u \quad\text{———}\quad v$$

頂点 u, v 間に辺 $e = \{u, v\}$ があるとき，u と v は互いに**隣接**しているという．また，頂点 u と辺 e および頂点 v と辺 e は**接続**しているという．同じ頂点に接続している2つの辺は互いに隣接しているという．辺 $\{u, v\}$ は uv あるいは vu とも書く．

以下に，グラフに関する用語と記法を列挙する．

- $\deg(v)$ (v の**次数**): 頂点 $v \in V(G)$ に接続している辺の本数
- **孤立点**: 次数が 0 の頂点
- **端点**: 次数が 1 の頂点
- G の**最大次数** $\overset{\text{デルタ}}{\Delta}(G) := \max\{\deg(v) \mid v \in V(G)\}$
- G の**最小次数** $\delta(G) := \min\{\deg(v) \mid v \in V(G)\}$
- **奇頂点/偶頂点**: 奇数次数/偶数次数の頂点

4.1 グラフについての基本的概念

- $G_1 = G_2 \overset{\text{def}}{\Longleftrightarrow} V(G_1) = V(G_2)$ かつ $E(G_1) = E(G_2)$
- $G_1 \cong G_2$ (G_1 と G_2 は**同型**) $\overset{\text{def}}{\Longleftrightarrow} V(G_1)$ から $V(G_2)$ への全単射 φ が存在し，$uv \in E(G_1) \Longleftrightarrow \varphi(u)\varphi(v) \in E(G_2)$ を満たす
- $G' \subseteq G$ (G' は G の**部分グラフ**) $\overset{\text{def}}{\Longleftrightarrow} V(G') \subseteq V(G)$ かつ $E(G') \subseteq E(G)$
- G' は G の**全域部分グラフ** $\overset{\text{def}}{\Longleftrightarrow} G' \subseteq G$ かつ $V(G') = V(G)$
- G は n 次の**正則グラフ** $\overset{\text{def}}{\Longleftrightarrow} \Delta(G) = \delta(G) = n$
- 頂点数が n の**完全グラフ** K_n: $n-1$ 次正則グラフ $\Longleftrightarrow |V(K_n)| = \frac{n(n+1)}{2} \Longleftrightarrow K_n$ のどの2頂点も隣接している
- $G - e$: G から辺 $e \in E(G)$ を除去して得られるグラフ
- $G - v$: G から頂点 $v \in V(G)$，および v に接続するすべての辺を除去して得られるグラフ
- $G + e$: $e = uv \notin E$ のとき，G に辺 e を付け加えたグラフ
- $G + w$: G に新しい頂点 w を付け加え，w と G のすべての頂点を結ぶ辺も付け加えたグラフ
- $\overline{G}$: G の辺の有無を入れ替えたグラフ (G の**補グラフ**)，すなわち $\overline{G} = (V(G), \{uv \mid u, v \in V(G), u \neq v$ かつ $uv \notin E(G)\})$.

例題4.1 以下のグラフについて答えよ．

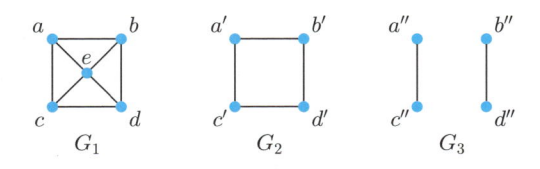

(1) G_1 を $G = (V, E)$ の形式で表せ． (2) $|V(G_2)|, |E(G_2)|$ は？
(3) $\Delta(G_1), \delta(G_1)$ および，これらを与える頂点を示せ．
(4) $G_2 \cong \overline{G_3}$ であることを示せ．
(5) G_1 に最小数の辺を追加または削除して正則グラフにせよ．
(6) 次の中で同型なグラフはどれとどれか？ $G_1 - e$, $\overline{G_1} - e$, $\langle \{a, b, c, d\} \rangle_{G_1}$, $\langle \{ae, be, ce, de\} \rangle_{G_1}$, $K_{2,2} + K_1$, $\overline{G_2}$, $(G_3 + a''d'') + b''c''$, $(G_1 - a) - de$.

解 (1) $G_1 = (\{a, b, c, d, e\}, \{ab, ac, ae, bd, be, cd, ce, de\})$.
(2) $|V(G_2)| = 4, |E(G_2)| = 4$.

(3)　$\Delta(G_1) = \deg(e) = 4$, $\delta(G_1) = \deg(v) = 3$ ($v \in \{a, b, c, d\}$).
(4)　$E(\overline{G_3}) = \{a''b'', b''c'', c''d'', d''a''\}$. G_2 から $\overline{G_3}$ への同型写像は，例えば $a' \mapsto a''$, $b' \mapsto b''$, $c' \mapsto d''$, $d' \mapsto c''$.
(5)　2本の辺 ad, bc を追加するのが最小．
(6)　$G_1 - e \cong G_2 \cong \langle\{a, b, c, d\}\rangle_{G_1} \cong (G_3 + a''d'') + b''c'' \cong (G_1 - a) - de$, $G_1 \cong K_{2,2} + K_1$, $\overline{G_1} - e \cong \overline{G_2} \cong G_3$. ■

$U \subseteq V(G)$ とする．U を頂点集合とし $\{uv \mid u, v \in U$ かつ $uv \in E(G)\}$ を辺集合とするグラフを，U から生成される G の**点誘導**部分グラフ（あるいは，単に誘導部分グラフ）といい，$\langle U \rangle_G$ で表す．また，$F \subseteq E(G)$ のとき，$\{u, v \mid uv \in F\}$ を頂点集合，F を辺集合とするグラフを F から生成される G の**辺誘導**部分グラフといい，$\langle F \rangle_G$ で表す．

例題4.2　$G = (\{v_1, v_2, v_3, v_4, v_5, v_6\}, \{v_1v_2, v_1v_4, v_2v_3, v_3v_4, v_3v_5, v_3v_6, v_4v_5, v_4v_6, v_5v_6\})$ とする．
(1)　G を図示せよ．　(2) $\overline{G}$ を図示せよ．
(3)　$U = \{v_1, v_3, v_4, v_5\}$ とする．$\langle U \rangle_G$ を図示せよ．
(4)　$F = \{v_1v_2, v_3v_4, v_3v_5, v_4v_5\}$ とする．$\langle F \rangle_G$ を図示せよ．

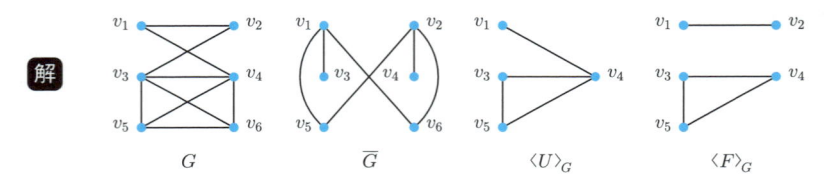

解

グラフ $G = (V, E)$ において，頂点集合 V を
$$V = V_1 \cup \cdots \cup V_n, \quad V_i \cap V_j = \emptyset \ (i \neq j), \quad V_i \neq \emptyset \ (i = 1, \ldots, n)$$
と分割でき，しかも，どの i についても両端点が同じ V_i の元であるような辺が存在しないならば，G を **n 部グラフ**といい，$G = (V_1, \ldots, V_n, E)$ と表す．各 V_i を**部**という．さらに，任意の $i \neq j$ に対して V_i のどの頂点と V_j のどの頂点も隣接しているとき，G を**完全 n 部グラフ**という．$|V_i| = p_i$ ($i = 1, \ldots, n$) であるとき，このグラフを $K(p_1, \ldots, p_n)$ とか $K_{p_1, \ldots, p_n}$ で表す．

4.1節 問題

問題 4.1 グラフ G において，$|E(G)| = \frac{1}{2}\sum_{v \in V(G)} \deg(v)$ が成り立つことを証明せよ．したがって，G の奇頂点の個数は偶数である．

問題 4.2 G から頂点 v を除去したグラフ $G-v$ は $G-v := (V(G)-\{v\}, E(G)-\{uv \mid uv \in E(G)\})$ と定義できる．辺 e を除去したグラフ $G-e$，頂点 w，辺 e を追加したグラフ $G+w$，$G+e$ を同様に定義せよ．

問題 4.3 右図のグラフ G について答えよ．
(1) $\delta(G-u), \Delta(G+uv)$ を求めよ．
(2) G の部分グラフで以下の条件を満たし，かつ辺数と頂点数が最大なものを求めよ．

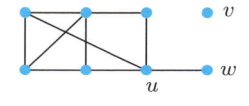

    (a) 2部グラフ   (b) 正則   (c) 完全グラフと同型

(3) $G-v$ の全域部分グラフで，孤立点を持たず，辺数が最小なもの．
(4) $\overline{G}$ の奇頂点は何個あるか？

問題 4.4 位数 5 の 1 次および 3 次の正則グラフは存在しないことを示せ．また，位数 5 の 0 次，2 次，4 次正則グラフをすべて求めよ．

問題 4.5 パーティに 6 人集まれば，その中には互いに知りあった 3 人，または互いに知らない 3 人が必ずいることを示せ (ヒント：6 人を 6 個の頂点で表し，知りあい同士を辺で結んだグラフ G を考え，位数 6 のグラフには互いに隣接しあった 3 頂点か互いに隣接しない 3 頂点が必ず存在することを示せ)．

問題 4.6 $G \cong \overline{G}$ であるグラフ G を**自己補グラフ**という．
(1) 自己補グラフの位数は $4n$ または $4n+1$ $(n \in \boldsymbol{N})$ であることを示せ．
(2) 位数 5 以下の自己補グラフをすべて求めよ．

問題 4.7 例題 4.1 の G_1, G_2, G_3 の中で 2 部グラフはどれか？ 3 部グラフはどれか？

問題 4.8 $n \geq 3$ ならば，任意の $1 < m < n$ について K_n は m 部グラフではないことを証明せよ．

問題 4.9 $K(p_1, \ldots, p_n)$ の位数 (頂点数) とサイズ (辺数) を求めよ．

4.2 連 結 性

4.2.1 道 と 閉 路

グラフ G の頂点の有限列 $P = \langle v_0, v_1, \ldots, v_n \rangle$ で，隣り合うどの 2 点間にも辺がある (すなわち，任意の $1 \leqq i \leqq n$ に対して $v_{i-1}v_i \in E$ である) ものを v_0v_n **道**または単に**道**という．n ($=$ 辺の本数) を P の**長さ**，v_0 を**始点**，v_n を**終点**という．$v_n = v_0$ のとき P は閉じているといい，閉じた道を**閉路**という．

同じ辺が重複して現われない道を**単純道**，同じ頂点が重複して現われない道を**基本道**という．長さ 3 以上の閉じた単純道を**単純閉路**，長さ 3 以上の閉じた基本道を**基本閉路**とか**サイクル**という．サイクルをもつグラフを**有閉路グラフ**といい，そうでないものを**無閉路グラフ**という．頂点数 n の閉じていない基本道を P_n で，頂点数 n のサイクルを C_n で表す．

例題4.3 図に示したグラフ G について，以下のものを求めよ．

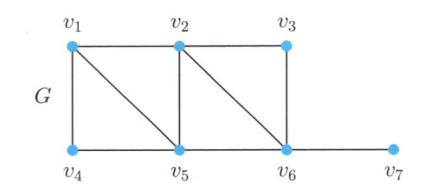

(1) 最長の単純 v_1v_7 道
(2) 最長の基本 v_1v_7 道
(3) 辺数最大の単純閉路
(4) 辺数最大のサイクル
(5) サイクルの総数

解 (1) 例えば $\langle v_1, v_4, v_5, v_1, v_2, v_5, v_6, v_2, v_3, v_6, v_7 \rangle$
(2) $\langle v_1, v_4, v_5, v_2, v_3, v_6, v_7 \rangle$　(3) 例えば $\langle v_1, v_4, v_5, v_2, v_3, v_6, v_5, v_1 \rangle$
(4) $\langle v_1, v_2, v_3, v_6, v_5, v_4, v_1 \rangle$　(5) 10

● グラフの表し方

① **隣接行列**　$G = (\{v_1, \ldots, v_p\}, E)$ のとき，次のように定義される $p \times p$ 行列 $A[G] = (a_{ij})$: $v_iv_j \in E$ なら $a_{ij} = 1$，$v_iv_j \notin E$ なら $a_{ij} = 0$．

② **線形リスト表現**　右図のように，一列に並べたデータ $\langle x_1, x_2, \ldots, x_n \rangle$ を → (リンク) でつないで表したものを**線形リスト**という．G の各頂点ごとに，その頂点に隣接しているすべての頂点を線形リストによって表す表現法を G の**線形リスト表現**という．

③ **接続行列と次数行列**　$V(G) = \{v_1, \ldots, v_p\}$, $E(G) = \{e_1, \ldots, e_q\}$ のとき，次のように定義される $p \times q$ 行列 $B[G] = (b_{ij})$, $p \times p$ 行列 $C[G] = (c_{ij})$ をそれぞれ G の接続行列，次数行列という：

$$b_{ij} := \begin{cases} 1 & (v_i と e_j が接続しているとき) \\ 0 & (そうでないとき) \end{cases} \quad c_{ij} := \begin{cases} \deg(v_i) & (i = j \text{ のとき}) \\ 0 & (i \neq j \text{ のとき}) \end{cases}$$

例題 4.4　グラフ G の隣接行列，接続行列，次数行列の間に関係 $B[G] \cdot {}^t B[G] = A[G] + C[G]$ が成り立つことを証明せよ．

解　$G = (\{v_1, \ldots, v_p\}, \{e_1, \ldots, e_q\})$ とし，$B[G] \cdot {}^t B[G] = (d_{ij})$ とする．

① $i \neq j$ のとき，$b_{ik} \cdot {}^t b_{kj} = 1 \iff b_{ij} = {}^t b_{kj} = 1 \iff ({}^t b_{kj} = b_{jk}$ だから) $b_{ik} = b_{jk} = 1 \iff v_i$ と e_k が接続かつ v_j と e_k が接続 $\iff v_i$ と v_j が辺 e_k を介して隣接 $\iff a_{ij} = 1$．よって，$\sum_{k=1}^{q} b_{ik} \cdot {}^t b_{kj} = 1 \iff a_{ij} = 1$ (v_i と v_j の間には辺が高々 1 本しかないことに注意)．また，定義より $c_{ij} = 0$．

② 一方，$i = j$ のときは，$b_{ik} \cdot {}^t b_{kj} = 1 \iff e_k$ は v_i に接続する辺．よって，$\sum_{k=1}^{q} b_{ik} \cdot {}^t b_{ki}$ は v_i に接続している辺の本数 c_{ii} に等しい．また，$i = j$ なら $a_{ij} = 0$．以上より $d_{ij} = a_{ij} + c_{ij}$. □

G を**連結グラフ** (どの 2 頂点間にも道があるグラフ) とする．G の 2 頂点 u と v の間の**距離** $\mathrm{d}(u, v)$ とは，uv 道の長さの最小値のことである．任意の $u, v, w \in V(G)$ に対して次のことが成り立つ：

(i)　$\mathrm{d}(u, v) \geqq 0$.　$\mathrm{d}(u, v) = 0 \iff u = v$
(ii)　$\mathrm{d}(u, v) = \mathrm{d}(v, u)$
(iii)　$\mathrm{d}(u, v) + \mathrm{d}(v, w) \geqq \mathrm{d}(u, w)$．三角不等式

$e(v) := \max\{\mathrm{d}(v, u) \mid u \in V(G)\}$ を v の**離心数**という．G のすべての頂点の離心数のうちの最大値を G の**直径**，最小値を G の**半径**といい，それぞれ $\mathrm{diam}(G)$, $\mathrm{rad}(G)$ で表す．$e(v) = \mathrm{rad}(G)$ である頂点 v を G の**中心**という．

例題 4.5　例題 4.3 のグラフ G について，以下のそれぞれを求めよ．

(1)　$\mathrm{d}(v_1, v_7)$　(2)　$e(v_3)$　(3)　$\mathrm{rad}(G)$
(4)　$\mathrm{diam}(G)$　(5)　中心　(6)　直径を与える道

解　(1) 3　(2) 3　(3) 2　(4) 3

(5) v_2 と v_5　　(6) 例えば $\langle v_1, v_2, v_6, v_7 \rangle$　　　　　　　　□

● **連結グラフ**　u, v をグラフ G の 2 頂点とする. G に uv 道が存在するとき, u と v は**連結している**といい, G のどの 2 頂点も連結しているとき G は**連結**であるという. G の極大な連結部分グラフのことを G の**連結成分**という. G の連結成分の個数を $k(G)$ で表す.

> **定理 4.1**　G が連結グラフならば $|E(G)| \geqq |V(G)| - 1$ である.

例題4.6　定理 4.1 を証明せよ. 逆は成り立つか?

解　$p = |V(G)|$ に関する帰納法で証明する. $p = 1$ のときは明らか. $p \geqq 2$ のとき, $v \in V(G)$ を任意に選ぶ. $G - v$ が r 個の連結成分 $G_1, \ldots, G_r$ を持つとすると, $\deg(v) \geqq r$ である. よって,

$$
\begin{aligned}
|E(G)| &= \deg(v) + \sum_{i=1}^{r} |E(G_i)| \\
&\underset{\text{帰納法の仮定}}{\geqq} r + \sum_{i=1}^{r} (|V(G_i)| - 1) = \sum_{i=1}^{r} |V(G_i)| = |V(G)| - 1.
\end{aligned}
$$

定理 4.1 の逆は成り立たない. 例えば, 三角形 (K_3) 1 つと孤立点 1 つとからなるグラフ G では $|V(G)| = 4$, $|E(G)| = |V(G)| - 1 = 3$ だが連結ではない. 一方, グラフに閉路がなければ定理 4.1 の逆も成り立つ (定理 4.12).　　□

● **連結度**

G の**切断点**(カット点, 関節点):　$k(G - v) > k(G)$ を満たす点 $v \in V(G)$.
G の**切断辺**(橋 辺):　$k(G - e) = k(G) + 1$ を満たす辺 $e \in E(G)$.

切断点 (切断辺) とは, それを削除するとその頂点 (辺) を含む連結成分がその点 (辺) の所で切り離されて非連結になってしまう点 (辺) のことである.

連結の強さを表す尺度として次のような量を考える.

$$\overset{\text{カッパ}}{\kappa}(G) := \min\{\,|U|\,\mid\, U \subseteq V(G),\ G - U \text{ は非連結または自明グラフ}\,\}$$

$$\lambda(G) := \min\{\,|F|\,\mid\, F \subseteq E(G),\ G - F \text{ は非連結または自明グラフ}\,\}$$

$\kappa(G)$ を G の**連結度**, $\lambda(G)$ を**辺連結度**という. $\kappa(G) \geqq n$ ($\lambda(G) \geqq n$) であるとき, G は **n 重連結**(**n 重辺連結**) または n 連結 (n 辺連結) であるという.

4.2 連結性

定理 4.2 (ホイットニー(Whitney)の定理) $\kappa(G) \leqq \lambda(G) \leqq \delta(G)$ が成り立つ.

例題 4.7 右図のグラフ G について答えよ.
(1) $\kappa(G), \lambda(G), \delta(G)$ を求めよ.
(2) G からできるだけ少数の頂点を削除して $k(G) = 3$ とせよ.
(3) $((G-b)-c)-d$ の切断点, 切断辺を求めよ.
(4) できるだけ少数の辺を削除して $\kappa(G) < \lambda(G) < \delta(G)$ とせよ.

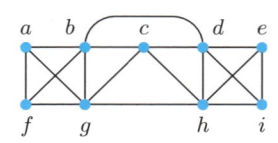

解 (1) $\kappa(G) = 2, \lambda(G) = \delta(G) = 3$.
(2) 例えば b, d, g, h を削除する. (3) 切断点 g, h, 切断辺 gh.
(4) bd と gh を削除すると $\kappa(G) = 1, \lambda(G) = 2, \delta(G) = 3$.

● **2頂点間の道の本数** 連結グラフ $G = (V, E)$ において, $u, v \in V$, $S \subseteq V$ (あるいは, $S \subseteq E$) とする. $G - S$ が非連結となり, しかも u と v が異なる連結成分に属するとき, S は u と v を**分離する**という.

グラフ G_1 と G_2 が共通の辺を持たないとき**辺素**であるという. uv 道 P の**内点**とは, u または v 以外の P 上の頂点のことをいう. 始点と終点が同じ 2 つの道が**内点素**であるとは, それらが内点を共有しないことをいう.

定理 4.3 (メンゲル(Menger)の定理) (1) u, v が G の相異なる隣接しない頂点ならば, G において互いに内点素な uv 道の最大本数は, u と v を分離する頂点の最小個数に等しい.
(2) u と v が G の相異なる頂点ならば, G において互いに辺素な uv 道の最大本数は, u と v を分離する辺の最小本数に等しい.

例題 4.8 例題 4.7 において, (1) 内点素な ai 道, (2) a と i を分離する頂点集合, (3) 辺素な ai 道, および (4) a と i を分離する辺集合を求めよ.

解 (1) 例えば $\langle a, b, d, i \rangle$ と $\langle a, g, h, i \rangle$ (2) $\{b, g\}$ や $\{d, h\}$
(3) 例えば $\langle a, b, d, e, i \rangle$ と $\langle a, g, c, h, d, i \rangle$ と $\langle a, f, g, h, i \rangle$
(4) $\{ab, ag, af\}$ など, (3) のそれぞれの道の上の辺

4.2節 問題

問題 4.10 $\delta(G) \geqq 2$ を満たすグラフ G にはサイクルがあることを示せ.

問題 4.11 G が $k(G) = k$ なる (p, q) グラフのとき, $q \geqq p - k$ であることを示せ. 特に, G が無閉路グラフなら $q = p - k$ である.

問題 4.12 (p, q) グラフを隣接行列と隣接リストで表した場合の長所と短所について, 次の表の①〜④を埋めよ. $O(f(n))$ は $f(n)$ に比例する時間以下でできることを表す. 特に, $O(1)$ は定数時間でできることを意味する.

考察項目	隣接行列	隣接リスト
プログラム上での実現法	(2次元) 配列	(線形) リスト
1つの辺へのアクセス時間	$O(1)$	①
必要メモリ量	②	$O(p + 4q)$
辺の追加にかかる時間	$O(1)$	③
辺の削除にかかる時間	$O(1)$	④

問題 4.13 有向グラフに対しても隣接行列, 接続行列, 次数行列を定義し, 例題 4.4 と同様な関係が成り立つことを示せ.

問題 4.14 G が連結グラフなら, $\operatorname{rad}(G) \leqq \operatorname{diam}(G) \leqq 2 \cdot \operatorname{rad}(G)$ が成り立つことを証明せよ. 等号が成り立つ例を示せ.

問題 4.15 G が連結グラフでないならば $\overline{G}$ は連結グラフであることを証明せよ. よって, 自己補グラフは連結である.

問題 4.16 連結グラフでは, 任意の2つの最長基本道は交差する, すなわち共有頂点をもつ. このことを証明せよ.

問題 4.17 下図のグラフ G に対し, 次のものを (あれば) 求めよ.
(1) 切断点 (2) 橋辺 (3) $\kappa(G - e)$ (4) $\lambda(G - e)$
(5) b, i 間の辺素な道の集合 (6) a, j 間の内点素な道の集合

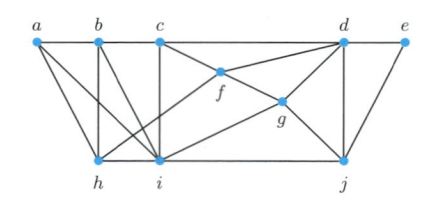

問題 4.18 偶頂点だけのグラフは橋辺をもたないことを示せ.

4.2 連 結 性

問題 4.19 次の定理を証明せよ．

> **定理 4.4** 頂点 v (あるいは辺 e) が切断点 (あるいは切断辺) である必要十分条件は，どの uw 道も v (あるいは e) を通るような，v と異なる 2 頂点 u, w が存在することである．

問題 4.20 3 頂点以上の自明でない連結グラフは非切断点を 2 つ以上もつことを示せ．

問題 4.21 $\kappa(G) = 1$ である r 次正則グラフでは $\lambda(G) \leqq \frac{r}{2}$ が成り立っていることを示せ．

問題 4.22 $\kappa(G) = 2$ である G の，ある頂点 u, v を分離する頂点の最小数は 3 であるという．G の一例を示せ．G には内点素な uv 道は最大何本あるか？このことより，グラフの連結度と頂点間の連結度とは違うことを認識せよ．

問題 4.23 辺 e が切断辺でない $\iff$ e は閉路上にある，を示せ．よって，G が 2 重辺連結 $\iff$ G のどの辺も閉路上にある，が成り立つ．しかし，G が 2 重連結 $\iff$ G のどの頂点も閉路上にある，は成り立たない．反例を示せ．

問題 4.24 G が 2 重連結である必要十分条件は G のどの 2 頂点も同一サイクル上にあることである．このことを証明せよ．

問題 4.25 切断点を持たない自明でない連結グラフを**ブロック**ということがある．次の定理の (1) を証明せよ．

> **定理 4.5** 次のいずれも G がブロックであるための必要十分条件である．
> (1) G の隣接するどの 2 辺も同一サイクル上にある．
> (2) G のどの 2 辺も同一サイクル上にある．
> (3) G のどの 1 点とどの 1 辺も同一サイクル上にある．

問題 4.26 $\kappa(G) \geqq k$, $\delta(G) \geqq k+1$ を満たすグラフ G には，$\kappa(G - e) \geqq k$ を満たす辺 e が存在する．$k = 1, 2$ の場合について，このことを証明せよ．

問題 4.27 次のグラフの連結度と辺連結度を求めよ：
(1) P_n (2) $\overline{P_n}$ (3) $\overline{C_n}$
(4) $C_9 + K_1$ (5) $K_{n, 2n, 3n}$ (6) $n \geqq 5$ のとき C_n^2 (定義は 4.3 節)

問題 4.28 $\kappa(G) \geqq n$ なら $|E(G)| \geqq \frac{n|V(G)|}{2}$ が成り立つことを示せ．

4.3 いろいろなグラフ

4.3.1 グラフ上の演算

$G_1 = (V_1, V_2)$, $G_2 = (V_2, E_2)$ とし,直和は $V(G_1) \cap V(G_2) = \emptyset$ の場合だけ定義される.

和　$G_1 \cup G_2 := (V_1 \cup V_2, \ E_1 \cup E_2)$
直和　$G_1 + G_2 := (V_1 \cup V_2, \ E_1 \cup E_2 \cup \{v_1 v_2 \mid v_1 \in V_1, \ v_2 \in V_2\})$
差　$G_1 - G_2 := (V_1 - V_2, \ E_1 - E_2 - \{uv \mid u \in V_2 \text{ または } v \in V_2\})$
直積　$G_1 \times G_2 := (V_1 \times V_2, \ \{(u_1, v_1)(u_2, v_2) \mid u_1 = u_2 \text{ かつ } v_1 v_2 \in E_2,$
$\text{または } v_1 = v_2 \text{ かつ } u_1 u_2 \in E_1\})$
n 乗　$G_1^n := \overbrace{G_1 \times \cdots \times G_1}^{n}$　とくに,$G_1^0 := K_1$

例題4.9　次の各グラフを描け.
$C_3 \times K_2$, $C_4 + K_1$, $\overline{K}_n + K_1$, $C_n + K_1$, $P_2 \times P_n$, $P_n \times P_m$,
$P_\ell \times P_m \times P_n$, $P_2 \times C_m$, $C_n \times C_m$, $Q_n := K_2^n \ (n = 0, 1, 2, 3)$.

解　星グラフ (star) と車輪 (wheel) と立方体 $Q_n \ (n \geqq 0)$ 以外は本書が勝手に付けた名前である.　□

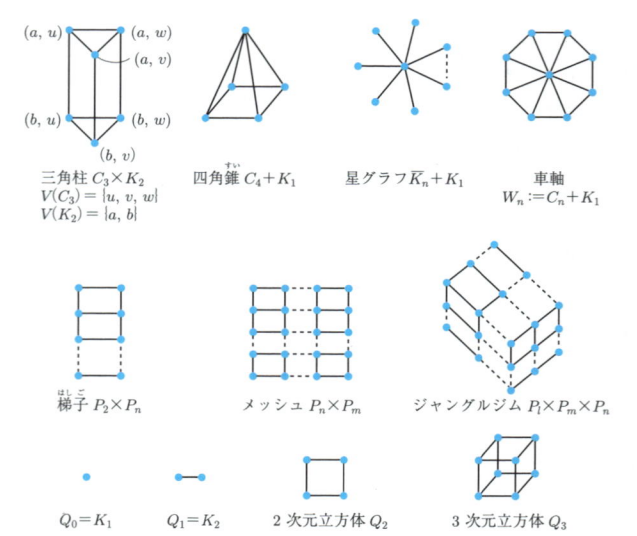

三角柱 $C_3 \times K_2$
$V(C_3) = \{u, v, w\}$
$V(K_2) = \{a, b\}$

四角錐 $C_4 + K_1$

星グラフ $\overline{K}_n + K_1$

車軸
$W_n := C_n + K_1$

梯子 $P_2 \times P_n$

メッシュ $P_n \times P_m$

ジャングルジム $P_\ell \times P_m \times P_n$

$Q_0 = K_1$

$Q_1 = K_2$

2次元立方体 Q_2

3次元立方体 Q_3

4.3.2 オイラーグラフ

各辺を丁度1回ずつ通る道/閉路を**オイラー道/閉路**という．オイラー閉路を持つ(多辺)グラフを**オイラーグラフ**(Euler)という．2頂点間に複数本の辺を持つグラフを多辺グラフという．

> **定理 4.6** 自明でない連結な(多辺)グラフ G において，
> (1) G がオイラー道をもつ $\iff$ G の奇頂点は0個または2個．
> (2) G がオイラー閉路をもつ $\iff$ G は奇頂点をもたない．

4.3.3 ハミルトングラフ

各頂点を丁度1回ずつ通過する閉路(**ハミルトン閉路**)(Hamilton)を持つグラフ．

> **定理 4.7** G が位数 $p \geqq 3$ のグラフで，かつ，隣接しない任意の2頂点 u, v $(u \neq v)$ に対して $\deg(u) + \deg(v) \geqq p$ が成り立っているならば，G はハミルトングラフである．

> **系 4.8** 定理4.7において，$\deg(u) + \deg(v) \geqq p - 1$ ならば，G はハミルトン道を持つ．

例題4.10 正しいか否か答えよ．
(1) 連結グラフでは，各辺をちょうど2回ずつ通る閉路が存在する．
(2) $K(n, 2n, 3n)$ も $K(n, 2n, 3n+1)$ もハミルトングラフである．
(3) $p = |V(G)| \geqq 3$, $\delta(G) \geqq \frac{p}{2}$ ならば G はハミルトングラフである．

解 (1) 正しい．各辺の代わりに，頂点間に2つの辺を加えた多辺グラフを考えると，どの頂点も隅頂点である．
(2) 定理4.7より $K(n, 2n, 3n)$ はハミルトングラフであるが，$K(n, 2n, 3n+1)$ はハミルトングラフでない．なぜなら，もしハミルトン閉路が存在したとすると，それを構成する辺は3つの部それぞれから $2n, 4n, 6n+2$ 本ずつが他の部の頂点に接続していなければならない．ところが，$6n + 2 \neq 2n + 4n$ なので，それは不可能である(ただし，ハミルトン道はもつ)．
(3) 定理4.7より，正しい．また，系4.8より，$p \geqq 1$, $\delta(G) \geqq \frac{p-1}{2}$ ならば G はハミルトン道を持つ．

4.3.1 〜 4.3.3 項　問題

問題 4.29　次のグラフを同型かどうかで分類せよ．$G_1 \cup G_2$ において，G_1 と G_2 は頂点を共有していないとする．

$K_1 + K_1$,　$K_1 \times K_2$,　K_2,　$K_{1,2}$,　K_3,　$P_1 + P_2$,　Q_1,　Q_2,
$\overline{K_2} + \overline{K_3}$,　$P_2 \cup P_2$,　P_3,　P_2^2,　$K_{2,3}$,　$\overline{P_1 \cup P_2}$,　C_3,　$\overline{C_3}$,
$\overline{K_2} \times K_1$,　$\overline{K_2} \cup \overline{K_3}$,　C_4,　$\overline{C_4}$,　$\overline{K_5}$,　$\overline{P_2 \times P_2}$,　C_5,　$\overline{C_5}$

問題 4.30　次の式が成り立つ例と成り立たない例を (あれば) 挙げよ．
(1)　$\overline{G_1 + G_2} \cong \overline{G_1} + \overline{G_2}$
(2)　$\overline{G_1 \times G_2} \cong \overline{G_1} \times \overline{G_2}$

問題 4.31　G が n 重連結なら $G + K_1$ は $n+1$ 重連結であることを示せ．

問題 4.32　定理 4.7 について答えよ．
(1)　逆が成り立たないような例を示せ．
(2)　隣接しないどの 2 頂点 u, v も $\deg(u) + \deg(v) \geqq p - 1$ を満たし，かつハミルトングラフでない例を示せ．

問題 4.33　ある学校では 7 科目を何人かの先生が教えている．1 日に 1 科目ずつ 1 週間連続して試験を行いたい．ただし，同じ先生が教えている科目の試験が 2 日続けて行われることがないようにしたい．5 科目以上を担当する先生がいなければ，このような試験日程を組めることを示せ．

問題 4.34　できるだけ少ない頂点数で，ハミルトングラフであるがオイラーグラフでない例，オイラーグラフであるがハミルトングラフでない例をそれぞれ示せ．

問題 4.35　定理 4.7 と同様な証明 (拙著『離散数学入門』の定理 4.11 参照) により，次の①を証明することができる．①を用いて下記の②を証明せよ．ただし，位数 p のグラフの閉包 ($C(G)$ で表す) とは，次数の和が p 以上の隣接点を結ぶことを繰り返してどの 2 頂点の次数の和も p 以上としたグラフのことである：

①　u, v は位数が p のグラフ G の隣接しない 2 頂点で $\deg(u) + \deg(v) \geqq p$ を満たしているとする．このとき，$G + uv$ がハミルトングラフである必要十分条件は G がハミルトングラフであることである．

②　G がハミルトングラフ $\iff$ $C(G)$ がハミルトングラフ．

問題 4.36　次のことは正しいか否か，理由をつけて答えよ．
(1)　K_{100} はオイラーグラフである．
(2)　G がオイラーグラフなら G^2 もオイラーグラフである．逆は成り立つか？
(3)　全域閉路を持つグラフはハミルトングラフである．

(4) ハミルトン道を持つ無閉路グラフは基本道だけである．
(5) G_1, G_2 がハミルトングラフなら $G_1 + G_2$ もハミルトングラフである．

問題 4.37 パーティの参加者 n 人 ($n \geqq 4$) のどの2人もそのどちらかが残りの $n-2$ 人と知人である場合，各人の両隣に知人が来るように円形テーブルの座席を決めることができる．このことを示せ．

問題 4.38 有向グラフに関しては，定理 4.6, 4.7 に相当する次の定理が成り立つことが知られている．

> **定理 4.9** 有向 (多辺) グラフ G がオイラー道をもつための必要十分条件は，G が連結で，① すべての頂点の入次数と出次数が等しいか，または ② 2つの頂点 v_1 と v_2 以外のすべての頂点の入次数と出次数が等しく，かつ out-deg(v_1) = in-deg(v_1) + 1, in-deg(v_2) = out-deg(v_2) + 1 が成り立つことである．とくに，G がオイラー閉路をもつための必要十分条件は，すべての頂点の入次数と出次数が等しいことである．

> **定理 4.10** G が位数 p の強連結な (あるいは，任意の) 有向グラフで，隣接しない任意の2頂点 u, v ($u \neq v$) に対して $\deg(u) + \deg(v) \geqq 2p - 1$ ($\deg(u) + \deg(v) \geqq 2p - 3$) であるならば，$G$ はハミルトン閉路 (ハミルトン道) を持つ．したがって，とくに完全有向グラフ (どの2頂点 u, v 間にも有向辺 (u, v) または (v, u) が存在するグラフ) はハミルトン道をもつ．

この定理を参考にして，次のことを示せ．

プリンタが1台だけ付いているコンピュータで n 個のプログラムを実行して結果を印刷したい．プログラム i は計算に c_i 分，印刷に p_i 分かかる．どの i, j に対しても $p_i \geqq c_j$ であるか $p_j \geqq c_i$ であるなら，プリンタが休みなく印刷しつづけるようなプログラムの実行順序があることを示せ．

問題 4.39 Q_n ($n \geqq 2$) はハミルトングラフであることを示せ．

問題 4.40 ハミルトングラフの直積はハミルトングラフであることを示せ．

問題 4.41 G を (p, q) グラフとする．$p \geqq 3$, $q \geqq \frac{p^2 - 3p + 6}{2}$ なら G はハミルトングラフであることを示せ．

4.3.4 2部グラフ

2部グラフの特徴づけ (定義は 4.1 節を参照のこと)：

> **定理 4.11** (ケーニヒの定理) 自明でないグラフ G が 2 部グラフであるための必要十分条件は，G が長さが奇数のサイクルを含んでいないことである．

例題4.11 正しかったら証明し，正しくない場合は反例を挙げよ．
(1) G_1, G_2 が 2 部グラフなら $G_1 \times G_2$ も 2 部グラフである．
(2) G_1, G_2 が (完全)2 部グラフなら $G_1 + G_2$ も (完全)2 部グラフである．

解 (1) 正しい．定理 4.11 を使う．グラフの直積 $G_1 \times G_2$ は，G_1 の各頂点の代わりに G_2 を置いて，G_1 の辺とパラレルに辺を付けたものであるから，G_1, G_2 に奇数長の閉路がなければそれらの直積にも奇数長の閉路は生じない．
(2) 正しくない．反例：$K_{1,1} + K_{1,1}$ は 3 辺形を持つので 2 部グラフでさえない． ■

4.3.5 区間グラフ・弦グラフ

ある集合 S の部分集合の族 $\mathcal{S} \subseteq 2^S$ の元を頂点とし，$X \cap Y \neq \emptyset$ を満たす頂点 X, Y の間に辺があるように定義されたグラフを $\mathcal{S}$ の **交わりグラフ** という．どんなグラフも，$\mathcal{S}$ をうまく選べば交わりグラフになる．とくに，S が実数の集合 $\mathbf{R}$ で，$\mathcal{S}$ が $\mathbf{R}$ 上の区間の族であるとき，$\mathcal{S}$ の交わりグラフ (と同型なグラフ) を **区間グラフ** という．

長さが 4 以上のサイクル $\langle v_1, v_2, \ldots, v_n, v_1 \rangle$ には **弦** ($i \not\equiv j \pm 1 \pmod n$ である頂点 v_i, v_j を結ぶ辺 = サイクルを円と見たとき弦に相当するもの) が必ず 1 本以上存在するグラフを **弦グラフ** という．

例題4.12 どんなグラフも交わりグラフであることを示せ．

解 $V(G) = \{v_1, \ldots, v_n\}$ とするとき，$S_i := \{v_i\} \cup \{v_j \mid v_i v_j \in E(G)\}$ と定義する．G は $\mathcal{S} := \{S_1, \ldots, S_n\}$ の交わりグラフである． ■

4.3.4〜4.3.5項　問題

問題4.42　正多面体 (4,6,8,12,20 面体の 5 種類しかない) それぞれに対し，その頂点を頂点とし稜を辺とするグラフを考える．このうち，オイラーグラフになるものはどれか？

問題4.43　英小文字 a 〜 z と数 0〜9 を次のように対応させる．a 〜 z にこの順に番号 0〜25 を振り，英字○には「○の番号 $\bmod 10$」を対応させる．このとき，英字と数との対応を 2 部グラフとして表せ．ただし，$m \bmod n$ は m を n で割った余りを表す．

問題4.44　$|V_1| \neq |V_2|$ である 2 部グラフはハミルトングラフでないことを示せ．

問題4.45　$(p, \frac{p^2}{4})$ グラフは長さ奇数の基本閉路を含むか，あるいは，$K(\frac{p}{2}, \frac{p}{2})$ と同型であることを証明せよ．

問題4.46　完全 2 部グラフ $K(\frac{n}{2}, \frac{n}{2})$ は 3 辺形を含まない $(n, \frac{n^2}{4})$ グラフである．一般に，3 辺形を含まない (p, q) グラフは $q \leq \frac{p^2}{4}$ を満たすことを証明せよ．

問題4.47　P_n, K_n は区間グラフであるが，C_n $(n \geq 4)$ は区間グラフでないことを示せ．

問題4.48　区間グラフは弦グラフであることを示せ．

問題4.49　G が弦グラフなら G には長さ 3 以上のサイクルが存在しないか，または，ある頂点 v を含む長さ 3 のサイクルが存在して $G - v$ も弦グラフである．このことを証明せよ．

問題4.50　有向グラフが**準完全 n 部グラフ**であるとは，辺の向きを無視して無向グラフとして見ると n 部多辺グラフであり（つまり，同一部内のどの 2 頂点を結ぶ有向辺も存在しない），かつ，異なる部に属すどの 2 頂点の間にも少なくともどちらか向きに有向辺が必ず存在することをいう．次のそれぞれについて頂点が 3 個の例を示せ．
(1)　準完全有向 2 部グラフである例
(2)　準完全有向 2 部グラフでない例
(3)　強連結な準完全有向 2 部グラフ

参考：有向グラフでは，どの 2 頂点間にもどちらか向きに辺があるものを完全有向グラフといい，どの 2 頂点間にも両向きの辺 (2 辺) があるものを対称完全有向グラフという．

4.3.6 木

無閉路グラフ(したがって，サイクルを含んでいない)を**森**とか**林**といい，連結な無閉路グラフを**木**(自由木)という．森の連結成分はそれぞれ木である．

> **定理 4.12** G を (p,q) グラフとする．次の (1)〜(6) は同値である．
> (1) G は木である．
> (2) G は連結で，G のどの辺も切断辺である．
> (3) G は連結で，$p = q+1$ である．
> (4) G には閉路がなく，$p = q+1$ である．
> (5) G のどの 2 頂点の間にも基本道が丁度 1 つだけ存在する．
> (6) G にはサイクルがなく，G の隣接しない 2 頂点間のどこに辺を付け加えてもサイクルができる．

- r を根とする**根付き木** $\cdots$ 木 G と $r \in V(G)$ の順序対 $T = (G, r)$
以下，根付き木の場合．
- **ノード**(節) $\cdots$ 木の頂点， **枝** $\cdots$ 木の辺
- y は x の**祖先**(x は y の**子孫**) $\cdots$ 根 r から頂点 x へちょうど 1 つの道があり，y がこの道の上の頂点
- y は x の**親**(x は y の**子**) $\cdots$ y が x の先祖で yx が辺である場合
- x と y は**兄弟** $\cdots$ x の親と y の親が同じ場合
- **葉** $\cdots$ 子のない頂点， **内点** $\cdots$ 葉でない頂点
- 頂点 x を根とする，T の**部分木** $\cdots$ x の子孫 (x 自身を含む) 全体が成す T の部分グラフ
- **順序木** $\cdots$ 子供の間に並ぶ順序が定められている根付き木
- **位置木** $\cdots$ 存在しない子 (ノード) があってもよいような順序木
- **n 分木** $\cdots$ どの頂点も高々 n 人の子供しかいない根付き木
- 頂点 x の**深さ** $\mathrm{depth}(x)$ $\cdots$ 根から x への距離
- 木 $T = (G, r)$ の**高さ** $\mathrm{height}(T)$ $\cdots$ $\max\{\mathrm{depth}(x) \mid x \in V(G)\}$
- **正則 n 分木** $\cdots$ 葉以外のどの頂点も丁度 n 人の子供をもつ根付き木
- **完全 n 分木** $\cdots$ すべての葉が同じ深さにある正則 n 分木

4.3 いろいろなグラフ

例題4.13 次のそれぞれの場合について，頂点数が 3 のものをすべて示せ．
(1) 自由木　(2) 根付き木　(3) 順序木　(4) 位置木

解 点線 (存在しない辺) と白丸 (存在しない頂点) は，存在する子 (青丸) と存在しない子 (白丸) を明示するために書き加えてある．順序木では子の個数と順序は問題にするが，子の '左右' は問題にしないことに注意のこと．二重丸は根を表す． □

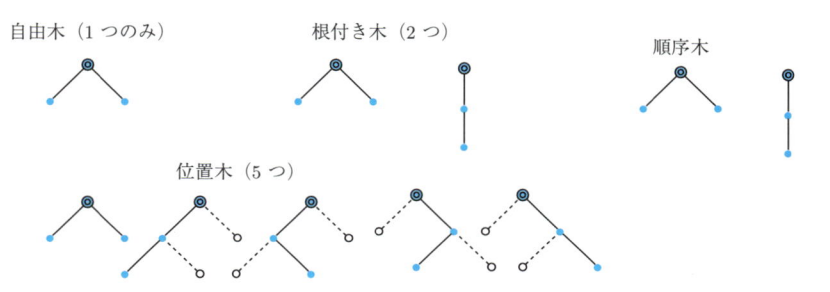

自由木 (1つのみ)　　　根付き木 (2つ)　　　　　　　　順序木

位置木 (5つ)

定理 4.13 T を位数 p の n 分木とする．次の式が成り立つ．
(1) $\text{height}(T) \geq \lceil \log_n((n-1)p+1) \rceil - 1$
　　$\text{height}(T) \geq \lceil \log_n(T \text{ の葉の数}) \rceil$
(2) T が正則ならば，$(n-1)(T \text{ の内点の数}) = (T \text{ の葉の数}) - 1$

例題4.14 正則とは限らない任意の根付き木において，

$$\text{葉の枚数} - 1 = \sum_{\text{内点 } v} (v \text{ の子供の数} - 1)$$

が成り立つことを証明せよ．系として，① 2 分木において子供が 2 人の頂点の個数は 葉の枚数 -1 に等しいことや，② 自由木では「頂点の総数 $-1=$ 枝の総数」が成り立つことが得られる．

解 根付き木を，n 人以下で行わない 1 人だけ勝ち上がるゲームのトーナメント表だと考える (1 人のときはゲームをする必要なし)．各内点は 1 つのゲームを表すので，そのゲームにおいて負けた人をその内点に残す (根も内点であることに注意)．この結果，チャンピオン以外のすべての人はどれか 1 つの内点上に残るので，(内点に残った人の総数) $=$ (トーナメントの参加者数) $-1=$ (葉の数) -1 である．この式は求める式に等しい． □

4.3.6項 問題

問題 4.51 次の条件を満たす根付き木を 1 つ示せ (あるいは, 条件を満たす個数を求めよ).
(1) 高さ 3 の正則な 3 分木で頂点数が最小のもの
(2) 高さ 3 の 4 分木で, 頂点数が最小のもの
(3) 深さ 3 の頂点が 2 つだけある 2 分木で頂点数が最小のもの
(4) 頂点数が 5 の木で, 高さが最小のものと最大のもの
(5) 高さ h の完全 n 分木の頂点数
(6) 高さ h の正則 n 分木の最小頂点数
(7) 深さ d の頂点数が $d+1$ 個であるような, 高さが h の木の辺数

問題 4.52 次数 4 の頂点が 1 個, 次数 3 の頂点が 2 個, 次数 2 の頂点が 3 個の木において, 次数 1 の頂点は何個か?

問題 4.53 下のグラフの連結無閉路部分グラフのうち, 辺の個数が最も多いものを 1 つ示せ. しかも, 根とすべき頂点をうまく選んでその無閉路グラフを根付き木として表したとき, 高さが最小となるようにせよ.

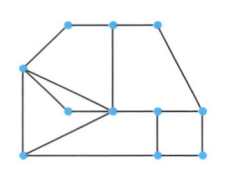

問題 4.54 正則 2 分木の頂点は奇数個であることを示せ.

問題 4.55 高さ h の正則 n 分木は何個以上の葉を持つか?

問題 4.56 木の中心は 1 個または隣接する 2 頂点であることを示せ.

問題 4.57 G が木のとき, $d(u,v) = \mathrm{diam}(G)$ ならば uv 道は G の中心を通ることを示せ. 木でない場合はどうか?

問題 4.58 3 チームで争い, 1 チームだけが勝ち上がるゲームを考える. 負けたら再試合はないものとするとき, 優勝チームを決めるためのトーナメントが成立するためには何チームあればよいか? また, 参加チーム数が n のとき, 総試合数はいくつか? 優勝までに勝たなければいけない試合数は最も多い場合で何回か?

問題 4.59 有向グラフを用いて '根付き木' を定義せよ.

問題 4.60 n を自然数とし, $1, 2, \ldots, n$ それぞれを記号と考えたアルファベット (文字の集合のこと) を

$$[n] := \{1, 2, \ldots, n\}$$

で表す．$[n]^*$ の部分集合 $\mathcal{D}$ が次の 3 条件を満たすとき，$\mathcal{D}$ を $(n$ 分木の$)$ 樹形と呼ぶ．

(ⅰ) $\lambda \in \mathcal{D}$. (λ は木の根を表す)

(ⅱ) どの $x \in \mathcal{D}$ のどの接頭語も $\mathcal{D}$ の元である．(x の接頭語は x の先祖を表す)

(ⅲ) 任意の $x \in \mathcal{D}$，任意の自然数 i に対して，$xi \in \mathcal{D}$ ならば $1 \leqq j \leqq i$ であるどんな j についても $xj \in \mathcal{D}$ である．(xj は x の j 番目の子供を表す)

子供の位置が「左から何番目の子」と指定されている木を**位置木**という．根付き位置木において，木 T_1 に木 T_2 を接ぎ木する演算 $\oplus$ を以下のように定義する．$x \in T_1$ かつ $a \in [n]$，$xa \notin T_1$ であるとき，x を接木可能部位といい，T_1 の接木可能部位 x において a の位置に T_2 を接ぎ木して得られる木を次のように定義する：

$$T_1 \oplus_{xa} T_2 := T_1 \cup \{xat \mid t \in T_2\}$$

(1) 3 分順序木

$$T_1 = \{\lambda, 1, 2, 3, 11, 12, 13, 21, 22, 211, 212, 213, 221\}$$

および

$$T_2 = \{\lambda, 1, 11, 12\}$$

を考える．

(a) T_1, T_2 をそれぞれ図示せよ．

(b) $T_1 \oplus_{211} T_2$ を図示せよ．

(2) T および T' を 2 分順序木とし，$x \in T$ とする．

(a) $|x|, \max\{|x| \mid x \in T\}$ はそれぞれ何を表すか？ グラフの用語で答えよ．

(b) T が正則であるための条件，T において T' が x の左部分木であるための条件，をそれぞれ $\{1,2\}$ 上の言語を用いた式で表せ．

(3) 2 分順序木において，頂点 u と頂点 v の共通の祖先 w が存在し，u が w の左部分木に属し，v が w の右部分木に属すとき，u は v の左にあると定義する．u が v の左の いとこ であるための条件を，アルファベット $\Sigma = \{1, 2\}$ 上の言語に関する用語 (あるいは式) を用いて示せ．

4.3.7 平面グラフ

どの2辺も交わらないように平面上に描くことのできるグラフを**平面的グラフ**といい，平面上にそのように描かれたグラフを**平面グラフ**という．平面グラフは平面をいくつかの**領域**に分ける．例えば，右図では平面が4つの領域に分けられている．1つだけ無限の領域 (**外領域**という) が必ず存在する．

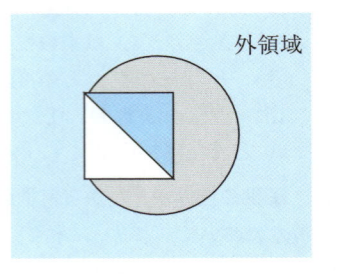

> **定理 4.14** (**オイラーの公式**) 任意の連結な平面グラフ G に対して
> $$p - q + r = 2$$
> が成り立つ．ただし，p, q, r はそれぞれ G の頂点の個数，辺の本数，領域の個数である．

> **系 4.15** 多面体の頂点の個数を V，稜の個数を E，面の個数を F とすると，$V - E + F = 2$ が成り立つ．

例題 4.15 次のグラフのうち，平面的グラフはどれとどれか？ また，頂点の個数 p，辺の本数 q，領域の個数 r が定まる場合は求めよ．
(1) 木 (2) C_n ($n \geq 3$) (3) 7重連結グラフ
(4) $P_3 \cup P_3$ (5) $P_3 + P_3$ (6) $P_3 \times P_3$ (7) $K_3 \times K_3$

解 以下，○=平面的グラフ，×=非平面的グラフ，で表す．
(1) ○，$q = p - 1$, $r = 1$
(2) ○，$p = q = n$, $r = 2$
(3) × (問 4.77 参照)
(4) ○，2つの P_3 が頂点を共有しない場合 $p = 6, q = 4, r = 1$
(5) × ($\because K_{3,3}$ を部分グラフとして含む)，$p = 6, q = 13$
(6) ○，$p = 9, q = 12, r = 5$
(7) × ($\because$ 例えば，$(1,1), (1,2), (1,3), (2,1), (3,1)$ を頂点とする K_5 の細分 (問題 4.67 参照) を部分グラフとして含む)，$p = 6, q = 18$

> - 平面グラフでは $q \leqq 3p - 6$ が成り立つ.
> - K_5 も $K_{3,3}$ も平面的グラフではない.

例題4.16 $p = |V(G)| \geqq 11$ であるグラフ G に対して, G またはその補グラフ $\overline{G}$ は平面的グラフでないことを示せ.

解 G も $\overline{G}$ も平面的グラフなら, 上述の頂点数と辺数に関する関係式から $q = |E(G)| \leqq 3p - 6$ かつ $\overline{q} = |E(\overline{G})| \leqq 3p - 6$ が成り立つ. よって, $q + \overline{q} \leqq 6(p - 2)$. 一方, $q + \overline{q} = \frac{p(p-1)}{2}$ であるから, $p^2 - 13p + 24 \leqq 0$. これを解くと $p < 11$ であり, 仮定に反す. ■

グラフ G から辺 uv を除去し, 代りに 1 点 w と 2 辺 uw, wv を付け加えてグラフ G' が得られるとき $G \rightarrowtail G'$ と書き, 逆に, G' に 2 辺 uw, wv があり $uv \notin E(G')$, $\deg(w) = 2$ を満たすとき, G' からこれらの 2 辺を除去して代りに辺 uv を付け加えてグラフ G が得られるとき $G \leftarrowtail G'$ と書くことにする. 変換 $\rightarrowtail$, $\leftarrowtail$ を何回か繰り返して G から G' に移れるとき $G \rightleftharpoons^* G'$ と書き, G と G' は位相同型であるという.

> **定理 4.16** (クラトウスキーの定理) グラフ G が平面的であるための必要十分条件は, G が K_5 または $K_{3,3}$ と位相同型なグラフを部分グラフとして含んでいないことである.

例題4.17 すべての頂点が外領域の境界上に乗るように平面上に描けるグラフを**外平面的グラフ**という. グラフ G が外平面的である必要十分条件は $G \rightarrowtail^* K_4$ も $G \rightarrowtail^* K_{2,3}$ も成り立たないことである. これを証明せよ.

解 $v \notin V(G)$ に対し, $G' = G + v$ とする. このとき, G が外平面的である必要十分条件は G' が平面的であることである. よって, 定理 4.16 より, G が外平面的でなければ G' は $K_5 \rightleftharpoons^* K_5'$ または $K_{3,3} \rightleftharpoons^* K_{3,3}'$ となる K_5' または $K_{3,3}'$ を含む. G はこれから v を削除したものである. 逆の証明も同様である. ■

4.3.7項 問題

問題 4.61 定理 4.14 が成り立たないような平面グラフの例を示せ．

問題 4.62 オイラーグラフでもハミルトングラフでも平面的グラフでもない連結グラフの例を示せ．

問題 4.63 右のグラフは平面的グラフである．平面上に，辺が交差しないように，直線の辺だけを使って描け．このグラフに辺を 1 本追加しても平面的グラフのままか？

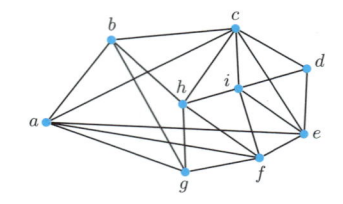

問題 4.64 平面グラフに，どの辺とも交差しないように辺を追加していき，それ以上追加できなくなったグラフを**極大平面グラフ**という．極大平面グラフに関する次の定理を証明せよ．

> **定理 4.17** G が極大平面グラフであるための必要十分条件は G のすべての領域が 3 辺形であることである．したがって，極大平面グラフでは $q = 3p-6$, $r = 2p-4$ が成り立つ．一般には，$r \leqq 2p-4$．

問題 4.65 どんな平面グラフも次数が 5 以下の頂点を必ず含むことを示せ．したがって，どんな平面グラフも連結度が 5 以下である．

問題 4.66 G を連結な (p,q) 平面グラフとする．次のことを示せ．
(1) G のどの領域も 5 辺形で $p=8$ なら $q=10$, $r=4$．
(2) $p \geqq 3$ で G のどの領域も 3 辺形でないなら $q \leqq 2p-4$．
(3) $p \geqq 3$ で G が 2 部グラフであるなら $q \leqq 2p-4$．

問題 4.67 G のいくつかの辺をそれぞれ適当な長さ (異なってもよい) の基本道 P_k ($k \geqq 2$) で置き換えたグラフを G の**細分**という．また，G の 1 つの辺 $e = uv$ を除きその両端の頂点を同一視する (その結果，多重辺や自己ループが生じたら削除する) 操作を**縮約**という (G/e と書く)．細分，縮約と $\rightarrowtail$, $\leftarrowtail$ との関係を考察せよ．また，定理 4.16 をこれらを使って述べ直せ．

問題 4.68 H が G のマイナーであるとき $G \leqq_m H$ を書くことにする．グラフ上の 2 項関係 $\leqq_m$ は半順序であることを示せ．

4.4 ラベル付きグラフ

4.4.1 頂点や辺にデータを置いたグラフ

ラベル付きグラフとは

$$G = (V, E, f, g), \qquad f : V \to L_V, \quad g : E \to L_E$$

によって定義されるグラフである．G は有向あるいは無向グラフであり，f, g はそれぞれ頂点，辺に付けるラベルを指定する関数であり，L_V と L_E は使うことのできるラベルの集合である．ラベルは数，記号，文字列など何でもよい．特に，ラベルが数値の場合には**重み**という．頂点のみにラベル付けする場合は (V, E, f) によって，辺のみにラベル付けする場合は (V, E, g) によって表す．

例題4.18 次の対象をラベル付きグラフで表せ．
(1) 数式 $-(2 * a) + b$ の演算順序を表す木 (葉にオペランド (被演算子) を，内点に演算子をラベル付けした木)
(2) 4つの集合 $\{a\}, \{b\}, \{a,b\}, \{b,c\}, \{a,b,c\}$ の間の真の包含関係を表す有向グラフ．辺には元の個数の差をベル付けせよ．

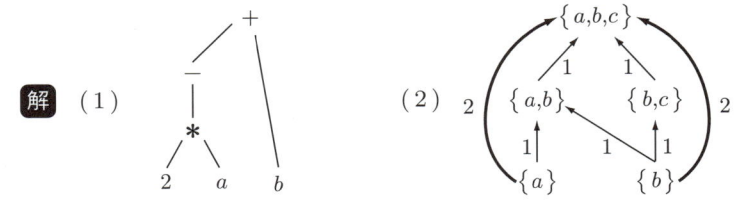

解 (1), (2)

形式的には，(1) のグラフは $G_1 = (\{v_1, v_2, v_3, v_4, v_5, v_6\}, \{v_1v_4, v_2v_4, v_3v_6, v_4v_5, v_5v_6\}, f)$, $f : V(G_1) \to \{2, a, b, +, -, *\}$, $f(v_1) = 2$, $f(v_2) = a$, $f(v_3) = b$, $f(v_4) = *$, $f(v_5) = -$, $f(v_6) = +$ である．

また，(2) の有向グラフは $G_2 = (\{v_1, v_2, v_3, v_4, v_5\}, \{(v_1, v_3), (v_1, v_5), (v_2, v_3), (v_2, v_4), (v_2, v_5), (v_3, v_5), (v_4, v_5)\}, f, g)$, $f : V(G_2) \to 2^{\{a,b,c\}}$, $g : E(G_2) \to \mathbf{N}$, $f(v_1) = \{a\}$, $f(v_2) = \{b\}$, $f(v_3) = \{a, b\}$, $f(v_4) = \{b, c\}$, $f(v_5) = \{a, b, c\}$, $g(v_1, v_3) = g(v_2, v_3) = g(v_2, v_4) = g(v_3, v_5) = g(v_4, v_5) = 1$, $g(v_1, v_5) = g(v_2, v_5) = 2$ である．

4.4.2 構文図

BNF(バッカス記法) や文脈自由文法によって定義された構文は，次のようなラベル付き有向グラフを使って記述することができる．2 種類の頂点を使う．
- 矩形 □ で表される頂点には超変数 (非終端記号) をラベル付けする．
- 円 ○ で表される頂点には基本文字 (終端記号) をラベル付けする．

α の **構文図** α^* を次のように再帰的に定義する：
(1) α が超変数 $\langle A \rangle$ であるならば，その構文図 α^* は $\boxed{A}$ である．
(2) α が基本文字 a であるならば，その構文図 α^* は $\ⓐ$ である．
(3) $X_1, \ldots, X_n$ が超変数あるいは基本文字のとき，α が文字列 $X_1 \cdots X_n$ であるならば，その構文図 α^* を次のように定める：

$$X_1^* \longrightarrow \cdots \longrightarrow X_n^*$$

(4) α が超式

$$\langle A \rangle ::= \alpha_1 \mid \cdots \mid \alpha_n$$

であるならば，その構文図を右図のように定める．

ただし，図のような記法を用いる．

例えば，$\langle A \rangle ::= a \langle B \rangle \langle C \rangle \mid d$ は次のように表される．

入次数 0 の頂点を入口とし，出次数 0 の頂点を出口とし，入口から出口に至る道の上に現われるラベルをその順に並べて得られる文字列だけが許される構文である．

例題4.19 あるプログラミング言語では **if 文** を BNF で次のように定義している．

$\langle \text{if 文} \rangle ::= \textbf{if} \ \langle 条件式 \rangle \ \textbf{then} \ \langle 文 \rangle \mid \textbf{if} \ \langle 条件式 \rangle \ \textbf{then} \ \langle 文 \rangle \ \textbf{else} \ \langle 文 \rangle$
$\langle 条件式 \rangle ::= \langle 関係式 \rangle \mid \neg \langle 条件式 \rangle \mid \langle 条件式 \rangle \wedge \langle 条件式 \rangle \mid \langle 条件式 \rangle \vee \langle 条件式 \rangle$
$\langle 関係式 \rangle ::= \cdots \ (省略) \qquad \langle 文 \rangle ::= \cdots \ (省略)$

これを構文図で表せ.

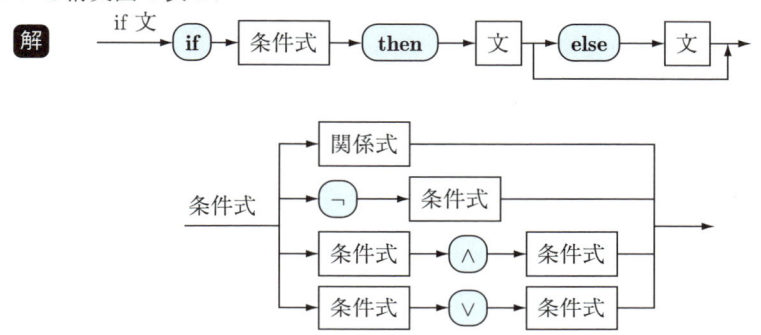

解 （if 文の構文図、条件式の構文図）

4.4.3 有限オートマトン

有限オートマトンとは $M = (Q, \Sigma, \delta, q_0, F)$ によって指定されるシステムである. Q も Σ も有限アルファベットであり, Q の元を**状態**という. とくに, $q_0 \in Q$ は初期状態と呼ばれる特別な状態であり, Q の元のいくつかを**受理状態**として指定しておく. そのような受理状態の集合が F である ($F \subseteq Q$). δ は $Q \times \Sigma$ から Q への関数であり, **状態遷移関数**という. $\delta(p, a) = q$ は, M の現在の状態が p であるときに Σ の元である文字 a を読んだら状態を q に変える (すなわち, p から q に遷移する) ことを表す.

δ を $Q \times (\Sigma \cup \{\lambda\})$ から 2^Q への関数に拡張したものを**非決定性**有限オートマトンという. この場合, $\delta(p, a) = \{q_1, \ldots, q_m\}$ は状態 $q_1, \ldots, q_m$ のどれへ遷移してもよいことを表す. 有限オートマトンのことを**決定性**有限オートマトンともいう. 決定性有限オートマトンは非決定性有限オートマトンの特別な場合である.

(決定性あるいは非決定性) 有限オートマトン M は, 状態を頂点とし,

$$p \xrightarrow{a} q \stackrel{\text{def}}{\iff} \delta(p, a) = q$$

によって有向辺とそのラベルが定義される多辺有向グラフによって表すことができる. とくに, 初期状態および受理状態をそれぞれ

start →◯ (あるいは, 単に →◯), ◎

によって示す. このようなラベル付き有向グラフを M の**遷移図**という.

初期状態から受理状態へ至る道 $P := \langle q_0, q_1, \ldots, q_n \rangle$ $(q_n \in F)$ において $\delta(q_{i-1}, a_i) = q_i$ $(1 \leq i \leq n)$ が成り立っているとき (すなわち, $q_0, q_1, \ldots, q_n$ の順に矢印の向きに沿って辺をたどったとき, それらの辺に付けられたラベルを出現順に並べた列) $a_1 \cdots a_n$ を考え ($n = 0$ のとき $a_1 \cdots a_n$ は λ を意味する), M が**受理**する言語を次のように定義する：

$$L(M) := \{w \in \Sigma^* \mid w \text{ は初期状態から受理状態への道上のラベル列}\}.$$

例題4.20 次の言語を受理する決定性または非決定性の有限オートマトンを示せ．また，この言語を生成する文脈自由文法も示せ．
(1)　$\{000, 01, 110\}$　　(2)　$\{a, b\}^*$　　(3)　$\{a^{3i}b^{2j} \mid i, j \geq 0\}$

解 以下に有限オートマトンの遷移図を示す．

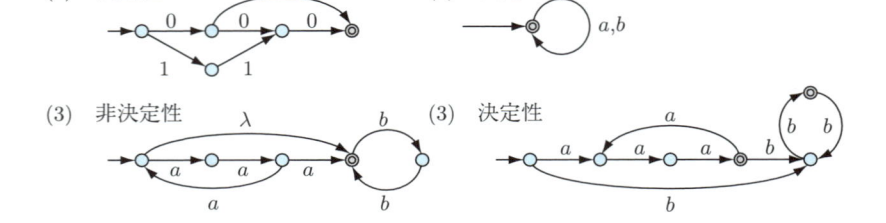

(1) 決定性　　　　　　　　　　　　　　(2) 決定性

(3) 非決定性　　　　　　　　　　　　　(3) 決定性

(注：厳密に言うと，上の解答に示した決定性有限オートマトンは決定性ではない．なぜなら，ある状態では遷移が定められていない入力記号が存在しているからである．しかし，このような場合には，受理状態でない特殊な状態 ∗ を用意しておき，遷移が定められていない入力記号を読んだときには状態 ∗ へ遷移すると定義すれば，受理する言語を変えずに決定性の条件を満たすようにできる).

上記の言語を生成する文脈自由文法の例：
(1)　$G_1 = (\{S\}, \{0, 1\}, \{S \to 000 \mid 01 \mid 110\}, S)$
(2)　$G_2 = (\{S\}, \{a, b\}, \{S \to \lambda \mid aS \mid bS\}, S)$
(3)　$G_3 = (\{S\}, \{a, b\}, \{S \to \lambda \mid a^3S \mid Sb^2\}, S)$. $S \to \lambda \mid a^3Sb^2$ とすると正しくない ($\{a^{3i}b^{2i} \mid i \geq 0\}$ が生成され，実はこの言語を受理する有限オートマトンは存在しない).

4.4.3項　問題

問題 4.69　身の周りにあるラベル付きグラフの例を挙げよ．

問題 4.70　例題 4.18 にならい，次の式を 2 分木で表せ．演算子の結合順は，通常行われているものに従うこと．↑は累乗演算子である．
(1)　$-(-a*x-b)$
(2)　$-x\uparrow 2*y$
(3)　$-2+3*4\uparrow 5\uparrow 6+7$

問題 4.71　3 組の夫婦が旅の途中で河に出会った．そこには 2 人乗りの舟が 1 隻しかなかった．どの男も嫉妬深く，自分の妻が他の男と舟に乗ることや男だけの中に残しておくことができない．また，舟は男しか漕ぐことができない．3 組の夫婦が河を渡る方法をラベル付きグラフを用いて考えよ．

問題 4.72　'数式' を次のように定義する．'数式' の構文図を描け．

〈数式〉 ::= 〈数式〉+〈項〉|〈数式〉−〈項〉|〈項〉

〈項〉 ::= 〈項〉*〈因子〉|〈項〉/〈因子〉|〈因子〉

〈因子〉 ::= 〈1次子〉↑〈因子〉|〈1次子〉

〈1次子〉 ::= −〈1次子〉|(〈数式〉)|〈変数〉|〈定数〉

〈変数〉 ::= 〈名前〉

〈定数〉 ::= 〈10進数〉

問題 4.73　次の有限オートマトンが受理する言語を求めよ．

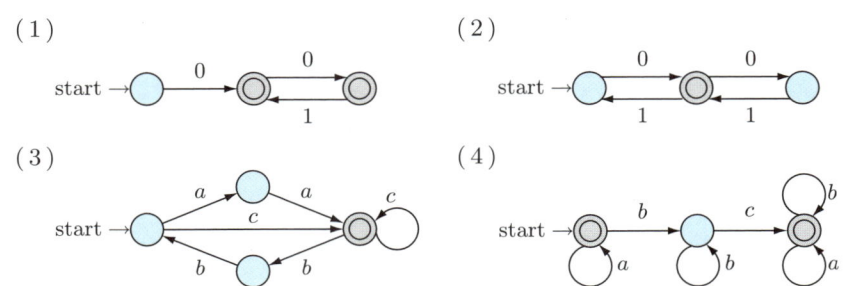

(1)

(2)

(3)

(4)

問題 4.74　次の言語を受理する (決定性または非決定性) 有限オートマトンを示せ．
(1)　00 で始まり 11 で終わる語の全体
(2)　0 と 1 を偶数個ずつ含んでいる語の全体
(3)　$\{x \in \{0,1,\ldots,9\}^* \mid 10$ 進数 x は 3 の倍数 $\}$

問題 4.75 人間の疲労度を「元気」,「少し疲れている」,「疲れている」の3レベルに分け,「食事を取る」,「勉強する」,「遊ぶ」,「寝る」によって疲労度がどう変わるかをまとめたものが右の表である.

	食事	勉強	遊ぶ	寝る
元気	元気	少疲	元気	元気
少疲	元気	疲労	少疲	元気
疲労	少疲	疲労	疲労	元気

元気の状態から食事,勉強,遊び,就寝をくり返して再び元気の状態に戻るまでの行動のパターンすべてを求めよ.

問題 4.76 一般に,有限オートマトンが受理する言語は文脈自由言語である.問題 4.73 の有限オートマトン (1)〜(4) ($M_1 \sim M_4$ とする) が受理する言語を生成する文脈自由文法 (CFG) を示せ.

一般に,有限オートマトンから CFG を作るには,有限オートマトンの状態を超変数 (非終端記号) とし (とくに,初期状態を定義すべき超変数とする),有限オートマトンが状態 p で a を入力すると状態が q へ変わるのであれば (すなわち,$q \in \delta(p, a)$ であるなら) $p \to aq$ を CFG の書き換え規則とする.さらに,受理状態を λ に書き換える規則を追加する.例えば,M_1 に対する CFG G_1 は

$$G_1 = (\{p, q, r\}, \{0, 1\}, \{p \to 0q, q \to 0r \mid \lambda, r \to 1q \mid \lambda\}, p)$$

で与えられる.

問題 4.77 非決定性有限オートマトンは,同じ言語を受理する (**同値**と呼ぶ) 決定性有限オートマトンへ変換できる.非決定性の有限オートマトンを $M = (Q, \Sigma, \delta, q_0, F)$ とするとき,Q の部分集合を状態とする決定性オートマトン $M' = (2^Q, \Sigma, \delta', \{q_0\}, F')$ を

$$\delta'(P, a) = \bigcup_{p \in P} \delta(p, a), \ F' = \{P \in 2^Q \mid P \cap F \neq \emptyset\}$$

で定義すると $L(M') = L(M)$ である.

問題 4.74 (1) の解答で与えられている非決定性有限オートマトンを決定性へ変換せよ.

参考までに記すと,非決定性有限オートマトンから λ 遷移 ($\delta(q, \lambda) \ni p$ であるとき,入力文字を読まずに状態を q から p へ変える動作のこと) も削除することができる.

4.4.4 グラフの採色

- **採色** ··· 隣接するどの2頂点も異なる色となるように頂点に色を付けること．n 色以下で採色できるとき n-採色可能であるという．
- **G の染色数 $\chi(G)$** ··· n-採色可能な n の最小値
- **辺採色** ··· 隣接する辺が異なる色となるような各辺の色付け
- **G の辺染色数 $\chi'(G)$** ··· n 色以下で辺採色可能な n の最小値
- **G の領域彩色** ··· 平面グラフ G のすべての領域を，境界線を境に隣接するどの2つの領域も異なる色になるように色付けすること
- **G の領域染色数** ··· n 色以下で領域採色可能な n の最小値

例題4.21 次のグラフの染色数，辺染色数を求めよ．平面的グラフの場合には，平面グラフを描きその領域染色数も求めよ．
(1) 下の各グラフ $G_1 \sim G_4$　　(2) $\overline{K_n}$　　(3) $C_n \times C_n$ $(n \geq 3)$

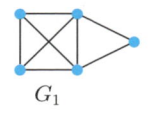

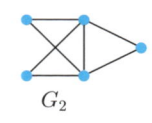

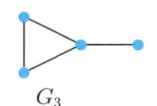

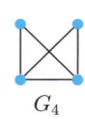

解 領域染色数を χ'' で表す．
(1) いずれも平面的グラフである．$G_1 : \chi = 4$, $\chi' = 4$, $\chi'' = 3$; $G_2 : \chi = 3$, $\chi' = 4$, $\chi'' = 2$; $G_3 : \chi = 3$, $\chi' = 3$, $\chi'' = 2$; $G_4 : \chi = 3$, $\chi' = 3$, $\chi'' = 3$.

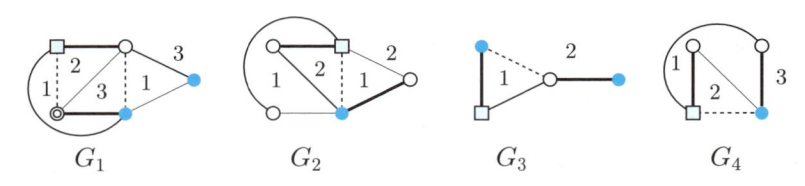

(2) $\chi = 1$, $\chi' = 0$, $\chi'' = 1$.

$$\overline{K_n}$$

(3) n が奇数なら $\chi = 3$, $\chi' = 4$; n が偶数なら $\chi = 2$, $\chi' = 4$. 平面的グラフでない．

> **定理 4.18** （1） 一般のグラフ G の染色数と辺染色数
> 　（a） （ブルックス(Brooks)の定理）$\chi(G) \leqq \Delta(G)+1$．とくに，$G$ が奇数長の閉路でも完全グラフでもない連結グラフならば $\chi(G) \leqq \Delta(G)$．
> 　（b） （ビジング(Vizing)の定理）$\Delta(G) \leqq \chi'(G) \leqq \Delta(G)+1$．
> （2） 2部グラフの染色数と辺染色数
> 　（a） （ケーニヒの定理）G が2部グラフ $\iff \chi(G) \leqq 2$．
> 　（b） G が2部グラフ $\implies \chi'(G) = \Delta(G)$．

例題4.22 定理 4.18 の (1)(a) の前半と (2)(a) を証明せよ．

解 （1） (a) 頂点数 p に関する帰納法．$p=1$ のときは明らか．$p \geqq 2$ のとき，任意の頂点 v を除去したグラフ $G-v$ は帰納法の仮定により $\Delta(G-v) \leqq \Delta(G)+1$ 色で彩色可能である．G において v に隣接する頂点数はたかだか $\Delta(G)$ なので，v にはそれらと異なる色を塗ればよい．
（2） (a) 同じ部の頂点は同じ色で，異なる部の頂点は異なる色で塗ればよいので $\chi(G) \leqq 2$．逆に，G が2部グラフでないなら奇数長のサイクルが存在する (定理 4.11)．奇数長のサイクルは 2 色では彩色できない． ■

領域染色数は，平面上に描かれたどんな地図も，隣り合うどの 2 国も異なる色となるように 4 色以下で採色できるかどうかを問う **4 色問題**(1852 年提起，1976 年解決) と深い関わりがある．

> **定理 4.19** （**4色定理**） すべての平面グラフは 4-領域採色可能である．

平面グラフ G の各領域内に 1 つずつ頂点を置き，G の各辺 e に対し，それを挟んで接している領域に置かれた頂点同士を e と交差するような辺で結んで得られるグラフを G の**双対**という．平面グラフの双対は平面グラフになり，平面グラフの領域染色数は平面グラフの頂点染色数を求めることに帰着される．次の定理から，平面グラフは 5-領域採色可能であることが導かれる．

> **定理 4.20** （**5色定理**） G が平面グラフなら $\chi(G) \leqq 5$ である．

4.4.4項 問題

問題 4.78 次のグラフの染色数, 辺染色数を求めよ. 平面的グラフの場合には, その領域染色数も求めよ.

(1) Q_n 　　(2) $K_{p_1,\ldots,p_n}$ 　　(3) $K_2 \times K_3$ 　　(4) P_5^2

問題 4.79 $n \geqq 2$ のとき, K_n の辺彩色を具体的に示せ.

問題 4.80 有限平面内で $k \geqq 1$ 本の直線だけで作られた領域を塗り分けるには何色必要か？

問題 4.81 グラフのサイクルと彩色について, 次の問に答えよ.
(1) サイクルのないグラフは 2-彩色可能であることを示せ.
(2) 偶数長のサイクルしかないグラフは 2-彩色可能であることを示せ.

問題 4.82 どの頂点も偶頂点 (次数が偶数の頂点のこと) である平面グラフは 2-領域彩色可能であることを示せ.

問題 4.83 定理 4.18 の (2)(b) を証明せよ. また, 逆が成り立たない例を示せ.

問題 4.84 9 人の学生が次のような科目を取りたいと考えている. どの科目も, 担当する先生が一人しかいないとき, 全員が望むように受講できるためには最低何時限必要か？

学生	希望科目	学生	希望科目	学生	希望科目
桜井	物理, 数学, 英語	山田	物理, 地学, 音楽	佐藤	地学, 歴史
鈴木	音楽, 国語	近藤	数学, 歴史, 生物	斉藤	物理, 地学
三井	歴史, 国語, 数学	高橋	数学, 地学	太田	物理, 生物

問題 4.85 隣接する県が異なる色となるように日本地図を塗るには何色必要か？日本地図を調べて答えよ.

問題 4.86 定理 4.20 を頂点数に関する帰納法で証明せよ.

問題 4.87 グラフ G の隣接するどの 2 頂点もどの 2 辺も, また, 接続するどの頂点と辺も異なる色となるように頂点と辺に色付けすることを**全彩色**という. G が n 色で全彩色できるような最小値 n を G の全染色数といい, $\chi_2(G)$ で表すことにする. 例題 4.21 のグラフ $G_1 \sim G_4$ の全染色数を求めよ.

4.5 グラフアルゴリズム

4.5.1 グラフ上の巡回

有向/無向グラフ $G = (V, E)$ において，$(u, v) \in E$ であるとき，u を v の**親**，v を u の**子**といい，親が同じ子たちを**兄弟**という．

深さ優先探索 $\cdots$ v, v の子，v の子の子，$\ldots$ というように親子関係を優先させて頂点をたどっていく方法．行き詰まったら(すなわち，子がいないか既に一度たどられた子しかない頂点に到達したら)，たどってきた道筋を最小限逆戻りして別の方向へたどり直す(これを**バックトラック**という)．すべての子孫をたどり終わって巡回を始めた頂点まで戻ってきたとき巡回は終了する．

幅優先探索 $\cdots$ v, v の子供すべて，v の孫のすべて，$\ldots$ という順(すなわち，v からの距離の順)にたどる方法．

例題4.23 右図の有向グラフを，頂点 A から始め，頂点のラベルが若い方を優先して深さ優先探索せよ．

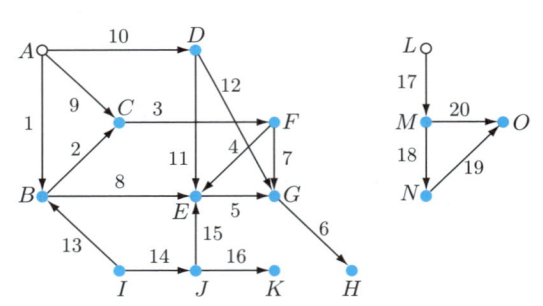

解 辺に付けられた数値が巡回順である．6 ステップ目に H に到達すると，子がいないので最小限後戻りして F から巡回を再開する．これを続けて，12 番目の辺をたどり終って A まで戻ってくると A から到達可能な頂点はすべてたどられ終わっている．巡回を続けるには，まだたどられていない任意の頂点(この例では I)を選んでそこから続行する． □

手順(アルゴリズム)を記述したもの(プログラム)を**手続き**という．p という名前の手続きがパラメータ $x_1, \ldots, x_n$ に関するものであり，手続き p の内容を記述した部分が Q であるとき，これを次ページに示したように書く．

再帰的手続きの場合，Q の中で p 自身を引用することが許される．Q の中で計算した値を手続き自身が取る値とすることもある(このような手続きを**関数**ともいう)．"注釈" は /* と */ で括って書く．

4.5 グラフアルゴリズム

$$\textbf{procedure } p(x_1, \ldots, x_n)$$
$$\textbf{begin} \quad Q \quad \textbf{end}$$

スタック(LIFO) ··· 要素の追加 (プッシュ)/削除 (ポップアップ)/取り出しがリストの先頭の位置においてのみできるような線形リスト (4.2.1 項参照) のこと．先頭の<u>要素</u>を**トップ**といい，末尾の<u>側</u>を**底**という．

キュー(FIFO) ··· 要素の挿入は末尾でしかできず，かつ，要素の削除や取り出しは先頭でしかできないような線形リストのこと (リンクを 2 方向にする)．先頭側を**フロント**といい，末尾側を**リア**という．

どんな再帰的手続きも，スタックを用いることによって，再帰的でない形の手続き (反復的手続きという) に書き直すことができる．

例題4.24 スタックを使って底優先探索を行うには，まずスタック S を空にしてから，探索を開始する頂点を S にプッシュする．以後は，S が空でない限り，S のトップ (x とする) をポップアップして取り出し，x がまだたどられていなかったら x をたどり，x から隣接する頂点のうちまだたどられていないものを (優先順位の高いものがトップに近くなるように) S へプッシュするという操作を続ける．例えば，例題 4.23 の有向グラフを A を出発点として実行してみると次のようになる．初めてたどられる頂点を ◯ で囲んで示した．

⇄ ⟹ Ⓐ ⟹ Ⓑ CD ⟹ Ⓒ ECD ⟹ Ⓕ ECD ⟹ Ⓔ GECD
⟹ Ⓖ GECD ⟹ Ⓗ GECD ⟹ GECD ⟹ ECD ⟹ CD
⟹ Ⓓ ⟹ EG ⟹ G ⟹

幅優先探索は，スタックの代わりにキューを使うとよい．例題 4.23 の有向グラフを A を出発点としてキューを使って幅優先探索せよ．

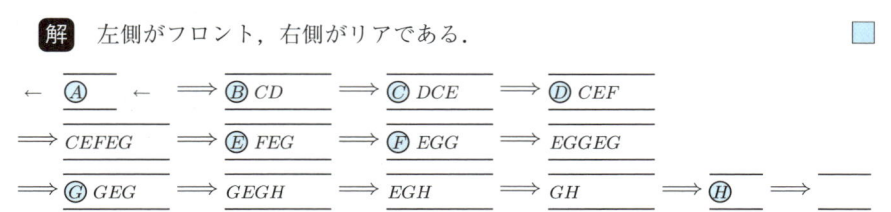

解 左側がフロント，右側がリアである． ■

← Ⓐ ← ⟹ Ⓑ CD ⟹ Ⓒ DCE ⟹ Ⓓ CEF
⟹ CEFEG ⟹ Ⓔ FEG ⟹ Ⓕ EGG ⟹ EGGEG
⟹ Ⓖ GEG ⟹ GEGH ⟹ EGH ⟹ GH ⟹ Ⓗ ⟹

4.5.1項 問題

問題 4.88 （1）右の有向グラフを，A を出発点として深さ優先探索 (DFS) および幅優先探索 (BFS) せよ（アルファベット順が若い文字を優先させよ）.

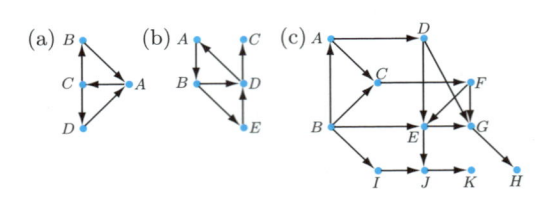

(2)（1）と同じ有向グラフの各辺の向きをなくして得られる無向グラフを，（1）と同じ優先条件で A を出発点として DFS および BFS せよ.

問題 4.89 （1）次の再帰的手続き（関数）$f(n)$ は何を計算しているか（$f(n)$ の値は何か）？また，$f(123)$ が実行される順序を表す木を示せ.

procedure $f(n)$　/* n は正整数 */
begin
　1. $n < 10$ なら n を関数値として計算を終了する.
　2. $n \geq 10$ なら $f(n$ を 10 で割った商$)$ を計算し,
　　$f(n$ を 10 で割った商$) + (n$ を 10 で割った余り$)$ を関数値として終了.
end

（2）（1）と同様に，次の手続き $g(x)$ の値を述べ，$g(abcde)$ の実行順を表す木を示せ. ただし，$x/2$ は x の前半の $\lfloor \frac{|x|}{2} \rfloor$ 文字からなる文字列を表し，$2\backslash x$ は x の後半の $\lceil \frac{|x|}{2} \rceil$ 文字からなる文字列を表すものとする.

procedure $g(x)$　/* x は空でない文字列 */
begin
　1. $|x| = 1$ なら 1 を関数値として計算を終了する
　2. $|x| \geq 2$ なら $g(x/2)$ と $g(2\backslash x)$ をこの順に計算し,
　　$g(x/2) + g(2\backslash x)$ を関数値として計算を終了する
end

問題 4.90 空のスタック S と空のキュー Q に次の操作をする. 内容の変化を示せ. $\text{push}(x,y)/\text{enqueue}(x,y)$ は x に y をプッシュ/リアに挿入することを，$\text{pop}(x)/\text{dequeue}(x)$ は x からポップして/フロントから得たデータを表す.
（1）$\text{push}(S,12), \text{push}(S,3), \text{push}(S,\text{pop}(S)+\text{pop}(S)), \text{push}(S,\text{pop}(S))$
（2）$\text{enqueue}(Q,5), \text{enqueue}(Q,4), \text{enqueue}(\text{dequeue}(Q)), \text{dequeue}(Q)$

4.5.2 2分木の巡回

procedure traverse(T)　/* 2分木 T を巡回する */
begin
　①T の根 r をたどる．
　② r に左の子があるなら，traverse(r の左部分木) を実行する．
　③ r に右の子があるなら，traverse(r の右部分木) を実行する．
end

前順序(先行順，行きがけ順)　…　traverse(T) を①②③の順で実行．
中順序(中間順，通りすがり順)　…　traverse(T) を②①③の順で実行．
後順序(後行順，帰りがけ順)　…　traverse(T) を②③①の順で実行．

これらは，①根をたずねることを②③より前に行うか，後に行うか，それとも②③の中間とするかだけが違う．

例題4.25　式 $3*a+((b*((c-d)/2))\uparrow e)$ を表す2分木 (下図) を前順序，中順序，後順序それぞれによって巡回したとき，たどられる順に頂点のラベルを並べよ．

解
前順序：$+*3a\uparrow *b/-cd2e$　（前置記法）
中順序：$3*a+b*c-d/2\uparrow e$　（中置記法）
後順序：$3a*bcd-2/*e\uparrow +$　（後置記法）

例題 4.25 の解に示した 3 つの式は，2 項演算子 $+, -, *, /, \uparrow$ をオペランドの前に書いているか，中間に書いているか，後ろに書いているかが違いである．これらのうち，中置記法では括弧を省略することができない (なぜなら，例えば $(3*a+(b*(c-d)/2))\uparrow e$ を表す2分木を中順序で巡回しても上式や $3*a+b*((c-d)/(2\uparrow e))$ を中間順で巡回した場合と同じラベル列が得られ，括弧がないと区別できない) が，前置記法と後置記法ではそのようなことはない．前置記法は**ポーランド記法**とも，後置記法は**逆ポーランド記法**ともいう．

$(L, \leqq)$ を全順序集合とする．ラベル付き2分順序木 $T=(V,E,f), f:V\to L$ (f は全単射) が① T の任意の頂点 v，② v の左部分木内の任意の頂点 v_l，③ v の右部分木内の任意の頂点 v_r に対し $f(v_l)\leqq f(v)\leqq f(v_r)$ を満たすとき T を L の**2分探索木**という．

2分探索木を中順序で巡回することによって昇順のソーティングができる．この方法で行うソーティングの実行時間は，データ数が n のとき最悪の場合 $O(n^2)$ であるが，平均 $O(n\log_2 n)$ である．

例題4.26 次のデータに対する2分探索木で，できるだけ木の高さが低くて，深さが大きい葉ほど左側にあるようなものを示せ（大小順序は辞書式順序とする）．また，その木を（1）前順序，（2）中順序，（3）後順序，（4）根を始点とする底優先探索，（5）根を始点とする幅優先探索，それぞれでたどれ．

    jan, feb, mar, apr, may, jun, jul, aug, sep, oct, nov, dec

解 例えば，下図のような正則2分木（高さ3，頂点数12）を作り，中間順でたどって頂点に番号を付ける．12個の文字列を辞書式順序で並べ替え，i 番目のものを番号 i の頂点のラベルとすればよい．問題4.95の解答も参照せよ．

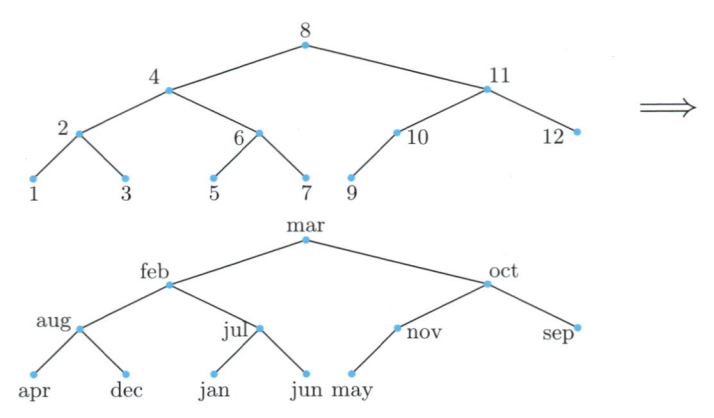

たどったときに出会う順にラベルを並べると

(1) mar, feb, aug, apr, dec, jul, jan, jun, oct, nov, may, sep
(2) apr, aug, dec, feb, jan, jul, jun, mar, may, nov, oct, sep
(3) apr, dec, aug, jan, jun, jul, feb, may, nov, sep, oct, mar
(4) (1)に同じ
(5) mar, feb, oct, aug, jul, nov, sep, apr, dec, jan, jun, may

4.5.3 貪欲法と最大/最小全域木

各辺に重みとして実数が付けられている重み付きグラフ G の全域部分木のうち，辺に付けられた重みの和が最小 (最大) のものを**最小 (最大) 全域木**という．

● **クラスカル(Kruskal)のアルゴリズム**： $T = \emptyset$ から始め，それまでに選ばれた辺 (T の元) を除いた $E - T$ の中で，$\langle T \cup \{e\} \rangle_G$ に閉路が生じない範囲で重みが最小の辺 e を選び T に追加することを，$\langle T \rangle_G$ が G の全域木となるまで繰り返す．

● **プリム(Prim)のアルゴリズム**： はじめに重み最小の辺 e_0 を1つ選び $T := \{e_0\}$ とし，以後，T の頂点に接続する辺の中から，$\langle T \cup \{e\} \rangle_G$ に閉路が生じない範囲で重みが最小の辺 e を選び T に追加することを $\langle T \rangle_G$ が全域木となるまで繰り返す．

クラスカルやプリムのアルゴリズムのように，ある規準のもとで最小 (最大) のものを優先して選んでいくという方法を総称して**貪欲法**という．一般に，貪欲法にもとづいたアルゴリズムでは必ずしも最適な解は求められないが，クラスカルやプリムのアルゴリズムは最適解を与えるアルゴリズムである．

例題4.27 右の重み付きグラフに対する最小全域木をクラスカルのアルゴリズムで求めよ．また，最大全域木をプリムのアルゴリズムで求めよ．

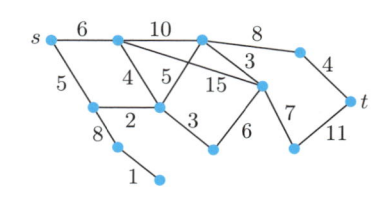

解 下図において，選ばれた辺を太線で示した．辺に付けられた数字はその辺が選ばれた順序を表す．ただし，$i, \ldots, j$ のように番号が付けられた辺は $j - i + 1$ 本あり，それらは $i \sim j$ のどの順序で選んでもよいが，どの順序で選んだかでその後の辺の選び方に影響を及ぼすので，下図の例解では選んだ方の順序に ○ を付けて示してある．

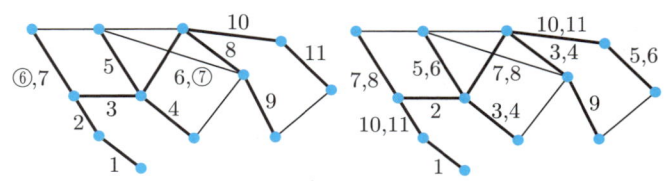

プリムのアルゴリズム   クラスカルのアルゴリズム

4.5.4 最 短 経 路

辺に正の実数が重み付けされた (有向あるいは無向) グラフにおいて，ある頂点 s から他の頂点 t への道のうち，辺の重みの和が最小である道を s から t への**最短道**(最短径路) といい，重みの和をその**最短距離**という．

● ダイクストラのアルゴリズム：

    procedure Dijkstra(G, s, t) /* $G = (V, E, g)$, $g : E \to \boldsymbol{R}_{>0}$ */
    begin
      1. $i \leftarrow 0$; dist$(s) \leftarrow 0$; $p_0 \leftarrow s$ とせよ．
      2. $V_1 \leftarrow \{s\}$; $V_2 \leftarrow V - \{s\}$;
          $B \leftarrow \{sv \in E \mid v \in V_2\}$; $E_1 \leftarrow \emptyset$; $E_2 \leftarrow E - B$ とせよ．
      3. $t \in V_1$ となるまで以下のことをくり返せ．
          3.1. $i \leftarrow i + 1$.
          3.2. B の元 uv $(u \in V_1, v \in V_2)$ のうち，dist$(u) + g(uv)$
              が最小のものが $e_{\min} = u_{\min}v_{\min}$ であるとき，
              dist$(v_{\min}) \leftarrow$ dist$(u_{\min}) + g(e_{\min})$; $p_i \leftarrow v_{\min}$ とせよ．
          3.3. $V_1 \leftarrow V_1 \cup \{v_{\min}\}$; $V_2 \leftarrow V_2 - \{v_{\min}\}$;
             $W \leftarrow \{e \in B \mid e$ は $v_{\min}$ に接続する $\}$ とするとき，
             $B \leftarrow (B - W) \cup \{e \in E_2 \mid e$ は $v_{\min}$ に接続する $\}$;
             $E_1 \leftarrow E_1 \cup W$; $E_2 \leftarrow E_2 - B$ とせよ．
      4. $p_0 p_1 \ldots p_i$ が求める最短 st 道である．
    end

例題4.28 例題 4.27 のグラフにおいて，s から t への最短道をダイクストラのアルゴリズムによって求めよ．

解 下図の太字の→で示した道が最短道．頂点に付けた文字列は，s からその頂点までの最短道とその最短距離である．

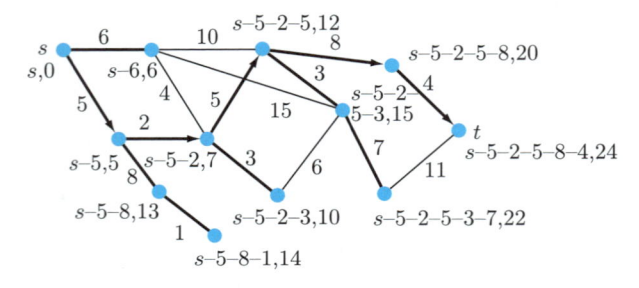

4.5.2〜4.5.4項　問題

問題 4.91　次の数式を木で表せ．また，ポーランド記法 (前置記法) と逆ポーランド記法 (後置記法) で表せ．
(1)　$a * (b + c/d) - e$
(2)　$(1 + (2 - 3) * 4) - (5 - 6)$

問題 4.92　2項演算子のみを含む式を表すとき，前置記法，後置記法には曖昧さがない (括弧が必要ない) ことを証明せよ．

問題 4.93　2分探索木において
(1)　最大値と最小値はどこにあるか？
(2)　小さい方から2番目のデータはどこにあるか？

問題 4.94　次の数列は，2分探索木を根から葉へ向かってたどったとき出会うデータを並べたものである．ありえないものはどれか？
(1)　50, 80, 70, 60, 90
(2)　45, 100, 70, 80, 95, 85
(3)　150, 30, 255, 402
(4)　20, 50, 45, 30, 35, 40, 38

問題 4.95　与えられたデータに対する2分探索木を作る方法を考えよ．

問題 4.96　2分探索木を中間順でたどってソーティングを行うアルゴリズムを考え，その実行効率を考察せよ．

問題 4.97　2分探索木のどこかの頂点にデータ x があるか否かを判定するアルゴリズムを考えよ．最悪の場合，どのくらいの時間がかかるか？

問題 4.98　グラフ G が木であるか否かを判定する $O(|E|)$ 時間アルゴリズムを考えよ．

問題 4.99　最大全域木を求めるアルゴリズムを考えよ．

問題 4.100　e はグラフ G の辺の中で重みが最小のものの一つとする．e を含む最小全域木が存在することを示せ．

問題 4.101　最短道を求める際，重みが負の辺があるとなぜ困るのか？ ダイクストラのアルゴリズムを使うと誤った答が得られる例を示せ．

問題 4.102　ダイクストラのアルゴリズムによって最短経路が求められることを証明せよ．

4.5.5 優先順位キュー

ヒープ … 右図のような形の2分順序木 (どの葉の深さも木の高さ h に等しいかまたは $h-1$) で, かつ深さ h の葉はどれも最も左から隙間なくあり, 各頂点にデータがラベル付けされていて,『どの頂点においても, 親に付けられたラベルの値は子たちに付けられたラベルのどの値よりも大きくない』という条件を満たしているもの.

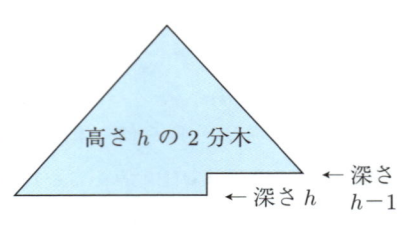

高さ h の2分木
← 深さ h
← 深さ $h-1$

ヒープを用いると, 優先順位の高いものを優先処理するデータ構造が作れる.

ヒープは1次元配列 $H[1], H[2], \ldots, H[n]$ を用いて表すことができる ($H[1]$ を根とし, ノード $H[i]$ の左の子を $H[2i]$ とし, 右の子を $H[2i+1]$ とする).

最小値 … ヒープの根のラベルは, すべてのラベルの中の最小値. 最小値を削除したら, 末尾のデータ $H[n]$ を根に移してヒープを再構成する.

ヒープへの挿入 … 与えられたデータ $x_1, \ldots, x_n$ に対するヒープ H を作るには, 空のヒープから始め, 次の手続き heap_insert(H, i, x_i) を $i = 1 \sim n$ について実行する.

procedure heap_insert(H, i, x)
begin
 1. $H[i] \leftarrow x$; /* データ x を挿入 */
 2. $H[i]$ に親 ($H[j]$ とする) があり, そのラベルが $H[i]$ のラベルより大きい限り, 次の 2.1 を繰り返す (葉から根へ向かって進行する).
  2.1. $H[j]$ と $H[i]$ を入れ替え, $i \leftarrow j$ とする.
end

heap_insert は木の高さ $O(\lfloor \log_2 n \rfloor)$ に比例する時間で実行できる.

例題4.29 n 個のデータに対するヒープは $O(n)$ 時間で作れることを示せ.

解 手続き heap_insert によると, 高さが h のヒープの末尾に1つデータを追加することによりヒープであるための条件が崩れるが, その修正にかかる時間は $O(h)$ である. i 個のデータが挿入されたヒープの高さは $\lfloor \log_2 i \rfloor$ であるから, i 回目の実行にかかる時間は $O(\log_2 i)$ である. ゆえに, 実行にかかる総時間は $O(1 + \sum_{i=2}^{n} \log_2 i) = O(n \log n)$ である. これは正しい. しかし, もっと真の値に近い実行時間は次のように求められ

る．n 個のノードをもつヒープにおいて，高さ (葉からの距離) h のノードは高々 $\lceil \frac{n}{2^{h+1}} \rceil$ 個しかなく，各データはそれぞれある高さ h のところ (＝ヒープの高さが h だったとき，右末端の葉のところ) に挿入されてから根に向かって移動していく (この移動に要する時間は $O(h)$)．よって，実行時間は

$$\sum_{h=0}^{\lfloor \log_2 n \rfloor} O(h) \lceil \frac{n}{2^{h+1}} \rceil = O\left(n \sum_{h=0}^{\lfloor \log_2 n \rfloor} \frac{h}{2^h} \right)$$

である．一方，$\sum_{h=0}^{\infty} \frac{h}{2^h} = 2$ であるから，実行時間 $= O(n)$ である． □

4.5.6 2部グラフとマッチング

- **独立な辺** … 端点を共有していない辺同士
- **マッチング (独立辺集合)** … どの2つも独立な辺の集合
- **最大マッチング** … 辺の数が最大のマッチング
- **完全マッチング** M … どの頂点も M のどれかの辺の端点
- $V_1, V_2 \subseteq V(G)$ **がマッチする** … $M \subseteq \{v_1 v_2 \mid v_1 \in V_1, v_2 \in V_2\}$ となる $\langle V_1 \cup V_2 \rangle_G$ の完全マッチング M が存在すること

例題4.30 次のグラフの最大マッチングを求めよ．また，完全マッチングは存在するか？ (存在するための条件を求めよ．)
(1) K_n (2) $K_{m,n}$ (3) P_n

解 以下において，(a) はマッチングの辺の選び方，(b) は完全マッチングが存在する条件である．
(1) (a) 頂点を2個ずつ $\lfloor \frac{n}{2} \rfloor$ 個の組をつくり，それら2頂点間を結ぶ辺を選べばよい． (b) n が偶数．
(2) (a) $m > n$ とする．2つの部からそれぞれ n 個ずつ頂点 $a_1, \ldots, a_n$; $b_1, \ldots, b_n$ を選び，n 個の組 (a_i, b_i)，$1 \leq i \leq n$，とし，各組の2頂点を結ぶ辺を選ぶ． (b) $m = n$．
(3) (a) P_n の左端から1つおきに辺を選ぶ． (b) n が偶数． □

4.5.5〜4.5.6項 問題

問題 4.103 クラスカルやプリムのアルゴリズムにおいて，ヒープはどのように役立つか？ ヒープを使わない方法も考え，比較せよ．

問題 4.104 ヒープの木の形を言語による樹形表現で定義せよ．

問題 4.105 ヒープを用いてソーティングを行うアルゴリズムを考案せよ (ヒント：最小値はヒープの根のところにある)．

問題 4.106 次のグラフの最大マッチングを求めよ．また，完全マッチングは存在するか？(存在するための条件を求めよ．)
(1) C_n (1) 例題 4.21 の G_1〜G_4 (3) 例題 4.27 のグラフ

問題 4.107 木はたかだか 1 つしか完全マッチングを持たないことを示せ．

問題 4.108 5 人の求職者 $x_1, \ldots, x_5$ に対して 5 つの求人 $y_1, \ldots, y_5$ (各 1 人募集) がある．各求職者が就職してもよいと思う求人先は，

$x_1: \{y_1, y_2\}$, $x_2: \{y_1, y_4\}$, $x_3: \{y_1, y_3, y_4, y_5\}$, $x_4: \{y_2, y_4\}$, $x_5: \{y_4, y_5\}$

であり，それぞれの求人先の採用条件に合致する求職者は，

$y_1: \{x_1, x_2\}$, $y_2: \{x_2, x_3, x_4\}$, $y_3: \{x_1, x_3\}$, $y_4: \{x_2, x_4, x_5\}$, $y_5: \{x_3, x_4\}$

であるという．
(1) すべての求職者が望みの求人先に就職できるか？
(2) 人手不足のため，どの求人先でも採用条件を問わないことにした．すべての求人先が 1 人ずつ，そこに就職を希望している求職者を採用できる可能性はあるか？

問題 4.109 何人かの青年男子と青年女子がいる．これらの男女について，どの男性も丁度 k 人 ($k > 0$) の女性と幼なじみであり，どの女性も丁度 k 人の男性と幼なじみであるという．どの男女も幼なじみと結婚できる可能性があることを次の定理を用いて示せ．ただし，a と b が幼なじみ，かつ b と c が幼なじみなら a と c も幼なじみであるとする．

定理 4.21 (結婚定理) 2 部グラフ $G = (V_1, V_2, E)$ において，V_1 とマッチする V_2 の部分集合が存在するための必要十分条件は，V_1 の任意の部分集合 U に対して $|\{v \mid u \in U, uv \in E(G)\}| \geqq |U|$ が成り立つことである．

第5章

論理とその応用

この章の前半では論理自身の数学的構造について考える．また，後半では真理値の上の関数 (ブール関数) について考察し，論理回路の設計に応用する．

5.1 命題論理

5.1.1 論理式

命題変数(論理変数) ⋯ T (真) と F (偽) だけを値として取る変数．

論理式 ⋯ 命題の間の論理関係を表す式．再帰的に定義される：

(1) a が真理値 T あるいは F なら，a それ自身は論理式である．
(2) $\mathcal{A}$ が命題変数なら，$\mathcal{A}$ それ自身は論理式である．
(3) $\mathcal{A}, \mathcal{B}$ がそれぞれ論理式なら，$(\neg \mathcal{A})$, $(\mathcal{A} \wedge \mathcal{B})$, $(\mathcal{A} \vee \mathcal{B})$, $(\mathcal{A} \to \mathcal{B})$, $(\mathcal{A} \leftrightarrow \mathcal{B})$ はいずれも論理式である．

$(\neg \mathcal{A})$ を $\mathcal{A}$ の**否定**, $(\mathcal{A} \wedge \mathcal{B})$ を $\mathcal{A}$ と $\mathcal{B}$ の**合接**あるいは**論理積**, $(\mathcal{A} \vee \mathcal{B})$ を $\mathcal{A}$ と $\mathcal{B}$ の**離接**あるいは**論理和**, $(\mathcal{A} \to \mathcal{B})$ を**含意**という．論理関係子 $\neg, \wedge, \vee, \to, \leftrightarrow$ はこの順に結合力が強いと約束し，( ) は適宜省略する．

論理関係子を真理値の集合 $\{T, F\}$ の上の演算と考え，次のように定義する．

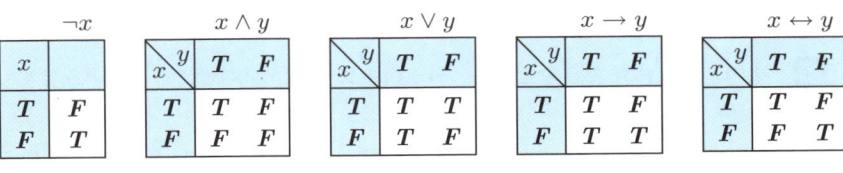

$\neg x$		
x		
T	F	
F	T	

$x \wedge y$	T	F
T	T	F
F	F	F

$x \vee y$	T	F
T	T	T
F	T	F

$x \to y$	T	F
T	T	F
F	T	T

$x \leftrightarrow y$	T	F
T	T	F
F	F	T

$\mathcal{A}[A_1, \ldots, A_n]$ ⋯ 命題変数 $A_1, \ldots, A_n$ を含む論理式 $\mathcal{A}$

$\mathcal{A}$ に対する**付値** ⋯ $A_1, \ldots, A_n$ それぞれへの値 T, F の割り当て方

$\sigma(\mathcal{A})$ ⋯ 付値 σ の下で $\mathcal{A}$ が取る値

$\models \mathcal{A}$ ($\mathcal{A}$ がトートロジー) ⋯ $\mathcal{A}$ は任意の付値の下で値 T を取る

$\mathcal{A} \equiv \mathcal{B}$ ($\mathcal{A}$ と $\mathcal{B}$ は論理的に等しい) ⋯ $\mathcal{A} \leftrightarrow \mathcal{B}$ がトートロジー

例題5.1 真理表を書いて，次のことが成り立つか否か調べよ．

(1) $\models (A \to \neg B) \land B \to \neg A$
(2) $A \lor \neg B \land \neg A \equiv \neg A \to \neg B$
(3) $\models \neg(A \lor \neg B) \leftrightarrow \neg A$

解 各変数への付値だけでなく，それぞれの論理演算子の下にもその付値のもとで取る値を書いた (通常の真理表では書かない)．

(1) 成り立つ．

$(A$	$\to$	$\neg B)$	$\land$	B	$\to$	$\neg A$
T	F	F	F	T	T	F
T	T	T	F	F	T	F
F	T	F	T	T	T	T
F	T	T	F	F	T	T

(2) 成り立つ．

$(A$	$\lor$	$\neg$	B	$\land$	$\neg A)$	$\leftrightarrow$	$(\neg A$	$\to$	$\neg B)$
T	T	F	T	F	F	T	F	T	F
T	T	T	F	F	F	T	F	T	T
F	F	F	T	F	T	T	T	F	F
F	T	T	F	T	T	T	T	T	T

(3) 成り立たない．

$\neg$	$(A$	$\lor$	$\neg$	$B)$	$\leftrightarrow$	$\neg A$
F	T	T	F	T	T	F
F	T	T	T	F	T	F
T	F	F	F	T	T	T
F	F	T	T	F	F	T

例題5.2 田中氏は酒と美女に囲まれていればhappyである．では，酒があっても美女がいなければ田中氏はunhappyなのであろうか？ 命題変数を適当に導入した論理式を考えることにより，これに答えよ．

解 次のような命題変数を考える．A：田中氏には酒がある，B：田中氏は美女と一緒にいる，C：田中氏はhappyである．主張を表す論理式は $(A \land B \to C) \to (A \land \neg B \to \neg C)$ であるが，これはトートロジーではない ($A = C = \boldsymbol{T}, B = \boldsymbol{F}$ の場合を考えよ．これは酒があり美女はいないがhappyである場合にあたる) ので，主張は正しくない．

定理 5.1 任意の論理式 $\mathcal{A}, \mathcal{B}, \mathcal{C}$ に対し，次のことが成り立つ．

(1) $\mathcal{A} \wedge \mathcal{A} \equiv \mathcal{A}, \quad \mathcal{A} \vee \mathcal{A} \equiv \mathcal{A}$ (巾等律)

(2) $\mathcal{A} \wedge \mathcal{B} \equiv \mathcal{B} \wedge \mathcal{A}, \quad \mathcal{A} \vee \mathcal{B} \equiv \mathcal{B} \vee \mathcal{A}$ (可換律 (交換律))

(3) $\mathcal{A} \wedge (\mathcal{B} \wedge \mathcal{C}) \equiv (\mathcal{A} \wedge \mathcal{B}) \wedge \mathcal{C}$
$\mathcal{A} \vee (\mathcal{B} \vee \mathcal{C}) \equiv (\mathcal{A} \vee \mathcal{B}) \vee \mathcal{C}$ (結合律)

(4) $\mathcal{A} \wedge (\mathcal{B} \vee \mathcal{C}) \equiv (\mathcal{A} \wedge \mathcal{B}) \vee (\mathcal{A} \wedge \mathcal{C})$
$\mathcal{A} \vee (\mathcal{B} \wedge \mathcal{C}) \equiv (\mathcal{A} \vee \mathcal{B}) \wedge (\mathcal{A} \vee \mathcal{C})$ (分配律)

(5) $(\mathcal{A} \wedge \mathcal{B}) \vee \mathcal{A} \equiv \mathcal{A}, \quad (\mathcal{A} \vee \mathcal{B}) \wedge \mathcal{A} \equiv \mathcal{A}$ (吸収律)

(6) $\neg(\mathcal{A} \wedge \mathcal{B}) \equiv \neg\mathcal{A} \vee \neg\mathcal{B}$
$\neg(\mathcal{A} \vee \mathcal{B}) \equiv \neg\mathcal{A} \wedge \neg\mathcal{B}$ (ド・モルガンの法則)

(7) $\neg(\neg\mathcal{A}) \equiv \mathcal{A}$ (二重否定の原理)

(8) $\mathcal{A} \leftrightarrow \mathcal{B} \equiv (\mathcal{A} \rightarrow \mathcal{B}) \wedge (\mathcal{B} \rightarrow \mathcal{A})$

(9) $\mathcal{A} \rightarrow \mathcal{B} \equiv \neg\mathcal{A} \vee \mathcal{B}$

(10) $\mathcal{A} \rightarrow \mathcal{B} \equiv \neg\mathcal{B} \rightarrow \neg\mathcal{A}$ (対偶)

(11) $\models \mathcal{A} \vee \neg\mathcal{A}$ すなわち $\mathcal{A} \vee \neg\mathcal{A} \equiv \boldsymbol{T}$ (排中律)
$\models \neg(\mathcal{A} \wedge \neg\mathcal{A})$ すなわち $\mathcal{A} \wedge \neg\mathcal{A} \equiv \boldsymbol{F}$ (矛盾律)

(12) $\models ((\mathcal{A} \rightarrow \mathcal{B}) \wedge (\mathcal{B} \rightarrow \mathcal{C})) \rightarrow (\mathcal{A} \rightarrow \mathcal{C})$
$\models (\mathcal{A} \rightarrow \mathcal{B}) \rightarrow ((\mathcal{B} \rightarrow \mathcal{C}) \rightarrow (\mathcal{A} \rightarrow \mathcal{C}))$ (三段論法)

(13) $\mathcal{A} \vee \boldsymbol{T} \equiv \boldsymbol{T}, \quad \mathcal{A} \wedge \boldsymbol{T} \equiv \mathcal{A}$
$\mathcal{A} \vee \boldsymbol{F} \equiv \mathcal{A}, \quad \mathcal{A} \wedge \boldsymbol{F} \equiv \boldsymbol{F}$

例題5.3 同値変形 (論理式 $\mathcal{A}$ の中の部分論理式 $\mathcal{B}$ を論理式 $\mathcal{B}'$ で置き換えた論理式を $\mathcal{A}'$ とするとき，$\mathcal{B} \equiv \mathcal{B}'$ ならば $\mathcal{A} \equiv \mathcal{A}'$ であることを利用する方法) により簡単にせよ．

(1) $A \rightarrow (B \rightarrow A)$ (2) $(A \wedge \neg B) \vee (\neg A \wedge B) \vee (\neg A \wedge \neg B)$

解 (1) $A \rightarrow (B \rightarrow A) \equiv \neg A \vee (\neg B \vee A)$ 定理 5.1 (9)
$\equiv (\neg A \vee A) \vee \neg B$ 交換律, 結合律
$\equiv \boldsymbol{T} \vee \neg B$ 定理 5.1 (11)
$\equiv \boldsymbol{T}$ 定理 5.1 (13)

（2） 与式 $\equiv (A \land \neg B) \lor (\neg A \land (B \lor \neg B))$ 結合律，分配律
    $\equiv (A \land \neg B) \lor (\neg A \land \boldsymbol{T})$
    $\equiv (A \land \neg B) \lor \neg A$
    $\equiv (A \lor \neg A) \land (\neg B \lor \neg A)$ 分配律
    $\equiv \boldsymbol{T} \land \neg(A \land B)$ 可換律，ド・モルガン律
    $\equiv \neg(A \land B)$ ■

論理式 $\mathcal{A}$ が $\neg, \land, \lor$ しか含んでいないとき，$\mathcal{A}$ の中のすべての $\land, \lor, \boldsymbol{T}, \boldsymbol{F}$ をそれぞれ $\lor, \land, \boldsymbol{F}, \boldsymbol{T}$ で置き換えたものを $\mathcal{A}$ の双対といい，$\mathcal{A}^*$ で表す．

> **定理 5.2**　（双対の原理）　次のことが成り立つ．
> （1）　$\mathcal{A}[A_1, \ldots, A_n] \equiv \neg \mathcal{A}^*[\neg A_1, \ldots, \neg A_n]$.
> （2）　$\models \mathcal{A} \iff \models \neg \mathcal{A}^*$.
> （3）　$\models \mathcal{A} \to \mathcal{B} \iff \models \mathcal{B}^* \to \mathcal{A}^*$.
> （4）　$\mathcal{A} \equiv \mathcal{B} \iff \mathcal{A}^* \equiv \mathcal{B}^*$.

例題5.4　定理 5.2 の (1) は $\mathcal{A}$ が含む論理演算子の個数に関する帰納法で証明できる．実際，$\mathcal{A}$ が $\neg, \land, \lor$ を含んでいない場合 (基礎ステップ) は明らかで，帰納ステップは $\mathcal{A}$ の形が $\neg \mathcal{B}, \mathcal{B} \land \mathcal{C}, \mathcal{B} \lor \mathcal{C}$ の 3 つの場合に分けて考える．例えば，$\mathcal{A} = \neg \mathcal{B}$ である場合，$\mathcal{A}[A_1, \ldots, A_n] = \neg \mathcal{B}[A_1, \ldots, A_n] \stackrel{\text{帰納法の仮定}}{\equiv}$ $\neg(\neg \mathcal{B}^*[\neg A_1, \ldots, \neg A_n]) = \neg \mathcal{A}^*[\neg A_1, \ldots, \neg A_n]$ である．
　(2), (3), (4) を証明せよ．

解　はじめに，次のことに注意する (問題 5.5 参照).
① $\models \mathcal{A} \land \mathcal{B} \iff \models \mathcal{A}$ かつ $\models \mathcal{B}$.
（2）　(1) より明らか．
（3）　$\models \mathcal{A} \to \mathcal{B} \stackrel{\text{定理 5.1 (9)}}{\Longrightarrow} \models \neg \mathcal{A} \lor \mathcal{B} \stackrel{(2)}{\Longrightarrow} \models \neg(\neg \mathcal{A}^* \land \mathcal{B}^*) \stackrel{\text{定理 5.1 (6)}}{\Longrightarrow} \models \mathcal{A}^* \lor \neg \mathcal{B}^*$
$\stackrel{\text{定理 5.1 (9)}}{\Longrightarrow} \models \mathcal{B}^* \to \mathcal{A}^*$.
（4）　$\mathcal{A} \equiv \mathcal{B} \stackrel{\equiv \text{の定義}}{\iff} \models \mathcal{A} \leftrightarrow \mathcal{B} \stackrel{\text{定理 5.1 (8)}}{\iff} \models (\mathcal{A} \to \mathcal{B}) \land (\mathcal{B} \to \mathcal{A}) \stackrel{①}{\iff} \models \mathcal{A} \to \mathcal{B}$ かつ $\models \mathcal{B} \to \mathcal{A} \stackrel{(3)}{\iff} \models \mathcal{B}^* \to \mathcal{A}^*$ かつ $\models \mathcal{A}^* \to \mathcal{B}^* \iff \models (\mathcal{B}^* \to \mathcal{A}^*) \land (\mathcal{A}^* \to \mathcal{B})^*$
$\iff \models \mathcal{A}^* \leftrightarrow \mathcal{B}^* \iff \mathcal{A}^* \equiv \mathcal{B}^*$. ■

5.1.1項 問題

問題 5.1 次の陳述を命題とそうでないものに分けよ．
（1） 偶数は奇数より個数が多い．　（2） $n+3$ は正の整数である．
（3） 23 は素数である．　　　　　（4） 今何時ですか？
（5） 8月は暑い．　　　　　　　　（6） $\forall x \in \mathbf{R}\,[x^2 - 3x + 4 > 0]$．

問題 5.2 トートロジーか否か真理表によって確かめよ．
（1） $A \to A$　　（2） $(A \to \neg A) \to (A \to B)$　　（3） $A \vee B \to (\neg A \to C)$
（4） $A \to B \wedge \neg C \leftrightarrow \neg A \vee \neg(C \vee \neg B)$

問題 5.3 同値変形して簡単にせよ．
（1） $\neg(\neg A \vee A) \to B$　　　　　（2） $(A \to B) \to ((B \to C) \to (A \to C))$
（3） $(A \wedge B) \vee ((C \vee A) \wedge B)$　　（4） $(A \to B \vee \neg A) \wedge (A \vee \neg B)$

問題 5.4 真理表を書かずに $\vDash (A \to B) \wedge (C \to D) \to (A \wedge C \to B \wedge D)$ であることを示せ．

問題 5.5 例題 5.4 の解の中の①と次の②を証明せよ．
② 　$\vDash \mathcal{A}$ または $\vDash \mathcal{B} \implies \vDash \mathcal{A} \vee \mathcal{B}$．逆は成り立たない．

問題 5.6 A, B, C, D を命題とする．A が成り立つとき，B が成り立つなら C が成り立ち，B が成り立たないなら C も成り立たない．また，B, C のいかんにかかわらず，A が成り立たないなら D も成り立たない．このとき，C も D も成り立つなら B も成り立つことを示せ．

問題 5.7 $A_i, B_i\,(1 \leqq i \leqq n)$ を命題とする．各 i について，A_i が成り立つならば B_i も成り立つとするとき，$A_i\,(1 \leqq i \leqq n)$ すべてが成り立つならば $B_i\,(1 \leqq i \leqq n)$ すべても成り立つことを，命題論理の論理式を用いて示せ．

問題 5.8 良い授業とは先生が熱心で生徒が真面目に聞いている授業のことである．雑談している生徒は真面目に聞いていない．このような仮定のもとでは，生徒が雑談している授業は良い授業ではないことを論理式を用いて示せ．

問題 5.9 ある会社では雇客から 6 つの条件 $A \sim F$ が次のように満たされている製品を作るように依頼された．満たすべき条件を簡単にせよ．
（i） 条件 A も B も必ず満たされていること．
（ii） 条件 B が満たされないなら条件 A と D を満たすこと．
（iii） 条件 C が満たされないなら条件 B または E を満たすこと．
（iv） 条件 A または C が成り立てば 条件 D, F 両方が成り立つ必要はない．

5.1.2 標準形

$A \mid B \equiv \neg(A \wedge B)$ を **NAND**(ナンド)といい $A \downarrow B \equiv \neg(A \vee B)$ を **NOR**(ノア)という.

定理 5.3 任意の論理式 $\mathcal{A}$ に対して, $\mathcal{A} \equiv \mathcal{B}$ となる論理式 $\mathcal{B}$ で,
(1) $\neg$ と $\wedge$ だけ, (2) $\neg$ と $\vee$ だけ,
(3) $\neg$ と $\rightarrow$ だけ, (4) $\mid$ だけ, (5) $\downarrow$ だけ,
を含むものがそれぞれ存在する.

例題 5.5 $(A \wedge B) \leftrightarrow (\neg A \rightarrow A \vee B)$ を, (1)~(5) でそれぞれ表せ.

解 変形の仕方によっていろいろな形のものが得られるが, それぞれについて一例を示しておく. 与式 $\equiv (A \wedge B) \leftrightarrow (A \vee B) \equiv ((A \wedge B) \rightarrow (A \vee B)) \wedge ((A \vee B) \rightarrow (A \wedge B)) \equiv (A \vee B) \rightarrow (A \wedge B) \equiv (\neg A \wedge \neg B) \vee (A \wedge B)$ だから,
(1) $\neg(\neg(\neg A \wedge \neg B) \wedge \neg(A \wedge B))$ (2) $\neg(A \vee B) \vee \neg(\neg A \vee \neg B)$
(3) $(\neg A \rightarrow B) \rightarrow \neg(A \rightarrow \neg B)$ (4) $((A \mid A) \mid (B \mid B)) \mid (A \mid B)$
(5) $((A \downarrow B) \downarrow ((A \downarrow A) \downarrow (B \downarrow B))) \downarrow ((A \downarrow B) \downarrow ((A \downarrow A) \downarrow (B \downarrow B)))$
(4),(5) では, $\neg A \equiv A \mid A \equiv A \downarrow A$ であることを用いている. □

- リテラル ··· 命題変数, あるいは命題変数に否定 $\neg$ を付けたもの
- 正リテラル ··· 命題変数それ自身
- 負リテラル ··· 命題変数に $\neg$ が付いたもの
- $\mathcal{A}[A_1, \ldots, A_n]$ の最小項 ··· $A_1, \ldots, A_n$ すべてを正リテラルまたは負リテラルとしてちょうど 1 つずつ $\wedge$ で結んでできる論理式. 例えば $n = 2$ なら $A_1 \wedge A_2, \neg A_1 \wedge A_2, A_1 \wedge \neg A_2, \neg A_1 \wedge \neg A_2$ の 4 個が最小項
- 最大項 ··· 最小項の定義において $\wedge$ を $\vee$ で置き換えたもの. $n = 2$ なら $A_1 \vee A_2, \neg A_1 \vee A_2, A_1 \vee \neg A_2, \neg A_1 \vee \neg A_2$ の 4 個が最大項
- 和積標準形(乗法標準形, CNF) ··· リテラルの論理和 ($\vee$ で結んだもの) の論理積 ($\wedge$ で結んだもの)
- 積和標準形(加法標準形, DNF) ··· リテラルの論理積の論理和
- 主加法標準形 ··· 最小項の論理和
- 主乗法標準形 ··· 最大項の論理積

定理 5.4 （命題変数を 1 つ以上含む）どんな論理式 $\mathcal{A}[A_1,\ldots,A_n]$ にも，その主加法標準形（1）および主乗法標準形（2）が存在する：

$$(1)\quad \mathcal{A} \equiv \bigvee_{i=1}^{2^n} \sigma_i(\mathcal{A}) \wedge \underbrace{A_1^{\sigma_i(A_1)} \wedge \cdots \wedge A_n^{\sigma_i(A_n)}}_{\mathcal{B}_i}$$

$$(2)\quad \mathcal{A} \equiv \bigwedge_{i=1}^{2^n} \bigl(\sigma_i(\mathcal{A}) \vee A_1^{\neg\sigma_i(A_1)} \vee \cdots \vee A_n^{\neg\sigma_i(A_n)}\bigr)$$

ただし，A が命題変数，$a \in \{\boldsymbol{T},\boldsymbol{F}\}$ のとき，

$$A^a := \begin{cases} A & a = \boldsymbol{T}\text{ のとき} \\ \neg A & a = \boldsymbol{F}\text{ のとき．} \end{cases}$$

例題5.6 $\mathcal{A} = (A \to B) \wedge C \to \neg A \wedge B \wedge C$ の主加法・主乗法標準形を求めよ．

解 $\mathcal{A}$ の真理表（右図）より，$\mathcal{A}$ の主加法標準形は

$(A \wedge B \wedge \neg C) \vee (A \wedge \neg B \wedge C) \vee$

$(A \wedge \neg B \wedge \neg C) \vee (\neg A \vee B \wedge C) \vee$

$(\neg A \wedge B \wedge \neg C) \vee (\neg A \wedge \neg B \wedge \neg C)$

であり，主乗法標準形は

$(\neg A \vee \neg B \vee \neg C) \wedge (A \vee B \vee \neg C)$. □

A	B	C	$\mathcal{A}$
T	T	T	F
T	T	F	T
T	F	T	T
T	F	F	T
F	T	T	T
F	T	F	T
F	F	T	F
F	F	F	T

例題5.7 任意の論理式 $\mathcal{A}[A_1,\ldots,A_n]$ に対し，

$$\mathcal{A}[A_1, A_2, \ldots, A_n] \equiv (A_1 \wedge \mathcal{A}[\boldsymbol{T}, A_2, \ldots, A_n])$$
$$\vee (\neg A_1 \wedge \mathcal{A}[\boldsymbol{F}, A_2, \ldots, A_n])$$

が成り立つことを示し，2 変数の場合に，この展開により主加法標準形を求めよ．

解 展開式は $A_1 = \boldsymbol{T}, \boldsymbol{F}$ に対して左右両辺が等しいことを確かめればよい．

$\mathcal{A}[A_1, A_2] \equiv (A_1 \wedge \mathcal{A}[\boldsymbol{T}, A_2]) \vee (\neg A_1 \wedge \mathcal{A}[\boldsymbol{F}, A_2])$

$\equiv (A_1 \wedge \{(A_2 \wedge \mathcal{A}[\boldsymbol{T},\boldsymbol{T}]) \vee (\neg A_2 \wedge \mathcal{A}[\boldsymbol{T},\boldsymbol{F}])\}) \vee$

$(\neg A_1 \wedge \{(A_2 \wedge \mathcal{A}[\boldsymbol{F},\boldsymbol{T}]) \vee (\neg A_2 \wedge \mathcal{A}[\boldsymbol{F},\boldsymbol{F}])\})$

$\equiv (\mathcal{A}[\boldsymbol{T},\boldsymbol{T}] \wedge A_1 \wedge A_2) \vee (\mathcal{A}[\boldsymbol{T},\boldsymbol{F}] \wedge A_1 \wedge \neg A_2) \vee$

$(\mathcal{A}[\boldsymbol{F},\boldsymbol{T}] \wedge \neg A_1 \wedge A_2) \vee (\mathcal{A}[\boldsymbol{F},\boldsymbol{F}] \wedge \neg A_1 \wedge \neg A_2).$ □

5.1.2項　問題

問題 5.10　正しいことを示せ．
(1)　$(A \downarrow C) \downarrow (A \downarrow B) \equiv A \vee (\neg B \downarrow \neg C)$
(2)　$\models A \downarrow (A \downarrow A)$
(3)　$\models (A \downarrow (A \downarrow A)) \downarrow (A \downarrow (A \downarrow A))$
(4)　$(A \mid B)^* \equiv A \downarrow B$

問題 5.11　次のことは正しいか？　また，$\boxed{}$ を埋めよ．A, B, C は命題変数，$\mathcal{A}, \mathcal{B}, \mathcal{C}$ は命題論理の論理式である．
(1)　$\neg A \vee \neg B \wedge \neg A$ の双対は $\neg A \wedge B \vee \neg A$ と論理的に等しい．
(2)　付値 $\sigma(A) = \boldsymbol{F}$ のもとで $\sigma(A \to A \wedge B) = \boxed{}$ である．
(3)　$\models A \to ((A \vee B \to C) \to \neg A)$ である．
(4)　$((A \mid A) \mid (B \mid B)) \mid (C \mid C)$ の加法標準形は $\boxed{}$ である．
(5)　$\models \mathcal{A} \to \mathcal{B}$ かつ $\models \mathcal{B} \to \mathcal{C}$ ならば $\models \mathcal{A} \to \mathcal{C}$ である．
(6)　$\neg(A \wedge B \vee C) \equiv \neg A \vee \neg B \wedge \neg C$ である．
(7)　$\equiv$ は同値関係である．

問題 5.12　それ1つだけで任意の論理式を表すことのできる $\{\boldsymbol{T}, \boldsymbol{F}\}$ 上の2項演算子は $\mid$ と $\downarrow$ だけであることを証明せよ．

問題 5.13　(1) $\to$ と $\vee$ だけ，(2) $\neg$ と $\leftrightarrow$ だけではすべての論理式を表すことができないことを示せ．

問題 5.14　命題論理の論理式 $\mathcal{A} = \mathcal{A}[A]$ は論理関係子を $\leftrightarrow$ しか含んでいないとする．$\models \mathcal{A}$ が成り立つための必要十分条件は，$\mathcal{A}$ に現れる命題変数の個数が偶数個であることである．このことを証明せよ．

問題 5.15　主加法標準形と主乗法標準形を求めよ．
(1)　$A \to B$　　(2)　$A \mid (B \mid C)$　　(3)　$\neg(\neg B \to A) \to \neg A$

問題 5.16　$A \leftrightarrow B$, $A \downarrow (B \mid C)$, $A \to (B \to C)$ それぞれを (1) $\neg$ と $\wedge$ だけ，(2) $\neg$ と $\vee$ だけ，(3) $\neg$ と $\to$ だけ，(4) $\mid$ だけ，(5) $\downarrow$ だけで表せ．

問題 5.17　定理 5.4 (2) を，(1) の結果を用いて証明せよ ($\neg \mathcal{A}$ を考えよ)．

問題 5.18　命題論理の論理式について，次の各問に答えよ．
(1)　$(A \to B)^*$ を $\neg$ と $\to$ で表せ．
(2)　$(A \leftrightarrow B)^*$ を $\neg$ と $\leftrightarrow$ で表せ．

5.2 述語論理

述語論理における**論理式**，変数の自由/束縛を次のように再帰的に定義する：

- 定数記号，変数記号はそれぞれ項である．
- $t_1, \ldots, t_n$ が項，f が n 変数の関数記号なら，$f(t_1, \ldots, t_n)$ は項．
- $t_1, \ldots, t_n$ が項，P が n 変数の述語記号なら，$P(t_1, \ldots, t_n)$ は論理式 (素論理式) で，この中の変数はすべて自由である．
- $\mathcal{A}, \mathcal{B}$ が論理式なら，$(\neg \mathcal{A})$, $(\mathcal{A} \land \mathcal{B})$, $(\mathcal{A} \lor \mathcal{B})$, $(\mathcal{A} \to \mathcal{B})$, $(\mathcal{A} \leftrightarrow \mathcal{B})$ はそれぞれ論理式で，これらの中の変数の自由/束縛は元のまま変わらない．
- $\mathcal{A}$ が論理式で x が変数なら，$(\forall x \mathcal{A})$, $(\exists x \mathcal{A})$ はそれぞれ論理式である．$\forall x$ を**全称記号**，$\exists x$ を**存在記号**という．$\mathcal{A}$ において自由な変数 x はどれも $\forall x$ あるいは $\exists x$ によって**束縛**される．それ以外の変数の自由/束縛は元のまま変わらない．

例題5.8 $\mathcal{A} := ((\forall y (\exists x P(x, y, f(x, z)))) \lor (\neg(\forall x Q(f(x, f(x, y)))))) $ が定義に従ってどのように定義されているかがわかるように木 (構文木という) として表せ．また，$\mathcal{A}$ の中に現れるそれぞれの変数は自由変数か？束縛変数か？

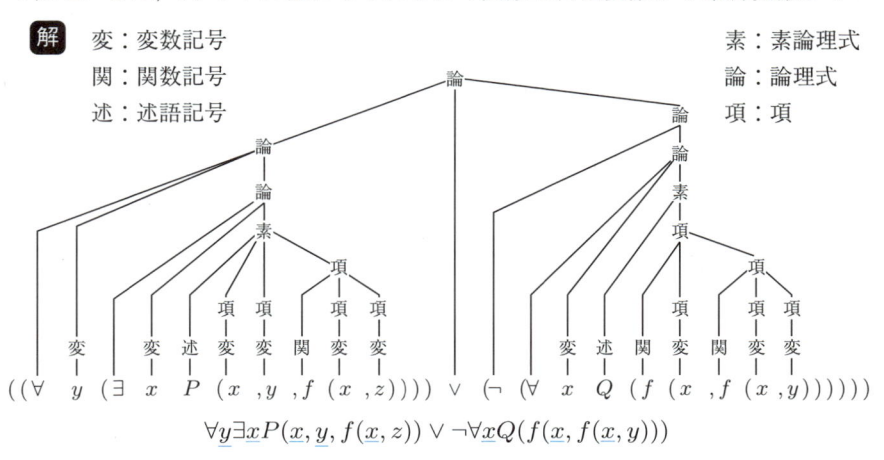

解 変：変数記号　　関：関数記号　　述：述語記号　　素：素論理式　　論：論理式　　項：項

(構文木省略)

$$\forall y \exists x P(\underline{x}, y, f(\underline{x}, z)) \lor \neg \forall x Q(f(\underline{x}, f(\underline{x}, y)))$$

不要な括弧を省略した．束縛変数に下線を引いて示した．

$\mathcal{A}$ の中に現れる定数記号や関数記号や述語記号に具体的意味を与えることを**解釈**という．すなわち，解釈 $\mathcal{I}$ とは次の (1)～(4) を定めることである．

（1） $\mathcal{I}$ の**定義域**あるいは領域と呼ばれる集合．$|\mathcal{I}|$ で表す．
（2） それぞれの定数記号が $|\mathcal{I}|$ のどの元を表しているかを定めること．
（3） それぞれの関数記号 f について (f は m 変数の関数記号であるとしよう), f がどのような関数であるかを定めること $(f : |\mathcal{I}|^m \to |\mathcal{I}|)$.
（4） それぞれの述語記号 P について (P は n 変数の述語記号であるとしよう), P がどのような**述語**であるかを定めること $(P : |\mathcal{I}|^n \to \{\boldsymbol{T}, \boldsymbol{F}\})$.

- 解釈 $\mathcal{I}$ 上の**付値** $\cdots$ 各変数に $|\mathcal{I}|$ の元を値として与えること
- $\sigma(\mathcal{A})$ $\cdots$ 付値 σ のもとでの論理式 $\mathcal{A}$ の値
- $\sigma =_x \sigma'$ $\overset{\text{def}}{\Longleftrightarrow}$ x 以外の任意の変数 y について $\sigma(y) = \sigma'(y)$
- $\sigma(\forall x \mathcal{A}) = \boldsymbol{T}$ $\overset{\text{def}}{\Longleftrightarrow}$ $\sigma =_x \sigma'$ である任意の付値 σ' に対して $\sigma'(\mathcal{A}) = \boldsymbol{T}$
- $\sigma(\exists x \mathcal{A}) = \boldsymbol{T}$ $\overset{\text{def}}{\Longleftrightarrow}$ $\sigma'(\mathcal{A}) = \boldsymbol{T}$ かつ $\sigma =_x \sigma'$ となる付値 σ' が在する
- $\mathcal{I} \vDash \mathcal{A}$ $\overset{\text{def}}{\Longleftrightarrow}$ 解釈 $\mathcal{I}$ における任意の付値 σ のもとで $\sigma(\mathcal{A}) = \boldsymbol{T}$
- $\vDash \mathcal{A}$ ($\mathcal{A}$ は恒真) $\overset{\text{def}}{\Longleftrightarrow}$ 任意の解釈 $\mathcal{I}$ に対して $\vDash \mathcal{A}$
- $\mathcal{A} \equiv \mathcal{B}$ ($\mathcal{A}$ と $\mathcal{B}$ は**論理的に等しい**) $\overset{\text{def}}{\Longleftrightarrow}$ $\vDash \mathcal{A} \leftrightarrow \mathcal{B}$ が成り立つ
- $\mathcal{A}[x_1, \ldots, x_n]$ $\cdots$ $x_1, \ldots, x_n$ は $\mathcal{A}$ の中に現れる自由変数 (のいくつか)

（ i ） 定理 5.1 と同様な式が成り立つ．

（ii） $\neg \forall x \mathcal{A} \equiv \exists x \neg \mathcal{A}$, $\quad \neg \exists x \mathcal{A} \equiv \forall x \neg \mathcal{A}$

（iii） $\forall x \mathcal{A} \equiv \neg(\exists x \neg \mathcal{A})$, $\quad \exists x \mathcal{A} \equiv \neg(\forall x \neg \mathcal{A})$

（iv） $\forall x \forall y \mathcal{A} \equiv \forall y \forall x \mathcal{A}$, $\quad \exists x \exists y \mathcal{A} \equiv \exists y \exists x \mathcal{A}$

（ v ） $\forall x \mathcal{A} \land \forall x \mathcal{B} \equiv \forall x(\mathcal{A} \land \mathcal{B})$, $\quad \exists x \mathcal{A} \lor \exists x \mathcal{B} \equiv \exists x(\mathcal{A} \lor \mathcal{B})$

（vi） $\mathcal{C}$ が x を自由変数として含んでいないとき，
$\forall x \mathcal{A} \lor \mathcal{C} \equiv \forall x(\mathcal{A} \lor \mathcal{C})$, $\quad \exists x \mathcal{A} \lor \mathcal{C} \equiv \exists x(\mathcal{A} \lor \mathcal{C})$
$\forall x \mathcal{A} \land \mathcal{C} \equiv \forall x(\mathcal{A} \land \mathcal{C})$, $\quad \exists x \mathcal{A} \land \mathcal{C} \equiv \exists x(\mathcal{A} \land \mathcal{C})$

（vii） $\vDash \forall x \mathcal{A} \lor \forall x \mathcal{B} \to \forall x(\mathcal{A} \lor \mathcal{B})$
$\vDash \exists x(\mathcal{A} \lor \mathcal{B}) \to \exists x \mathcal{A} \lor \exists x \mathcal{B}$

（viii） $\vDash \forall x \mathcal{A} \to \exists x \mathcal{A}$, $\quad \vDash \exists x \forall y \mathcal{A} \to \forall y \exists x \mathcal{A}$

（ix） $\vDash \forall x(\mathcal{A} \to \mathcal{B}) \to (\forall x \mathcal{A} \to \forall x \mathcal{B})$
$\vDash \forall x(\mathcal{A} \to \mathcal{B}) \to (\exists x \mathcal{A} \to \exists x \mathcal{B})$

> (x) $\vDash \forall x \mathcal{A}[x] \to \mathcal{A}[a]$, $\vDash \mathcal{A}[a] \to \exists x \mathcal{A}[x]$
> ただし，a は定数記号であり，$\mathcal{A}[a]$ は $\mathcal{A}[x]$ の中のすべての自由変数 x を a で置き換えたものを表す．
>
> (xi) $\mathcal{A} \equiv \mathcal{B} \implies \forall x \mathcal{A} \equiv \forall x \mathcal{B}$, $\mathcal{A} \equiv \mathcal{B} \implies \exists x \mathcal{A} \equiv \exists x \mathcal{B}$
>
> (xii) $\mathcal{A}[x]$ が変数 y を含んでいないなら
> $\forall x \mathcal{A}[x] \equiv \forall y \mathcal{A}[y]$, $\quad \exists x \mathcal{A}[x] \equiv \exists y \mathcal{A}[y]$
>
> (xiii) $\mathcal{A}[x]$ も $\mathcal{B}$ も変数 y を含んでいないなら，
> (a) $\forall x \mathcal{A}[x] \to \mathcal{B} \equiv \exists y (\mathcal{A}[y] \to \mathcal{B})$
> $\exists x \mathcal{A}[x] \to \mathcal{B} \equiv \forall y (\mathcal{A}[y] \to \mathcal{B})$
> (b) $\mathcal{B} \to \forall x \mathcal{A}[x] \equiv \forall y (\mathcal{B} \to \mathcal{A}[y])$
> $\mathcal{B} \to \exists x \mathcal{A}[x] \equiv \exists y (\mathcal{B} \to \mathcal{A}[y])$

例題5.9 次の3つの論理式を考える．P は述語記号，f は関数記号．
$\mathcal{A} = P(f(x,y), a)$
$\mathcal{B} = \forall x (\forall y P(x,y) \to \exists y P(x,y))$
$\mathcal{C} = \forall x \forall y \forall z \, (P(x,y) \land P(y,z) \to P(x,z))$

次の解釈を考える：$|\mathcal{I}| = $ 日本人すべての集合，$P(x,y) \stackrel{\text{def}}{\Longleftrightarrow}$「$x$ は y が好きである」，$f(x,y) = x$, $a =$ 日本の首相．

この解釈のもとで $\mathcal{A}, \mathcal{B}, \mathcal{C}$ の意味を述べ，恒真性を判定せよ．

解 $\mathcal{A}$：「x は日本の首相が好きである」．恒真でない．
$\mathcal{B}$：「誰も，もし誰でも好きであるというのなら誰かを好きである」．恒真．
$\mathcal{C}$：「どんな人も，自分の好きな人が好きな人を好きである」．恒真でない． □

どんな論理式 $\mathcal{A}$ にも，次の条件を満たす論理式 $\mathcal{B}$ ($\mathcal{A}$ の**冠頭標準形**という) が存在する：
(1) $\mathcal{A} \equiv Q_1 x_1 \cdots Q_n x_n \mathcal{B}$．各 Q_i は $\forall$ または $\exists$，各 x_i は変数．
(2) $\mathcal{B}$ は $\forall$ や $\exists$ を1つも含んでいない．
(3) $\mathcal{B}$ は乗法標準形の形をしている (命題変数に相当するものは素論理式)．

例えば，$\forall x \mathcal{A} \land \forall x \mathcal{B} \equiv \forall x (\mathcal{A} \land \mathcal{B})$ であるから，$\mathcal{A}, \mathcal{B}$ が $\forall, \exists$ を含まなければ $\forall x (\mathcal{A} \land \mathcal{B})$ は $\forall x \mathcal{A} \land \forall x \mathcal{B}$ の冠頭標準形である．

5.2節　問題

問題 5.19　次の論理式において，束縛変数と自由変数を区別せよ．また，論理式の構造を木 (構文木) で表せ．a, b は定数記号，x, y, z は変数記号，f, g は関数記号，P, Q, R は述語記号である．

（1）　$P(f(x, g(y)), g(x))$
（2）　$\forall x Q(x) \to \exists y Q(y) \land Q(a)$
（3）　$\forall x (P(x, f(x)) \land Q(x, y)) \to \exists z P(z, a) \land Q(y, z)$

問題 5.20　適当な述語 (解釈された述語記号) を導入し，次の陳述を述語論理の論理式で表せ．

（1）　「愛する者がいない者は，誰からも愛されない．」
（2）　「男たるもの，結婚するためには彼を好いてくれる美女または気立ての良い女性がいなくてはならない．しかし，どんな美女も気立ての良い女性も，どんな男性でも好きになるわけではない．かくして，結婚できない男が生まれる．」
（3）　「どんな女性も何らかの可愛らしいものかブランド品が好きである．ある女性は可愛らしいものは何でも嫌いだが，どんなバーゲン品も好きである．よって，何らかのブランド品や何らかのバーゲン品を好きな女性がいる．」

問題 5.21　次のことは正しいか否か，理由を付して答えよ．a は定数記号，x, y は変数記号，f は 1 変数の関数記号，P は 2 変数の述語記号，$\mathcal{A}(x)$ は x を自由変数とする述語論理の論理式である．

（1）　$\mathcal{I}$ を次のような解釈とする．$|\mathcal{I}| = \mathbf{R}$, $a = 0$, $f(u) = u^2$, $P(u, v) : u \geqq v$．このとき，$\mathcal{I} \models \forall x P(f(x), a)$ である．
（2）　$\forall x P(f(x), a)$ は恒真である．
（3）　$\forall x \mathcal{A}(x) \land \exists y \mathcal{A}(y) \equiv \forall x \mathcal{A}(x)$ である．

問題 5.22　以下の空欄 (1)〜(10) を埋めよ．

1 階述語論理の論理式
$$\mathcal{A} = P(f(g(x, x), g(y, y)), a) \to Q(x, a) \land Q(y, a)$$
を考えよう．次の解釈 $\mathcal{I}_1$ を考える：
$$|\mathcal{I}_1| = \mathbf{R}, \quad a = 0, \quad f(u, v) = u + v, \quad g(u, v) = u \cdot v,$$
$$P(u, v) : u \leqq v, \quad Q(u, v) : u = v.$$

この解釈の下で $\mathcal{A}$ は $\boxed{(1)}$ を意味し，任意の付値 σ に対して $\sigma(\mathcal{A}) = \boxed{(2)}$ である．また，別の解釈 $\mathcal{I}_2$ を
$$|\mathcal{I}_2| = 2^{\mathbf{N}}, \quad a = \emptyset, \quad f(u, v) = u \cap v, \quad g(u, v) = u \cup v,$$
$$P(u, v) : v \subseteq u, \quad Q(u, v) : u = v$$

と定義すると，この解釈の下で $\mathcal{A}$ は $\boxed{(3)}$ を表す．付値 $\sigma_2(x) = \{0\}, \sigma_2(y) = \{1, 2\}$ の下で

$$\sigma_2(g(x,x)) = \boxed{(4)}, \quad \sigma_2[f(g(x,x), g(y,y))] = \boxed{(5)},$$
$$\sigma_2[P(f(g(x,x), g(y,y)), a)] = \boxed{(6)}, \quad \sigma_2(Q(x,a)) = \boxed{(7)},\ \text{など}$$

であるから $\sigma_2(\mathcal{A}) = \boxed{(8)}$ である．よって，$\mathcal{I}_2 \models \mathcal{A}$ で $\boxed{(9)=(ある，ない)}$ ．

以上より，$\mathcal{A}$ は恒真でないと結論 $\boxed{(10)=(できる，できない)}$ ．

問題 5.23 次の $\boxed{}$ を埋めよ．a, b は定数記号，x, y, z は変数記号，f は 1 変数の関数記号，P は 3 変数の述語記号である．

(1) $\mathcal{A} = \forall x \exists y P(x, f(y), a)$ とし，$\mathcal{I}$ を次のような解釈とする．$|\mathcal{I}| = \boldsymbol{R} - \{0\}$ (0 でない実数の全体)，$a = 1$，$f(u) = \frac{1}{u}$，$P(u, v, w) : uv = w$.

このとき，$\mathcal{A}$ は $\boxed{}$ を表すので，$\mathcal{I} \models \mathcal{A}$ である．

(2) $\mathcal{A}$ は恒真ではない．その理由は $\boxed{}$ である．

(3) 解釈 $\mathcal{I}'$ の下で $a = \text{A氏}$，$b = \text{B氏}$，$P(u, v, w) :$ 「u, v は w の両親である」と定義する．$\boxed{}$ は，このように解釈された記号を使って「B 氏は A 氏の孫である」を表した論理式である．

(4) 論理式 $\mathcal{B} = \neg \forall x \, (\forall y \, P(x, y, a) \rightarrow \exists y \exists z P(x, y, z))$ の冠頭標準形は $\boxed{}$ である．

問題 5.24 公式 (viii)〜(xiii) が成り立つことを示せ．$\rightarrow$，$\Longrightarrow$ を $\leftrightarrow$，$\Longleftrightarrow$ で置き換えられないことも示せ．

問題 5.25 次の 2 つの主張が論理的に等しいことを示せ．
「誰でも運がなければ出世しない」と「出世するのは運のいい奴だ」．

問題 5.26 次の論理式の冠頭標準形を (あれば) 求めよ．ただし，P, Q は述語記号，a は定数記号である．
(1) $\forall x P(x) \rightarrow \forall y Q(y)$
(2) $\forall x P(x, a) \rightarrow \exists x \exists y P(x, y)$
(3) $P(x, y) \rightarrow \exists y \, (Q(y) \rightarrow (\exists x \, Q(x) \vee R(y)))$

5.3 論理回路

0または1を値にとる変数を**ブール変数**といい，$\{0,1\}^n$ から $\{0,1\}$ への関数を n 変数の**ブール関数**という．

5.3.1 命題論理を別の観点から見ると

0と F, 1と T を同一視すれば，ブール変数とは命題変数 (論理変数) に他ならず，ブール関数とは命題関数 (論理関数) に他ならない．ブール変数は小文字の x, y, z などで，ブール関数は f, g などで表す．また，α と β の論理和を $\alpha+\beta$ で，α と β の論理積を $\alpha \cdot \beta$ で，α の否定を $\overline{\alpha}$ で表す．また，$\alpha \equiv \beta$ の代りに $\alpha = \beta$ と書く．

F	$\longrightarrow$	0
T	$\longrightarrow$	1
$A, B, C, \ldots$	$\longrightarrow$	$x, y, z, \ldots$
$\mathcal{A}, \mathcal{B}, \ldots$	$\longrightarrow$	$f, g, \ldots$
$\alpha \wedge \beta$	$\longrightarrow$	$\alpha \cdot \beta$
$\alpha \vee \beta$	$\longrightarrow$	$\alpha + \beta$
$\neg \alpha$	$\longrightarrow$	$\overline{\alpha}$
$\alpha \equiv \beta$	$\longrightarrow$	$\alpha = \beta$

定理 5.1′　ブール変数 x, y に対して次の各式が成り立つ．

(1) $x + x = x, \; x \cdot x = x$

(2) $x + y = y + x, \; x \cdot y = y \cdot x$

(3) $x + (y + z) = (x + y) + z, \; x \cdot (y \cdot z) = (x \cdot y) \cdot z$

(4) $x \cdot (y + z) = x \cdot y + x \cdot z, \; x + y \cdot z = (x + y) \cdot (x + z)$

(5) $x \cdot y + x = x, \; (x + y) \cdot x = x$

(6) $\overline{x \cdot y} = \overline{x} + \overline{y}, \; \overline{x + y} = \overline{x} \cdot \overline{y}$

(7) $\overline{\overline{x}} = x$

(8) $x + \overline{x} = 1, \; x \cdot \overline{x} = 0$

(9) $x + 1 = 1, \; x \cdot 1 = x, \; x + 0 = x, \; x \cdot 0 = 0$

例題 5.10　(1) 巾等律 (定理 5.1′ (1)) を吸収律 (同 (5)) より導け．

(2) 式の長さができるだけ短くなるように簡単にせよ．

(a) $a(a + b + bb + bbb + bbbb + bbbbb)$ (b) $\overline{a + b + c + abc}$

(c) $\overline{(a \mid b)} \downarrow \overline{(c \mid d)}$ (d) $((0 \oplus 1) \oplus 0) + ((1 \mid 1) \oplus 1)$

解 （1）吸収律より $a+aa=a$. よって，$aa=a(a+aa)=a$. 最後の等号は吸収律である．次に，$aa=a$ より，$a+a=a+aa=a$（最後の等号は吸収律）．

（2）（a）吸収律より，a．

（b）吸収律より $a+abc=a$ なので，与式 $=\overline{a+b+c}=\overline{a}\,\overline{b}\,\overline{c}$．

（c）与式 $=\overline{\overline{\overline{ab}\downarrow\overline{cd}}}=\overline{\overline{ab}\downarrow\overline{cd}}=\overline{\overline{ab+cd}}=ab+cd$．

（d）$(0\oplus 1)\oplus 0=1$ より（後半分は計算する必要なし），1． □

 ブール関数 $f(x_1,\ldots,x_n)$ の中の 0 を 1 で，1 を 0 で，+ を・で，・を + で置き換えて得られるブール関数を f の**双対**といい，$f^*(x_1,\ldots,x_n)$ で表す．

定理 5.2' （双対の原理）次の各々が成り立つ．
（1）$f^*(x_1,\ldots,x_n)=\overline{f(\overline{x}_1,\ldots,\overline{x}_n)}$．
（2）$f(x_1,\ldots,x_n)=g(x_1,\ldots,x_n)$ ならば
  $f^*(x_1,\ldots,x_n)=g^*(x_1,\ldots,x_n)$ である．

定理 5.3' 任意のブール関数は次の演算子だけで表すことができる．
（1）+ と － （2）・と － （3）NAND（ | ） （4）NOR（↓）

- **リテラル** ･･･ ブール変数あるいはその否定の総称
- $f(x_1,\ldots,x_n)$ の**最小項/最大項** ･･･ 各変数 x_i のリテラルをちょうど 1 つずつ含んでいるような，リテラルの論理積/論理和

定理 5.4' （標準形定理）ブール関数 $f(x_1,\ldots,x_n)$ は次のように表すことができる：
$$f(x_1,\ldots,x_n)=\sum_{(a_1,\ldots,a_n)\in\{0,1\}^n} f(a_1,\ldots,a_n)\cdot x_1^{a_1}\cdots x_n^{a_n}$$
$$f(x_1,\ldots,x_n)=\prod_{(a_1,\ldots,a_n)\in\{0,1\}^n} (f(a_1,\ldots,a_n)+x_1^{\overline{a}_1}+\cdots+x_n^{\overline{a}_n})$$
ただし，$x_i^1=x_i$, $x_i^0=\overline{x}_i$ である．

定理 5.5 (リード–マラー標準形)　ブール関数 $f(x_1,\ldots,x_n)$ は,ある定数 $A_{\langle {}_nC_i \rangle} \in \{0,1\}$ $(i=0,1,\ldots,n)$ を用いて (問題 5.35 の解答参照)

$$f(x_1,\ldots,x_n) = A_0 \oplus A_1 x_1 \oplus \cdots \oplus A_n x_n$$
$$\oplus A_{12} x_1 x_2 \oplus \cdots \oplus A_{(n-1)n} x_{n-1} x_n$$
$$\oplus \cdots$$
$$\oplus A_{12\cdots n} x_1 x_2 \cdots x_n$$

と表すことができる.ここで,$\langle {}_nC_i \rangle$ は $1,\ldots,n$ から i 個を選んで並べた添え字 (${}_nC_i$ 個ある) を表す.ただし,$A_{\langle {}_nC_0 \rangle} := A_0$.

例題5.11　ブール関数 $f(x,y) = 0 + xx + xy + x\overline{y} + \overline{y}$ について答えよ.
(1) 簡単にせよ.　　(2) 真理表を書け.
(3) 主加法標準形,主乗法標準形,リード–マラー標準形を求めよ.

解　(1) いろんな変形の仕方が可能であるが,例えば,
$0 + xx + xy + x\overline{y} + \overline{y} \overset{0+x=x}{=} xx + xy + x\overline{y} + \overline{y} \overset{\text{巾等律}:xx=x}{=} x + xy + x\overline{y} + \overline{y}$
$\overset{\text{吸収律}:x+xy=x}{=} x + x\overline{y} + \overline{y} \overset{\text{吸収律}}{=} x + \overline{y}.$

(2) $f(x,y)$ の真理表

x	y	$f(x,y)$
0	0	1
0	1	0
1	0	1
1	1	1

(3) 主加法標準形:真理表から,
$$f(x,y) = xy + x\overline{y} + \overline{x}\,\overline{y}.$$
主乗法標準形:真理表から,
$$f(x,y) = x + \overline{y}.$$
リード–マラー標準形:真理表から,$f(x,y) = f(0,0) \oplus x\{f(0,0) \oplus f(1,0)\} \oplus y\{f(0,0) \oplus f(0,1)\} \oplus xy\{f(0,0) \oplus f(0,1) \oplus f(1,0) \oplus f(1,1)\} = 1 \oplus y \oplus xy.$　□

$\oplus$ は次の性質を満たす.
(1) $x \oplus y = x\overline{y} + \overline{x}y = (x+y)(\overline{x}+\overline{y})$
(2) $x \oplus (y \oplus z) = (x \oplus y) \oplus z$　　　　　　　　(結合律)
(3) $x \oplus y = y \oplus x$　　　　　　　　　　(可換律,交換律)
(4) $x(y \oplus z) = xy \oplus xz = (y \oplus z)x$　　　　　　　(分配律)
(5) $x \oplus x = 0,\ x \oplus 0 = x,\ x \oplus 1 = \overline{x}$

5.3 論理回路

5.3.1項 問題

問題 5.27 式の長さができるだけ短くなるように簡単にせよ．解答に当たって，問題 5.28 も参考にするとよい．
（1） $a + ab + abc + abcd + \bar{a}$
（2） $a \oplus aa + a\bar{a} + a|a$
（3） $(a+b)(\bar{a}+\bar{b})$
（4） $(a \oplus b) + (b \oplus c) + (c \oplus a)$
（5） $(a \oplus b \oplus c)(a \oplus b \oplus c) \oplus (a \oplus b \oplus c)$

問題 5.28 排他的論理和 $\oplus$ について以下の各問に答えよ．
（1） 次の式が成り立つことを示せ：
$$x \oplus y = (x+y)(\bar{x}+\bar{y}) = x\bar{y} + \bar{x}y, \quad x \oplus x \oplus x = x.$$
（2） 結合律を満たすことを示せ．
（3） $p_n(x_1, \ldots, x_n) := x_1 \oplus x_2 \oplus \cdots \oplus x_n$ とする．$p_n(x_1, \ldots, x_n) = 1 \iff x_1, \ldots, x_n$ のうちの 1 の個数が奇数，であることを示せ．$p_n(x_1, \ldots, x_n)$ を n 変数のパリティ関数という．

問題 5.29 x, y, u, v をブール変数とするとき，次の式が成り立つことを真理表によらず，同値変形により示せ．
（1） $x = y = z$ ならば $x \oplus y \oplus z = xyz$.
（2） $1 \oplus 1 \oplus (x \oplus y) \oplus 1 = xy + \bar{x}\,\bar{y}$
（3） $xy + uv = (x+u)(x+v)(y+u)(y+v)$

問題 5.30 $f_n(x_1, \ldots, x_n) := (x_1 + \cdots + x_n)(x_1 \oplus \cdots \oplus x_n)$ とする．
（1） $f_2(x_1, x_2)$ を式変形により簡単化せよ．
（2） $g(x_1, x_2, x_3) := f_3(x_1, x_2, x_3) \oplus x_1$ の真理表を書き，主加法標準形，主乗法標準形，リード–マラー標準形を求めよ．
（3） $f_n(x_1, x_2, \ldots, x_n) = x_1 \oplus x_2 \oplus \cdots \oplus x_n$ であることを証明せよ．

問題 5.31 任意のブール関数 $f(x_1, \ldots, x_n)$ に対し，
$$f(x_1, x_2, \ldots, x_n) = \bar{x}_1 f(0, x_2, \ldots, x_n) + x_1 f(1, x_2, \ldots, x_n)$$
が成り立つこと（シャノン展開という）を示し，この展開をすべての変数に対して行うことにより $f(x_1, \ldots, x_n)$ の主加法標準形を求めよ．参考までに，例題 5.7 も見よ．

5.3.2　論理回路設計への応用

回路素子のうちでもっとも基本的なものは**ゲート**と呼ばれるごく限られた種類の素子で，とくに次の6つがよく用いられる．

NOT ゲート　入力 x ——◦—— 出力 $\bar{x}$　　　AND ゲート $\begin{matrix}x\\y\end{matrix}$ ⟩—— $x \cdot y$

OR ゲート $\begin{matrix}x\\y\end{matrix}$ ⟩—— $x+y$　　NAND ゲート $\begin{matrix}x\\y\end{matrix}$ ⟩◦—— $\overline{x \cdot y}$

NOR ゲート $\begin{matrix}x\\y\end{matrix}$ ⟩◦—— $\overline{x+y}$　XOR ゲート $\begin{matrix}x\\y\end{matrix}$ ⟩—— $x \oplus y$

これらのゲートを組み合わせてできる回路を**組合せ回路**という．ただし，あるゲートの出力が再びそのゲートに戻ってくるフィードバックは許さない．

5.3.3　ブール関数の簡単化

ブール関数を簡単化する各種の方法のうち，変数が数個程度と少ない場合の簡単化の手法として有効なものに**カルノー図**(Karnaugh)を用いる方法がある．

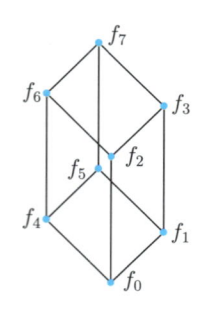

x_1	x_2	x_3	$f(x_1, x_2, x_3)$
0	0	0	f_0
0	0	1	f_1
0	1	0	f_2
0	1	1	f_3
1	0	0	f_4
1	0	1	f_5
1	1	0	f_6
1	1	1	f_7

n 変数ブール関数を表すためのカルノー図は n 次元立方体の頂点間の隣接関係を平面に表したものである．$n=3$ の場合を上に示したが，これは3次元の立方体の8個の頂点に番号 $f_0 \sim f_7$ を3ビットの2進数で振り，隣り合うどの2頂点の**ハミング距離**(Hamming)(異なるビットの個数のこと)も1であるようにしたものである．一般の n の場合も同様である．

カルノー図は，$f(x_1, \ldots, x_n)$ の真理表を，1辺の長さが1の 2^n 個の正方形

5.3 論理回路

(セルと呼ぶ) に分割された長方形の表として表したものである．各セルは1つの f_i を表し，隣り合うセルは隣り合う f_i であるように配置する．ただし，長方形の向かい合う辺は同じものであるとみなす．$n=3$ の場合の3通りの書き方を以下に示す (最右図が標準的書き方)．例えば，f_4 は f_5, f_6, f_0 と隣接している．各 f_i の値を対応するセルに書き込むが，図を見やすくするために，値0は書かずに値1のみを書く．

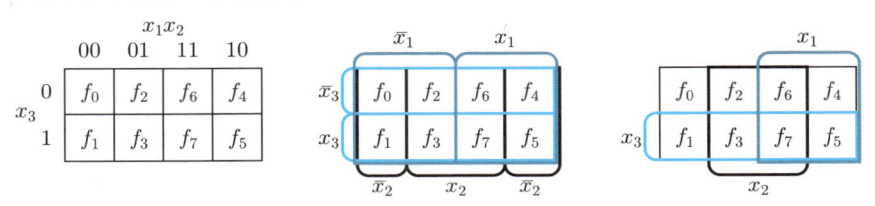

4変数の場合と5変数の場合のカルノー図を下に示す：

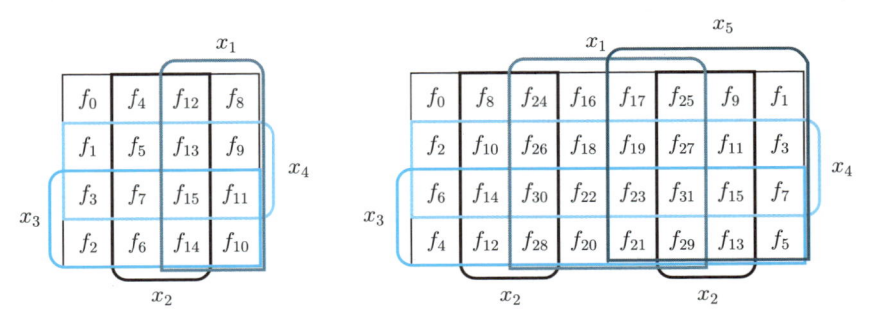

カルノー図において，長方形状に隣接し，どのセルも値1が書き込まれているような 2^k 個のセルからなる部分を**ループ**という．

- カルノー図が表しているブール関数は，1が立っているセルが表す最小項すべての論理和をとったものに等しく，
- ループが大きいほど，積項におけるリテラルの個数を少なくでき，
- ループの個数が少ないほど，OR ゲート (和項の個数) を少なくできる

という性質を持つので，**論理式の簡単化**は次のように行えばよい．

> なるべく大きいループをできるだけ少なく用いて，カルノー図上のすべての1をループで囲む (複数のループで同じ1つのセルを囲んでもよい)．

例題5.12 次のブール関数のカルノー図を描き，簡単化せよ．
(1) $x + xy$ (2) $ab + \overline{b}c + \overline{(a+b+c)}$ (3) $x_1\overline{x_2} + x_2 + x_2 x_3 x_4 + \overline{x_5}$

解 カルノー図は下図．簡単化した式をその下に書いた．

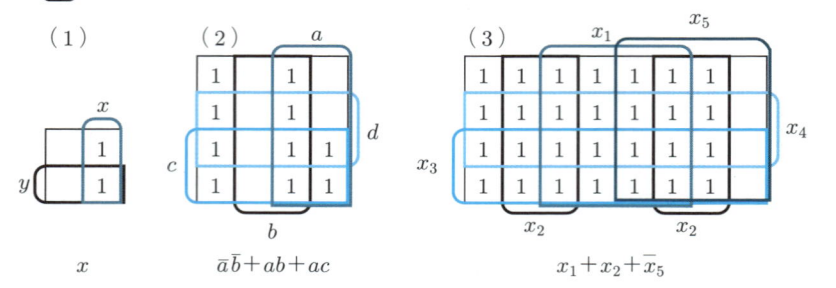

(1)

x

(2) $\overline{a}\overline{b} + ab + ac$

(3) $x_1 + x_2 + \overline{x_5}$

例題5.13 $y = \overline{x_1}\overline{x_2}\overline{x_3}x_4 + \overline{x_1}x_2x_3\overline{x_4} + x_1\overline{x_2}\overline{x_3}\overline{x_4}$ を主乗法標準形で表して OR-AND 2 段回路を設計せよ．方法は，問題 5.39 の解答を参照せよ．

解 標準形定理によると $y = (x_1 + x_2 + x_3 + x_4)(x_1 + \overline{x_2} + x_3 + x_4)(x_1 + x_2 + \overline{x_3} + x_4)(\overline{x_1} + \overline{x_2} + x_3 + x_4)(\overline{x_1} + x_2 + \overline{x_3} + x_4)(\overline{x_1} + x_2 + x_3 + \overline{x_4})(x_1 + \overline{x_2} + x_3 + \overline{x_4})(x_1 + x_2 + \overline{x_3} + \overline{x_4})(\overline{x_1} + \overline{x_2} + \overline{x_3} + x_4)(\overline{x_1} + \overline{x_2} + x_3 + \overline{x_4})(\overline{x_1} + x_2 + \overline{x_3} + \overline{x_4})(x_1 + \overline{x_2} + \overline{x_3} + \overline{x_4})(\overline{x_1} + \overline{x_2} + \overline{x_3} + \overline{x_4})$ であるが，これに基づく回路は複雑すぎる．カルノー図を用いて簡単化しよう．y のカルノー図は左下に示した図のようになる．

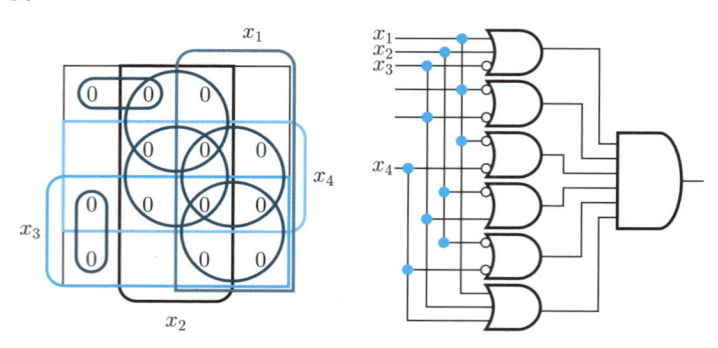

よって，次の簡単化が得られる：

$y = (x_1 + x_2 + \overline{x_3})(x_1 + x_3 + x_4)(\overline{x_1} + \overline{x_3})(\overline{x_1} + \overline{x_4})(\overline{x_2} + x_3)(\overline{x_2} + \overline{x_4})$.

これに従えば，もっと簡単な OR-AND 2 段回路 (右上図) が得られる．

5.3.2〜5.3.3項　問題

問題 5.32　x, y, z, a, b, c, d をブール変数とする．次のブール関数を簡単化して，AND-OR 2 段回路または OR-AND 2 段回路を構成せよ．
(1) $(x + xy + xyz) + \overline{(x + y + z)(y + z)z}$　　(2) $(x \oplus y) + (y \oplus z)$
(3) $b\bar{d} + ab\bar{c} + \bar{a}bc + ac\overline{(b + d)} + \overline{a + b + c + d}$

問題 5.33　n 変数の**多数決関数** MAJ_n を $\mathrm{MAJ}_n(x_1, \ldots, x_n) = 1 \overset{\mathrm{def}}{\Longleftrightarrow}$ $x_1, \ldots, x_n$ の中の 1 の個数 $\geqq$ 0 の個数，と定義する．MAJ_3 を実現する回路を作れ．

問題 5.34　5 つの箱があり，その中には次の表に示したようにいくつかの色球が入っている．

箱	赤玉	白玉	青玉	黄玉	緑玉	黒玉
x_1		○	○	○		
x_2	○		○		○	
x_3		○		○	○	
x_4	○		○			
x_5						○

(1) 箱をどのように選んだらどの色の玉も少なくとも 1 つ含むようにできるかを示す論理関数 $f(x_1, \ldots, x_5)$ を求めよ．ただし，
$$x_i = 1 \overset{\mathrm{def}}{\Longleftrightarrow} \text{箱 } x_i \text{ を選ぶ}; \quad f(x_1, \ldots, x_5) = 1 \overset{\mathrm{def}}{\Longleftrightarrow} \text{すべての色の球を含む．}$$
(2) これを子供向けの知恵遊びゲームとするにはどのような回路を作ればよいか？できるだけ簡単な回路を設計せよ（$f(x_1, \ldots, x_5)$ を簡単化せよ）．

問題 5.35　次の n 変数のブール関数を考える：
$$f_n(x_1, x_2, \ldots, x_n) = \overline{(x_1 x_2 \cdots x_n) \oplus (x_1 + x_2 + \cdots + x_n)}$$
(1) $f_2(x_1, x_2)$ を式変形により簡単にせよ．
(2) $f_3(x_1, x_2, x_3)$ の真理表を書き，主加法標準形と主乗法標準形を求めよ．
(3) (2) に基づいて AND-OR 2 段回路と OR-AND 2 段回路を構成せよ．
(4) $f_3(x_1, x_2, x_3)$ のリード–マラー標準形を求め，それに基づいてた AND-XOR 2 段回路を示せ．

問題 5.36　符号のない 2 つの n ビット数の大小比較を行う回路を設計したい．$x = x_n \cdots x_1, \ y = y_n \cdots y_1 \ (x_i, y_i \in \{0, 1\})$ とする（x_n, y_n が最上位ビット）．$1 \leqq k \leqq n$ に対して，

$$f_k(x,y) := \begin{cases} 0 & x_k x_{k-1} \cdots x_1 \geqq y_k y_{k-1} \cdots y_1 \text{ のとき} \\ 1 & \text{その他のとき} \end{cases}$$

と定義する．f_k は x, y の下位 k ビット目までの大小関係を表しており，f_n が求めるもの ($x \geqq y$ なら $f_n(x,y) = 1$, $x < y$ なら $f(x,y) = 0$) である．

f_1 と x_1, y_1 の間の関係，および f_k と x_k, y_k, f_{k-1} ($2 \leqq k \leqq n$) の間の関係を求め，それに基づき回路を設計せよ．

問題 5.37 次のカルノー図が表すブール関数をできるだけ簡単な形で示せ．

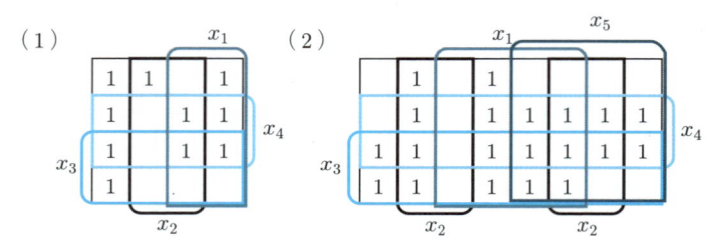

問題 5.38 問題 5.32 のブール関数をカルノー図を用いて簡単化せよ．

問題 5.39 カルノー図は積和形の形で論理式の最小化を行うものとして使われることが多いが，カルノー図は和積形の最小化にも役立つか？

問題 5.40 $\overline{f}(a,b,c,d) = a\overline{b}cd + a\overline{b}c\overline{d} + \overline{a}b\overline{c}d + \overline{a}bc\overline{d} + \overline{a}\overline{b}cd$ を考える．
（1） $\overline{f}(a,b,c,d)$ を，式の変形により簡単にせよ．
（2） 回路素子として 2 入力 AND, 2 入力 OR, NOT だけを使い，a, b, c, d を入力とし $f(a,b,c,d)$ を出力する回路および $\overline{f}(a,b,c,d)$ を出力する回路を，それぞれできるだけ少ない素子数 (AND, OR, NOT の総数) で実現せよ．

問題 5.41 n ビットの場合，符号無しの 2 進整数 α の **1 の補数**とは $\alpha + \overline{\alpha} = 2^n - 1$ (全ビットが 1) となる符合無し 2 進数 $\overline{\alpha}$ のことであり，$\overline{\alpha}$ は α の全ビットを反転 ($0 \to 1, 1 \to 0$) したものに等しい．**2 の補数**とは，$\alpha + \overline{\alpha} = 2^n$ となる 2 進数 $\overline{\alpha}$ のことである．$\overline{\alpha}$ は α の全ビットを反転し，その末尾に 1 を足したものに等しい．1 語が n ビットのコンピュータにおいては，負の数を，先頭の 1 ビット (符号ビット) が 0 なら正の数，1 なら負の数と考え，1 の補数 (あるいは 2 の補数) として表す．これらを 1 の補数表現 (2 の補数表現) という．

$n = 8$ のとき，10 進数 $-15, -112$ の 1 の補数表現，2 の補数表現を求めよ．

第6章

アルゴリズムの解析

この章では，アルゴリズムの効率良さの程度を解析したり表したりする方法や，そのための数学的道具として組合せ論や確率論の基本的知識などについて学ぶ．

6.1 関数の漸近的性質

$R_{>0} := \{x \in \mathbf{R} \mid x > 0\}$, $R_{\geqq 0} := \{x \in \mathbf{R} \mid x \geqq 0\}$ とする．
関数の増加速度を表す記法を定義する．$f(n), g(n) : \mathbf{N} \to \mathbf{R}_{\geqq 0}$ とする．

- $f(n) = O(g(n))$ ($f(n)$ は**オーダー** $g(n)$; $g(n)$ は $f(n)$ の**漸近上界**)
  $\overset{\text{def}}{\iff} \exists c \in \mathbf{R}_{>0}\ \exists n_0 \in \mathbf{N}\ \forall n \geqq n_0\ [f(n) \leqq cg(n)]$
- $f(n) = \Omega(h(n))$ ($h(n)$ は $f(n)$ の**漸近下界**)
  $\overset{\text{def}}{\iff} \exists c \in \mathbf{R}_{>0}\ \exists n_0 \in \mathbf{N}\ \forall n \geqq n_0\ [c \cdot h(n) \leqq f(n)]$
- $f(n) = \Theta(g(n))$ ($f(n)$ と $g(n)$ はオーダーが等しい)
  $\overset{\text{def}}{\iff} f(n) = O(g(n))$ かつ $f(n) = \Omega(g(n))$

例題6.1 次の各関数のオーダーを求めよ．
(1) 定数関数 k (2) $\frac{1}{n}$ (3) $(2\sqrt{n}+3)^4$
(4) $\sin n$ (5) $3n^3 - 5n - 7$ (6) $n \mid \cos n \mid$

解 (1) $k = \Theta(1)$ であるから，$k = O(1)$ でもある．以下，同様．
(2) $\Theta(1)$ でも正しいが，$O(\frac{1}{n})$ の方がより精確． (3) $\Theta(n^2)$
(4) $\Theta(1)$ (5) $\Theta(n^3)$ (6) $\Theta(n)$

- $f(n)$ の上極限 $\sup\limits_{n \to \infty} f(x) = \overline{\lim\limits_{n \to \infty}} f(x) := \lim\limits_{n \to \infty} \sup\{f(n), f(n+1), \cdots\}$
- $f(n)$ の下極限 $\inf\limits_{n \to \infty} f(x) = \underline{\lim\limits_{n \to \infty}} f(x) := \lim\limits_{n \to \infty} \inf\{f(n), f(n+1), \cdots\}$

と定義する．次が成り立つ．ただし，$\alpha < \infty$ は α が有限であることを表す．

- $f(n) = O(g(n)) \iff \sup\limits_{n \to \infty} \frac{f(n)}{g(n)} < \infty$
- $f(n) = \Omega(g(n)) \iff \inf\limits_{n \to \infty} \frac{f(n)}{g(n)} < \infty$

類似の記法 $\overset{スモール・オー}{o}(g(n))$ と $\overset{スモール・オメガ}{\omega}(g(n))$ を次のように定義する：

- $f(n) = o(g(n)) \overset{\text{def}}{\iff} \lim_{n \to \infty} \frac{f(n)}{g(n)} = 0$.
- $f(n) = \omega(g(n)) \overset{\text{def}}{\iff} \lim_{n \to \infty} \frac{f(n)}{g(n)} = \infty$.

これらの定義は次と同値である．

- $f(n) = o(g(n)) \iff \forall c \in \mathbf{R}_{>0} \ \exists n_0 \in \mathbf{N} \ \forall n \geq n_0 \ [cf(n) < g(n)]$.
- $f(n) = \omega(g(n)) \iff \forall c \in \mathbf{R}_{>0} \ \exists n_0 \in \mathbf{N} \ \forall n \geq n_0 \ [cf(n) > g(n)]$.

例題6.2 O, Ω, Θ に関する次の推移律を証明せよ．

(1) $f(n) = O(g(n))$ かつ $g(n) = O(h(n)) \implies f(n) = O(h(n))$
(2) $f(n) = \Omega(g(n))$ かつ $g(n) = \Omega(h(n)) \implies f(n) = \Omega(h(n))$
(3) $f(n) = \Theta(g(n))$ かつ $g(n) = \Theta(h(n)) \implies f(n) = \Theta(h(n))$

解 (1) $f(n) = O(g(n))$ であることより，ある正数 c_1 と自然数 n_1 が存在して $n \geq n_1$ ならば $f(n) \leq c_1 g(n)$ を満たす．一方，$g(n) = O(h(n))$ であることより，ある正数 c_2 と自然数 n_2 が存在して $n \geq n_2$ ならば $g(n) \leq c_2 h(n)$ を満たす．$c_1 > 1, c_2 > 1$ となるように選ぶことができる．よって，$c := c_1 c_2$ とすると，$n \geq \max\{n_1, n_2\}$ ならば $f(n) \leq ch(n)$ を満たす．ゆえに，$f(n) = O(h(n))$.
(2) (1) とほとんど同じ．$f(n) = \Omega(g(n))$ より，c_1, n_1 が存在して $n \geq n_1$ ならば $f(n) \geq c_1 g(n)$. 一方，$g(n) = \Omega(h(n))$ より，c_2, n_2 が存在して $n \geq n_2$ ならば $g(n) \geq c_2 h(n)$. よって，$n \geq \max\{n_1, n_2\}$ ならば $f(n) \geq c_1 c_2 h(n)$.
(3) これは (1) と (2) を合わせ述べたものである． □

例題6.3 次のことを証明せよ．

(1) $f(n) = O(g(n)) \iff \sup_{n \to \infty} \frac{f(n)}{g(n)} < \infty$
(2) $f(n) = \Omega(g(n)) \iff \inf_{n \to \infty} \frac{f(n)}{g(n)} < \infty$

解 (1) $h(n) = \frac{f(n)}{g(n)}$ とおくと，$\sup_{n \to \infty} h(n) < \infty \iff \exists c > 0 \ [\sup_{n \to \infty} h(n) \leq c]$
$\iff \exists c > 0 \ \exists n_0 \ \forall n \geq n_0 \ [h(n) \leq c] \iff \exists c > 0 \ \exists n_0 \ \forall n \geq n_0$
$[f(n) \leq cg(n)] \iff f(n) = O(g(n))$.
(2) (1) と同様．$h'(n) = \frac{f(n)}{g(n)}$ とおくと，$\inf_{n \to \infty} h'(n) < \infty \iff \exists c > 0$
$\exists n_0 \ \forall n \geq n_0 \ [h'(n) \geq c] \iff \exists c > 0 \ \exists n_0 \ \forall n \geq n_0 \ [cg(n) \leq f(n)] \iff$
$f(n) = \Omega(g(n))$. □

6.1節 問題

問題 6.1 次の各関数のオーダーを求めよ．
(1) $3 \cdot 2^n + 10n^3$ (2) $5n + \log n$ (3) $\log n!$
(4) $\sum_{i=1}^{n} 2^i$ (5) $\sum_{i=1}^{n} \frac{1}{i}$ (6) $\sum_{i=1}^{n} \frac{1}{i!}$
(7) $\sum_{i=1}^{n} i^2$ (8) $f(2n) = n^2, f(2n+1) = n^3$

問題 6.2 O と Ω，o と ω に関して，次のことを示せ．
(1) $f(n) = O(g(n)) \iff g(n) = \Omega(f(n))$
(2) $f(n) = o(g(n)) \iff g(n) = \omega(f(n))$

問題 6.3 次の関数 $f(n)$ の上極限，下極限を求めよ．
(1) $f(n) = \frac{1}{n+1} - \frac{1}{n+2}$ (2) $f(n) = \frac{(-1)^n}{n+1}$
(3) $\frac{(-n)^n}{3^n}$ (4) $f(n) = \sin n$
(5) n が偶数のとき $f(n) = n$，n が奇数のとき $f(n) = \frac{1}{n}$

問題 6.4 $o(f(n)), \omega(f(n))$ について，次のことを証明せよ．
(1) $f(n) = o(g(n)) \iff \forall c \in \mathbf{R}_{>0} \ \exists n_0 \in \mathbf{N} \ \forall n \geq n_0 \ [c \cdot f(n) < g(n)]$
(2) $f(n) = \omega(g(n)) \iff \forall c \in \mathbf{R}_{>0} \ \exists n_0 \in \mathbf{N} \ \forall n \geq n_0 \ [c \cdot f(n) > g(n)]$

問題 6.5 $f(n) = o(g(n))$，$f(n) = \omega(g(n))$ となる $f(n)$ および $g(n)$ の組を求めよ．(注：任意の $\varepsilon > 0$ に対して $\log n = o(n^\varepsilon)$ である．)
(1) $\log n$ (2) $n^\varepsilon \ (\varepsilon > 0)$
(3) n (4) $\varepsilon^n \ (\varepsilon > 1)$

問題 6.6 違いを説明せよ．
(1) $O(1), \Theta(1), \Omega(1)$ (2) $n^{O(1)}, n^{\Theta(1)}, n^{\Omega(1)}$

問題 6.7 次の誤りを正せ：
(1) $2 = O(1), 3 = O(1)$ だから $2 = O(1) = 3$，すなわち $2 = 3$ である．
(2) $f(n) = 1 + 2 + \cdots + n$ のとき，$1 = O(1), 2 = O(1), \ldots$ だから $n = O(1) + O(1) + \cdots + O(1) = nO(1) = O(n)$ である．

問題 6.8 次のことは正しいか？
(1) $2^{n+1} = O(2^n)$ (2) $2^{2n} = O(2^n)$ (3) $(2^2)^n = O(2^{2^n})$
(4) $n! = o(n^n)$ (5) $2^n = o(n!)$ (6) $\log \log n = o(\log n)$

問題 6.9 $f(n) := n^{1+\sin n}$ とする．$f(n) = O(n)$ でも $f(n) = \Omega(n)$ でもないことを示せ．

問題 6.10 $\lim_{n \to \infty} \frac{f(n)}{g(n)} = 1$ であるとき，$f(n)$ と $g(n)$ は漸近的に等しいといい，$f(n) \sim g(n)$ と表す．次のことを示せ．

（1） $\sum_{i=1}^{n} i^k \sim \frac{1}{k+1} n^{k+1}$ （2） ある定数 c に対し, $n! \sim cn^{n+1/2}e^{-n}$

（ヒント：級数 $\sum_{i=1}^{n} f(i)$ が表す図形の面積（幅 1 で高さ $f(n)$ の矩形の面積の和）と定積分 $\int_0^n f(x)\,dx$ あるいは $\int_0^{n+1} f(x)\,dx$ が表す面積とを比較せよ．実は，$n! \sim \sqrt{2n\pi} n^n e^{-n}$ であることが知られている（$\overset{\text{Stirling}}{\text{スターリングの公式}}$))．

問題 6.11　n 個の数の中の最大値を求める次の 3 つの再帰的アルゴリズムの実行時間を n の関数 $f(n)$ で表し，$f(n)$ を O, Θ, Ω 記法で表せ．$f(n)$ は $f(n) = af(n-1) + bn + c$ とか $f(n) \leqq a_1 f(\frac{n}{b_1}) + a_2 f(\frac{n}{b_2}) + cn + d$ といった再帰方程式（再帰不等式）で表してから，その解を求めよ．また，再帰的でないアルゴリズムと比べよ．

（1）$\max_1\{x_1,\ldots,x_n\} = \begin{cases} x_1 & (n=1 \text{ のとき}) \\ \max\{x_1, \max_1\{x_2,\ldots,x_n\}\} & (n\geqq 2 \text{ のとき}) \end{cases}$

（2）$\max_2\{x_1,\ldots,x_n\} = \begin{cases} x_1 \quad (n=1 \text{ のとき}) \\ \max\{\max_2\{x_1,\ldots,x_{\lfloor n/2 \rfloor}\}, \max_2\{x_{\lfloor n/2 \rfloor+1},\ldots,x_n\}\} \\ \qquad (n\geqq 2 \text{ のとき}) \end{cases}$

（3）$\max_3\{x_1,\ldots,x_n\} = \begin{cases} x_1 \quad (n=1 \text{ のとき}) \\ \max_3\{\max(x_1,x_2), \max(x_3,x_4),\ldots,\max(x_{n-1},x_n)\} \\ \qquad (n\geqq 2 \text{ のとき}) \end{cases}$

（n が奇数のときは最後のペアは x_n のみ）．

問題 6.12　自然数 a,b の最大公約数 $\gcd(a,b)$ は次式で与えられる（$\overset{\text{Euclid}}{\text{ユークリッド}}$の互除法という）．ここで，$a \bmod b$ は a を b で割った余りを表す：

$$\gcd(a,b) = \begin{cases} \gcd(b,a) & b > a > 0 \text{ のとき} \\ \gcd(b, a \bmod b) & a \geqq b > 0 \text{ のとき} \\ a & b = 0 \text{ のとき．} \end{cases}$$

上式の左辺を右辺のように変形することを 1 ステップと考えるとき，$\gcd(a,b)$ のステップ数の漸近上界を a,b で表せ．

6.2 分割統治法

分割統治法と呼ばれるアルゴリズムの設計法は，「ある処理 p を対象 S に対して遂行しようとする際，S をより小さな対象 $S_1,\ldots,S_n$ に分割してそれぞれに対して p を遂行し，それらの結果を取りまとめて S に対する結果とする」というやり方で再帰的に行う考え方である．

procedure $p(S)$
begin
    1. もし S が十分小さいならば直接的な処理方法を適用して終了せよ．
    2. S がある程度大きいときは，S を $S_1,\ldots,S_n$ に分割せよ．
    3. $p(S_1); \ldots; p(S_n)$ をそれぞれ実行せよ．
    4. 3 の実行結果をとりまとめて，S 全体に対する処理結果を得よ．
end

昇順に並んでいるデータ $a_1 \leqq a_2 \leqq \cdots \leqq a_n$ の中から x を探し出すための次のアルゴリズム (**2 分探索法**) は，分割統治法に基づいて設計した効率良いアルゴリズムの一例である．

procedure search($\langle a_1,\ldots,a_n\rangle, x$)
begin
    1. $n=0$ なら終了せよ ("x は存在しない")．
       $n=1$ ならば，$x=a_1$ かどうか調べて終了せよ．
    2. $n>1$ のとき，$m \leftarrow \lceil n/2 \rceil$ とせよ．
       2.1. $x=a_m$ ならば "見つかった" ので終了せよ．
       2.2. $x<a_m$ ならば search($\langle a_1,\ldots,a_{m-1}\rangle, x$) を実行せよ．
       2.3. $x>a_m$ ならば search($\langle a_{m+1},\ldots,a_n\rangle, x$) を実行せよ．
end

n 個のデータに対する最悪の場合の比較回数を $f(n)$ とすると，

$$\begin{cases} f(0)=0,\ f(1)=1 \\ f(n) \leqq f\left(\left\lceil \dfrac{n}{2} \right\rceil\right)+1 \quad (n \geqq 2) \end{cases}$$

が成り立つ．このような形の関係式は**漸化式**あるいは**再帰方程式**と呼ばれる．$f(0)=f(1)=\Theta(1)$ をこの漸化式の**初期値**あるいは**境界条件**という．

上記の漸化式の解は $f(n)=O(\log n)$ であり，x と $a_1,a_2,\ldots,a_n$ を順に比較していくという素朴な方法 (**逐次探索法**) に比べたら，2 分探索法は圧倒的に効率が良い．

例題6.4 (1) 下記のアルゴリズムを**マージソート**(併合ソート法) という．マージソートで n 個のデータをソートするときの実行時間を n の関数 (漸化式) $f(n)$ で表せ．

procedure merge-sort($\langle a_1, \ldots, a_n \rangle$, $\langle b_1, \ldots, b_n \rangle$)
begin
/* $\langle a_1, \ldots, a_n \rangle$ をソートした結果を $\langle b_1, \ldots, b_n \rangle$ に代入して返す */
  1. $n \leqq 1$ ならこの手続きを終了せよ．
  2. $n > 1$ ならば次の2つの再帰呼出しを実行せよ．
     ⓐ merge-sort($\langle a_1, \ldots, a_{\lfloor n/2 \rfloor} \rangle$, $\langle c_1, \ldots, c_{\lfloor n/2 \rfloor} \rangle$);
     ⓑ merge-sort($\langle a_{\lfloor n/2 \rfloor + 1}, \ldots, a_n \rangle$, $\langle c_{\lfloor n/2 \rfloor + 1}, \ldots, c_n \rangle$);
  3. ⓒ merge($\langle c_1, \ldots, c_{\lfloor n/2 \rfloor} \rangle$, $\langle c_{\lfloor n/2 \rfloor + 1}, \ldots, c_n \rangle$, $\langle b_1, \ldots, b_n \rangle$) を実行せよ．
end

procedure merge($\langle a_1, \ldots, a_l \rangle$, $\langle b_1, \ldots, b_m \rangle$, $\langle c_1, \ldots, c_{l+m} \rangle$)
/* 昇順に並んでいるデータ列 $\langle a_1, a_2, \ldots, a_l \rangle$ と $\langle b_1, b_2, \ldots, b_m \rangle$ を一緒にして昇順に並べ替えられたデータ列 $\langle c_1, c_2, \ldots, c_{l+m} \rangle$ を得る手続き */
begin
  1. $i \leftarrow 1$; $j \leftarrow 1$; $k \leftarrow 1$ とせよ．
  2. $i \leqq l$ かつ $j \leqq m$ である限り，次のことを繰り返せ．
     $a_i \leqq b_j$ ならば $c_k \leftarrow a_i$; $i \leftarrow i+1$; $k \leftarrow k+1$ とせよ．
     $a_i > b_j$ ならば $c_k \leftarrow b_j$; $j \leftarrow j+1$; $k \leftarrow k+1$ とせよ．
  3. ($j = m+1$ かつ) $i \leqq l$ である限り，次のことを繰り返せ．
     $c_k \leftarrow a_i$; $i \leftarrow i+1$; $k \leftarrow k+1$ とせよ．
     ($i = l+1$ かつ) $j \leqq m$ である限り，次のことを繰り返せ．
     $c_k \leftarrow b_j$; $j \leftarrow j+1$; $k \leftarrow k+1$ とせよ．
end

解 (1) 漸化式は次の通り．解は $f(n) = \Theta(n \log n)$．

$$\begin{cases} f(0) = f(1) = \Theta(1) \\ f(n) = f\left(\left\lfloor \frac{n}{2} \right\rfloor\right) + f\left(\left\lceil \frac{n}{2} \right\rceil\right) + \Theta(n) \quad (n \geqq 2). \end{cases}$$

$n = 2^k$ のとき，ある定数 $c > 0$ に対して

$$f(n) \leqq 2f\left(\frac{n}{2}\right) + cn \leqq 2^k f(1) + c\left(\sum_{i=0}^{k-1} \frac{1}{2^i}\right) n$$
$$= n + \Theta(1)n = \Theta(n)$$

であるから $f(n) = \Theta(n)$ であると推測され，実際，ある定数 $c_1, c_2 > 0$ に対して $c_1 n \leqq f(n) \leqq c_2 n$ となることが n に関する帰納法で証明できる． ◻

6.2節 問題

問題 6.13 2分探索法のアルゴリズムを再帰呼び出しを使わずに書け．再帰を使わずに実行手順を書き下したアルゴリズム (**逐次アルゴリズム**とか**反復アルゴリズム**という) と比べ，どちらが効率が良いか？

問題 6.14 マージソートや2分探索法ではデータ集合を2つに分割した．マージソートや2分探索法においてデータ集合を3つに分割すると効率はより良くなるか？アルゴリズムと実行時間を漸化式 (とその解) で示して答えよ．

問題 6.15 (ハノイの塔の問題) 5円玉や50円玉のように，中心部に穴があいている円盤が n 枚あり，それらは大きさ (直径) がすべて異なる．3本の杭 A, B, C があり，n 枚の円盤は大きさの順に A の杭に挿してある (下図)．1回に1枚ずつの円盤 (各杭の1番上に置かれているもの) を他の杭に移し替えることによって，最初 A にあった n 枚すべてをそっくり C へ移し替えたい．操作の途中，杭 A, B, C は自由に使ってよいが，小さい円盤が大きい円盤の下になるようなことがあってはいけない．

再帰的なアルゴリズムを考え，A から C へ移し替えるための移動回数 $f(n)$ に関する漸化式を求め，解け．

$n=3$ の例

問題 6.16 再帰的アルゴリズムを用いたプログラムは時として実行時のメモリ不足や実行時間の爆発的増加を招く．
(1) n 円を1円玉，5円玉，10円玉，50円玉，100円玉を使って何通りの方法で換金できるかを求める再帰的アルゴリズムを考えよ．例えば，$n=10$ なら，$10 = 5+5 = 5+1+1+1+1+1 = 1+\cdots+1$ であるから，4通り．
(2) (1)のアルゴリズムの実行時間 $f(n)$ を漸化式で表せ．
(3) (2)の漸化式に従って計算する過程を木で表し，ある $f(k)$ は何度も重複して計算されることを確かめよ．
(4) (3)のような重複計算を無くすために，$f(n)$ を n の値が小さい方から順次求めていく逐次的アルゴリズムを考えよ．

6.3 再帰方程式の解法

6.3.1 展開法

再帰方程式の右辺をその方程式自身に従って展開していく方法．展開して解を推測し，それが正しい解であることを数学的帰納法で証明する．

例えば $f(0) = 0$, $f(n) = f(n-1) + n$ の場合，第2式に従って展開すると，

$$f(n) = f(n-1) + n = f(n-2) + (n-1) + n = \cdots$$
$$= f(0) + 1 + 2 + \cdots + n = 0 + 1 + 2 + \cdots + n = \frac{n(n+1)}{2}$$

となり，解の推測にとどまらず，厳密解が求められる．しかし，例えば「$n \leqq 10$ のとき $f(n) = \Theta(1)$」とか「$f(n) = f(n-1) + O(n)$」とかになっている場合には，計算しやすい $f(0) = 0$, $f(n) = f(n-1) + n$ を用いて解 $f(n) = O(n)$ を推測して，それを数学的帰納法で証明するとよい．

例題6.5 例題 6.4 のマージソート merge-sort の比較回数に関する漸化式

$$f(1) = 0, \quad f(n) = f\left(\left\lfloor \frac{n}{2} \right\rfloor\right) + f\left(\left\lceil \frac{n}{2} \right\rceil\right) + n - 1$$

の解を求めよ．

解 例題 6.4 の解答の中で示したように，ある正定数 c に対して $f(n) \leqq cn \log n$ (すなわち $f(n) = O(n \log n)$) であろうと予想される．この予想が正しいことを n に関する数学的帰納法で証明する．

(基礎ステップ) $1 \leqq n \leqq 9$ のときは $c \geqq 2$ であれば成り立つ．
(帰納ステップ) $n \geqq 10$ のとき，$f(\lceil \frac{n}{2} \rceil) \leqq c \lceil \frac{n}{2} \rceil \log \lceil \frac{n}{2} \rceil$ と仮定する．

$$f(n) = f\left(\left\lfloor \frac{n}{2} \right\rfloor\right) + f\left(\left\lceil \frac{n}{2} \right\rceil\right) + n - 1$$
$$\leqq 2f\left(\left\lceil \frac{n}{2} \right\rceil\right) + n \qquad (\because f \text{ は単調増加関数})$$
$$\leqq 2c \left\lceil \frac{n}{2} \right\rceil \log \left\lceil \frac{n}{2} \right\rceil + n. \qquad (帰納法の仮定)$$

ここで，$\lceil \frac{n}{2} \rceil \leqq \frac{n+1}{2}$ であることと，$n \geqq 10$ ならば $\lceil \frac{n}{2} \rceil \leqq e^{-1/2} n$ (e は自然対数の底) であることを用いると，

$$\leqq c(n+1) \left(\log n - \frac{1}{2}\right) + n \leqq cn \log n.$$

最後の不等号は $c=6$, $n \geqq 5$ に対して成り立つ．

これで，1 以上のすべての自然数 n に対して $f(n) \leqq 6n \log n$ であることが証明された．よって，$f(n) = O(n \log n)$ である．$f(n) = \Omega(n \log n)$ であること，すなわち，ある定数 c と正整数 n_0 が存在して $n \geqq n_0$ なら $f(n) \geqq cn \log n$ となることも同様に証明できる．以上により，$f(n) = \Theta(n \log n)$ である． ■

6.3.2 漸近解の公式

次の定理に示すように，特定の形をした再帰方程式の場合，式の形から漸近解が即座に求められる．

定理 6.1　$a \geqq 1$, $b > 1$, $k \geqq 0$ を定数とし，$g: \boldsymbol{N} \to \boldsymbol{N}$ とする．
$n \leqq k$ に対し $f(n)$ は定数，　$n > k$ に対し $f(n) = af(\frac{n}{b}) + g(n)$
によって定義された再帰方程式の漸近解 $f(n)$ は次のように与えられる．
ただし，$\frac{n}{b}$ は $\lfloor \frac{n}{b} \rfloor$ あるいは $\lceil \frac{n}{b} \rceil$ を意味するものとする．
 (1) $g(n) = O(n^{\log_b a - \varepsilon})$ となる定数 $\varepsilon > 0$ が存在するならば，$f(n) = \Theta(n^{\log_b a})$.
 (2) $g(n) = \Theta(n^{\log_b a})$ ならば，$f(n) = \Theta(n^{\log_b a} \log n)$.
 (3) $g(n) = \Omega(n^{\log_b a + \varepsilon})$ となる定数 $\varepsilon > 0$ が存在し，ある定数 $c < 1$ と，十分大きいすべての n に対して $ag(\frac{n}{b}) \leqq cg(n)$ が成り立つならば，$f(n) = \Theta(g(n))$.

例題 6.6　次の再帰方程式再帰不等式の漸近解を定理 6.1 により求めよ．
(1)　$f(1) = 1$, $f(n) = 4f(\lfloor \frac{n}{2} \rfloor) + n \log n$
(2)　$f(1) = 0$, $f(n) = 2f(\lceil \frac{n}{2} \rceil) + n - 1$（例題 6.5 参照）
(3)　2 分探索法の実行時間に関する不等式 $f(1) = 1$, $f(n) \leqq f(\lceil \frac{n}{2} \rceil) + 1$.
(4)　$f(n) = 3f(\lfloor \frac{n}{3} \rfloor) + n^3$.

解　(1) $a = 4$, $b = 2$, 任意の $\varepsilon < 1$ に対して $g(n) = n \log n = O(n^{\log_2 4 - \varepsilon})$ であるから (問題 6.5 参照)，定理 6.1 の (1) より $f(n) = \Theta(n^2)$．
(2) $a = b = 2$, $g(n) = n - 1 = \Theta(n^{\log_2 2})$ であるから，定理 6.1 の (2) より，$f(n) = \Theta(n \log n)$．
(3) 定理 6.1 の (2) より，$f(n) = O(\log n)$．元の式が不等式のため，$f(n) =$

$\Theta(\log n)$ としてはいけない.
（4） $g(n) = n^3 = n^{\log_3 3 + 2}$ かつ $ag(\frac{n}{b}) = \Theta(3(\frac{n}{3})^3) = \Theta(n^3)$ なので定理 6.1 の
（3）が適用でき，$f(n) = \Theta(n^3)$. ■

6.3.3 母関数と線形差分方程式

（1） 線形差分方程式 $\cdots$ $a_0 f(n) + a_1 f(n-1) + \cdots + a_k f(n-k) = g(n)$
（2） 同次線形差分方程式 $\cdots$ $a_0 f(n) + a_1 f(n-1) + \cdots + a_k f(n-k) = 0$
（3） （2）の特性方程式 $\cdots$ $a_0 x^k + a_1 x^{k-1} + \cdots + a_k = 0$
（4） 数列 $\{a_n\}$ の母関数 $\cdots$ 巾級数 $f(X) = \sum_{i=0}^{\infty} a_i X^i$

（1）を満たす解の1つ（**特殊解**という）を $h(n)$，（2）の解（**同次解**という）を $h_0(n)$ とすると，$h(n) + h_0(n)$ は（1）の一般解である.
（3）の異なる実数解を $\alpha_1, \ldots, \alpha_k$ とすると，任意の定数 $c_1, \ldots, c_k$ に対して $f(n) = c_1 \alpha_1^n + \cdots + c_k \alpha_k^n$ は（2）の解である.
（4） $f(X)$ が収束するものとして得られた X の式の係数と $\{a_n\}$ を比較することにより，再帰方程式を解くことができる.

例題6.7 次の再帰方程式の解を母関数を使って求めよ.

$$\begin{cases} H(0) = 1, \ H(1) = -2 \\ H(n) = 5H(n-1) - 6H(n-2) \quad (n \geq 2) \end{cases} \tag{6.1}$$

解 $a_0 = 1, \ a_1 = -2, \ a_n - 5a_{n-1} + 6a_{n-2} = 0$ を満たす数列 $\{a_n\}$ の母関数を $f(X) = \sum_{n=0}^{\infty} a_n X^n$ とし，次のように形式的な計算を行う.

$$\begin{array}{rl} f(X) = & a_0 + \ a_1 X + \ a_2 X^2 + \cdots + \ a_n X^n + \cdots \\ -5X f(X) = & \quad -5a_0 X - 5a_1 X^2 - \cdots - 5a_{n-1} X^n - \cdots \\ + \quad 6X^2 f(X) = & \quad\quad\quad 6a_0 X^2 + \cdots + 6a_{n-2} X^n + \cdots \end{array}$$

$$\begin{aligned} (1 - 5X + 6X^2) f(X) &= a_0 + (a_1 - 5a_0) X + (a_2 - 5a_1 + 6a_0) X^2 + \cdots \\ &\quad + (a_n - 5a_{n-1} + 6a_{n-2}) X^n + \cdots \\ &= a_0 + (a_1 - 5a_0) X = 1 - 7X \end{aligned}$$

$$\therefore \ f(X) = \frac{1 - 7X}{1 - 5X + 6X^2} = \frac{5}{1 - 2X} - \frac{4}{1 - 3X}$$

一方，
$$\frac{1}{1-2X} = 1 + 2X + 2^2X^2 + \cdots, \quad \frac{1}{1-3X} = 1 + 3X + 3^2X^2 + \cdots$$
だから (右辺が左辺に収束する場合を考える)，
$$f(X) = 5(1 + 2X + 2^2X^2 + \cdots) - 4(1 + 3X + 3^2X^2 + \cdots)$$
$$= 1 + (-2)X + (-16)X^2 + \cdots + (5 \times 2^n - 4 \times 3^n)X^n + \cdots$$
となる．これより $a_n = 5 \times 2^n - 4 \times 3^n$ $(n \geqq 0)$ が得られる．すなわち，(6.1) の解は $H(n) = 5 \times 2^n - 4 \times 3^n$ であると予想され，実際，それは正しい ((6.1) へ代入してみよ)． □

例題6.8 次のものを線形差分方程式で表して解け．
(1) フィボナッチ数列の第 n 項 ($f_0 = 0$, $f_1 = 1$, $f_{n+2} = f_{n+1} + f_n$ ($n \in \mathbf{N}$) で定義される数列 $\{f_n\}$ をフィボナッチ数列という．)
(2) n 枚の円盤があるとき，ハノイの塔の円盤移動回数

解 (1) フィボナッチ数列の第 n 項を $f(n)$ で表すと，
$$\begin{cases} f(0) = 0, \ f(1) = 1, \\ f(n) - f(n-1) - f(n-2) = 0 \quad (n \geqq 2) \end{cases}$$
であるから，その特性方程式は $x^2 - x - 1 = 0$ である．この実数解は $\alpha_1 := \frac{1+\sqrt{5}}{2}$, $\alpha_2 := \frac{1-\sqrt{5}}{2}$ であるから，$f(n) = c_1\alpha_1^n + c_2\alpha_2^n$ と書くことができる．$f(0) = 0$, $f(1) = 1$ より，$c_1\alpha_1^0 + c_2\alpha_2^0 = 0$, $c_1\alpha_1^1 + c_2\alpha_2^1 = 1$. これを解くと，$c_1 = \frac{1}{\sqrt{5}}$, $c_2 = -\frac{1}{\sqrt{5}}$. よって，
$$f(n) = \frac{1}{\sqrt{5}}\left(\frac{1+\sqrt{5}}{2}\right)^n - \frac{1}{\sqrt{5}}\left(\frac{1-\sqrt{5}}{2}\right)^n.$$

(2) 問題 6.15 の解答に示したように，ハノイの塔の円盤移動回数 $f(n)$ は
$$f(1) = 1, \ f(n) = 2f(n-1) + 1$$
で与えられる．これは非同次線形差分方程式である．明らかに，$f_0(n) = -1$ は特殊解である．一方，特性多項式 $x^2 - 2x = 0$ を解いて，同次解 $c2^n$ が得られる．$f(n) = c2^n - 1$ に対する初期条件 $f(1) = 1$ より，$c = 1$. よって，一般解は $f(n) = 2^n - 1$ である． □

6.3節 問題

問題 6.17 $f(0) = \Theta(1)$, $f(n) = f(n-1) + O(n)$ の解が $f(n) = O(n^2)$ であることを数学的帰納法で証明せよ．

問題 6.18 (1) 次の再帰方程式の実行過程を木で表すことにより，漸近解を推測せよ： $f(0) = \Theta(1)$, $f(n) = 2f(\frac{n}{2}) + \Theta(n)$.
(2) 次の場合も (1) と同様にできるか？
$$f(0) = \Theta(1),\ f(n) = f(\tfrac{n}{3}) + f(\tfrac{2n}{3}) + \Theta(n)$$

問題 6.19 漸化式を解くとき，次の関係式は有用である．これらを証明せよ．
(1) 任意の実数 x に対して，$x - 1 < \lfloor x \rfloor \leq x \leq \lceil x \rceil < x + 1$.
(2) n を任意の整数, a, b を 0 でない任意の整数とする．

  (a) $\lfloor \frac{n}{2} \rfloor + \lceil \frac{n}{2} \rceil = n$ (b) $\lfloor \frac{\lfloor \frac{n}{a} \rfloor}{b} \rfloor = \lfloor \frac{n}{ab} \rfloor$

  (c) $\lceil \frac{\lceil \frac{n}{a} \rceil}{b} \rceil = \lceil \frac{n}{ab} \rceil$

問題 6.20 母関数を使って求めよ．
(1) フィボナッチ数列の第 n 項
(2) $f(0) = 3, f(1) = 7, n \geq 2 \Longrightarrow f(n) = 4f(n-1) - 3f(n-2)$ の解

問題 6.21 次の再帰方程式 (再帰不等式) の漸近解あるいは $f(n)$ の漸近上界を求めよ．$n \leq 2$ については $f(n)$ は定数であるとする．
(1) $f(n) = 4f(\frac{n}{2}) + n^2$ (2) $f(n) = 2f(\frac{n}{4}) + \sqrt{n}$
(3) $f(n) = 3f(\frac{n}{2}) + n\log n$ (4) $f(n) = f(n-1) + \frac{1}{n}$
(5) $f(n) \leq 2f(n-1)$

問題 6.22 (変数変換) $f(n) = f(\sqrt{n}) + 1$ は $m = \log_2 n$ と変数変換すると $f(2^m) = f(2^{m/2}) + 1$ となり，さらに，$g(m) = f(2^m)$ とおくと，$g(m) = g(\frac{m}{2}) + 1$ となるので，$g(m) = \Theta(\log m)$ と解くことができ，$f(n) = \Theta(\log\log n)$ が得られる．同様な方法で次の再帰方程式を解け：
$$f(n) = 3f(\sqrt[3]{n}) + \log n.$$

問題 6.23 次の線形差分方程式を解け．
(1) $f(0) = 1,\ f(n) - 2f(n-1) = 0$
(2) $f(0) = 1,\ f(1) = 2,\ n \geq 3$ のとき $f(n) = 3f(n-1) + 4f(n-2)$
(3) $f(0) = 0,\ f(n) - f(n-1) = 2n - 1$
(4) $f(0) = 0,\ f(1) = 1,\ f(2) = 5,\ f(n) - 6f(n-1) + 12f(n-2) - 8f(n-3) = -1$

6.4 数え挙げ

6.4.1 和と積の法則

排反(排他的)な事象 … 同時には起こらない事象．
独立な事象 … 互いに他とは無関係に起こる事象．

> 事象 $X_1 \sim X_n$ について，X_i の起こり方が x_i 通りあるとする．
> （1） **和の法則** $X_1, \ldots, X_n$ が互いに排反な事象ならば，$X_1, \ldots, X_n$ のうちのどれか1つが起こる起こり方は $x_1 + \cdots + x_n$ 通りある．
> （2） **積の法則** $X_1, \ldots, X_n$ が互いに独立な事象ならば，$X_1, \ldots, X_n$ が同時に起こる起こり方は $x_1 \times \cdots \times x_n$ 通りある．

例題6.9 （1） 次のそれぞれの場合の数を求めよ．
 (a) 2つのサイコロを振って出た目の和が4の倍数
 (b) 2つのサイコロを振って両方とも偶数の目
（2） 3桁の正整数のうち，どこか1桁に1を含んでいるものは何個あるか？ただし，001とか012のように0で始まるものも3桁の数とみなす．

解 （1）(a) 目の和が4の倍数である事象は，目の和が4であるという事象 A_4 と，目の和が8であるという事象 A_8 と，目の和が12であるという事象 A_{12} の和事象(どれかが起こるという事象)である．
$$A_4 = \{(1,3), (2,2), (3,1)\}, \quad A_8 = \{(4,4)\}, \quad A_{12} = \{(6,6)\}$$
であり，これらは互いに排反な事象であるから，求める場合の数は $3+1+1=5$．
 (b) 第1のサイコロの目が偶数であるという事象(3通りある)と第2のサイコロの目が偶数であるという事象(3通りある)の積事象(両方とも起こるという事象)であり，これらは互いに独立であるから，求める場合の数は $3 \times 3 = 9$．
（2）「1を丁度 i 個含んでいる」という事象を X_i とすると，X_1, X_2, X_3 は互いに排反な事象である．X_1 の起こり方は $3 \times 9^2 = 243$ 通り，X_2 の起こり方は $3 \times 9 = 27$ 通り，X_3 の起こり方は1通りであるから，1を1個以上含んでいる正整数は $243 + 27 + 1 = 271$ 個ある． ∎

和と積の法則は，次に述べる和積原理の特別な場合である．事象 X_i の起こり方を要素とする集合を A_i とすると，次のことが成り立っている．
（1） $|A_i| = (X_i が起こる場合の数)$

(2) $|A_i \cap A_j| = (X_i$ と X_j が同時に起こる場合の数$)$
(3) $A_i \cap A_j = \emptyset \iff X_i$ と X_j が互いに排反

> **定理 6.2** (和積原理，包含と排除の法則，包除原理) 任意の有限集合 $A_1, A_2, \ldots, A_n$ に対して次の等式が成り立つ．
> $$|A_1 \cup A_2 \cup \cdots \cup A_n| = \sum_{1 \leqq i \leqq n} |A_i| - \sum_{1 \leqq i < j \leqq n} |A_i \cap A_j|$$
> $$+ \sum_{1 \leqq i < j < k \leqq n} |A_i \cap A_j \cap A_k| + \cdots$$
> $$+ (-1)^{n-1} |A_1 \cap A_2 \cap \cdots \cap A_n|.$$
> とくに，
> $$|A_1 \cup A_2| = |A_1| + |A_2| - |A_1 \cap A_2|,$$
> $$|A_1 \cup A_2 \cup A_3| = |A_1| + |A_2| + |A_3| - |A_1 \cap A_2|$$
> $$- |A_1 \cap A_3| - |A_2 \cap A_3| + |A_1 \cap A_2 \cap A_3|.$$

集合 X，正整数 k に対して，X から異なる k 個の元を選んでできる集合からなる集合を $\binom{X}{k}$ で表す．n が正整数のとき，$\binom{n}{k}$ は後出の ${}_n\mathrm{C}_k$ を表す．

任意の集合 A, B に対して，以下のことが成り立つ．

(1) 順序対の個数 $= |A \times B| = |A| \cdot |B|$
(2) $\left|\binom{X}{k}\right| = \binom{|X|}{k}$．
(3) 非順序対 ((a,b) と (b,a) を同一視する場合) の個数 $= |A \times B| - \left|\binom{A \cap B}{2}\right|$．
(4) A, B それぞれから 1 つずつ "異なる" 元を取ってできる非順序対の個数 $= |A \times B| - \left|\binom{A \cap B}{2}\right| - |A \cap B| = \left|\binom{A \cup B}{2}\right| - \left|\binom{A-B}{2}\right| - \left|\binom{B-A}{2}\right|$．

例題6.10 対の個数に関して，上記の (1)〜(4) を説明せよ．

解 (1) 明らか．
(2) X から k 個の元を選び出したものは X の部分集合で元の個数が k であるもの (すなわち，$\binom{X}{k}$ の元) に他ならず，それらは $|X|$ 個の中から k 個を選び出したもの ($\binom{|X|}{k}$ の中の 1 つ) と 1 対 1 に対応するので両者は等しい．
(3) 直積 $A \times B$ の元 (a,b) のうちで，(b,a) もまた $A \times B$ の元となる (つまり，

$a, b \in A \cap B$ となる) ようなものは，順序対としては異なるが非順序対としては同じものなので，$A \times B$ の個数からそれらの個数 (2 回カウントされる分のうちの 1 回分) を除けばよいから $|A \times B| - |\binom{A \cap B}{2}|$ になる．因みに，$|A \cap B|$ は $a = b$ となる場合の数であるから，それらも除く場合の個数は $|A \times B| - |\binom{A \cap B}{2}| - |A \cap B|$ である．

(4) $|A \times B| - |\binom{A \cap B}{2}| - |A \cap B|$ となることは (3) で述べた通り．このような対は，A または B の元から 2 個を選んだもののうち，A の元だけを 2 個選んだものと，B の元だけを 2 個選んだものを除けばよいから，その個数は $|\binom{A \cup B}{2}| - |\binom{A - B}{2}| - |\binom{B - A}{2}|$ で与えられる． □

6.4.2 鳩の巣原理

鳩の巣原理 (下駄箱論法，ディリクレ^{Dirichlet}の引出し論法)

> (1) n 個の巣に m 羽の鳩が入っているとき，$m > kn$ であるならば，どれかの巣には $k + 1$ 羽以上の鳩が入っている．
> (2) $m > k_1 + \cdots + k_n$ で，それぞれの巣に高々 k_1 羽，$\ldots$, k_n 羽しか入っていないならば，どの巣にも入っていない鳩が $m - (k_1 + \cdots + k_n)$ 羽以上いる．とくに，$m > kn$ で，どの巣にも高々 k 羽しか入っていないならば，どの巣にも入っていない鳩が $m - kn$ 羽以上いる．

例題6.11 次のことを鳩の巣原理により証明せよ．
(1) 1 から 2005 までの 1003 個の奇数の中から 25 個をどのように選んでも，その中には積が 2005 より大きい対が必ず存在する．
(2) 1 から 2000 までの 1000 個の奇数の中から 501 個をどのように選んでも，その中には和が 2000 となる 2 つの奇数が必ず存在する．

解 (1) 積が 2005 以下になるものは $1 \cdot 2005, 3 \cdot 667, 5 \cdot 401, 7 \cdot 285, \ldots, 43 \cdot 45$ の 22 通りしかないので，25 個を選ぶとこの組合せに入らないものが必ず存在する．
(2) 和が 2000 になる奇数のペアは $1 + 1999, 3 + 1997, \ldots, 999 + 1001$ の 500 通りしかないから． □

6.4.3 順列

順列 $\cdots$ n 個のものの中から r 個を取り出して並べたもの (並び順あり).
${}_n\mathrm{P}_r$ $\cdots$ n 個から r 個を取り出す順列の個数. ${}_n\mathrm{P}_0 = 1$ と定義する.

> (1) ${}_n\mathrm{P}_r = n(n-1)(n-2)\cdots(n-r+1) = \frac{n!}{(n-r)!}$.
> (2) 異なる n 個を並べる並べ方 $= {}_n\mathrm{P}_n = n!$.
> (3) **円順列** 異なる n 個を円形に並べる並べ方は $(n-1)!$ 通り.
> (4) n 個の中に s 種類のものがそれぞれ $q_1, \ldots, q_s$ 個ある ($n = q_1 + \cdots + q_s$) とき, r 個を取り出して並べる並べ方は $\frac{{}_n\mathrm{P}_r}{q_1! q_2! \cdots q_s!}$ 通り.
> (5) **重複順列** n 種類のものがそれぞれ無限に多くあるとき, その中から r 個を取り出して並べる並べ方は全部で n^r 通り.

例題6.12 何通りあるか求めよ.
(1) 3科目の試験をどの2つも同じ日とならないように1週間以内に割り当てる割り当て方
(2) $n \geq m$ とする. m 個の元からなる集合 $\{a_1, \ldots, a_m\}$ から n 個の元からなる集合への単射. 全単射の場合は?
(3) n 個のものを円形に並べる並べ方
(4) 白の碁石を10個と黒の碁石を5個並べる並べ方
(5) 将棋盤上を飛車が右方向か上方向にしか進まないとして, 左下隅から右上隅まで移動する道筋

解 (1) ${}_7\mathrm{P}_3 = 7 \times 6 \times 5$ 通り.
(2) このような単射 f は $\langle f(a_1), \ldots, f(a_m) \rangle$ と同一視できるから, その総数は ${}_n\mathrm{P}_m$ である. $m = n$ の場合が全単射であり, その総数は $n!$.
(3) $(n-1)!$ 通り. $\{a_1, a_2, \ldots, a_n\}$ を円形配置は $\{a_2, \ldots, a_n\}$ の順列の両端に a_1 があるもの「$a_1, \{a_2, \ldots, a_n\}$ の順列, a_1」と1対1に対応するから.
(4) $\frac{15!}{10! \, 5!}$ 通り.
(5) $\frac{16!}{8! \, 8!}$ 通り. なぜなら, 右方向に1ます進むことを $\to$ で, 上方向に1ます進むことを $\uparrow$ で表すと, 道筋は8個の $\to$ と8個の $\uparrow$ を並べる並べ方に対応するから.

6.4.4 組合せ

$_n\mathrm{C}_r$(あるいは $\binom{n}{r}$)··· n 個のものの中から相異なる r 個を<u>順序を考慮せず</u>に取り出す "組合せ" の個数.$_n\mathrm{C}_0 = 1$ と定義する.

$$_n\mathrm{C}_r = \binom{n}{r} = \frac{_n\mathrm{P}_r}{r!} = \frac{n!}{(n-r)!\,r!}$$

定理 6.3 組合せに関して,次の関係式が成り立つ.
(1) $_n\mathrm{C}_r = {}_n\mathrm{C}_{n-r}$
(2) $_n\mathrm{C}_0 = {}_n\mathrm{C}_n = 1,\quad {}_n\mathrm{C}_r = {}_{n-1}\mathrm{C}_r + {}_{n-1}\mathrm{C}_{r-1}\quad (r \geqq 1)$
(3) $\sum_{r=0}^{n} {}_n\mathrm{C}_r = 2^n$

$_n\mathrm{C}_r$ は **2 項係数**と呼ばれるが,その命名の由来は次の定理にある.

定理 6.4 (**2 項定理**) 任意の正整数 n に対して次の式が成り立つ.
$$(x+y)^n = x^n + {}_n\mathrm{C}_1 x^{n-1}y + {}_n\mathrm{C}_2 x^{n-2}y^2 + \cdots + {}_n\mathrm{C}_{n-1} xy^{n-1} + y^n$$
$$= \sum_{r=0}^{n} {}_n\mathrm{C}_r\, x^{n-r} y^r$$

n 個から r 個を選ぶ重複組合せ ··· 異なる n 個のものから,同じものを何度でも選んでよいとして r 個選ぶ選び方.$_n\mathrm{H}_r$ で表す.

$$_n\mathrm{H}_r = {}_{n+r-1}\mathrm{C}_r = {}_{n+r-1}\mathrm{C}_{n-1}$$

例題6.13 次のそれぞれの場合の数を求めよ.
(1) 500 玉,100 円玉,10 円玉,1 円玉の 4 金種 10 枚で表せる金額
(2) 3 個のサイコロを投げて出た目の数をそれぞれ a,b,c とする.$a>b>c$ となる場合の数.また,$a \geqq b \geqq c$ となる場合の数

解 (1) $_4\mathrm{H}_{10}$ 通り(これらのどれも相異なる金額を表す).
(2) 6 種の目のうちの 3 個が $a>b>c$ となる場合の数は $_6\mathrm{C}_3$ 通り.また,$a \geqq b \geqq c$ の場合は,同じ目となる場合も含む重複組合せだから $_6\mathrm{H}_3$ 通り.

6.4節　問題

問題 6.24 次の値を求めよ．$X = \{1, 2, 3, 4, 5\}$ とする．
(1) ${}_4P_0$ 　(2) ${}_5P_3$ 　(3) ${}_6P_6$ 　(4) ${}_nP_3$ ($n \geqq 3$)
(5) ${}_4C_0$ 　(6) ${}_5C_3$ 　(7) ${}_6C_6$ 　(8) ${}_nC_3$ ($n \geqq 3$)
(9) $\binom{5}{4}$ 　(10) $\binom{X}{4}$ 　(11) $\binom{|X|}{4}$ 　(12) ${}_5H_3$

問題 6.25 場合の数を求めよ．
(1) 3つのサイコロを同時に振ったとき，どのサイコロの目も偶数である．
(2) 3つのサイコロを同時に振ったとき，出た目の和が偶数である．
(3) 3つのサイコロを同時に振ったとき，出た目の積が偶数である．

問題 6.26 あるパソコンショップでは，ある日33セットのパソコンが売れた．このうちの18セットは液晶ディスプレイを含み，12セットはレーザープリンタを含み，6セットはスキャナを含んだシステムであり，3セットはすべてを含んでいた．どれも含んでいないものは何セットあったか？

問題 6.27 対の個数に関する和積原理を，集合の個数を n 個にした場合へ拡張せよ．

問題 6.28 次のことを鳩の巣原理により証明せよ．
(1) 1〜200の中から101個の整数を取ってくる．この中には一方が他方で割り切れるような整数の組が存在する．
(2) 1辺が2の正三角形の内部または辺上に5つの点をとると，2点間の距離が1以下であるような2点が存在する．
(3) $n^2 + 1$ 個の相異なる整数からなる数列には，長さ $n+1$ の単調増加部分列があるか，または長さ $n+1$ の単調減少部分列がある．

問題 6.29 4桁の電話番号について以下のそれぞれの個数は？
(1) 異なるもの
(2) 4つの数字が異なるもの
(3) どの桁も偶数であるもの
(4) どの桁も偶数で，数字が異なるもの

問題 6.30 次のそれぞれの個数を求めよ．
(1) 15の家の外壁のうち，5つを白で，3つをベージュで，3つを緑で，残りを茶で塗るとき，その塗り方の総数
(2) r 桁の2進数（先頭の何桁かが0のものも含めて考える）のうち1を偶数個含むものの個数
(3) $\{1, 2, \ldots, 100\}$ の中から和が偶数であるような2数を選ぶ選び方の総数．ま

た，和が奇数となる選び方の総数
（4） 将棋盤は 9×9 で，'飛車' は上下左右に進むことができる．9個の飛車を将棋盤上に配置してどの2つも互いに進路を妨げないようにする方法
（5） 円周上の $2n$ 個の点を2つずつ結ぶ方法
（6） $S = \{1, 2, \cdots, 10\}$ とし，条件（i）$|A| = 4$，条件（ii）A のどの2つの要素の差も1以上，を満たす，S の部分集合 A の個数

問題 6.31 次の式を証明せよ．$_nC_r$ の代りに $\binom{n}{r}$ を用いている．
（1） $\binom{n+m}{r} = \binom{n}{0}\binom{m}{r} + \binom{n}{1}\binom{m}{r-1} + \binom{n}{2}\binom{m}{r-2} + \cdots + \binom{n}{r}\binom{m}{0}$
（2） $\binom{r}{r} + \binom{r+1}{r} + \cdots + \binom{n}{r} = \binom{n+1}{r+1}$

問題 6.32 次の個数を求めよ．
（1） 1から300までの整数のうち，3で割り切れて，5でも7でも割り切れないものの個数．また，3または5で割り切れて7では割り切れないものの個数
（2） 80人の子供が遊園地に行き，観覧車，メリーゴーランド，ジェットコースターに乗った．20人はこれらすべてに乗り，55人は2つ以上に乗った．料金はどれも200円で，支払い総額は3万円であった．どれにも乗らなかった子供は何人いたか？ただし，どの子供も同じ乗物に2度乗ることはなかったとする
（3） 10人の男子と5人の女子を1列に並べる並べ方．どの2人の女子も隣り合わないように並べる場合は？
（4） 10人の男子と5人の女子を円陣に並べる並べ方．どの2人の女子も隣り合わないように並べる場合は？

問題 6.33 次の（1），（2）を示し，（3），（4）を求めよ．
（1） ルーレットの回転盤は36の部分に区切られていて各部分には $1, 2, \ldots, 36$ の番号が1つずつ不規則に書かれている．連続した3つの部分で番号の和が56以上となるものが存在する．（注：実際のルーレットには0が書かれた区分もあり，合計37区分である．）
（2） n, r を $r \geq n$ であるような自然数とする．$x_1 + x_2 + \cdots + x_{n+1} = r + 1$ となる正整数 $x_1, x_2, \ldots, x_{n+1}$ の選び方は $_rC_n$ 通りある．
（3） 方程式 $x + y + z = 7$ の負でない整数解は何通りあるか？
（4） 方程式 $x + y + z = 12$ の正の整数解は何通りあるか？

問題 6.34 n 個から r 個を選び出す組合せすべてを辞書式順序で生成せよ．

6.5 確率

6.5.1 確率とは何か

集合 Ω が天降り的に与えられたとし，これを**標本空間**といい，Ω の元を**基本事象**(**根元事象**)と呼び，Ω の部分集合 (いくつかの根元事象の集まり) を**事象**という．Ω は必ず起こる事象を表し，$\emptyset$ は決して起こらない事象を表す．

和事象 $A \cup B$ $\cdots$ 「事象 A または事象 B が起こる」という事象

積事象 $A \cap B$ $\cdots$ 「事象 A も事象 B も起こる」という事象

余事象 $\overline{A}$ $\cdots$ 「A が起こらない」という事象

A と B は**互いに排反** $\cdots$ $A \cap B = \emptyset$ であること．これは A と B が同時には起こらないことを意味する．

Ω の元 (すなわち根元事象) ω と集合 $\{\omega\}$ とを同一視する．

例題6.14 次の各事象を表すのに適切な標本空間を定義せよ．
(1) 2枚のコインを投げて2枚とも表が出た．
(2) トランプ1組から1枚引いたカードが「ハートのエース」であった．
(3) サイコロを2回振って2回目に初めて1の目が出た．

解 (1) 表が出ることを H，裏が出ることを T で表し，標本空間として $\{HH, HT, TH, TT\}$ を考えると，2枚とも表が出たことは $\{HH\}$ で表される．
(2) 標本空間 $\{\clubsuit, \diamondsuit, \heartsuit, \spadesuit\} \times \{A, 2, \ldots, 10, J, Q, K\}$ の事象 $\{(\heartsuit, A)\}$
(3) 標本空間 $\{1, 2, \ldots, 6\}^2$ の事象 $\{21, 31, 41, 51, 61\}$ □

● **確率の数学的な定義**

(1) **事象に基づく定義** Ω を n 個の根元事象からなる標本空間 (すなわち，$|\Omega| = n$) とし，どの根元事象も起こり方が同じ程度 (つまり，$\frac{1}{n}$) であるとする．このとき，事象 $A \subseteq \Omega$ の起こる確率 $P(A)$ を $P(A) := \frac{|A|}{n}$ と定義する．また，$A = \{a\}$ のとき，$P(\{a\})$ を $P(a)$ と略記する．

(2) **公理的定義** 2^Ω から $\boldsymbol{R}$ への関数 P が次の条件を満たすとき，P を標本空間 Ω 上の**確率分布**といい，$P(A)$ を事象 A の**確率**という．

(i) どんな事象 $A \in 2^\Omega$ に対しても $P(A) \geqq 0$．

(ii) $P(\Omega) = 1$．

(iii) A と B が互いに排反な事象であるならば，$P(A \cup B) = P(A) + P(B)$

6.5 確　　率

である．したがって，もっと一般に，高々可算個の事象 $A_1, A_2, \ldots, A_n$ がどの2つも互いに排反であるならば，$P(\bigcup_{i=1}^{n} A_i) = \sum_{i=1}^{n} P(A_i)$ が成り立つ．

標本空間 Ω が有限集合かまたは可算集合であるとき，Ω 上の確率分布 P は**離散的**であるという．このとき，任意の事象 A に対して $P(A) = \sum_{a \in A} P(a)$ が成り立つ（$P(a)$ は $P(\{a\})$ の略記）．とくに，Ω が有限集合であり，任意の根元事象 $\omega \in \Omega$ について $P(\omega) = \frac{1}{|\Omega|}$ であるとき，この確率分布を Ω 上の**一様分布**という．この場合，"どの根元事象 $\omega \in \Omega$ もランダムに起こる"とか，"各 ω は**等確率**で起こる"とかいう．

> **定理 6.5**　　公理的定義より次のことが導かれる．
> (iv) 任意の事象 A に対して，$0 \leqq P(A) \leqq 1$.
> (v) $P(\emptyset) = 0$.
> (vi) (**余事象**) A の補集合を $\overline{A}$ で表す．$\overline{A}$ は事象 A が起きないことを表す事象であり，$P(\overline{A}) = 1 - P(A)$ が成り立つ．
> (vii) (**加法定理**) 任意の事象 A, B に対して
> $$P(A \cup B) = P(A) + P(B) - P(A \cap B)$$
> が成り立つ．$A \cap B$ は A と B が同時に起こることを表す事象．

例題6.15　2個のサイコロを同時に振ったとき，出た目の和が6である確率，目の和が6以下である確率，目の和が6より大きい確率を求めよ．

解　標本空間として例題6.14 (3) を考える．36個の根元事象のうち，目の和が6になるものは $A_6 = \{15, 24, 33, 42, 51\}$ であるから，事象に基づく確率の定義より，目の和が6になる確率は $P(A_6) = \frac{5}{36}$ である．

目の和が k になる事象 A_k $(k = 2, 3, \ldots, 12)$ の確率を計算すると，$P(A_5) = \frac{4}{36}$，$P(A_4) = \frac{3}{36}$，$P(A_3) = \frac{2}{36}$，$P(A_2) = \frac{1}{36}$ であり，これらは互いに排反な事象であるから，加法定理により，目の和が6以下である事象 $A_{\leqq 6}$ の確率は

$$P(A_{\leqq 6}) = \frac{5}{36} + \frac{4}{36} + \frac{3}{36} + \frac{2}{36} + \frac{1}{36} = \frac{15}{36} = \frac{5}{12}$$

である．これは $A_{\leqq 6} = \{15, 24, 33, 42, 51, 14, 23, 32, 41, 13, 22, 31, 12, 21, 11\}$ に対する，事象に基づく確率 $\frac{|A_{\leqq 6}|}{36}$ に等しい．

目の和が6より大きい確率は，$A_{\leqq 6}$ の余事象の確率に等しく，それは $1 - \frac{5}{12} = \frac{7}{12}$ である．

> **定理 6.6** （確率の乗法定理） $P(A \cap B) = P(A)P(B|A)$ が成り立つ．$B|A$ は，条件 A のもとで事象 B が起こることを表す．

A と B が独立 $\overset{\text{def}}{\iff} P(A \cap B) = P(A)P(B) \iff P(B|A) = P(B)$.

例題6.16　（1）サイコロを 2 回振ってどういう目が出るかを考える．標本空間として例題 6.14（3）と同じ $\Omega = \{1, 2, \ldots, 6\}^2$ を考える．$A = \{21, 31\}$，$B = \{21, 31, 41, 51, 61\}$ とするとき，$A|B$ の意味を述べ，その確率 $P(A|B)$ を求めよ．

（2）2 つのサイコロを同時に振ったら少なくとも一方は 1 の目であった．2 つの目の和が偶数である確率を求めよ．また，これら 5 つの事象は互いに独立ではないことを示せ．

解　（1）「2 回目に初めて 1 の目が出るという条件のもとで 1 回目に 2 の目または 3 の目が出る」ことを表し，$P(A|B) = \frac{2}{36} / \frac{5}{36} = \frac{2}{5}$．

（2）標本空間は（1）と同じとする．少なくとも一方が 1 の目である確率は $P(\{11, 12, 13, \ldots, 16, 21, 31, \ldots, 61\}) = \frac{11}{36}$ であり，2 つの目の和が偶数である組合せは 11, 13, 15, 31, 51 のどれかであるから，求める条件付き確率は $\frac{5}{36} / \frac{11}{36} = \frac{5}{11}$．また，例えば $P(\{11\} \cap \{12\}) = 0 \neq \frac{1}{36^2} = P(11)P(12)$ だから 11 と 12 は独立ではない (他も同じ)．　□

試行 … 「サイコロを振る」とか「カードを 1 枚引く」といった行為．
ベルヌーイ試行（Bernoulli）… 各回の試行が独立で，その事象が起こる（'成功' する）確率が毎回変わらないもの．

> **定理 6.7**　各回の成功確率が p であるベルヌーイ試行を n 回行ったとき，そのうちの k 回が成功する確率は ${}_n\mathrm{C}_k\, p^k (1-p)^{n-k}$ である．

例題6.17　壺の中に白玉が a 個と赤玉が b 個入っているとき，これから 1 玉ずつ k 回取り出す．k 回とも白玉である確率を求めよ．
（1）毎回，取り出した玉を壺に戻す場合
（2）毎回，取り出した玉を壺に戻さない場合

解 （1） ベルヌーイ試行であるから，定理 6.7 より，n 回取り出したうちの k 回が白玉である確率は $_nC_k\, p^k(1-p)^{n-k}$ である．特に，k 回のうち k 回とも白玉である確率は p^k である．ただし，$p = \frac{a}{a+b}$．

（2） n 個の玉を $1, 2, \ldots, n$ (最初の a 個が白) とし，$\boldsymbol{\Omega} = \{1, 2, \ldots, n\}$ とする．k 回の試行をまとめたものを 1 つの試行と考えると，その標本空間は $\boldsymbol{\Omega}$ から k 個を取り出して作られる順列の集合とすればよく，そのような順列の個数は $_nP_k$ である．その中で，すべての玉が白であるような順列は $1, 2 \ldots, a$ から k 個取り出したものであるから，その個数は $_aP_k$ である．よって，k 回とも白玉である確率は $\frac{_aP_k}{_nP_k}$ である．

6.5.2 期 待 値

$\boldsymbol{\Omega}$ を標本空間とする．$\boldsymbol{\Omega}$ からある集合 Δ への関数 X を $\boldsymbol{\Omega}$ 上の**確率変数**という．確率変数 X と Δ の元 x に対して，$P(\{\omega \in \boldsymbol{\Omega} \mid X(\omega) = x\})$ を $P(X = x)$ と表す．$P(X = x)$ は「X が値 x をとる確率」を表す．$P(X \leqq x)$，$P(x_1 \leqq X \leqq x_2)$ なども同様に定義される．

X が値 x をとる確率を各 $x \in \Delta$ について表したもの $\{P(X = x)\}_{x \in \Delta}$ を確率変数 X の**確率分布**といい，X はこの確率分布に従うという．とくに，$|\Delta| = n$ で，どの $x \in \Delta$ についても $P(X = x) = \frac{1}{n}$ であるとき，X は**一様分布**に従うという．

例題6.18 サイコロを 2 回振って出た目を考える．次の確率変数はそれぞれどのような確率分布に従っているか？標本空間として $\boldsymbol{\Omega} = \{1, 2, 3, 4, 5, 6\}^2$ を考えるものとする．
（1） X は「出た 2 つの目をペアとする順序対」を表す確率変数
（2） Y は「2 回振って出た目のうちの大きい方」を表す確率変数

解 （1） X はどの事象 $\omega = ij$ ($i = 1, \ldots, 6; j = 1, \ldots, 6$) も等確率 $P(X = \omega) = \frac{1}{36}$ で起こる一様分布に従っている．
（2） Y の確率分布は，$P(Y = 1) = \frac{1}{36}$, $P(Y = 2) = \frac{3}{36}$, $P(Y = 3) = \frac{5}{36}$, $P(Y = 4) = \frac{7}{36}$, $P(Y = 5) = \frac{9}{36}$, $P(Y = 6) = \frac{11}{36}$ である．例えば，$Y = 3$ となる事象 ω は $\omega = 13, 23, 33, 32, 31$ だけであるから，「2 回振って出た目のうちの大きい方が 3 である」確率は $P(Y = 3) = \frac{5}{36}$ である．

> - Ω が高々可算集合であるならば，$P(X = x) = \sum_{\omega \in \Omega, X(\omega) = x} P(\omega)$.
> - $\Delta = \Omega$ として $X(\omega) = \omega$ とすると，任意の $x \in \Omega$ に対して $P(x) = P(X = x)$ である．すなわち，事象 x が起こる確率は確率変数 X が値 x を取る確率に等しい．

X を，実数値をとる確率変数とする．

X の**期待値** $\cdots$ $E[X] := \sum_x (x \cdot P(X = x))$.

X の**分散** $\cdots$ $Var[X] = E[(X - E[X])^2]$.

X の**標準偏差** $\cdots$ $Var[X]$ の平方根．これらの値が大きいほど平均値 (期待値) からのかけ離れ程度やばらつきが大きいことを表している．

> - X が標本空間 $\Omega = \{\omega_1, \ldots, \omega_n\}$ 上の確率変数のとき $E[X] = \sum_x xP(X = x) = \sum_{i=1}^n X(\omega_i)P(\omega_i)$ である．
> - X が一様分布に従っているとき，$E[X] = \frac{1}{n}\sum_{i=1}^n X(\omega_i)$ が成り立つ (X の**平均値**)．

定理 6.8 X, Y を確率変数，a を定数とする．次の関係が成り立つ．
(1) $E[X + Y] = E[X] + E[Y]$.
(2) 任意の関数 $g(x)$ に対し，$E[g(X)] = \sum_x g(x)P(X = x)$.
 とくに，$g(x) = ax$ とすると，$E[aX] = aE[X]$.
(3) X と Y が独立ならば，$E[XY] = E[X]E[Y]$.
(4) $Var[X] = E[X^2] - E[X]^2$.
(5) $Var[aX] = a^2 Var[X]$.
(6) X と Y が独立ならば，$Var[X + Y] = Var[X] + Var[Y]$.

例題6.19 500 円硬貨と 100 円硬貨を 1 枚ずつ 2 枚同時に投げて行うゲームを考える．次のそれぞれについて，期待値を考えることにより，損か得かを考察せよ．表裏の出方 — 表表，表裏，裏表，裏裏 — は等確率で起こるとする．
(1) 表 1 枚につき a 円獲得でき，裏 1 枚につき b 円支払う場合
(2) 参加料 c 円を払い，表が出た硬貨を獲得できる場合

解 標本空間を { 表表, 表裏, 裏表, 裏裏 } とし, 獲得金額を表す確率変数を X とする.
（1） $E[X] = 2a \cdot P(\text{表表}) + (a-b) \cdot P(\text{表裏}) + (a-b) \cdot P(\text{裏表}) - 2b \cdot P(\text{裏裏})$ で, $P(\text{表表}) = P(\text{表裏}) = (\text{裏表}) = P(\text{裏裏}) = \frac{1}{4}$ であるから, 期待できる獲得金額は $(a-b)$ 円である. よって, $a > b$ なら得, $a = b$ なら損得なし, $a < b$ なら損である.
（2） $E[X] = (500+100) \cdot P(\text{表表}) + 500 \cdot P(\text{表裏}) + 100 \cdot P(\text{裏表}) - c = 1200 \cdot \frac{1}{4} - c$ であるから, $c < 300$ なら得である. □

各回の成功確率が p であるベルヌーイ試行において, 初めて成功するまでに行う試行の回数を値に取る確率変数を X とする. $q := 1-p$ は各回において失敗する確率を表す. 正整数 k に対し, $P(X=k) = q^{k-1}p$ である. このような確率分布を**幾何分布**という. 幾何分布に従う確率変数 X の期待値と分散は $E[X] = \frac{1}{p}, Var[X] = \frac{q}{p}$ で与えられる. また, n 回の試行のうち何回成功するかを値に取る確率変数を X とすると, $P(X=k) = {}_nC_k p^k q^{n-k}$ である. このような確率分布を **2 項分布**という. 2 項分布に従う確率変数 X の期待値と分散は $E[X] = np, Var[X] = npq$ である.

例題6.20 試行回数に関する次の各問に答えよ.
（1） 2 つのサイコロを同時に振って目の和が 5 または 10 になるまでには, 平均何回振ればよいか？
（2） 祭の夜店の 1 つで, コインを 10 回投げて表が出た回数 × 10 円相当の商品を出すゲームをやろうと思う. このゲームで損を出さないためにはゲーム代金を 1 回いくらに設定したらよいか？

解 （1） 2 つの目の出方 36 通りのうち, 和が 5 になるのは 4 通り, 和が 10 になるのは 3 通りだから, 1 回の成功確率は $p = \frac{7}{36}$. したがって, 目の和が 5 または 10 になるまでには平均 $\frac{1}{p} = 5.14$ 回振ればよい.
（2） ゲームをやる人が取得する商品の平均額は
$$10 \text{ 円} \times \text{表が出る平均回数} = 10 \cdot np = 10 \cdot \left(10 \cdot \frac{1}{2}\right) = 50 \text{ 円}$$
だから, 50 円以上に設定するとよい. □

6.5 節 問題

問題 6.35 適当な標本空間を考え，その部分集合としての事象を考えよ．
(1) 赤・青・白のボールが1つずつある．これを大中小3つの箱に入れる．赤，青，白の順に小，中，大の箱に入る事象
(2) サイコロを6の目が出るまで振り続け，3回目で初めて6が出る事象

問題 6.36 事象による確率の定義は公理的定義 (i)〜(iii) を満たすことを示せ．

問題 6.37 公理的確率について，(vii) を公理 (i)〜(iii) から導け．

問題 6.38 トランプ1組52枚のカードから任意に5枚を取り出すとき，そのうちの3枚以上がハートである確率を求めたい．
(1) 標本空間を考えよ．「3枚以上がハートである」事象と「5枚ともハートである」事象は，それぞれこの標本空間のどのような部分集合か？
(2) 3枚以上がハートである確率と，5枚ともハートである確率を求めよ．

問題 6.39 1組52枚のトランプのカードから1枚を抜き，それを元に戻してから，また1枚を抜く．次のそれぞれの確率を求めよ．
(1) 2枚のカードともハートである確率
(2) 2枚のカードの少なくとも一方がハートである確率
また，1枚目のカードを元に戻さないとき，次のそれぞれの確率を求めよ．
(3) 2枚のカードともハートである確率
(4) 2枚のカードの少なくとも一方がハートである確率

問題 6.40 誕生日に関する次の確率を求めよ．
(1) n 人いるとき，少なくとも2人が同じ月日である確率．ただし，$n \leqq 365$ とし，2月は28日までであるとする
(2) (1) において少なくとも2人が同じ曜日である確率

問題 6.41 定理 6.7 を証明せよ．

問題 6.42 ベルヌーイ試行を念頭において，以下の確率を求めよ．
(1) 10円玉1個を10回続けて投げて，10回とも表になる確率
(2) 10円玉10個を同時に投げて，全部が表になる確率
(3) サイコロ n 個を同時に振って，1の目が出たサイコロが r 個である確率
(4) 5人でジャンケンをして，1回で勝者が決まる確率

問題 6.43 2つのサイコロを同時に振るとき，出た目の和を表す確率変数を X とする．X の確率分布を求めよ．目の出方は一様分布に従っているとする．

問題 6.44 次のそれぞれの期待値を求めよ．

(1) サイコロを 3 回振るとき，6 の目が出る回数
(2) 白玉 2 個と赤玉 3 個が入っている箱から同時に 2 個の玉を取り出すとき，それに含まれている白玉の個数

問題 6.45 1 回につき 800 円払って行う次のようなゲームがある．2 個のサイコロを振り，2 つの目の和が r だったら $100r$ 円獲得でき，とくに目が (1,1) の場合と (6,6) の場合にはさらにボーナスとして 1000 円獲得できる．このゲームをやってもうけることができるか？

問題 6.46 事象 $B_1, \ldots, B_n$ は排反で，$B_1 \cup \cdots \cup B_n = \Omega$ (全事象) であるとする．また，$A \subseteq \Omega$ である．次のことを示せ．
(1) $P(B_i|A) = \dfrac{P(A|B_i)P(B_i)}{P(A|B_1)P(B_1) + \cdots + P(A|B_n)P(B_n)}$ (ベイズ^{Bayes}の定理).
(2) 佐藤氏はパソコンを買いに秋葉原の電気街に出かけた．彼が A 店, B 店, C 店に行く確率はそれぞれ 0.3, 0.2, 0.5 である．もし A 店に行ったとすると，そこでプリンタも買う確率は 0.2，B 店に行ったとしてそこでプリンタも買う確率は 0.4，C 店に行ったとしてそこでプリンタも買う確率は 0.3 である．佐藤氏がプリンタも買ったとしたとき，それを B 店で買った確率を求めよ．

問題 6.47 定理 6.8 の (4)〜(6) を証明せよ．

問題 6.48 大小のサイコロを振り，次のような事象を考える．
A : 大の目が奇数　　B : 小の目が奇数　　C : 大小の目の和が奇数
このとき，任意の 2 つの事象は互いに独立であるが，$P(A \cap B \cap C) = P(A)P(B)P(C)$ は成り立たないことを示せ．

問題 6.49 3 つの玉を箱 A と B に無作為に入れる．箱 A に入った玉の個数を X とし，玉が入っている箱の個数を Y とする確率変数 X, Y を考える．
(1) X, Y が従う確率分布を求め，X と Y は独立でないことを示せ．
(2) $Var(X+Y)$ と $Var(X) + Var(Y)$ を計算して比較せよ．

問題 6.50 あるコンビニでアルバイトを雇うために n 人と面接した．それまでに面接した人より良い印象の人がいた時点で雇うとすると，平均何人を雇うことになるか？

第7章

総合問題

この章では，第1章から第6章を，大学の授業半期分に相当する前半 (第1章～第3章) と後半 (第4章～第6章) とに分け，それぞれの部分の総合問題を5セットずつ用意した．学んだことを期末に確認するために利用されたい．解答はウェブサイト

http://www.edu.waseda.ac.jp/~moriya/education/books/DMEx/

を参照されたい．

総合問題 (1) 第2章～第3章

1. ペアノの公理より，次のことを導け．
(1) 自然数 x, y に対し，$x + y = 0 \Longrightarrow x = 0$ かつ $y = 0$．
(2) 自然数 x, y に対し，$x \cdot y = 0 \Longrightarrow x = 0$ または $y = 0$．ただし，加法 $+$ は次のように定義されたものである．結合律，交換律，$S(x) + y = x + S(y)$ などは証明なしに使ってよい．

$$\begin{cases} x + 0 = x \\ x + S(y) = S(x + y) \end{cases}$$

また，乗法 $\cdot$ は次のように定義されたものである．

$$\begin{cases} x \cdot 0 = 0 \\ x \cdot S(y) = x \cdot y + x \end{cases}$$

2. アルファベット $\Sigma = \{a, b, c\}$ に対し，Σ^* 上の2項関係 R を次のように定義する：$x R y \overset{\text{def}}{\Longleftrightarrow} y = axb$．
(1) $\{x \mid x R a^3 b^2 c b^2\}$ を求めよ． (2) $\{x \mid x (R^{-1})^i \lambda\}$ を求めよ．
(3) $\{x \mid y R^* x, y \in \{c\}^*\}$ は文脈自由言語 (CFL) であることを示せ．

3. 半順序と同値関係について，次の問に答えよ．
(1) R が半順序なら R^* も半順序であることを示せ．また，逆は必ずしも成り立たないことを示せ．
(2) R_1, R_2 がともに X 上の同値関係なら，任意の $x \in X$ に対して $[x]_{R_1 \cap R_2} = [x]_{R_1} \cap [x]_{R_2}$ であることを示せ．
(3) $\mathbf{R} = \{R_1, R_2, \ldots, R_k\}$ とし，各 R_i は集合 U 上の同値関係であるとする．U と $\mathbf{R}$ の対 $(U, \mathbf{R})$ のことを U に関する知識ベースと呼ぶが，その理由は次の通りで

ある．各 R_i は，対象となる物の集まり U に関する一つの「属性」と考えることができ，R_i の同値類は，U を属性 R_i によって分類したものと考えることができる．また，$(U, \mathbf{R})$ は U に関するいろんな属性についての知識を集積したものと考えることができる．例えば，$U = \{x_1, x_2, \ldots, x_8\}$ を積木の集合とし，R_1, R_2, R_3 はそれぞれ積木の「色」「形」「大きさ」という属性を表すとする．各 R_i は，その商集合 U/R_i と同一視できる．それらを

$R_1 = \{$ 赤$=\{x_1, x_3, x_5, x_7\}$, 青$=\{x_2, x_4, x_6\}$, 緑$=\{x_8\}\}$,
$R_2 = \{$ 球形$=\{x_1, x_8\}$, 立方体$=\{x_2, x_3\}$, 直方体$=\{x_4, x_7\}$, 三角錐$=\{x_5, x_6\}\}$,
$R_3 = \{$ 大$=\{x_1, x_7\}$, 中$=\{x_2, x_3\}$, 小$=\{x_4, x_5, x_6, x_8\}\}$

であるとする．(2) より，任意の $I \subseteq \{1, 2, \ldots, k\}$ に対して $\bigcap_{i \in I} R_i$ も U 上の同値関係であり，$\bigcap_{i \in I} R_i$ はすべての属性 R_i $(i \in I)$ を併せ持つ「より詳細な属性」を表している．例えば，$U/(R_1 \cap R_2) = \{\{x_1\}, \{x_2\}, \{x_3\}, \{x_4\}, \{x_5\}, \{x_6\}, \{x_7\}, \{x_8\}\}$, すなわち，任意の i に対して $[x_i]_{R_1 \cap R_2} = \{x_i\}$ であり，このことは，色と形により積木が一意的に定まることを表している．

(a) $U/(R_1 \cap R_3)$ および $U/(R_1 \cap R_2 \cap R_3)$ を求めよ．また，「赤くて大きい」積木の集合 ($R_1 \cap R_3$ の同値類のひとつ) と，「青くて立方体で小さい」積木の集合 (空でなければ，$R_1 \cap R_2 \cap R_3$ の同値類のひとつ) を求めよ．

(b) $X \subseteq U$ とする．U 上の同値関係 R に対し，
$$\overline{R}X := \{Y \in U/R \mid Y \cap X \neq \emptyset\}, \quad \underline{R}X := \{Y \in U/R \mid Y \subseteq X\}$$
をそれぞれ X の**上方近似**, **下方近似**と呼ぶ．例えば，$X = \{x_1, x_2, x_3, x_4\}$ のとき，$\overline{R_1}X = \{$ 赤, 青 $\}$, $\underline{R_2}X = \{$ 立方体 $\}$ である．これらは，X が持つ色を荒っぽく言うと「赤または青」であること，また，X の元しか含まない形は立方体だけであることを言っている．$\overline{R_1 \cap R_2}\{x_1, x_2, x_3, x_4\}$, $\overline{R_2 \cap R_3}\{x_2, x_3, x_4\}$ を求めよ．

(c) 「薄赤で大」$=\{x_1\}$,「薄赤で中」$=\{x_3\}$,「薄赤で小」$=\{x_5\}$,「濃青」$=\{x_2, x_4\}$,「薄緑で球形で小」$=\{x_8\}$ となるように，「色の濃淡」を表す属性 R_4 を定義せよ．

4. 次の各問に答えよ．
(1) $(\{0, 1, 2, \ldots, 9, 10\}, \sqsubseteq)$ の下で $\{1, 2, 3, 4, 5\}$ の上界, 下界, 極大元, 極小元, 最大元, 最小元を示せ (存在しない場合もありうる). ただし，$x \sqsubseteq y \overset{\text{def}}{\Longleftrightarrow} x \mid y$ と定義し，とくに，$0 \mid 0$ であると定義する．
(2) $\Sigma = \{a, b\}$ とする．Σ^* に整列順序 $\preceq$ を定義せよ．ただし，$a \prec b$ とする．その順序の下で $\Sigma^0 \cup \Sigma^1 \cup \Sigma^2 \cup \Sigma^3$ の元を並べよ．
(3) $x \in \{a, b\}^*$ の任意の接頭語が x の接尾語でもあるなら，$x \in \{a\}^*$ または $x \in \{b\}^*$ であることを，(2) で定義した $\{a, b\}^*$ 上の整列順序 $\preceq$ に関する帰納法で示せ．
(4) $\{a, b, c, d, e\}$ 上の同値関係で，同値類の個数が 3 個であるような例を 1 つ，有向グラフで示せ．

総合問題 (2) 第2章～第3章

1. ペアノの公理系のもとで自然数の集合 $N = \{0, 1, 2, \ldots\}$ と，N の上の2変数関数 $+$ と $\cdot$ が
$$\begin{cases} x + 0 = x \\ x + S(y) = S(x+y), \end{cases} \quad \begin{cases} x \cdot 0 = 0 \\ x \cdot S(y) = x \cdot y + x \end{cases}$$
と定義されているとき，2変数関数 $pow(x, y) := x^y$, $Pd(x) := x \dotminus 1$ および $subt(x, y) := x \dotminus y$ を順次，再帰的に定義せよ．ただし，$x \geqq y$ のとき $x \dotminus y = x - y$, $x < y$ のとき $x \dotminus y = 0$ である．

2. 以下の集合，関数，アルゴリズムそれぞれを再帰的に定義せよ．定義の際，何を基本的な演算や操作 (つまり，再帰的定義の中で使える演算や操作) と考えるかは各自の判断で行うこと．
(1) $\Sigma = \{a, b, c\}$ 上の言語 $L = \{x \in \Sigma^* \mid x \text{ は文字 } a \text{ を } 3 \text{ 個以上含む }\}$.
(2) 正整数を素因数分解したときの素因数の個数を与える関数 $f(n)$. 例えば，$126 = 2 \times 3 \times 3 \times 7$ なので $f(126) = 4$ である.
(3) 10進表現された正整数 n の数字の並びを逆にして得られる10進数を求める計算手順 (アルゴリズム) $\text{Reverse}(n)$. 例えば，$\text{Reverse}(123) = 321$ である．演算 $x \text{ div } y$ (x を y で割ったときの商), $x \text{ mod } y$ (x を y で割った余り) は基本演算として使ってよい．必要なら，基本操作を日本語で表現せよ．

3. 集合 A の上の2項関係 R に対し，2項関係 $R^{☆}$ を再帰的に
(i) $a R b \implies a R^{☆} b$
(ii) $a R^{☆} b$ かつ $b R c \implies a R^{☆} c$
(iii) (i),(ii) で定義されるものだけが $R^{☆}$ の関係にある
と定義する．$R^{☆} = R^{+}$ であることを証明せよ．

4. R, S を集合 A の上の2項関係とする．
(1) $A = \{a, b, c, d, e\}$ のとき，同値関係であるような R の例を示せ．また，R を有向グラフで表せ.
(2) $A = \{a, b, c, d, e, f\}$ のとき，半順序であるような S の例を示せ．また，S をハッセ図で表せ．$(x, y) \in S$ のとき $x \leqq y$ であるとして大小関係を定義するとき，$(A, \leqq)$ の極大元，最小元，a と比較不能な元，があれば，それぞれをすべて示せ.
(3) R, S が同値関係のとき $R \cup S$ も同値関係か？
(4) R が同値関係なら $R \circ R$ も同値関係であることを証明せよ.
(5) $R \subseteq S$ で S が半順序なら R も半順序か？

5. G を有向グラフとする．G の片方向連結成分を頂点とし，片方向連結成分同士の間の辺を次のように定義した有向グラフを $ul(G)$ で表す：
$$(A, B) \in ul(G) \iff^{\text{def}} \exists a \in V(A) \, \exists b \in V(B) \, [(a, b) \in E(G)].$$
(1) $G = (\{1, 2, 3, 4, 5, 6, 7\}, \{(1, 2), (2, 2), (2, 3), (3, 4), (5, 3), (6, 5)\})$ とする．G および $ul(G)$ を描け.
(2) G と $ul(G)$ の間の強連結/片方向連結/弱連結に関する関係は？

総合問題 (3) 第2章〜第3章

1. 再帰に関する以下の各問に答えよ.
（1） $0, 1, 0+0, (0-1), 0+(1+1)$ など, $0, 1, +, -, (,)$ だけで作られる数式を 2 進数式と呼ぶことにする．2 進数式がどのような形のものであるか (アルファベット $\{0, 1, +, -, (,)\}$ 上の文字列) を再帰的に定義せよ.
（2） (1) において, 式の値が偶数になるものを再帰的に定義せよ.
（3） $\boldsymbol{N}$ 上で定義された次の関数は何を定義しているか？

$$k(x) = \begin{cases} 1 & (x < 10 \text{ のとき}) \\ k\left(\left\lfloor \dfrac{x}{10} \right\rfloor\right) + 1 & (\text{その他}). \end{cases}$$

（4）「3 の倍数 (である数字の列, すなわち, アルファベット $\{0, 1, \ldots, 9\}$ 上の文字列)」を BNF で定義し, その BNF の下で 123 の構文木を示せ.
（5） アルファベット $\Sigma := \{a, b, \ldots, z\}$ 上の 2 つの単語 α, β のうち辞書式順序で大きくない方 ($\alpha \leqq \beta$ なら α) を求める再帰的関数 $\text{lex}(\alpha, \beta) : \Sigma^* \times \Sigma^* \to \Sigma^*$ を定義せよ. $a < b < \cdots < z$ とする.

2. $\Sigma := \{a, b\}^*$ 上で 2 項関係 $\preceq$ を, 次のように定義する.

$$\alpha \preceq \beta \overset{\text{def}}{\iff} \alpha \text{ は } \beta \text{ の接頭語}$$

（1） $\preceq$ は全順序ではない半順序であることを示せ.
（2） $(\Sigma^{0..3}, \preceq)$ のハッセ図を描け．また, $(\Sigma^{0..3}, \preceq)$ において $\Sigma^{1..2}$ の極大元, 極小元, 最大元, 最小元, 上界, 下界, 上限, 下限があればすべて求めよ. ただし, $\Sigma^{i..j} := \bigcup_{i \leqq k \leqq j} \Sigma^k$ である.
（3） 有向グラフ $G := (\Sigma^{0..2}, \preceq)$ を描け (注：ハッセ図ではない).
（4） $(\Sigma^{0..3}, \preceq)$ における最大サイズの鎖および最大サイズの反鎖を 1 つずつ示せ.
（5） $(\Sigma^*, \preceq)$ において $\preceq$ や $\preceq^{-1}$ はチャーチ–ロッサーか？
（6） Σ^* に辞書式順序以外の整列順序を入れよ.
（7） $(\Sigma^{0..2}, \preceq)$ をトポロジカルソートせよ.

3. $A = \{a, b, c, d\}$, $B = \{1, 2, 3, 4, 5\}$, $C = \{p, q, r\}$, $R \subseteq A \times B$, $S \subseteq B \times C$, $T \subseteq C \times A$ とし, R, S, T を次のように定義する：
$R = \{(a, 2), (a, 3), (b, 1), (b, 5), (c, 3), (d, 1), (d, 2)\}$,
$S = \{(2, p), (2, q), (2, r), (4, p), (5, p)\}$, $T = \{p, q\} \times \{a, b\}$.
（1） R の有向グラフ $G_R := (A \cup B, R)$ を描け.
（2） $S \circ R$ を求めよ.
（3） R, S をそれぞれ関係表 $R[A, B], S[B, C]$ とみなし, $\pi_{1,2}(\rho_{A=\prime d\prime}(R \bowtie S[A, B, C]))$ を求めよ.
（4） $A \times B \times C$ の要素 (3-タップル) のうち, 第 1 成分が $R[A, B]$ の A 属性に等しく, 第 2 成分が 2 で, かつ第 3 成分が $S[B, C]$ の C 属性に等しいようなものを要素とする関係表を $R[A, B], S[B, C]$ から求めるための関係演算を示せ.

（5） $T{\circ}(S{\circ}R)$ を求めよ．また一般に，$T{\circ}(S{\circ}R)$ を関係表 $R[A,B]$, $S[B,C]$, $T[C,A]$ から求めるための関係演算を示せ．

4. 有向グラフに関する以下の各問に答えよ．

（1） 次の有向グラフ $G = (V, E)$ を図示せよ．
$V = \{1,2,3,4,5,6,7\}$, $E = \{(1,2),(2,4),(3,2),(4,3),(6,6),(6,7)\}$.

（2） 頂点1から頂点2への単純道 (同じ辺を通らない道) で長さ最大のものを示せ．

（3） G において $\deg(v)$ が最大の頂点 v を示せ．

（4） G にサイクルがあれば示せ．

（5） G の隣接行列および接続行列において，0でない成分は何個か？

（6） G の弱連結成分，片方向連結成分，強連結成分をそれぞれ示せ (図示せよ)．

（7） E を V 上の2項関係と見たとき，有向グラフ $G^2 := (G, E^2)$ を求めよ．

（8） G から定義される次の有向グラフを図示せよ：
対称閉包 $s(G) := (V, s(E))$, 反射推移閉包 $G^* := (V, E^*)$.

（9） A 上の2項関係 R を有向グラフ $H = (A, R)$ と見たとき，$s(H) := (A, s(R))$, $rst(H) := (A, rst(R))$ と定義した有向グラフの強連結成分はそれぞれ何を表すか？

5. 次のように BNF で定義されたプログラミング言語を考える：

<プログラム> ::= <名前>(<名前の列>) → <名前> **begin** <文> **end**
<名前> ::= <英字> | <英字><数字>
<名前の列> ::= <名前> | <名前の列>, <名前>
<英字> ::= a | b | c | d | e | f | g | x | y | z
<数字> ::= 0 | 1 | 2 | 3 | 4 | 5 | 6 | 7 | 8 | 9
<文> ::= <代入文> | <繰返し文> | <文>;<文>
<代入文> ::= <名前> ← <式>
<式> ::= <数> | <名前> | (<式><演算子><式>)
<数> ::= <数字> | <数><数字>
<演算子> ::= + | − | * | / | = | ≠ | < | ≦ | > | ≧
<繰返し文> ::= **while** <式> **do** <文> **end**

（1） "名前" (1文字でないもの)，"式" (3文字以上のもの)，"文" ("代入文" でないもの) の例をそれぞれ示せ．

（2） 次の "プログラム" の構文構造を示せ (上記 BNF を，"プログラム" を出発記号とする CFG (文脈自由文法) G と見て，G における導出木を示せ．

$f(x, y) \to z$
begin
 $z \leftarrow 1;$
 while $(y > 0)$ **do** $z \leftarrow (z * x); y \leftarrow (y - 1)$ **end**
end

（3） "式" だけを生成する CFG G' と，G' において1つの "式" の導出の例を示せ．

総合問題 (4) 第2章～第3章

1. ペアノの公理系のもとで自然数の集合 $\boldsymbol{N} = \{0, 1, 2, \ldots\}$ と，$\boldsymbol{N}$ の上の2変数関数 $+$ が

$$\begin{cases} x + 0 = x \\ x + S(y) = S(x + y) \end{cases}$$

と定義されているとき，

$$x + y = 1 \implies x = 0 \text{ または } y = 0$$

が成り立つことを証明せよ．$1 = S(0)$ であることに注意．$+$ に関する性質は自由に使ってよい．

2. $P(n)$ を自然数 n に関する命題とする．次のような特殊な形の証明法を考える．

$$\frac{P(0) \quad \forall n \in \boldsymbol{N}[P(\lfloor \frac{n}{2} \rfloor) \implies P(n)]}{\forall n \in \boldsymbol{N}[P(n)]} \quad ①$$

次のことを証明せよ．
(1) ①が成り立つことを，完全帰納法 ② に帰着させることにより証明せよ．

$$\frac{P(0) \quad \forall n \in \boldsymbol{N}[P(0) \land \cdots \land P(n) \implies P(n+1)]}{\forall n \in \boldsymbol{N}[P(n)]} \quad ②$$

(2) 関数 $f : \boldsymbol{N} \to \boldsymbol{N}$ を

$$\begin{cases} f(0) = 0, \ f(1) = 1, \\ f(n) = f\left(\left\lfloor \dfrac{n}{2} \right\rfloor\right) + f\left(\left\lceil \dfrac{n}{2} \right\rceil\right) \quad (n \geqq 2 \text{ のとき}) \end{cases}$$

で定義する．$f(n)$ を n の式で表せ．また，それが正しいことを証明せよ．

3. 10個の数字からなるアルファベット $\Sigma = \{0, 1, 2, \ldots, 9\}$ を考える．言語 Σ^+ の元である文字列は 10 進数であると考える．
(1) 次の言語を，言語上の演算 $\cdot$ (連接)，$*$ などを用いて表せ．
  (a) Σ^+ から先頭が 0 で始まる 10 進数すべて (0 も含む) を除いた言語 D
  (b) D の部分集合で，5 の倍数からなる言語 F
(2) 再帰的に定義せよ．
  (a) (1)(b) の F
  (b) Σ 上の語で，前から読んでも後から読んでも同じであるもの (**回文**という) からなる言語
(3) (2)(b) の「回文」とはどのようなものであるかを BNF で定義せよ．
(4) 関数 $p : \Sigma^* \to 2^{\Sigma^*}$ を次のように再帰的に定義する．

$$\begin{cases} p(\lambda) = \{\lambda\} \\ p(ax) = \{\lambda\} \cup \{ay \mid y \in p(x)\} \quad (a \in \Sigma, x \in \Sigma^*) \end{cases}$$

$p(123)$ を求めよ．また，$|p(x)|$ を $|x|$ の式で表せ．

4. R を有限集合 A 上の 2 項関係とする．$i \geqq 0$ に対して，部分関数 ($\mathrm{Dom} R = A$ であるとは限らない関数のこと) $R^{(i)} : A \to 2^A$ を次のように再帰的に定義する：

$$a \in A \text{ に対して，} \begin{cases} R^{(0)}(a) := \{a\}, \\ R^{(i+1)}(a) := R(R^{(i)}(a)). \end{cases}$$

(注：当然のことであるが，$B \subseteq A$ に対して $R(B) := \bigcup_{b \in B} R(b)$ である．) また，$R^{(*)}(a) := \bigcup_{i \geqq 0} R^{(i)}(a)$ と定義する．

(1) $A = \{a, b, c, d, e\}$, $R = \{(a,a), (a,b), (a,c), (b,c), (c,a), (c,d), (d,d)\}$ であるとき，$R^{(2)}(a)$, $(R^{-1})^{(3)}(a)$ をそれぞれ求めよ．

(2) 任意の $i \geqq 0$, $a \in A$ に対し，$R^{(i)}(a) = R^i(a)$, $R^{(*)}(a) = R^*(a)$ であることを証明せよ．また，R^i, R^* を $R^{(i)}$, $R^{(*)}$ を用いて表せ．

(3) $B \subseteq A$ が $R^{(*)}(B) = A$ を満たすとき，B を R に関する A の生成集合と呼ぶことにする．

 (a) (1) の R に関して，A の生成集合で元の個数が最小のもの (そのようなものを A の基底と呼ぶことにする) を求めよ．
 (b) 一般に，R が与えられたとき，A の基底を求める手順 (アルゴリズム) を示せ．

(4) R と半順序の関係について，次のことに答えよ．

 (a) R^* が半順序にならないような R の例を示せ．
 (b) R が半順序ならば $R = R^*$ である (したがって，R^* も半順序である) ことを証明せよ．
 (c) (b) も考慮し，R が半順序であるための条件を id_A, R^{-1}, R^* を用いて表せ．
 (d) R^* が半順序のとき，$a \in A$ が R^* に関して A の極大元であるための条件を求めよ．
 (e) R^* が半順序のとき，R^* に関して A に最小元が存在するための条件を求めよ．

(5) $A = \{a, b, c, d, e\}$ とする．以下の各問に答えよ．

 (a) (7,6)-有向グラフの中で片方向連結成分が 4 個のもの，弱連結成分が 3 個のものをそれぞれ 1 つずつ図示せよ．
 (b) $0 < |E(G)| < |V(G)|$ を満たす強連結有向グラフは存在するか？
 (c) 半順序のハッセ図を有向グラフ $G = (V, E)$ と見たとき，G はどのような性質を持っているか述べよ．逆に，有向グラフ $G = (V, E)$ が V 上の半順序のハッセ図になるための条件を求めよ．
 (d) A 上の 2 項関係 $R_1 = \{a\} \times \{a, b\}$, $R_2 = \{a, b\} \times \{b, c\}$ を考える．

$$R_3 = R_1 \cap R_1^{-1}, \quad R_4 = R_1 \cup R_2, \quad R_5 = R_4^*$$

をそれぞれ求めて有向グラフとして図示せよ．また，R_5 に最小限の辺を加えて同値関係 (の有向グラフ) となるようにせよ．

総合問題 (5) 第2章〜第3章

1. $P := \{2, 3, 5, \ldots\}$ を素数すべての集合とする．素数 $p \in P$ に対し，$\boldsymbol{N} = \{0, 1, 2, \cdots\}$ 上の2項関係 ρ_p を $x\,\rho_p\,y \overset{\text{def}}{\iff} y = px$ で定義する．
(1) $1\,\rho_2^3\,y$ を満たす y を求めよ．
(2) $B(12) = \{x \mid x\,(\bigcup_{p \in P} \rho_p)^*\,12\}$ を求めよ．一般に，$n \in \boldsymbol{N}$ に対し，$B(n) = \{x \mid x\,(\bigcup_{p \in P} \rho_p)^*\,n\}$ はどのような集合か？
(3) $C(12) = \{x \mid x\,(\bigcup_{p \in P} \rho_p^*)\,12\}$ を求めよ．
(4) $n\,(\bigcup_{p \in P} \rho_p)^*\,x$ かつ $\left[y\,(\bigcup_{p \in P} \rho_p)^+\,x \implies y = 1\right]$ が成り立つとき，n はどのような数か？
(5) ρ_p^* は半順序であるが全順序でないことを示せ．
(6) $R_p := (\rho_p \cup \rho_p^{-1})^+ \cup id_{\boldsymbol{N}}$ と定義する．R_p が同値関係であることを示し，同値類 $[6]_{R_3}$ を求めよ．

2. 2つの自然数 a, b の最大公約数 $\gcd(a, b)$ を求める次の方法は**ユークリッドの互除法**と呼ばれている．

1. $n = 1$, $x_{n-1} \leftarrow \max\{a, b\}$, $x_n \leftarrow \min\{a, b\}$ とする．
2. $x_n > 0$ の間，次を繰り返す：
   2.1. $x_{n+1} \leftarrow (x_{n-1} \bmod x_n)$ とする．
   2.2. $n \leftarrow n + 1$ (すなわち，n を1増やす)．
3. ここに到達したとき，$x_n = 0$ であり，$x_{n-1} = \gcd(a, b)$ である．

(1) ユークリッドの互除法を再帰的なアルゴリズムとして書け．
(2) (1) のアルゴリズムを拡張すると，a, b が与えられたとき，$ax + by = \gcd(a, b)$ を満たす x, y を求めるような再帰的アルゴリズム extended_Euclid(a, b) にすることができる (**一般化ユークリッドの互除法**)．

1. $b = 0$ なら $(a, 1, 0)$ を答として終了する．
2. そうでないなら次を実行する．
   2.1. extended_Euclid$(b, a \bmod b)$ を計算した結果を (c, x', y') とする．
   2.2. $x \leftarrow y'$; $y \leftarrow x' - (a \operatorname{\mathbf{div}} b)y'$ とし，(c, x, y) を答とする．

このアルゴリズムを用いて (実行過程を示すこと)，$588a + 840b = \gcd(588, 840)$ を満たす整数 a, b を求めよ．

3. 右図のような有向グラフ $G = (V, E)$ を考える．各辺 $e \in E$ にはアルファベット $\Sigma = \{a, b, c\}$ の元がラベル付けされている．この対応を表す関数を $\ell : E \to \Sigma$ とする．すなわち，$\ell(1, 2) = a$, $\ell(1, 5) = b$, $\ell(2, 2) = a$, $\ell(2, 3) = b$, $\ell(3, 4) = b$, $\ell(4, 2) = c$, $\ell(5, 5) = c$ である．以下の各問に答えよ．

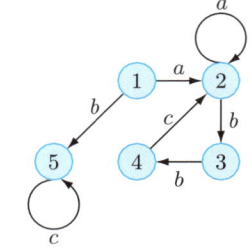

(1) V, E を求めよ.
(2) G の強連結成分と片方向連結成分をすべて求めよ (図で示すこと).
(3) G 上の道 $p = e_1 e_2 \cdots e_n$ (各 $e_i \in E$) に Σ^* の元である文字列 $\ell^*(p)$ を次のように対応させる ($\ell^* : E^* \to \Sigma^*$ はこの対応を表す写像である).

$$\ell^*(e_1 e_2 \cdots e_n) = \begin{cases} \lambda & (n = 0,\ \text{すなわち},\ p\ \text{が長さ}\ 0\ \text{の道のとき}) \\ \ell(e_1)\ell^*(e_2 \cdots e_n) & (n \geqq 1\ \text{のとき}) \end{cases}$$

$\ell^*((1,2)(2,2)(2,2)(2,3)(3,4))$ を求めよ.
(4) $i, j \in V$ に対して,
$$L(i, j) := \{\ell^*(p) \mid p\ \text{は}\ i\ \text{を始点},\ j\ \text{を終点とする}\ G\ \text{上の道}\}$$
と定義する. $L(1, 4)$ を求めよ.
(5) $L(1, 4)$ を生成する文脈自由文法 $G_{1,4}$ を 1 つ示し (実は, 任意の i, j に対し, $L(i.j)$ は文脈自由言語である), $G_{1,4}$ における $aabbca$ の導出と導出木を 1 つ示せ.

4. アルファベット $\Sigma = \{0, 1, \star, [,]\}$ を考える.
(1) $\Sigma^2 \cap \{0, 1\}^*$ を求めよ.
(2) Σ 上の言語 L を次のように再帰的に定義する:
　　初期ステップ: $x \in \{0, 1\}$ ならば, $x \in L$ である.
　　再帰ステップ: $x, y \in L$ ならば, $[x \star y] \in L$ である.
　　限定句: 上記で定まるものだけが L の元である.
 (a) L の元で長さが 9 のものを 1 つ示せ (なぜ L の元であるか説明せよ).
 (b) $x \in L$ ならば, $|x| = 4n + 1\ (n \in \boldsymbol{N})$ であることを証明せよ.
 (c) L は CFL (文脈自由言語) であることを示せ.
(3) Σ^* 上の 2 項関係 ρ を次のように定義する.
　1. $0 \star 0\ \rho\ 0,\quad 0 \star 1\ \rho\ 1,\quad 1 \star 0\ \rho\ 1,\quad 1 \star 1\ \rho\ 0$.
　2. $\alpha, \beta \in \Sigma^*$ ならば, $\alpha[0]\beta\ \rho\ \alpha 0 \beta,\ \alpha[1]\beta\ \rho\ \alpha 1 \beta,\ \alpha[\,]\beta\ \rho\ \alpha\beta$.
 (a) $x \rho y$ となる y が存在しないとき, x は 終点であるという. $[[1 \star 0] \star [1 \star 1]]\ \rho^*\ x$ となる終点 x を求めよ.
 (b) ρ はチャーチ–ロッサーか否か, 理由を付して答えよ.
 (c) $(L \cap \Sigma^{\leq 5}, \rho)$ の有向グラフを示せ. ただし, $\Sigma^{\leq 5} = \bigcup_{0 \leq i \leq 5} \Sigma^i$ とする.
 (d) ρ^* は Σ^* 上の半順序であることを示し, $(\{[,]\}^*, \rho^*)$ のハッセ図の一部を示せ.
 (e) (Σ^*, ρ^*) におけるサイズ 3 以上の鎖および反鎖をそれぞれ 1 つ示せ.
 (f) 語 x が (Σ^*, ρ^*) の極小元であるための条件を求めよ. ただし, $x \rho y$ であるとき x より y が小さいと定義する.
 (g) $rst(\rho)$ を $\sim$ で表す. $\sim$ は Σ^* 上の同値関係であるが, L 上の同値関係でもあることを示せ. 一般に, R が X 上の同値関係であり, $Y \subseteq X$ であるとき, R は Y 上の同値関係でもあるか?
 (h) $L / \sim$ を求めよ.
 (i) $x, y, z \in L$ ならば, $[x \star [y \star z]] \sim [[x \star y] \star z]$ であることを証明せよ.

総合問題 (6) 第4章〜第6章

1. 次の条件を満たすグラフを1つ示せ．存在しない場合は理由を述べよ．
(1) $\kappa(G) = \lambda(G) = 1$ のハミルトングラフ G
(2) $k(G) = 2$ で，閉路を持つ2部グラフ G
(3) 高さが3の正則3分木で，ノード数が最も少ないもの
(4) 頂点数が最も少ない4重連結グラフ
(5) $|V(G)| = 5$, $|E(G)| = 4$, $\delta(G) = 3$ の連結グラフ G
(6) $\overline{K}_6 \times C_6$ を部分グラフとして含む，辺数最小の連結グラフ
(7) $7E_7$ を次数行列とするオイラーグラフ．ただし，E_n は n 次の単位行列を表す
(8) $\mathrm{rad}(G) = \mathrm{diam}(G) = 8$ のグラフ G
(9) 9次元立方体 Q_9 と同型な $(2^9, 3^9)$ グラフ
(10) 「根の左の子孫の数」−「根の右の子孫の数」$= 10$ を満たす2分順序木．ただし，あるノードの「左/右の子孫」とは，そのノードの左/右の子の子孫のこと．

2. $n \geqq 2$ ならば Q_n はハミルトングラフであることを示せ．

3. 樹形 $T_1 := \{\lambda, 1, 2, 11, 12, 21, 22, 23, 121, 211, 212, 231, 232, 233\}$ の左から2つ目の葉 ℓ のところに樹形 $T_2 := \{\lambda, 1, 2, 3, 21, 22\}$ を接木してできる樹形を $T_3 := T_1 \cup \{\ell x \mid x \in T_2\}$ とする．
(1) T_1 と T_3 を描け．
(2) $\max\{|x| \mid x \in T_1\}$ は何を表すか？また，$\max_{x \in T_1} |\{y \mid xy \in T_1, |y| \leqq 2\}|$ は何を表すか？

4. (1) 連結な無閉路グラフ(すなわち，木)内の最長道を求めるアルゴリズムを示せ(ヒント：最長道の両端点は木の葉（次数が1の頂点）であることに注意する)．
(2) (1)を用いて，木の中心を求めるアルゴリズムを考えよ．

5. 命題論理の論理式 $\mathcal{A} := (A|B)|(\neg A|\neg B)$ と $\mathcal{B} := (A|B)|C$ を考える．ただし，$X|Y := \neg(X \wedge Y)$ は X と Y の NAND である．
(1) $\mathcal{A}$ はトートロジーか？
(2) $\mathcal{B}$ を $\neg$ と $\wedge$ だけで表せ(すなわち，論理演算子として $\neg$ と $\wedge$ だけを含み，$\mathcal{B}$ と論理的に等しい論理式を求めよ)．
(3) $\mathcal{B}$ の主加法標準形を求めよ．
(4) $\mathcal{B}$ の双対を $\downarrow$ だけで表せ．$X \downarrow Y := \neg(X \vee Y)$ は X と Y の NOR である．

6. 次の主張を命題論理あるいは述語論理の論理式として表し，それが論理的に正しい主張か否かを考察せよ．
(1) 『人柄の良い人は誰からも好かれる．A さんを好きでない人がいる．ということは，A さんは人柄が良くない．』
(2) 『命題 A か B が正しいなら命題 C が成り立つという．また，命題 D が成り立たないなら C も成り立たないという．このとき，A が成り立つなら D が成り立つ．』

総合問題 (7) 第4章〜第6章

1. 右のグラフを $G = (V, E)$ とする．以下の各問に答えよ． 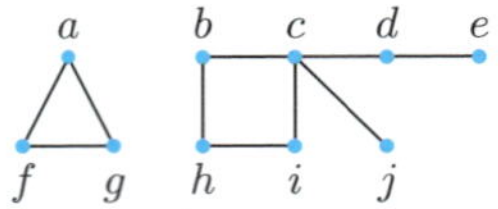
(1) 切断点および橋辺をすべて示せ．
(2) $k(G - c)$, $|V(\overline{G})|$, $|E(G - c)|$ を求めよ．
(3) $U = \{a, b, c, d, h, i\}$ とする．誘導部分グラフ $\langle U \rangle_G$ を図示せよ．

2. $G := P_n \times C_4$ を考える．以下の各問に答えよ．
(1) G は (p, q)-グラフである．p, q を求めよ．
(2) G はハミルトングラフか？
(3) 最小で何本の辺を G に追加するとオイラーグラフにすることができるか？
(4) G は 2 部グラフか？
(5) $\lambda(G), \kappa(G)$ を求めよ．
(6) G の直径と半径を求めよ．

3. 右のグラフを $G = (V, E)$ とする．以下の各問について，理由を説明して答えよ． 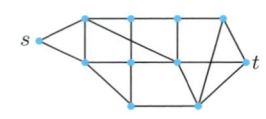
(1) G において最小の (s, t) カットを求めよ．s, t 間の内素な道をすべて示せ．
(2) G の部分グラフ G' で $\delta(G') \geqq 3$ を満たす極大なものを考える．G' の染色数を求めよ．
(3) G の連結部分グラフで閉路のないものを G'' とする．$r \in V(G'')$ を選んで，r を根とする根付き木 $T = (G'', r)$ の高さが最小となるようにせよ (解が複数ある場合は，そのうちの 1 つを示せばよい)．r およびそのときの T の高さを求めよ．

4. 各ノード (頂点) に次のようにラベル集合 $L = \{a, b, c, d, e\}$ の元をラベル付けした根付き木 T を考える． 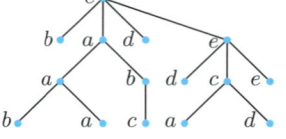
(1) T を樹形 D とラベル付け関数 $t : D \to L$ で表せ．
(2) T のノード $2 \in D$ の子孫すべて，$212 \in D$ の先祖すべて (D の元) を示せ．
(3) 一般に，樹形表現された根付き木 $T = (D, t)$, $t : D \to L$ の高さ $\mathrm{height}(T)$ および T が正則であるための条件，T が完全 2 分木であるための条件のそれぞれを形式言語の用語を用いて 表せ．

5. A, B, C を命題変数とし，論理式 $\mathcal{A}[A, B, C] := (A | B) \land (A \downarrow C)$ と $\mathcal{B}[A, B] = (A | B) \lor (A \downarrow B)$ を考える．
(1) $\mathcal{A}$ を簡単にせよ． (2) $|$ は結合律を満たすか？
(3) $\mathcal{A}$ の双対を $|$ と $\downarrow$ で表せ． (4) $\mathcal{B}$ の主加法標準形を求めよ．
(5) $\mathcal{B}$ を $\neg$ と $\lor$ だけで表せ．
(6) 命題変数を適当に設定して次の陳述を論理式 $\mathcal{C}$ で表せ．$\mathcal{C}$ は論理的に正しい主張か？『夏は暑く，冬は寒い．よって，暑くも寒くもないなら夏でも冬でもない．』

第 7 章 総 合 問 題　　　　　　　　　　　　　175

総合問題 (8) 第 4 章〜第 6 章

1. グラフに関する次のそれぞれの問に答えよ．
(1) $v \notin V(P_4)$ とするとき，$P_4 + v$ の接続行列を求めよ．ただし，P_4 の頂点番号を 1〜4 とし，v の頂点番号を 5 とせよ．
(2) $n \geqq 3$ を素数とする．A を C_n の隣接行列とするとき，A^n の対角成分を求めよ．
(3) $K_3 \times \overline{K_3}$ を図示せよ．また，右図のグラフを同様な式で表せ．
(4) 次の命題の反例を挙げよ：サイクル上にある頂点はカット点ではない．

2. 端点 (次数が 1 である頂点) が存在しない連結グラフは 2 重辺連結 ($\lambda(G) \geqq 2$) である．正しければ証明し，正しくなければ反例を挙げよ．

3. G を自己補グラフとし，P_4 を G と重ならないように取り，P_4 の 2 つの端点と G の各頂点とを結ぶ辺を追加して得られるグラフを H とする．H は自己補グラフであることを証明せよ．

4. 次のグラフを G とする．以下の各問に答えよ．

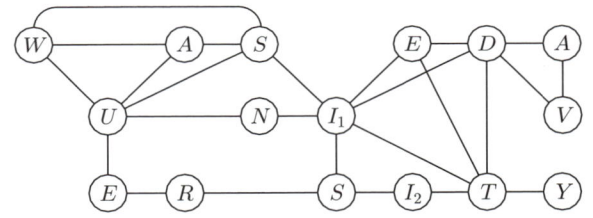

(1) 頂点 Ⓦ を出発点として G を底優先探索 (DFS) する．ただし，頂点に付けられたラベル (英字) が若いものを優先してたどるものとする．DFS の前にはすべての頂点が白色であるとし，DFS の過程で初めて通過するときに黒色を塗る．特に，Ⓦ は出発時に黒く塗る．DFS において黒頂点から白頂点へ向かうときに通過する辺を太くして示せ．
(2) (1) で得られた太線のグラフは木である．Ⓦ を根とする根付き木とみたとき，高さを求めよ．
(3) $|V(G)|$, $\Delta(G)$, $\kappa(G + Ⓥ Ⓨ)$, $k(G - \{Ⓘ_1, Ⓣ\})$, $d(Ⓦ, Ⓨ)$ を求めよ．
(4) G に最小数の辺を付加してオイラーグラフとなるようにせよ．
(5) G の最大クリーク (完全グラフであるような部分グラフで，頂点数が最大のもの) の頂点を黒く塗って示せ．
(6) G は 2 部グラフか？ 平面グラフか？ 平面的グラフか？
(7) G の橋辺をすべて示せ．

5. 2 分探索木について，以下の問に答えよ．
(1) 最大値はどの頂点にあるか？
(2) 次のデータに対する 2 分探索木を 1 つ示せ：$5, 35, 80, 55, 100, 50, 43, 20, 33, 37, 36$
(3) (2) の 2 分木を後順序でたどり，たどられる順に頂点に番号を付けよ．

総合問題 (9) 第4章〜第6章

1. グラフに関する以下の各問に答えよ．
(1) $(3,5)$ グラフが存在すれば 1 つ示せ．
(2) $K_{2,3,4}$ の部分グラフで 2 部グラフでないものが存在すれば 1 つ示せ．
(3) $G = (\{a, b, \cdots, f, g\}, \{bc, bd, cd, ce, de, fg\})$ を図示し，$k(G)$ を求めよ．また，G の極大な連結部分グラフを G' とするとき，$\lambda(G')$ を求めよ．
(4) P_3 の隣接行列を A とする．A を求めよ．また，A^{2n+1} の対角成分を求めよ．
(5) $G := (P_4 \times P_2) + K_1$ を図示せよ．$\Delta(G)$ は？
(6) $\text{rad}(C_n \times P_n)$, $\text{diam}(P_n \times C_n)$ を求めよ．
(7) $C_n \times P_n$ の連結度を求めよ．
(8) 葉の数が $2n+1$ の 3 分木の頂点数はいくつか？ 不等式で示せ．
(9) データ集合 $\{1, 2, \cdots, 10\}$ をラベルとする 2 分探索木 T で高さが 5 であるものを 1 つ示せ．T を後順序でたどったとき，5 は何番目にたどられるか？

2. B は G の接続行列であり，

$$B^t B = \begin{bmatrix} 2 & 1 & 1 & 0 \\ 1 & 2 & 1 & 0 \\ 1 & 1 & 3 & 1 \\ 0 & 0 & 1 & 1 \end{bmatrix}$$

である．G の概形を描け．また，G の隣接行列を求めよ．

3. グラフに関する以下の各問に答えよ．
(1) $|V(G)| = 5$ でハミルトングラフであるがオイラーグラフでないものが存在すれば 1 つ示せ．
(2) Q_n を n 次元立方体とする．$\overline{Q_n}$ がハミルトングラフであるための条件，およびオイラーグラフであるための条件をそれぞれ求めよ．

4. 命題論理について，以下の各問に答えよ．A, B, C は命題変数を，$\mathcal{A}, \mathcal{B}$ は論理式を表す．
(1) 論理式 $\mathcal{A}[A, B, C] := (A \vee B \to C) \wedge (\neg C \to A \mid B)$ を考える．
  (a) $\neg$ と $\vee$ だけで表せ．
  (b) できるだけ簡単になるように同値変形せよ．
  (c) 主加法標準形と主乗法標準形を求めよ．
(2) 次のことは成り立つか？ 成り立つなら証明し，成り立たないなら反例を挙げよ．
$$\vDash \mathcal{A}^* \vee \mathcal{B}^* \implies \vDash \mathcal{A} \text{ かつ } \vDash \mathcal{B}.$$
(3) 次の陳述を命題論理の論理式として表し，正しい主張であるか否かを論ぜよ．

『雨が降っているのに傘を持たずに外出すると濡れる．A さんは傘を持たずに外出したが，(10 分後に) 帰宅したときに濡れていなかった．よって，A さんが外出した時に雨は降っていなかったと言える．』

第 7 章 総合問題

総合問題 (10) 第 4 章〜第 6 章

1. 次の条件を満たす (無向) グラフ G を (存在すれば) それぞれ 1 つ示せ．
(1) $k(G) = \kappa(G)$．
(2) C_5 の部分グラフで，連結，P_4 と同型でない．
(3) 正則な $(p, 5)$ グラフ．
(4) 位数が 5，すべての頂点が偶頂点，2 重連結，かつ，辺数が最小．
(5) $|V(G)| = |E(G)|$, $\mathrm{diam}(G) = 3$ で，すべての頂点が G の中心．
(6) $\delta(G) \geqq 3$ で，切断点も橋辺も含むオイラーグラフ．
(7) $K_{3,4}$ の部分グラフで，ハミルトングラフでなく，サイズが最大なもの．
(8) 中心が 3 個あり，閉路を持たない．

2. 戦国時代，各国は国境に関所を設けて関銭 (通行税) を徴収した．隣合う国同士は共同で関所を管理していたので，どちらに向かう場合でも関銭は 1 回だけ支払えばよかった．関銭をまとめたのが下記の表である (貨幣の単位は「文」．記入の無い組合せは隣国同士ではない．対称なので右上三角形部分しか記入してない)．以下の問に，求め方や理由を説明して答えよ．
(1) s 国から t 国へ行くには，どのような国を経由して行くのがもっとも安上がりか？ 解が複数ある場合には，そのすべてを求めよ．
(2) s 国から出発してすべての国を少なくとも 1 回訪れたい (s 国へ戻ってこなくてもよい)．どのような順序で各国を訪れるのがもっとも安上がりか？

	a	b	c	d	e	f	g	h	t
s	2				4		5		
a		4					6		
b			3	2				1	6
c				1				1	2
d					4	2			
e						3	3		
f							2		4
g									6

3. 有限オートマトンと正規表現に関して，次の問に答えよ．
(1) 次の命題の (a) または (b) のどちらかを証明せよ．
命題 (a) 自然数の各桁の和を 3 で割った余りと，その自然数を 3 で割った余りとは等しい． (b) 自然数の各桁に対して，右から数えて奇数番目のときはその桁の値，偶数番目のときには 11 からその桁の値を引いたものを考える．それらの値の和を 11 で割った余りと，元の自然数を 11 で割った余りとは 等しい．
(2) 自然数 (0 を含む) をアルファベット $\{0, 1, 2, \ldots, 9\}$ 上の文字列と見たとき，3 の倍数の全体を $\cup$, $*$, $\cdot$ を使って言語として表せ．
(3) 11 の倍数を認識 (受理) する有限オートマトンを示せ．

(4) 次の λ 遷移を持つ NFA(非決定性有限オートマトン) の遷移表を遷移図に直せ.

	λ	a	b	c
p	$\{r\}$	$\{q,r\}$		
q			$\{q,r\}$	
r	$\{s\}$	$\{s\}$	$\{s\}$	
s				$\{q,t\}$
t	$\{t\}$	$\{s\}$	$\{s\}$	

(5) (4) の NFA が受理する言語を示せ. p を初期状態, q を受理状態とする.
(6) (4) の NFA と同値な DFA((決定性) 有限オートマトン) を求めよ.

4. 命題論理, 述語論理について以下の問に答えよ. A, B, C, D, E は命題変数である.
(1) $(A \to B \wedge C) \to (D \to (E \to D))$ を簡単にせよ.
(2) $(A \to B) \to C$ の加法標準形の双対を求めよ. また, $\downarrow$ (NOR) だけで表せ.
(3) A が成り立つなら B または C が成り立ち, B が成り立たないなら A または D が成り立たない. また, C が成り立つなら A または D が成り立つとする. このとき, C が成り立たないなら A も成り立たないといえるか?
(4) 整数の全体 $\mathbf{Z}$ を定義域とし, 次のように解釈された定数記号 a, b, 関数記号 f, 述語記号 P を考える.
$$a = 2, \ f(x, y) = x \cdot y, \ P(x, y) : x = y, \ Q(x, y) : x < y$$
これら (と適当な変数記号) だけを用いて, 「奇数は無限に存在する」ことを表す述語論理の論理式 $\mathcal{A}$ を作れ. それは恒真 ($\models \mathcal{A}$) であるか?

5. 命題論理に関して以下のことに答えよ.
(1) 排他的論理和 $\oplus$ に関して次のことは成り立つか?
$$\models A \oplus B \iff \ \models A \text{ または } \models B \text{ のどちらか一方だけが成り立つ.}$$
(2) $(A \to B) \to C$ と $A \to (B \to C)$ は論理的に等しいか?
(3) $\neg$ と $\wedge$ だけで, あるいは NAND だけですべての論理式が表せることを, 論理式の集合 $\{\neg A, A \wedge B\}$ あるいは $\{\neg(A \wedge B)\}$ はそれぞれ完全集合であるという. 次のそれぞれの集合は完全集合か?
　　(a) $\{\neg A \wedge \neg B\}$　　(b) $\{\neg A, A \wedge \neg B \vee \neg A \wedge B\}$
(4) 次の論理式をできるだけ簡単にせよ:
$$A \wedge B \wedge C \leftrightarrow A \wedge B \to C.$$
(5) 次の論理式の (主) 加法標準形 (積和標準形) を求めよ:
$$(A \wedge \neg B \vee A)^* \vee C.$$

問 題 解 答

● 第 1 章

1.1 (1) $0.1, 0.2, \ldots, 0.9$ (2) 1 (3) 0 (4) 存在しない
(5) $0, 4, 8$ (6) $\emptyset$ (7) $\emptyset, \{1\}$ (8) $-1, -2$ (「,」は「かつ」を表すことに注意) (9) 実数すべて (10) 存在しない

1.2 (1) どんな 2 つの異なる実数の間にもそれらと異なる実数が存在する.
(2) x は素数である. (3) a_0 は実数の部分集合 A の最大元である.
(4) 自然数の空でない任意の部分集合には最小元 (m_0) が存在する.

1.3 (1) $\exists x \forall y\,[\,\text{love}(y, x)\,]$ (2) $\forall n \in \mathbf{N}\ \exists m \in \mathbf{N}\,[\,m > n\,]$
(3) $x \mid z \wedge y \mid z \wedge \forall w \in \mathbf{N}\,[\,x \mid w \wedge y \mid w \implies z \leqq w\,]$ (z は x の倍数であり (つまり, x は z を割り切り), かつ z は y の倍数であり (つまり, y は z を割り切り), かつ「x の倍数かつ y の倍数であるような自然数 w が存在したとすると, それは z よりも大きくはない」.「 」の部分は, $\not\exists w \in \mathbf{N}\,[\,x \mid w \wedge y \mid w \wedge z < w\,]$ (x の倍数であり, かつ y の倍数であり, かつ z よりも真に大きい自然数は存在しない) と表すこともできる).
(4) $\forall x\,[\,x \in \mathbf{R} \wedge x > 0 \implies \exists y \in R\,[\,x = y^2 \wedge y < 0\,]\,]$
(5) $A \cap B := \{x \mid x \in A, x \in B\}$ (「,」の代わりに「$\wedge$」を, := の代わりに $\overset{\text{def}}{\iff}$ を用いて $x \in A \cap B \overset{\text{def}}{\iff} x \in A \wedge x \in B$ と書いてもよい)

1.4 (1) 必要条件 (例えば, $x = 0.8 < 1$, $y = 0.8 < 1$ であっても $x^2 + y^2 = 1.28 > 1$ なので, 十分条件ではない).
(2) 必要十分条件. (3) 必要条件でも十分条件でもない.
(4) 十分条件 (例えば, $x = 0.8$, $y = 0$ なら $x < \frac{1}{\sqrt{2}}$ かつ $y < \frac{1}{\sqrt{2}}$ ではないが $x^2 + y^2 < 1$ を満たすので, 必要条件ではない).

1.5 (1), (5), (7) は互いに同値 (つまり, 必要十分条件). (2) と (3) は同値.
(1), (5), (7) は (2), (3) の十分条件 ($x = 0$, $y \neq 0$ のとき $xy = 0$ であるが $x = y = 0$ ではないので, 必要条件ではない).
(4) は (1), (5), (7) の必要条件であり (十分条件ではない), (2), (3) の十分条件 (必要条件ではない).
(6) は (1), (5), (7) の必要条件 ($y = -x \neq 0$ なら $x + y = 0$ であるが $xy \neq 0$ なので, 十分条件ではない).

1.6 (1) A (2) $\{0, 3, 6\}$ (3) $\{1, 2, 4, 5, 7, 8\}$ (4) B (5) $\emptyset$
(6) $\{2, 3, 4, 8, 9\}$ (7) $\{(1,2), (1,4), (1,8), (3,2), (3,4), (3,8), (5,2), (5,4), (5,8), (7,2), (7,4), (7,8)\}$ (8) $\{\emptyset, \{0\}, \{6\}, \{0, 6\}\}$ (9) $\{\{0,2\}, \{0,6\}, \{2,4\}, \{2,6\}, \{2,8\}, \{4,6\}, \{6,8\}\}$ (10) $\{(0,0), (0,4), (0,8), (4,0), (4,4), (4,8), (8,0), (8,4), (8,8)\}$

1.7 （1）$= \emptyset \subsetneq$（2）$=$（負でない偶数の集合）$\subsetneq$（3）$= E$(偶数の集合)$\subsetneq$（4）$= \boldsymbol{Z} \subsetneq$（5）$\subsetneq$（6）$= \boldsymbol{Q} \subsetneq$（7）$=$（8）$= \boldsymbol{R}$.

1.8 （1）成り立たない．例えば，$B \supseteq A$, $C \supseteq A$, $B \neq C$ のとき．
（2）成り立つ．$B = C$ を示すためには $B \subseteq C$ を示せば十分である（逆の包含関係は $A \oplus B = A \oplus C$ の B, C を入れ替えたもの．$B = C$ とは $B \subseteq C$ かつ $C \subseteq B$ が成り立つことである）．$B \subseteq C$ を示すには，$\forall x [x \in B \implies x \in C]$ を示す（このような，集合の包含関係や同等性の証明方法が使いこなせるようにしよう！）．任意の $x \in B$ を考える．①$x \in A$ の場合：$x \in A \cap B$ となるので $x \notin A \oplus B$. 仮定 $A \oplus B = A \oplus C$ より $x \notin A \oplus C$. よって，$x \notin A \cup C$ または $x \in A \cap C$. 一方，$x \in A$ なのでこれより $x \in A \cap C$. ∴ $x \in C$. ②$x \notin A$ の場合：$x \in (B - A) \subseteq A \oplus B$ となるので，$A \oplus B = A \oplus C$ より $x \in A \oplus C = (A - C) \cup (C - A)$. 一方，$x \notin A$ なので $x \notin A - C$ ∴ $x \in C - A$ ∴ $x \in C$. 以上で，①，②いずれの場合も $x \in C$.
（3）成り立つ．$2^A \subseteq 2^B$ は「A の任意の部分集合は B の部分集合である」ことを表し，とくに，A 自身も A の部分集合であるから，A は B の部分集合である．
（4）成り立つ．$X - Y = X \cap \overline{Y}$ であること（（2）の証明を参考にして証明せよ）を用いると次のように証明できる．$(A - B) \cap (A - C) = (A \cap \overline{B}) \cap (A \cap \overline{C}) = [\cap$ に関する結合律を用いる$](A \cap A) \cap (\overline{B} \cap \overline{C}) = [$ド・モルガンの法則$]A \cap \overline{(B \cup C)} = A - (B \cup C)$.
（5）成り立たない．一般に，$(A \cup B) \times (C \cup D) = A \times C \cup A \times D \cup B \times C \cup B \times D$ である．

1.9 （1）ド・モルガンの法則と，補集合の補集合は元の集合に等しいこと $(\overline{\overline{A}} = A)$ より，$\overline{\overline{X} \cap \overline{Y}} = \overline{\overline{X}} \cup \overline{\overline{Y}} = X \cup Y$. $\overline{X \cap Y}$ も同様．
（2）$X \cup Y = W$ とおけば，$\overline{X \cup Y \cup Z} = \overline{W \cup Z} = \overline{W} \cap \overline{Z} = (\overline{X \cup Y}) \cap \overline{Z} = \overline{X} \cap \overline{Y} \cap \overline{Z}$. $\cap$ に関する結合律により ( ) を省いている．他も同様．
（3）後半だけ示す（前半の証明も同様）．$x \in (A \cap B) \times C \iff \exists y \in A \cap B$ $\exists z \in C [x = (y, z)] \iff \exists y \exists z [y \in A$ かつ $y \in B$ かつ $z \in C$ かつ $x = (y, z)] \iff \exists y \exists z [y \in A$ かつ $z \in C$ かつ $x = (y, z)]$ かつ $\exists y \exists z [y \in B$ かつ $z \in C$ かつ $x = (y, z)] \iff x \in (A \times C) \cap (B \times C)$.
（4）$(X - Y) - Z = (X \cap \overline{Y}) \cap \overline{Z} = X \cap (\overline{Y} \cap \overline{Z}) = X \cap \overline{(Y \cup Z)}$. 一方，$(X - Z) - (Y - Z) = (X \cap \overline{Z}) \cap \overline{(Y \cap \overline{Z})} = (X \cap \overline{Z}) \cap (\overline{Y} \cup Z) = X \cap (\overline{Z} \cap (\overline{Y} \cup Z)) = X \cap ((\overline{Z} \cap \overline{Y}) \cup (\overline{Z} \cap Z)) = X \cap ((\overline{Z} \cap \overline{Y}) \cup \emptyset) = X \cap (\overline{Z} \cap \overline{Y}) = X \cap \overline{(Y \cup Z)} = X - (Y \cup Z)$（結合律，ド・モルガン律，分配律を使っている）．

1.10 $X \subseteq Y$ とすると，$x \in X \implies x \in Y$ だから $x \in X \implies x \in X \wedge x \in Y$. すなわち，$X \subseteq X \cap Y$. 一方，$x \in X \cap Y \implies x \in X$ だから $X \cap Y \subseteq X$. 以上で $X \cap Y = X$ が示されたので，$X \subseteq Y \implies X \cap Y = X$. 次に，$X \cap Y = X$ とすると，$X \cup Y = (X \cap Y) \cup Y = Y \cup (X \cap Y) = Y$ である．ここでは，$X = X \cap Y$ であること，$\cup$ の可換性，吸収律をこの順に使っている．よって，$X \cap Y = X \implies X \cup Y = Y$ が示された．次に，$X \cup Y = Y$ とすると $X - Y = X - (X \cup Y)$ だから，$x \in X - Y \iff x \in X - (X \cup Y)$

$\iff x\in X \wedge x\not\in (X\cup Y) \iff x\in X \wedge x\not\in X \wedge x\not\in Y$ である．$x\in X \wedge x\not\in X$ であるような x は存在しないので $X-Y=\emptyset$．これで，$X\cup Y=Y \implies X-Y=\emptyset$ が示された．最後に，$X-Y=\emptyset \implies X\subseteq Y$ を示せばよい．$X-Y=\emptyset$ かつ $x\in X$ とする．$x\not\in Y$ とすると $x\in X-Y$ となり，$X-Y=\emptyset$ に反する．よって，$x\in X \implies x\in Y$，すなわち，$X\subseteq Y$ が示された．

1.11 (1) 成り立たない．正しくは，$|A\cup B|=|A|+|B|-|A\cap B|$ が成り立つ．その理由は，図を描いてみればわかるように，$|A|+|B|$ は，$A\cap B$ の元を $|A|$，$|B|$ それぞれがダブって数えているからである．
(2) 成り立たない．例えば，$A\subsetneq B$ のとき，$|A-B|=|\emptyset|=0$ であるが，$|A|-|B|<0$ である．
(3) 成り立つ．$A\oplus B=(A-B)\cup(B-A)$ で $(A-B)\cap(B-A)=\emptyset$ であるから，(1) に述べた等式より導かれる．また，$A\oplus B=(A\cup B)-(A\cap B)$ であるから，(1) の等式より，$|A\oplus B|=|A|+|B|-2|A\cap B|$ も成り立つ．
(4) 成り立つ．$A\times B$ の元は A の各元ごとに $|B|$ 個ある．

1.12 $|2^{2^A}|=2^{|2^A|}=2^{2^{|A|}}$ $\quad 2^{2^{\{2\}}}=\{\emptyset,\{\emptyset\},\{\{2\}\},\{\emptyset,\{2\}\}\}$

1.13 $A\subseteq B$ なら $\overline{B}\subseteq \overline{A}$ なので $|2^{\overline{A}}|\geq |2^{\overline{B}}|$．

1.14 (1) $f(1)=1, g(10)=81, f(100)=100^2, g(1000)=999^2$
(2) $f^{-1}(81)=\{9\}, g^{-1}(81)=\{10\}, f^{-1}(18)=\emptyset$
(3) $f(\{1,2,3\})=\{1,4,9\}, g(\{4,5\})=\{9,16\}$
(4) $f^{-1}(\{0,1,4\})=\{0,1,2\}, g^{-1}(\{0,1,2\})=\{1,2\}$

1.15 (1) -4 (2) -3 (3) -5 (4) 10 (5) n
(6) n が偶数なら 0，奇数なら 1

1.16 love も wife も関数ではない．love が関数であるためには「どんな男も好きな女性がちょうど 1 人だけいる」ことが条件であり，一婦多夫制の下で wife は部分関数となる．さらに，独身男性がいないならば wife は (全域) 関数になる．

1.17 (1) 定数関数 (2) $\{x\in \boldsymbol{N} \mid x \text{ は奇数}\}$ の特性関数
(3) 射影 $(x,y,z)\mapsto y$ (4) 恒等関数 (5) 定数関数

1.18 (1) 特性関数の定義より，$\chi_{A\cup B}(x)=1 \iff x\in A\cup B \iff x\in A$ または $x\in B$ である．① $x\in A-B$ のとき，$\chi_A(x)=1, \chi_B(x)=0$ なので $\chi_A+\chi_B(x)-\chi_A(x)\cdot\chi_B(x)=1$．② $x\in B-A$ のときも①と同様．③ $x\in A\cap B$ のとき，$\chi_A(x)=\chi_B(x)=1$ なので，与式右辺の値はやはり 1 である．④ $x\not\in A\cup B$ のとき，$\chi_A=\chi_B(x)=0$ なので，与式右辺 $=0$．
(2) $x\in A\cap B$ のときだけ $\chi_A(x)=\chi_B(x)=1$ で，その他の場合は $\chi_A(x), \chi_B(B)$ のどちらか一方が 0 であるから．
(3) $\chi_{\overline{A}}(x)=1 \implies x\in \overline{A} \implies x\not\in A \implies \chi_A(x)=0 \implies 1-\chi_A(x)=1$．$\chi_{\overline{A}}(x)=0 \implies 1-\chi_A(x)=0$ も同様．
(4) (3) と，$A-B=A\cap \overline{B}$ であることに (2) を適用すればよい．

1.19 (1) 全単射 (2) 全射 ($\because$ この関数を f とすると，どんな実数 $y\in \boldsymbol{R}$

に対しても $f(x,x') = xx' = y$ となる実数 x, x' (例えば, $x = y$, $x' = 1$) が存在する) が, 単射ではない ($\because f(x,y) = f(x',y')$ すなわち $xy = x'y'$ であっても $x = x'$, $y = y'$ であるとは限らない).
(3) いずれでもない

1.20 (1) (i) $\mathbf{Z} \times \mathbf{Z}$ 上の大小関係 (全順序) が定義されていないので単調性について言及できない (ii) $\mathbf{Z}$ (iii) $\{(x,x) \mid x \in \mathbf{Z} - \{0\}\}$ (iv) 全単射でない
(2) (i) 狭義単調減少 (ii) $\mathbf{R}_{\geq 0} := \{x \in \mathbf{R} \mid x \geq 0\}$ (iii) $(0,1)$
(iv) $\frac{x+1-\sqrt{x^2+1}}{2x}$ ($x > 0$ のとき), $\frac{1}{2}$ ($x = 0$ のとき), $\frac{x+1+\sqrt{x^2+1}}{2x}$ ($x < 0$ のとき)
(3) (i) 狭義単調増加 ($x \leqq y$ も $y \leqq x$ も成り立たない $x,y \in 2^R$ が存在することに注意する. そうではあるが, $x < y \iff x \subsetneqq y \implies |x| < |y|$ は成り立っているので, 狭義単調増加の条件は満たしている) (ii) $2^{|R|}$ (iii) $\{\emptyset\}$ (iv) 全単射でない (R の部分集合 x,y で $|x| = |y|$ (すなわち要素数が等しい) ものは複数存在するから単射でない)

1.21 (1) $\{1,2,3,4,5\}$ (2) $\{1,2,3,4\}$
(3) $f(1) = 1$, $f(\{2\}) = \{3\}$, $f(\{3,4\}) = \{1,4\}$ (注: $f(2) = 3$ であるが, $f(\{2\})$ は f による集合 $\{2\}$ の像であるから集合であり, $f(\{2\}) = 3$ と答えてはいけない. 同様に, $f(\{3,4\})$ も集合であり, $f(\{3,4\} = \{4,1\}$ でもよい)
(4) $f^{-1}(\{5\}) = \emptyset$, $f^{-1}(\{4\}) = \{3\}$, $f^{-1}(\{3,2,1\}) = \{1,2,4,5\}$
(注: $f^{-1}(\{4\}) = 3$ と答えてはいけない. この問題の場合のように f^{-1} が関数でない場合には, 一般に $\mathrm{Range} f$ の元 y に対して $f^{-1}(y)$ は集合であるからである. $f^{-1}(4)$ は $f^{-1}(\{4\})$ の省略形であるから, $f^{-1}(4)$ も $\{3\}$ であり 3 ではない. ただし, f^{-1} が f の逆関数である場合には $f^{-1}(\{4\}) = \{3\}$, $f^{-1}(4) = 3$ と答えるべきである. $f^{-1}(\{5\})$ は '定義されていない' のではなく, 定義されていてその値が $\emptyset$ なのである)
(5) $f^{-1}(f(A)) = f^{-1}(\{1,2,3,4\}) = \{1,2,3,4,5\}$
(6) $(f \circ f)(5) = f(f(5)) = f(2) = 3$
(7) $(f^{-1} \circ f^{-1})(1) = f^{-1}(f^{-1}(1)) = f^{-1}(\{1,4\}) = \{1,3,4\}$
(8) $\{1\}$ (因みに, $f(A) = \{1,2,3,4\}$, $(f \circ f)(A) = \{1,3,4\}$, $(f \circ f \circ f)(A) = \{1,4\}$, $(f \circ f \circ f \circ f)(A) = \{1\}$, $(f \circ f \circ f \circ f \circ f)(A) = \{1\}$ である)

1.22 (1) $A \subseteq f^{-1}(f(A))$ は $f(A), f^{-1}$ の定義より明らかであるが, ここでは形式的な証明をしてみよう. $x \in A$ とすると $f(A)$ の定義より $f(x) \in f(A)$. よって, f^{-1} の定義より $x \in f^{-1}(f(A))$. $\therefore A \subseteq f^{-1}(f(A))$. f が単射の場合, $f^{-1}(f(A)) \subseteq A$ も証明する. $x \in f^{-1}(f(A))$ とすると, f^{-1} の定義より $f(x) \in f(A)$. $f(x)$ は $f(A) = \{f(x') \mid x' \in A\}$ の元だから $f(x) = f(x')$ なる $x' \in A$ が存在する. もし, $x \notin A$ とすると $x' \in A$ だから $x \neq x'$. ところが $f(x') = f(x)$ で f が単射だから $x = x'$ となり矛盾. よって, $x \in A$.
(2) $y \in f(f^{-1}(B)) \implies y$ は $f^{-1}(B)$ のある元 x の f による像 ($x \in f^{-1}(B)$, $f(x) = y$) である $\implies f^{-1}(B) = \{x \mid f(x) \in B\}$ だから $x \in f^{-1}(B)$ より $f(x) \in B$. すなわち, $y \in B$. $\therefore f(f^{-1}(B)) \subseteq B$. さらに, f が全射の場

合, $y \in B \implies x \in f^{-1}(B)$ が存在して $f(x) = y \implies x \in f^{-1}(B)$ なので $f(x) \in f(f^{-1}(B))$. すなわち, $y \in f(f^{-1}(B))$.

1.23 (1) 任意の $x \in X$ に対して $f \circ g(x) = f \circ h(x)$ であるから, 合成関数の定義より $f(g(x)) = f(h(x))$. f の単射性より $g(x) = h(x)$. ∴ $g = h$.
(2) 任意の $y \in Y$ に対して, f が全射だから $f(x) = y$ となる $x \in X$ が存在する. $g(y) = g(f(x)) = g \circ f(x) = h \circ f(x) = h(f(x)) = h(y)$ より $g = h$.

1.24 はじめに, 次の定理に注意する (『離散数学入門』p.20)：

> **定理 A.1** 関数 $f: X \to Y$ に関する次の4つは同値である.
> (1) f は全単射である.
> (2) 任意の $y \in Y$ に対して $|f^{-1}(y)| = 1$.
> (3) $f^{-1}: Y \to X$ は全単射である.
> (4) $g \circ f = id_X, f \circ g = id_Y$ を満たす関数 $g: Y \to X$ が存在する (このとき, g は f の逆関数 f^{-1} である).

定理 1.2 (2) により, $(f^{-1} \circ g^{-1}) \circ (g \circ f) = f^{-1} \circ ((g^{-1} \circ g) \circ f)$. ここで, g が全単射なので $g^{-1} \circ g = id_Y$ が成り立つので $= f^{-1} \circ (id_Y \circ f) = f^{-1} \circ f$. f が全単射なので $= id_X$. 同様に $(g \circ f) \circ (f^{-1} \circ g^{-1}) = id_Z$ であることが示せるから, 定理 A.1 (4) より $g \circ f$ は $f^{-1} \circ g^{-1}$ の逆関数である. すなわち, $(f \circ g)^{-1} = g^{-1} \circ f^{-1}$ である.

1.25 任意の $x \in \mathbf{R}$ に対して, $(g \circ f)(x) = g(f(x)) = g(3^{2x} + 1) = \frac{1}{2} \log_3 [(3^{2x} + 1) - 1] = \frac{1}{2} \log_3 3^{2x} = \frac{1}{2} 2x = x = id_{\mathbf{R}}(x)$ であり, また, 任意の $x \in I := (1, \infty)$ に対して, $(f \circ g)(x) = f(g(x)) = f(\frac{1}{2} \log_3 (x-1)) = 3^{2(\frac{1}{2} \log_3(x-1))} + 1 = 3^{\log_3(x-1)} + 1 = (x-1) + 1 = x = id_I(x)$ が成り立つので, 定理 A.1 (4) より, f と g は互いに他の逆関数である. f と g が全単射であること (容易) と, $g \circ f = id_{\mathbf{R}}$ を示すだけでもよい.

1.26 (1) f が単射 $\iff$ 任意の $y \in Y$ に対して $|f^{-1}(y)| \leqq 1$ であることに注意すると, f^{-1} は Y から X への部分関数で, 任意の $x \in X$ に対して $|f^{-1}(f(x))| \leqq 1$. 一方, $x \in f^{-1}(f(x))$ であるから $f^{-1}(f(x)) = x$. $g: Y \to X$ を, $f^{-1}(y) = \{x_1\}$ である y に対しては $g(y) = \{x_1\}$, $f^{-1}(y) = \emptyset$ のときは $x_0 \in X$ を任意に選んで $g(y) = x_0$ と定めれば, $g \circ f = id_X$ である. 逆に, $g \circ f = id_X$ とすると, id_X は単射だから, 定理 1.2 (3) により f は単射である. (2) も同様.

1.27 $A = \{a_1, \ldots, a_n\}$ から $B = \{b_1, \ldots, b_m\}$ への写像 f は

a_1	$\cdots$	a_n
$f(a_1)$	$\cdots$	$f(a_n)$

のように表で表すことができる. このような表が何通りあるかというと, どの a_i ($i = 1, \ldots, n$) に対しても $f(a_i)$ の値は $b_1, \ldots, b_m$ のどれかであり, それは m 通り考えられるので, 全部で m^n 通りの異なる表が存在する. すなわち, A, B が有限集合の

とき $|B^A| = |B|^{|A|}$ である.

1.28 (1) $\emptyset$ なので, 有限集合. 濃度は 0.
(2) $\{0\} \times \boldsymbol{Z} \subseteq \boldsymbol{Z} \times \boldsymbol{Z}$, $\{0\} \times \boldsymbol{Z} \sim \boldsymbol{N}$ は明らかで, かつ $\boldsymbol{Z}$ は可算無限集合なので, $\boldsymbol{Z} \times \boldsymbol{Z}$ は無限集合. 実際, $\boldsymbol{Z} \times \boldsymbol{Z}$ の元は $(0,0), (1,0), (1,1), (0,1), (-1,1), (-1,0), (-1,-1), (0,-1), \ldots$ と枚挙できるので, $\boldsymbol{Z}^2$ の濃度は $\aleph_0$. 任意の $n \geqq 3$ について $\boldsymbol{Z}^n \sim \boldsymbol{N}$ であることは n に関する数学的帰納法で証明できる ($\boldsymbol{Z}$ の元の枚挙と $\boldsymbol{Z}^{n-1}$ の元の枚挙から交互に元を取り出して列挙すれば $\boldsymbol{Z}^n$ の元の枚挙が得られる).

$\boldsymbol{R}^2 \sim \boldsymbol{R}$ について. 例題 1.16 より $(0,1] \sim \boldsymbol{R}$ であるから, $(0,1] \times (0,1] \sim (0,1]$ を示せばよい. なぜなら, $(0,1] \sim \boldsymbol{R}$ を与える全単射を $f: (0,1] \to \boldsymbol{R}$ とし, $(0,1] \times (0,1] \sim (0,1]$ を与える全単射を g とすると, $g^{-1}(f^{-1}(x)) = (x_1, x_2)$ のとき $h(x) := (f(x_1), f(x_2))$ と定義すると h は $\boldsymbol{R}$ から $\boldsymbol{R}^2$ への全単射である.

$(0,1]$ に属する実数は, 例えば $0.2 = 0.1999\cdots$ のように 2 通りの表し方ができるが, 後者のように無限小数として表すことにする. このとき, 例えば
$$x = 0.63000507\cdots, \quad y = 0.0050800092\cdots$$
に対して, x, y から交互に, 0 以外が現われる桁までを取ってきて, (x,y) に
$$z = 0.6_\wedge 005_\wedge 3_\wedge 08_\wedge 0005_\wedge 0009_\wedge 07_\wedge 2\cdots$$
を対応させると, 対応 $(x,y) \mapsto z$ は全単射である. よって, $(0,1] \times (0,1] \sim (0,1]$. $n \geqq 3$ に対する $\boldsymbol{R}^n \sim \boldsymbol{R}^{n-1}$ の証明は, $\boldsymbol{R}^2 \sim \boldsymbol{R}$ の証明と同様.

最後に, 複素数 $x + yi$ (i は虚数単位) は 2 つの実数の順序対 (x,y) と同一視できるから $\boldsymbol{C} \sim \boldsymbol{R}^2$. よって, $\boldsymbol{C}^n \sim \boldsymbol{R}^{2n} \sim \boldsymbol{R}$.
(3) この集合を I とする. $F := \{X \subseteq \boldsymbol{N} \mid X \text{ は有限集合}\}$ は例題 1.14 で示したように可算無限集合 (濃度が $\aleph_0$) であり, $I = 2^{\boldsymbol{N}} - F$ である. $I \sim F$ とすると, F の元の枚挙と I の元の枚挙から交互に元を取り出して列挙することにより $F \cup I$ よって $2^{\boldsymbol{N}}$ の元が枚挙できてしまい, $|2^{\boldsymbol{N}}| = \aleph$ であることに反する. $|F| = \aleph$ である.
(4) 無限集合. 任意の $i, j \in \boldsymbol{N}$ ($i \neq j$) に対して写像 f_i, f_j を $f_i(0) = f_i(1) = i$ で定義すると $f_i \neq f_j$ なので, 条件を満たす写像は無限個ある. 濃度は $\aleph_0$.

1.29 (1) 例題 1.16 の (3) より $(0,1) \sim (0,\infty)$. $x \mapsto \frac{1}{x}$ により $(0,\infty) \sim [0,\infty)$. よって, $(0,1) \sim [0,\infty)$.
(2) $\boldsymbol{Z} \to \boldsymbol{Z}$, $2n \mapsto 2n+1$ は偶数の集合から奇数の集合への全単射であるから 偶数の全体 $\sim$ 奇数の全体. $n \mapsto 2n$ は $\boldsymbol{Z}$ から偶数の集合への全単射だから $\boldsymbol{Z} \sim$ 偶数の集合. 全単射 $\boldsymbol{Z} \to \boldsymbol{N}$, $x \mapsto 2x$ ($x \geqq 0$ のとき), $x \mapsto 2|x|-1$ ($x < 0$ のとき) によって $\boldsymbol{Z} \sim \boldsymbol{N}$. よって, $\sim$ の推移性により, 奇数の全体 $\sim$ 偶数の全体 $\sim \boldsymbol{N}$.
(3) $b > -a > 0$ のとき, $x \mapsto -x + a + b$ は $(-\infty, a)$ から (b, ∞) への全単射なので $(-\infty, a) \sim (b, \infty)$. 他の場合も同様. また, 例題 1.16 の (3) と同様に, $(a,b) \sim (b,\infty)$.

1.30 (1) A' が無限集合なら, A' から $f(A') \subsetneq A'$ への全単射 f が存在する. $x \in A - A'$ に対しては $f(x) = x$ と定義して拡張した f は A から

$f(A) = f(A') \cup (A - A') \subsetneq A$ への全単射である. (2) (1) の対偶.
(3) まず, $n \mapsto 2n$ は $\boldsymbol{N}$ から $\boldsymbol{N}$ の真部分集合への全単射であるから $\boldsymbol{N}$ は無限集合. $\boldsymbol{Z}, \boldsymbol{Q}, \boldsymbol{R}$ が無限集合であることは, $\boldsymbol{N}$ が $\boldsymbol{Z}, \boldsymbol{Q}, \boldsymbol{R}$ の部分集合であるから, (1) より導かれる. あるいは, もっと具体的に, $x \geq 0$ のとき $x \mapsto x+1$, $x < 0$ のとき $x \mapsto x$ なる写像は $\boldsymbol{Z}$ からその真部分集合 $\boldsymbol{Z} - \{0\}$ への全単射であるから, と言ってもよい. $\boldsymbol{Q}, \boldsymbol{R}$ もまったく同様.

1.31 $A \cap B = \emptyset$ なら $A - B = A$ なので OK. そうでない場合を考える. A は無限集合なので, $A' \subsetneq A$ と, 全単射 $f : A \to A'$ が存在する. f を B に制限した写像は $A \cap B \subseteq B$ から $f(A \cap B)$ への全単射であるが, B が有限集合であるから $f(A \cap B)$ は $A \cap B$ の真部分集合ではない (もし真部分集合だとすると, $A \cap B$ が無限集合であることが導かれ, $A \cap B \subseteq B$ であるから (1) より B が無限集合となって仮定に反す). よって, $f(A \cap B) = A \cap B$. ゆえに, $A' = f(A) = f(A - B) \cup f(A \cap B) = f(A - B) \cup (A \cap B)$ で $A' \subsetneq A$ であるから, $f(A - B) \subsetneq A - (A \cap B) = A - B$. f は $A - B$ 上の全単射であるから, これは $f(A - B)$ が $A - B$ の真部分集合であることを意味している. よって, $A - B$ は無限集合である. B が無限集合の場合 (例えば $A = B$ のとき) には主張は成り立たない.

1.32 (1) これで $\boldsymbol{N}$ の有限部分集合はすべて枚挙できるが, $\{0, 2, 4, 6, \ldots\}$ といった無限集合を枚挙していない (実は, それらが可算無限個より多く存在する).
(2) $2^{\boldsymbol{N}}$ の元 ($\boldsymbol{N}$ の部分集合) X はその特性関数 χ_X と同一視できるから, 2 進数の実数 $x \in [0, 1]$ を, x の小数第 $n+1$ 位 $:= \chi_X(n)$ によって定義する. この対応は $2^{\boldsymbol{N}}$ から $[0, 1]$ への全射であるが単射ではない (例えば, $0.1 = 0.0111\cdots$ である). このような重複を排除するために, 有限小数に対応する特性関数すべて (その集合を F とする) を $2^{\boldsymbol{N}}$ から除くと, $2^{\boldsymbol{N}} - F$ から $(0, 1]$ への全単射が得られる. よって, $2^{\boldsymbol{N}} - F \sim (0, 1]$. また, 明らかに $F \sim \boldsymbol{N}$ であるから, $2^{\boldsymbol{N}} \sim (0, 1) \cup \boldsymbol{N}$ であることが容易に示せる. $(0, 1) = (\frac{1}{2}, \frac{1}{1}) \cup (\frac{1}{3}, \frac{1}{2}) \cup (\frac{1}{4}, \frac{1}{3}) \cup \cdots \cup \{\frac{1}{2}, \frac{1}{3}, \frac{1}{4}, \ldots\}$ であること, 各 $k \in \boldsymbol{N}_{>0}$ に対して $(\frac{1}{k+1}, \frac{1}{k}) \sim (k, k+1)$ であること (例題 1.16 参照), $\{\frac{1}{2}, \frac{1}{3}, \frac{1}{4}, \ldots\} \sim \boldsymbol{N}$ であることに注意すると $(0, 1) \cup \boldsymbol{N} \sim \boldsymbol{R}$ であることを示すことができる. よって, $\sim$ の推移性により, $2^{\boldsymbol{N}} \sim \boldsymbol{R}$.

1.33 (1) 枚挙 $\langle \sqrt{0}, \sqrt{1}, \sqrt{2}, \ldots \rangle$ が存在するので, A は高々可算である. また, $A \supseteq \boldsymbol{N}$ なので A は有限集合ではない. よって, A は可算無限.
(2) 素数は正整数であるから高々可算無限個しか存在しない. 一方, p を素数とすると, p 以下の素数全ての積に 1 を加えた数 $(2 \cdot 3 \cdots\cdot p) + 1$ も素数である. よって, 素数は無限個存在する.
(3) この集合を Q とする. $ax^2 + bx + c = 0 \mapsto (a, b, c)$ により $Q \sim (\boldsymbol{Q} - \{0\}) \times \boldsymbol{Q}^2$ である. $\boldsymbol{Q}$ の枚挙から 0 を削除すれば $\boldsymbol{Q} - \{0\}$ の枚挙が得られるので, $\boldsymbol{Q} - \{0\} \sim \boldsymbol{Q}$ である. 一方, $\boldsymbol{Q} \sim \boldsymbol{N}$ だから, 濃度の基本的性質 (問題 1.34(2)) により $(\boldsymbol{Q} - \{0\}) \times \boldsymbol{Q}^2 \sim \boldsymbol{N}^3$. 次に, 問題 1.28 の解答と同様に, $\boldsymbol{N}^2 \sim \boldsymbol{N}$. よって, $\boldsymbol{N}^3 \sim \boldsymbol{N}^2 \sim \boldsymbol{N}$. 以上では, $ax^2 + bx + c = 0$ と $k(ax^2 + bx + c) = 0$ を異なるものとしてカウントしているが, 同じとしてカウントしても可算無限である.

(4) まず,任意の $a \in \mathbf{Z}$ に対し $(x,y,z) = (4, 3a+2, 4a+3)$ はこの不定方程式の解であるから,解は無限個存在する.一方,解の候補 (3 つの整数の組) は高々 $|\mathbf{N} \times \mathbf{N} \times \mathbf{N}| = |\mathbf{N}|$ 個 (可算無限個) しか存在しない.

1.34 $X \sim X'$, $Y \sim Y'$ より,全単射 $f: X \to X'$, $g: Y \to Y'$ が存在する.
(1) $x \in X$ なら $h(x) = f(x)$, $y \in Y$ なら $h(y) = g(y)$ として $h: X \cup Y \to X' \cup Y'$ を定義すると,h は全単射である ($\because h(z) = h(z')$ とすると,$h(z), h(z') \in X'$ または $h(z), h(z') \in Y'$. よって,$X \cap Y = \emptyset$, $X' \cap Y' = \emptyset$ であることより $z, z' \in X$ (前者の場合) または $z, z' \in Y$ (後者の場合) である.前者の場合には f の単射性より,後者の場合には g の単射性より $z = z'$ である).よって,$X \cup Y \sim X' \cup Y'$.
(2) $h(x,y) := (f(x), g(y))$ が $X \times Y$ から $X' \times Y'$ への全単射であるから.
(3) $h: Y \to X$ に $h': Y' \to X'$ を次のように対応させる.任意の $y' \in Y'$ に対して $g(y) = y'$ となる $y \in Y$ が一意的に存在する ($y = g^{-1}(y')$).また,y に対して $h(y) = x \in X$ が一意的に存在し,$x \in X$ に対して $f(x) = x' \in X'$ が一意的に定まる.そこで,$h'(y') := x' = f(h(g^{-1}(y')))$ と定義すると h' は Y' から X' への写像である (右図).この対応 $h \mapsto h'$ は X^Y から $X'^{Y'}$ への全単射である.

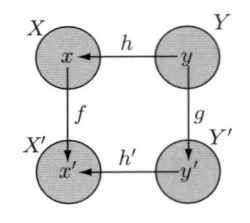

1.35 (1) $id_A(a) = a$ $(a \in A)$ は A から B への単射であるから.
(2) A が有限集合なら,ある自然数 n が存在し,$[n] := \{1, \ldots, n\}$ から A への全単射 f が存在し $A = f([n])$. もし $|A| = |B|$ すなわち $A \sim B$ だとすると A から B への全単射 g が存在する.$h := g \circ f$ は $[n]$ から B への全単射であるから $B = h([n])$. 仮定より $A \subseteq B$ であるから $f([n]) \subseteq h([n])$ であるが f, h が全単射なので $f([n]) = h([n])$. これは $A = B$ を意味し,$A \subsetneq B$ であることに反す.
(3) 例 1.17(1) より,$|\mathbf{N}| = |\mathbf{Z}|$ であるが,$\mathbf{N} \subsetneq \mathbf{Z}$ である.

1.36 $x \in X$ に対し $\{x\}$ を対応させる写像は X から 2^X への単射であるから $|X| \leqq |2^X|$. もし $|X| = |2^X|$ だとすると X から 2^X への全単射 f が存在する.X の部分集合 X_0 を次のように定義する:$X_0 := \{x \in X \mid x \notin f(x)\}$. $X_0 \subseteq X$ で f は全単射なので $f(x_0) = X_0$ となる $x_0 \in X$ が存在する.$x_0 \in X_0$ とすると X_0 の定義より $x_0 \notin f(x_0) = X_0$ となり矛盾.$x_0 \notin X_0$ とするとやはり X_0 の定義より $x_0 \in X_0$ となり矛盾.よって,X から 2^X への全単射は存在しない.$\therefore |X| \neq |2^X|$.

1.37 (1) ${}^tA = \begin{bmatrix} 1 & 0 & 1 \\ 2 & 0 & 0 \\ 3 & 1 & 0 \end{bmatrix}$ (2) $C = \begin{bmatrix} 14 & 3 & 1 \\ 3 & 1 & 0 \\ 1 & 0 & 1 \end{bmatrix}$

(3) $A + {}^tA = \begin{bmatrix} 2 & 2 & 4 \\ 2 & 0 & 1 \\ 4 & 1 & 0 \end{bmatrix}$ (4) $AB = \begin{bmatrix} 5 & 8 \\ 1 & 2 \\ 2 & 0 \end{bmatrix}$

(5) $C^1 = C = \begin{bmatrix} 14 & 3 & 1 \\ 3 & 1 & 0 \\ 1 & 0 & 1 \end{bmatrix}$ (6) $A^2 = \begin{bmatrix} 4 & 2 & 5 \\ 1 & 0 & 0 \\ 1 & 2 & 3 \end{bmatrix}$

(7) $nA + n\,{}^tA = n(A + {}^tA) = n\begin{bmatrix} 2 & 2 & 4 \\ 2 & 0 & 1 \\ 4 & 1 & 0 \end{bmatrix} = \begin{bmatrix} 2n & 2n & 4n \\ 2n & 0 & n \\ 4n & n & 0 \end{bmatrix}$

(8) ${}^tC = {}^t(A\,{}^tA) = {}^t({}^tA)\,{}^tA = A\,{}^tA = C$

1.38 (1) 係数行列を B とする．例題 1.22 と同様に逆行列を求める操作を行なってみよう．

$$\begin{bmatrix} 0 & 1 & 1 & 3 \\ 2 & -3 & 0 & 4 \\ 8 & -4 & -3 & -4 \\ 2 & 2 & -3 & -13 \end{bmatrix} \xrightarrow{(1)\leftrightarrow(2)} \begin{bmatrix} 2 & -3 & 0 & 4 \\ 0 & 1 & 1 & 3 \\ 8 & -4 & -3 & -4 \\ 2 & 2 & -3 & -13 \end{bmatrix} \xrightarrow{(1)\times\frac{1}{2}} \begin{bmatrix} 1 & -\frac{3}{2} & 0 & 2 \\ 0 & 1 & 1 & 3 \\ 8 & -4 & -3 & -4 \\ 2 & 2 & -3 & -13 \end{bmatrix}$$

$$\xrightarrow{(1)+(2)\times\frac{3}{2}} \begin{bmatrix} 1 & 0 & \frac{3}{2} & \frac{13}{2} \\ 0 & 1 & 1 & 3 \\ 8 & -4 & -3 & -4 \\ 2 & 2 & -3 & -13 \end{bmatrix} \xrightarrow{(3)-(1)\times 8} \begin{bmatrix} 1 & 0 & \frac{3}{2} & \frac{13}{2} \\ 0 & 1 & 1 & 3 \\ 0 & -4 & -15 & -56 \\ 2 & 2 & -3 & -13 \end{bmatrix} \xrightarrow{(3)+(2)\times 4}$$

$$\begin{bmatrix} 1 & 0 & \frac{3}{2} & \frac{13}{2} \\ 0 & 1 & 1 & 3 \\ 0 & 0 & -11 & -44 \\ 2 & 2 & -3 & -13 \end{bmatrix} \xrightarrow{(3)\times\frac{-1}{11}} \begin{bmatrix} 1 & 0 & \frac{3}{2} & \frac{13}{2} \\ 0 & 1 & 1 & 3 \\ 0 & 0 & 1 & 4 \\ 2 & 2 & -3 & -13 \end{bmatrix} \xrightarrow{(2)-(3)} \begin{bmatrix} 1 & 0 & \frac{3}{2} & \frac{13}{2} \\ 0 & 1 & 0 & -1 \\ 0 & 0 & 1 & 4 \\ 2 & 2 & -3 & -13 \end{bmatrix}$$

$$\xrightarrow{(4)-(1)\times 2} \begin{bmatrix} 1 & 0 & \frac{3}{2} & \frac{13}{2} \\ 0 & 1 & 0 & -1 \\ 0 & 0 & 1 & 4 \\ 0 & 2 & -6 & -26 \end{bmatrix} \xrightarrow{(4)-(2)\times 2} \begin{bmatrix} 1 & 0 & \frac{3}{2} & \frac{13}{2} \\ 0 & 1 & 0 & -1 \\ 0 & 0 & 1 & 4 \\ 0 & 0 & -6 & -24 \end{bmatrix} \xrightarrow{(1)-(3)\times\frac{3}{2}}$$

$$\begin{bmatrix} 1 & 0 & 0 & \frac{1}{2} \\ 0 & 1 & 0 & -1 \\ 0 & 0 & 1 & 4 \\ 0 & 0 & -6 & -24 \end{bmatrix} \xrightarrow{(4)\times\frac{-1}{6}} \begin{bmatrix} 1 & 0 & 0 & \frac{1}{2} \\ 0 & 1 & 0 & -1 \\ 0 & 0 & 1 & 4 \\ 0 & 0 & 1 & 4 \end{bmatrix}$$

となるので，B は正則ではない (逆行列は存在しない)．

実は，行列の基本変形のうち，行に関する基本変形はある行列を左から掛けることに等しいので，上の一連の基本変形操作を $B\begin{bmatrix} a \\ b \\ c \\ d \end{bmatrix} = \begin{bmatrix} 4 \\ -12 \\ -5 \\ 16 \end{bmatrix}$ に適用すると

$\begin{bmatrix} 1 & 0 & 0 & \frac{1}{2} \\ 0 & 1 & 0 & -1 \\ 0 & 0 & 1 & 4 \\ 0 & 0 & 1 & 4 \end{bmatrix}\begin{bmatrix} a \\ b \\ c \\ d \end{bmatrix}$ は $\begin{bmatrix} 4 \\ -12 \\ -5 \\ 16 \end{bmatrix}$ に同じ基本変形を適用した結果に等しい．これに対応して，右辺には次のような操作が施される：

$$\begin{bmatrix} 4 \\ -12 \\ -5 \\ 16 \end{bmatrix} \xrightarrow{(1)\leftrightarrow(2)} \begin{bmatrix} -12 \\ 4 \\ -5 \\ 16 \end{bmatrix} \xrightarrow{(1)\times\frac{1}{2}} \begin{bmatrix} -6 \\ 4 \\ -5 \\ 16 \end{bmatrix} \xrightarrow{(1)+(2)\times\frac{3}{2}} \begin{bmatrix} 0 \\ 4 \\ -5 \\ 16 \end{bmatrix} \xrightarrow{(3)-(1)\times 8} \begin{bmatrix} 0 \\ 4 \\ -5 \\ 16 \end{bmatrix}$$

$$\xrightarrow{(3)+(2)\times 4} \begin{bmatrix} 0 \\ 4 \\ 11 \\ 16 \end{bmatrix} \xrightarrow{(3)\times\frac{-1}{11}} \begin{bmatrix} 0 \\ 4 \\ -1 \\ 16 \end{bmatrix} \xrightarrow{(2)-(3)} \begin{bmatrix} 0 \\ 5 \\ -1 \\ 16 \end{bmatrix} \xrightarrow{(4)-(1)\times 2} \begin{bmatrix} 0 \\ 5 \\ -1 \\ 16 \end{bmatrix} \xrightarrow{(4)-(2)\times 2}$$

$$\begin{bmatrix} 0 \\ 5 \\ -1 \\ 6 \end{bmatrix} \xrightarrow{(1)-(3)\times\frac{3}{2}} \begin{bmatrix} \frac{3}{2} \\ 5 \\ -1 \\ 6 \end{bmatrix} \xrightarrow{(4)\times\frac{-1}{6}} \begin{bmatrix} \frac{3}{2} \\ 5 \\ -1 \\ -1 \end{bmatrix}$$

これより，解として次が得られる：

$$\begin{cases} a + \frac{1}{2}d = \frac{3}{2} \\ b - d = 5 \\ c + 4d = -1 \end{cases} \quad \therefore \begin{cases} a = \frac{3}{2} - \frac{1}{2}d \\ b = 5 + d \\ c = -1 - 4d \\ d = \text{任意の実数} \end{cases}$$

(2) $(x, y, u, v) = (1, 2, -1, 3)$
(3) $(a, b, c, d) = (2, -3, 0, 5)$

1.39 (1) $E^{-1} = E$ ($\because EE = E$ なので E は E の逆行列) なので, $E^n A (E^{-1})^n = EAE = A$.

(2) 定理 1.6 の方法によって逆行列を求める.

$$(A^2 \vdots E) = \begin{bmatrix} 4 & 2 & 5 & 1 & 0 & 0 \\ 1 & 0 & 0 & 0 & 1 & 0 \\ 1 & 2 & 3 & 0 & 0 & 1 \end{bmatrix} \xrightarrow{(1)\leftrightarrow(2)} \begin{bmatrix} 1 & 0 & 0 & 0 & 1 & 0 \\ 4 & 2 & 5 & 1 & 0 & 0 \\ 1 & 2 & 3 & 0 & 0 & 1 \end{bmatrix}$$

$$\xrightarrow{(2)-(1)\times 4} \begin{bmatrix} 1 & 0 & 0 & 0 & 1 & 0 \\ 0 & 2 & 5 & 1 & -4 & 0 \\ 1 & 2 & 3 & 0 & 0 & 1 \end{bmatrix} \xrightarrow{(2)\times\frac{1}{2}} \begin{bmatrix} 1 & 0 & 0 & 0 & 1 & 0 \\ 0 & 1 & \frac{5}{2} & \frac{1}{2} & -2 & 0 \\ 1 & 2 & 3 & 0 & 0 & 1 \end{bmatrix}$$

$$\xrightarrow{(3)-(1)} \begin{bmatrix} 1 & 0 & 0 & 0 & 1 & 0 \\ 0 & 1 & \frac{5}{2} & \frac{1}{2} & -2 & 0 \\ 0 & 2 & 3 & 0 & -1 & 1 \end{bmatrix} \xrightarrow{(3)-(2)\times 2} \begin{bmatrix} 1 & 0 & 0 & 0 & 1 & 0 \\ 0 & 1 & \frac{5}{2} & \frac{1}{2} & -2 & 0 \\ 0 & 0 & -2 & -1 & 3 & 1 \end{bmatrix}$$

途中略 $\xrightarrow{(3)\times -\frac{1}{2}} \begin{bmatrix} 1 & 0 & 0 & 0 & 1 & 0 \\ 0 & 1 & 0 & -\frac{3}{4} & \frac{7}{4} & \frac{5}{4} \\ 0 & 0 & 1 & \frac{1}{2} & -\frac{3}{2} & -\frac{1}{2} \end{bmatrix}$

よって, $(A^2)^{-1} = \begin{bmatrix} 0 & 1 & 0 \\ -\frac{3}{4} & \frac{7}{4} & \frac{5}{4} \\ \frac{1}{2} & -\frac{3}{2} & -\frac{1}{2} \end{bmatrix}$ である.

(3) 行列の積に関する基本的性質 (1)(2) を使って計算する. $(A^{-1})^2 A^2 = (A^{-1}A^{-1})(AA) = A^{-1}(A^{-1}A)A = E$ なので, $(A^{-1})^2$ は A^2 の逆行列である. すなわち, $(A^{-1})^2 = (A^2)^{-1}$. よって, $(A+A^{-1})^2 = A^2 + AA^{-1} + A^{-1}A + (A^{-1})^2 = A^2 + 2E + (A^2)^{-1}$ であり, 問題 1.37(6) と, 上記 (2) より,

$$(A+A^{-1})^2 = \begin{bmatrix} 4 & 2 & 5 \\ 1 & 0 & 0 \\ 1 & 2 & 3 \end{bmatrix} + 2 \begin{bmatrix} 1 & 0 & 0 \\ 0 & 1 & 0 \\ 0 & 0 & 1 \end{bmatrix} + \begin{bmatrix} 0 & 1 & 0 \\ -\frac{3}{4} & \frac{7}{4} & \frac{5}{4} \\ \frac{1}{2} & -\frac{3}{2} & -\frac{1}{2} \end{bmatrix} = \begin{bmatrix} 6 & 3 & 5 \\ \frac{1}{4} & \frac{15}{4} & \frac{5}{4} \\ \frac{3}{2} & \frac{1}{2} & \frac{9}{2} \end{bmatrix}.$$

1.40 (1) 例えば, $\begin{bmatrix} 1 & -2 \end{bmatrix} \begin{bmatrix} 4 \\ 2 \end{bmatrix} = [0] = \begin{bmatrix} 1 & -2 \end{bmatrix} \begin{bmatrix} 2 \\ 1 \end{bmatrix}$ であるが, $\begin{bmatrix} 4 \\ 2 \end{bmatrix} \neq \begin{bmatrix} 2 \\ 1 \end{bmatrix}$.

(2) A が正則なら逆行列 A^{-1} が存在するから, $AB = AC$ の両辺に A^{-1} を左から掛けると, $A^{-1}AB = A^{-1}AC$ より $B = C$ が導かれる.

1.41 (A) 仮に, A が正則だとすると,

$$A = \begin{bmatrix} 3 & 2 \\ 1 & 1 \end{bmatrix} \begin{bmatrix} a & b \\ c & d \end{bmatrix} = E \iff \begin{cases} 3a + 2c = 1 \\ 3b + 2d = 0 \\ a + c = 0 \\ b + d = 1 \end{cases} \iff \begin{cases} a = 1 \\ b = -2 \\ c = -1 \\ d = 3 \end{cases}$$

が成り立つ．こうして求めた $A = \begin{bmatrix} 1 & -2 \\ -1 & 3 \end{bmatrix}$ は確かに A の逆行列である．A は正則な 2 次行列であるから $\mathrm{rank} A = 2$．

(B), (C)　例 1.23 と同様に計算する．いずれも正則で，$\mathrm{rank} B = \mathrm{rank} C = 3$．$B^{-1} = B$,

$$C^{-1} = \begin{bmatrix} 0 & 0 & 1 \\ 0 & 1 & -c \\ 1 & -b & -a + bc \end{bmatrix}.$$

$$D = \begin{bmatrix} 2 & 5 \\ 0 & 3 \\ 1 & 0 \\ 1 & 1 \end{bmatrix} \xrightarrow{(1)\leftrightarrow(3)} \begin{bmatrix} 1 & 0 \\ 0 & 3 \\ 2 & 5 \\ 1 & 1 \end{bmatrix} \xrightarrow{(2)\times\frac{1}{3}} \begin{bmatrix} 1 & 0 \\ 0 & 1 \\ 2 & 5 \\ 1 & 1 \end{bmatrix} \xrightarrow{\text{略}} \begin{bmatrix} 1 & 0 \\ 0 & 1 \\ 0 & 0 \\ 0 & 0 \end{bmatrix}$$

なので，$\mathrm{rank} D = 2$ である．D は正方行列でないので，正則か否かは定義されない．

(E)　単位行列 E は正則であり，逆行列は自分自身である．$\mathrm{rank} E = (E$ の次数$)$．

(F)　$a = 0$ の場合，F は単位行列となるので，正則であり，階数は 3 である．
$a = 1$ の場合，$\mathrm{rank} F = 1$ であり，正則でない．

$a = -\frac{1}{2}$ の場合，以下の変形の途中で $\begin{bmatrix} 1 & 0 & -1 \\ 0 & 1 & -1 \\ 0 & 0 & 1 \end{bmatrix}$ が得られるので，$\mathrm{rank} F = 2$ であり，正則ではない．

a がこれら以外の場合，以下のように基本変形ができるので，階数は 3 であり，正則である．

$$\begin{bmatrix} 1 & a & a \\ a & 1 & a \\ a & a & 1 \end{bmatrix} \xrightarrow{(2)-(3)} \begin{bmatrix} 1 & a & a \\ 0 & 1-a & a-1 \\ a & a & 1 \end{bmatrix} \xrightarrow{(3)-(1)\times a}$$

$$\begin{bmatrix} 1 & a & a \\ 0 & 1-a & a-1 \\ 0 & a-a^2 & 1-a^2 \end{bmatrix} \xrightarrow{(2)\times\frac{1}{1-a}} \begin{bmatrix} 1 & a & a \\ 0 & 1 & -1 \\ 0 & a-a^2 & 1-a^2 \end{bmatrix} \xrightarrow{(3)\times\frac{1}{1-a}}$$

$$\begin{bmatrix} 1 & a & a \\ 0 & 1 & -1 \\ 0 & a & 1+a \end{bmatrix} \xrightarrow{(1)-(3)} \begin{bmatrix} 1 & 0 & -1 \\ 0 & 1 & -1 \\ 0 & a & 1+a \end{bmatrix} \xrightarrow{(3)-(2)\times a} \begin{bmatrix} 1 & 0 & -1 \\ 0 & 1 & -1 \\ 0 & 0 & 1+2a \end{bmatrix} \xrightarrow{(3)\times\frac{1}{1+2a}}$$

$$\begin{bmatrix} 1 & 0 & -1 \\ 0 & 1 & -1 \\ 0 & 0 & 1 \end{bmatrix} \xrightarrow{(2)+(3)} \begin{bmatrix} 1 & 0 & -1 \\ 0 & 1 & 0 \\ 0 & 0 & 1 \end{bmatrix} \xrightarrow{(1)+(3)} \begin{bmatrix} 1 & 0 & 0 \\ 0 & 1 & 0 \\ 0 & 0 & 1 \end{bmatrix}.$$

$$F^{-1} = \frac{1}{(1-a)(1+2a)} \begin{bmatrix} 1+a & -a & -a \\ -a & 1+a & -a \\ -a & -a & 1+a \end{bmatrix}$$

(G)　rank$G=1$ であることは明らか．G の正則性は定義されない．
(O)　rank$O=0$．もちろん，零行列は正則ではない．
注：行列式の知識があればもっと容易に正則性の判定ができる：A：正則 $\Longleftrightarrow |A| \neq 0$．

1.42 （1）A が正則だとすると，A^{-1} が存在するので，それを $A^k = O$ の両辺に k 回掛けると，左辺 $= E$，右辺 $= O$ が得られる．これは $E \neq O$ に反する．
（2）$A^2 - A + E = O$ より，$A - A^2 = A(E-A) = E$（行列の積の分配律）．一方，$A(E-A) = (E-A)A$ であるから，$A-E$ は A の逆行列である．よって，A は正則である．
（3）A, B が正則ならば，A^{-1}, B^{-1} が存在し，$A^{-1}A = E, BB^{-1} = E$ である．よって，行列の積は結合律を満たすこと（行列の積の性質（1））を考慮すると，$(B^{-1}A^{-1})(AB) = B^{-1}(A^{-1}A)B = B^{-1}EB = B^{-1}B = E$ である．同様に，$(AB)(B^{-1}A^{-1}) = E$ であることが示せる．これは $B^{-1}A^{-1}$ が AB の逆行列であることを意味し，したがって，AB は正則である．

1.43 （1）No（どの湖か曖昧である）　　（2）Yes, $\boldsymbol{T}$　　（3）No
（4）Yes, $\boldsymbol{T}$　　（5）Yes, $\boldsymbol{F}$（例えば，$x=2, y=1$ のとき成り立たない）
（6）Yes, ($\boldsymbol{T}$ か $\boldsymbol{F}$ であるが，どちらかであるかは不明)

1.44 （1）$p =$「ピーターパンはネバーランドに住んでいる」とすると，$\neg\neg p \Longrightarrow p$．つねに $\boldsymbol{T}$．
（2）この陳述をもっと正確に述べるなら，「どんな政治家も嘘つきであるが，すべての嘘つきが政治家であるわけではない．」であるが，命題論理ではそのことを表現することができない．そこで，任意の人 A を考え，$p =$「A は政治家である」，$q =$「A は嘘つきである」としてほぼ同じことを表現してみると，$(p \Longrightarrow q) \wedge \neg (q \Longrightarrow p)$ あるいは $\neg((p \Longrightarrow q) \Longrightarrow (q \Longrightarrow p))$．これらの論理式は $\neg p \wedge q$ に論理的に等しく，この式は $p = \boldsymbol{F}, q = \boldsymbol{T}$ のとき（すなわち，A が政治家でなくて嘘つきであるとき）だけ $\boldsymbol{T}$ になる．一方，$(p \Longrightarrow q) \Longrightarrow \neg(q \Longrightarrow p)$ という論理式も考えられる．この式は $(p \wedge \neg q) \vee (\neg p \wedge q)$ と論理的に等しく，$p = \boldsymbol{T}, q = \boldsymbol{F}$ または $p = \boldsymbol{F}, q = \boldsymbol{T}$ のときに $\boldsymbol{T}$ になるが，前者は「A が政治家で嘘つきでない」ことを表していてそれは仮定 $(p \Longrightarrow q)$ が成り立っていない場合にあたる．
（3）論理的な構造に関わる要素だけに注目する．この陳述では，美人であるか否かは重要な論理的要素であるが，「絶世の」美女であるかどうかは本質的なことではない．そこで，命題変数 $p =$「美人である」，$q =$「早死にする」，$r =$「楊貴妃である」を考えると，$((p \Longrightarrow q) \wedge (r \Longrightarrow p)) \Longrightarrow (r \Longrightarrow q)$ が得られる．この陳述も正確には述語論理の論理式でないと表現できない（(2) と同様に，任意の人 A を考え，$p =$「A は美人である」，$q =$「A は早死にする」，$r =$「A は楊貴妃である」という命題変数を考えた）．つねに $\boldsymbol{T}$．

1.45 (1) $\neg(p \Longrightarrow p \wedge q)$　　(2) $p \wedge q \Longrightarrow p$
(3) $\neg(p \wedge q) \Longrightarrow \neg p$　　(4) $\neg p \vee (p \wedge q)$ あるいは $\neg p \vee q$

1.46 (1) は $p \Longrightarrow q$ に論理的に等しく, (2) はトートロジー (ド・モルガン律).

p	q	$p \Longrightarrow (p \Longrightarrow q)$
F	F	T
F	T	T
T	F	F
T	T	T

p	q	$\neg(p \vee q) \Longleftrightarrow \neg p \wedge \neg q$
F	F	T
F	T	T
T	F	T
T	T	T

(3) は $\neg p \vee \neg q \vee r$ に, (4) は $\neg p \vee q \vee r$ に論理的に等しい.

p	q	r	$(p \Longleftrightarrow q) \Longrightarrow (p \Longrightarrow r)$
F	F	F	T
F	F	T	T
F	T	F	T
F	T	T	T
T	F	F	T
T	F	T	T
T	T	F	F
T	T	T	T

p	q	r	$p \wedge (q \Longrightarrow r) \Longrightarrow (p \Longrightarrow r)$
F	F	F	T
F	F	T	T
F	T	F	T
F	T	T	T
T	F	F	F
T	F	T	T
T	T	F	T
T	T	T	T

1.47 (1) $3+4=8 \Longrightarrow 10+20=100$ は $F \Longrightarrow F$ なので T. 一方, $3+4=7 \Longleftrightarrow 10+20=100$ は $T \Longrightarrow F$ なので F. よって, 論理的に等しくない.
(2) $p \wedge p \wedge p$ は p と論理的に等しく, $p \wedge (q \vee \neg q)$ も p と論理的に等しい (真理表を書いて確かめよ) ので, 両者は論理的に等しい.
(3) $(p \wedge (\neg q)) \Longrightarrow F$ と $p \Longrightarrow q$ は論理的に等しく (背理法), 後者は $\neg q \Longrightarrow \neg p$ と論理的に等しい (対偶). よって, 論理的に等しい.

(4) 論理的に等しくない.

p	q	$\neg(p \vee q)$	$(\neg p) \vee (\neg q)$
F	F	T	T
F	T	F	T
T	F	F	T
T	T	F	F

(5) 論理的に等しい (真理表を書いて確かめよ).
(6) $p \wedge \neg p$ は F と論理的に等しい. したがって, $p \vee (q \wedge \neg q) \vee \neg q$ の値が何であろうとも与式の値は T. よって, $T \Longrightarrow F$ (値は F) とは論理的に等しくない.

1.48 仮定は $(A \Longrightarrow B) \wedge (B \Longrightarrow C)$ であり, (1), (2), (3), (4), (5) はそれぞれ $\neg C \Longrightarrow \neg A$, $C \Longrightarrow (A \vee B)$, $(A \vee B) \Longrightarrow (B \wedge C)$, $\neg B \Longrightarrow \neg(A \Longrightarrow C)$, $\neg A \Longrightarrow \neg B \wedge \neg C$ である.

仮定が T なら (1) も T である (ただし, (1) が T であっても仮定が T でない場合 ($A = B = T, C = F$) があるので, 仮定と (1) とは論理的に等しくはない), 仮定が T でも (2) は T であるとは限らない ($A = B = F, C = T$ の場合). 仮定と (3) が論理的に等しいことは真理表によって容易に確かめられる. よって, (2) は正しくないが, (1),(3) は正しい推論である. (4) は $(A \Longrightarrow C) \Longrightarrow B$ と論理的に等しく (対偶), 仮定が T なら $A \Longrightarrow C$ も T であるが (三段論法), そのとき B の

値が F であれば (4) の値は F となる．すなわち，(4) は正しい推論ではない．

A も B も成り立たず C が成り立つ ($A=B=\boldsymbol{F}, C=\boldsymbol{T}$) 場合，仮定は成り立つが (5) は成り立たないので，(5) は正しい推論ではない．

以上いずれの場合も，仮定と (1)〜(5) を表す論理式の真理表を書き，仮定が $\boldsymbol{T}$ となる場合すべてにおいて小問 (1)〜(5) の論理式も $\boldsymbol{T}$ であるかどうかを調べればよい（すべて $\boldsymbol{T}$ なら対象の小問は成り立ち，そうでないなら成り立たない）．

1.49 (1) y,z は $y+z=0$ を満たす自然数であること（すなわち，$y=z=0$ であること）を表す述語．　(2) $x \geqq y$ を表す述語．
(3) 「x と y の差は整数でない」を表す述語．
(4) 2 つの実数の和は実数であることを表す，真な命題．
(5) 「$x=x+12.3$ を満たす実数 x が存在する」を表す，偽な命題．

1.50 (1) 「正しい」ことを表す命題を p とすると，$\neg\neg p \implies p$.
(2) 問題 1.29 の Q を用いて表す：$\forall x\,[\,Q(x,6) \implies Q(x,2) \wedge Q(x,3)\,]$
(3) $\neg\,[\,\exists x P(x) \implies \forall x P(x)\,]$
(4) 述語 $L(x)$：x は嘘をつく，と述語 $P(x)$：x は政治家である，を考えると，$\forall x\,[\,P(x) \implies L(x)\,] \wedge P(犬養毅) \implies L(犬養毅)$ または $\neg \exists x\,[\,P(x) \wedge \neg L(x)\,] \wedge P(犬養毅) \implies L(犬養毅)$
(5) 以下のすべての陳述は先週の金曜日のこととする．例えば，命題変数 A：私は忙しい，と述語 $B(x)$：x は戸外にいる，$C(x)$：x は犯人である，を考えると，$A \wedge (A \implies \neg B(私)) \wedge \forall x(C(x) \implies B(x)) \implies \neg C(私)$.

1.51 (1) (a) 「誰でも誰かと結婚している」を表す，偽な命題
(b) 「誰かは誰とも結婚している」を表す，偽な命題
(2) 「x は 2 つの実数の平方の和である」を表す述語．この述語は，その定義域（x の動く範囲）が $\boldsymbol{R}$ であれば成り立つ．
(3) 「x,y が実数で $x=y^2$ なら，y とは異なる実数 z が存在して $x=z^2$ である」を表す，真な命題．
(4) 実数 x,y,z が $x \leqq y < z < 2x$ を満たすことを表す述語．この不等式を満たす x,y,z に対して真となる．
(5) (a) $Q(x,y)$ は「x は y で割り切れ，かつ y は x で割り切れる」を表す述語．$x=y$ のときに真．
(b) $R(x)$ は $x=x^2$ を表す述語．$x=0$ または $x=1$ のときに真．
(c) x に関する述語で，「y が何であっても，もし x が y で割り切れるなら，$y=0$ または $y=1$ でありかつ $y=0$ でない（すなわち，$y=1$ である）」を表す述語．$x=1$ または x が素数のときに真．この論理式では x だけが自由である（したがって，$\boldsymbol{T}$ となる条件は x に関するものとなる）ことに注意．

1.52 (1) $\{\lambda\}$　　(2) $\{\lambda, 0, 00\}$
(3) $\{111, 0111, 1011, 1101, 01011, 01101, 10101, 010101\}$
(4) $\{1, 01, 001\}$　　　(5) $\{\lambda, 0, 00, 000, \ldots\}$
(6) $\{\lambda, 0, 00, 000, \ldots\}$　　(7) $\{1, 10, 100\}$　　(8) $\{\lambda\}$

問 題 解 答   **193**

1.53 （1） k^n　（2） 接頭語も接尾語も $l+1$ 個
（3） 最大で $\frac{l(l+1)}{2}+1$ 個 (例えば w がどの文字も高々 1 つしか含まないとき．空語も部分後であることに注意)．最小で $l+1$ 個 (例えば，$k=1$ のとき)．

1.54 （1） yes. ($x^n = y^n$ なら，$|x|=|y|$ であることより $x=y$ が導かれる.)
（2） no. 例えば $A = \{a, a^2, a^3, a^4, a^5\}$, $B = \{a, a^2, a^4, a^5\}$ のとき．

1.55 (ii) 　$A^m A^n = A^{m+n}$ の証明：厳密には m,n に関する数学的帰納法 (第 2 章) による．[基礎]: $m=n=0$ のときは $A^m A^n = \{\lambda\}\{\lambda\} = \{\lambda\} = A^{m+n}$ で OK．[帰納ステップ] は，帰納法の仮定 $A^m A^n = A^{m+n}$ の下で $A^{m+1} A^n = A^{(m+1)+n}$ と $A^m A^{n+1} = A^{m+(n+1)}$ が成り立つことを示せばよい．まず始めに，補題 $A^n A = A A^n$ を n に関する帰納法で示す．[基礎] が成り立つのは明らか．[帰納ステップ] $A^n A \stackrel{n\text{乗の定義}}{=} (A^{n-1}A)A \stackrel{\text{帰納法の仮定}}{=} (AA^{n-1})A \stackrel{\text{結合律}}{=} A(A^{n-1}A) \stackrel{n\text{乗の定義}}{=} AA^n$ で OK. さて，元の [帰納ステップ] に戻ると，$A^{m+1}A^n \stackrel{\text{定義}}{=} (A^m A)A^n \stackrel{\text{補題}}{=} (AA^m)A^n \stackrel{\text{結合律}}{=} A(A^m A^n) \stackrel{\text{帰納法の仮定}}{=} AA^{m+n} \stackrel{\text{補題}}{=} A^{m+n}A \stackrel{\text{定義}}{=} A^{m+n+1}$ で OK. もう 1 つの式も同様．

　$(AB)^R \subseteq B^R A^R$ の証明：$x \in (AB)^R \implies y \in AB$ が存在して $x = y^R \implies a \in A, b \in B$ が存在して $y = ab \implies x = (ab)^R = b^R a^R \in B^R A^R$ (語 a,b について $(ab)^R = b^R a^R$ が成り立つのは明らか). $(AB)^R \supseteq B^R A^R$ の証明も同様．

(iii) $A^* A^* = (\sum_{n=0}^{\infty} A^n)(\sum_{n=0}^{\infty} A^n) = \sum_{n=0}^{\infty} A^n = A^*$. $(\cdots)(\cdots)$ を展開する際に (i) を用いていることに注意する．同様に，$A^* A = (\sum_{n=0}^{\infty} A^n)A = \sum_{n=1}^{\infty} A^n = A^+$. 他の等号の証明も同様．

(iv) $(A^* B^*)^* \subseteq (A \cup B)^*$ の証明：$A \subseteq A \cup B$ だから $A^* \subseteq (A \cup B)^*$. 同様に，$B^* \subseteq (A \cup B)^*$. よって，$A^* B^* \subseteq (A \cup B)^*(A \cup B)^* = (A \cup B)^*$. 最後に (iii) を使った．よって，再び (iii) より，$(A^* B^*)^* \subseteq ((A \cup B)^*)^* = (A \cup B)^*$. 次に，$A \subseteq A^*, B \subseteq B^*$ より $A \cup B \subseteq A^* \cup B^*$ だから $(A \cup B)^* \subseteq (A^* \cup B^*)^*$. 最後に，$(A^* \cup B^*)^* \subseteq (A^* B^*)^*$ を示せばよい．これは，$A^* \subseteq A^* B^*, B^* \subseteq A^* B^*$ だから $A^* \cup B^* \subseteq A^* B^*$ であることより導かれる．以上から，これら 3 つの言語は等しい．

1.56 任意の言語 C に対し，$A^*(B \cup C)$ など．

1.57 a, b, c を文字とする．
（1） 成り立つ例 $A = \{a\}^*$. 成り立たない例 $A = \{a\}^+ \{b\}^+$.
（2） 成り立つ例 $A = \{a\}$. 成り立たない例 $A = \{a, \lambda\}$.
（3） 成り立つ例 $A = B$ のとき．成り立たない例 $A = \{a\}, B = \{b\}$.
（4） 成り立つ例 $B \subseteq C$ のとき．成り立たない例 $A = \{a, aa\}, B = \{a, b, aba\}, C = \{a, ba\}$ のとき $A(B \cap C) = \{aa, aaa\}, AB \cap AC = \{aa, aaa, aaba\}$.
（5） 成り立つ例 $B \subseteq C$ のとき．成り立たない例 $A = \{a, aa\}, B = \{a, b, bb\}, C = \{a, ba\}$ のとき $(B \cap C)A = \{aa, aaa\}, BA \cap CA = \{aa, aaa, baa\}$.

1.58 以下，$A := \{1, 2, 3, 4, 5, 6, 7, 8, 9\}, B := \{0, 1, 2, 3, 4, 5, 6, 7, 8, 9\}$ とする．

(1) $\{0\} \cup AB^*$ 　　(2) $\{0,2,4,6,8\} \cup AB^*\{0,2,4,6,8\}$
(3) $\{0,5\} \cup AB^*\{0,5\}$ 　(4) $AB^* - B^3$ あるいは AB^*B^3
(5) $B \cup (A^*\{0\}A^+)^*$

1.59 $x \leqq y$ より, $xx' = y$ となる x' が存在する. また, $w \leqq y$ より, $ww' = y$ となる w' が存在し $xx' = ww'$. よって, $|x| \leqq |w|$ なら $x \leqq w$ であり, $|x| \geqq |w|$ なら $w \leqq x$ である.

1.60 $\lambda \in B$ なので $A = A\{\lambda\} \subseteq AB$ であり, $\lambda \in A$ なので $B = \{\lambda\}B \subseteq AB$ である. よって, $A \cup B \subseteq AB$ であり, $(A \cup B)^* \subseteq (AB)^*$. 一方, $AB \subseteq (A \cup B)^2$ なので $(AB)^* \subseteq ((A \cup B)^2)^*$ である. また, $\lambda \in A$, $\lambda \in B$ なので $(A \cup B)^2 = (A \cup B \cup \{\lambda\})^2 \supseteq A \cup B$ であるから $((A \cup B)^2)^* \supseteq (A \cup B)^*$ であるが, 明らかに $((A \cup B)^2)^* \subseteq (A \cup B)^*$ でもあるから $((A \cup B)^2)^* = (A \cup B)^*$. よって, $(AB)^* \subseteq (A \cup B)^*$. 以上より, $(AB)^* = (A \cup B)^*$.

1.61 手旗信号, 自然数のローマ数字表記, 日本語のローマ字表記, バーコード, コンピュータ内部ではすべての情報が 0,1 で符号化されている, 楽譜 (絵文字), 等々.

1.62 (1) 音符および休符には数字 1(全音符/休符)〜32(32 分音符/休符) の 2 進数コードを対応させ (休符には − 符号を付けて音符と区別する), 付点の有る無しを $+, \lambda$(空語) で表し, 連譜は前後を ( ) で括る. 各音符ごとに音の高さを音階 (ドレミ) と, 基準となる音から何オクターブ離れているかとで表す. さらに, 強弱 (*pp*, *mp*, *p*, *f*, *mf*, *ff* や *crescendo*, *decrescendo* など) はその種類を表す文字を対応位置あるいは開始 (終了) 位置の音符と組にして表す. 曲のテンポ (*Andante*, *Allegro* など) は「四分音符= 120」などのように整数値で表して曲の冒頭に置けばよい.
(2) 変数 x_i を $\overline{x}_i = \#\overline{i}$ で表し, 例えば, $p : 3x_1^5 x_3 + x_2^2 x_3 - 8x_1^3 + 7 = 0$ をアルファベット $\{0, 1, \#, +, -, \uparrow\}$ 上の語 $\overline{p} = \overline{3}\overline{x}_1 \uparrow \overline{5}\overline{x}_3 \uparrow \overline{1}{+}\overline{1}\overline{x}_2 \uparrow \overline{2}\overline{x}_3 \uparrow \overline{1}{-}\overline{8}\overline{x}_1 \uparrow \overline{3}{+}\overline{7}$ で表す. $\overline{i}$ は i の 2 進数表現.
(3) ひらがなを文字とするアルファベット上の文字列で xx^R または xax^R という形をしているもの (x は文字列, a は 1 文字).

1.63 前問で示したように, どんな符号化でも, 使う文字種は有限個でなければならず, かつ, どの対象の符号語も有限長の語でなければならない. 実数を 10 進数として表したものをその実数の符号語とすると, 使う文字種は 10 個であるが, 符号語は無限長になってしまう. 有理数に限定するなら 2 つの整数の組として符号化することができるが, すべての実数を有限アルファベット上の有限長の語として表す符号化は存在しない (それができるのであれば, 実数は可算無限個しか存在しないことになってしまう).

● **第 2 章**

2.1 (1) (a) $n = 1$ のときは明らか. まず, $n = 2$ のとき, $\overline{A_1 \cup A_2} = \overline{A}_1 \cap \overline{A}_2$ が成り立つことを証明する.
$x \in \overline{A_1 \cup A_2} \iff x \notin A_1 \cup A_2 \iff x \notin A_1$ かつ $x \notin A_2 \iff x \in \overline{A}_1$ かつ $x \in \overline{A}_2 \iff x \in \overline{A}_1 \cap \overline{A}_2$. (証明終)

さて，$n \geq 3$ のとき，
$$\begin{aligned}
\overline{A_1 \cup A_2 \cup \cdots \cup A_n} &= \overline{A_1 \cup (A_2 \cup \cdots \cup A_n)} && (\cup \text{ の結合則}) \\
&= \overline{A_1} \cap \overline{A_2 \cup \cdots \cup A_n} && (n = 2 \text{ のときを適用}) \\
&= \overline{A_1} \cap (\overline{A_2} \cap \cdots \cap \overline{A_n}) && (\text{帰納法の仮定}) \\
&= \overline{A_1} \cap \overline{A_2} \cap \cdots \cap \overline{A_n}. && (\cap \text{ の結合則})
\end{aligned}$$

(b) も同様．

(2) (基礎) $n = 4$ なら，$2^4 < 4!$ だから OK．

(帰納ステップ) $k \geq 4$ ならば，$2^{k+1} = 2 \cdot 2^k \overset{\text{帰納法の仮定}}{<} 2 \cdot k! < (k+1)k! = (k+1)!$．

(3) $\phi = \frac{1+\sqrt{5}}{2}, \hat{\phi} = \frac{1-\sqrt{5}}{2}$ とおく．

(基礎) $f_0 = 0 = \frac{\phi^0}{\sqrt{5}} - \frac{\hat{\phi}^0}{\sqrt{5}}$, $f_1 = 1 = \frac{\phi^1}{\sqrt{5}} - \frac{\hat{\phi}^1}{\sqrt{5}}$ だから，$n = 0, 1$ のときは OK．

(帰納ステップ) $k \geq 2$ のとき，$f_{k+1} = f_k + f_{k-1} \overset{\text{帰納法の仮定}}{=} \frac{\phi^k}{\sqrt{5}} - \frac{\hat{\phi}^k}{\sqrt{5}} + \frac{\phi^{k-1}}{\sqrt{5}} - \frac{\hat{\phi}^{k-1}}{\sqrt{5}} = \frac{\phi^k}{\sqrt{5}}\left\{1 + \frac{2}{1+\sqrt{5}}\right\} - \frac{\hat{\phi}^k}{\sqrt{5}}\left\{1 + \frac{2}{1-\sqrt{5}}\right\} = \frac{\phi^{k+1}}{\sqrt{5}} - \frac{\hat{\phi}^{k+1}}{\sqrt{5}}$．

基礎ステップでは，$n = 0$ のときだけでなく $n = 1$ のときも成り立つことを示す必要があることに注意．

(4) $n = 3$ の場合，三角形の内角の和は $180°$ なので OK．$n \geq 4$ の場合，適当な 2 頂点を結ぶ対角線を引くと p 角形と q 角形に分割され，$p + q = n + 2$ である．完全帰納法の仮定から n 角形の内角の和 $= p$ 角形の内角の和 $+ q$ 角形の内角の和 $= (p - 2) \times 180° + (q - 2) \times 180° = (n - 2) \times 180°$ で OK．

2.2 $P(n_0)$ および $\forall k \geq n_0 \, [\, P(n_0) \wedge \cdots \wedge P(k) \Longrightarrow P(k+1) \,]$ が成り立つとする．もし，$\forall n \geq n_0 \, [\, P(n) \,]$ が成り立たないとすると，$P(n)$ が成り立たないような $n \geq n_0$ が存在する．$P(n_0)$ は成り立つので，$n \geq n_0 + 1$．このような n の中で最小のものを $k+1$ とすると，$k \geq n_0$ かつ $P(n_0), \ldots, P(k)$ はどれも成り立ち，$P(k+1)$ は成り立たない．すなわち，$k \geq n_0$ で $P(n_0) \wedge \cdots \wedge P(k)$ が成り立つのに $P(k+1)$ は成り立たない．これは，$\forall k \geq n_0 \, [\, P(n_0) \wedge \cdots \wedge P(k) \Longrightarrow P(k+1) \,]$ に反す．

次のように，もっと簡単に証明することもできる (以下の記述は長いが，それは丁寧に書いているからである)．$Q(n) := P(n_0) \wedge P(n_0 + 1) \wedge \cdots \wedge P(n_0 + n)$ と定義すると，$Q(0) \iff P(n_0)$ であり，
$$\begin{aligned}
Q(n) &\Longrightarrow P(n_0) \wedge \cdots \wedge P(n_0 + n) && (Q(n) \text{ の定義}) \\
&\Longrightarrow P(n_0 + n + 1) && (P \text{ に関する帰納法}) \\
&\Longrightarrow P(n_0) \wedge \cdots \wedge P(n_0 + n) \wedge P(n_0 + n + 1) \\
&\Longrightarrow Q(n+1) && (Q(n+1) \text{ の定義}) \\
&\Longrightarrow \forall n \geq 0 \, [\, Q(n) \,]. && (\text{数学的帰納法の原理})
\end{aligned}$$

よって，$Q(n) = P(n_0) \wedge P(n_0 + 1) \wedge \cdots \wedge P(n_0 + n)$ がすべての $n \geq 0$ に対して成り立つ．ゆえに，$P(n)$ がすべての $n \geq n_0$ に対して成り立つ．

2.3 完全帰納法で証明する. $P(0)$ は仮定より成立. $P(0),\ldots,P(k)$ が成立するとして $P(k+1)$ を考える. $\lfloor\frac{k+1}{2}\rfloor \leq k$ だから帰納法の仮定より $P(\lfloor\frac{k+1}{2}\rfloor)$ は成立している. よって, (b) より $P(k+1)$ も成立する.

2.4 (1) y に関する帰納法.
(基礎) 左辺 $= x + 0 \stackrel{\text{例題 2.3(1)}}{=} 0 + x =$ 右辺.
(帰納ステップ) 左辺 $= x + S(y) \stackrel{②}{=} S(x+y) \stackrel{\text{帰納法の仮定}}{=} S(y+x) \stackrel{②}{=} y + S(x) \stackrel{\text{例題 2.3(2)}}{=} S(y) + x =$ 右辺.

(2) $y \neq 0$ とすると, ペアノの公理 (2) より $y = S(z)$ となる $z \in \boldsymbol{N}$ が存在する. このとき, $x+z = a(x,z) \in \boldsymbol{N}$ であり, $x+y = 0 \Longrightarrow x+S(z) = 0 \stackrel{②}{\Longrightarrow} S(x+z) = 0$ であるが, これは $0 \notin S(\boldsymbol{N})$ に反する. $x = 0$ としても同様.

(3) 前半: $x \cdot 0 = 0$ は $\cdot$ の定義そのもの. $0 \cdot x = 0$ を x に関する帰納法で示す.
 (基礎) $x = 0$ のときは, $\cdot$ の定義より $0 \cdot 0 = 0$ であるから OK.
 (帰納ステップ) $x = S(y)$ のとき (帰納法の仮定は $0 \cdot y = 0$),
$$0 \cdot x = 0 \cdot S(y) \stackrel{\cdot\text{の定義}}{=} 0 \cdot y + 0 \stackrel{\text{帰納法の仮定}}{=} 0 + 0 \stackrel{+\text{の性質 (1)}}{=} 0.$$

(3) 後半: $x \cdot 1 = x = 1 \cdot x$ を x に関する帰納法で示す.
 $x = 0$ のときは (3) の前半より OK. $x > 0$ のとき, $x = S(y)$ とする.

$$\begin{aligned}
x \cdot 1 &= S(y) \cdot 1 = S(y) \cdot S(0) & &(\text{1 の定義}) \\
&= (S(y) \cdot 0) + S(y) & &(\cdot \text{の定義}) \\
&= 0 + S(y) & &(\text{証明済みの}\cdot\text{の性質 (3)}) \\
&= S(y) = x. & &(\text{証明済みの}+\text{の性質}) \\
1 \cdot x &= 1 \cdot S(y) = (1 \cdot y) + 1 & &(\cdot \text{の定義}) \\
&= y + 1 & &(\text{帰納法の仮定}) \\
&= S(y) = x.
\end{aligned}$$

(4) y に関する帰納法. $y = 0$ のとき, 左辺 $= x \cdot (0+z) \stackrel{\text{例題 2.3(1)}}{=} x \cdot z$, 右辺 $= (x \cdot 0) + (x \cdot z) \stackrel{(3)}{=} 0 + x \cdot z \stackrel{①}{=} x \cdot z$ であるから 左辺 $=$ 右辺 で OK.
$y = S(u)$ のとき,

$$\begin{aligned}
\text{左辺} &= x \cdot (y+z) = x \cdot (S(u) + z) \\
&= x \cdot S(u+z) & &(+\text{の性質 (+ の定義)}) \\
&= x \cdot (u+z) + x & &(\cdot \text{の定義}) \\
&= ((x \cdot u) + (x \cdot z)) + x, & &(\text{帰納法の仮定}) \\
\text{右辺} &= (x \cdot y) + (x \cdot z) = (x \cdot S(u)) + (x \cdot z) \\
&= ((x \cdot u) + x) + (x \cdot z) & &(\cdot \text{の定義}) \\
&= ((x \cdot u) + (x \cdot z)) + x & &(+\text{の結合律 (証明は (6) と同様)})
\end{aligned}$$

であるから, 左辺 $=$ 右辺.

(5) y に関する帰納法.

$y=0$ のときは (3) で示した. $y>0$ のとき, $y=S(z)$ とする.

$$
\begin{aligned}
x \cdot y = x \cdot S(z) &= (x \cdot z) + x & (\cdot \text{の定義}) \\
&= (z \cdot x) + x & (\text{帰納法の仮定}) \\
&= (z \cdot x) + (1 \cdot x) & ((3)) \\
&= (z+1) \cdot x = S(z) \cdot x = y \cdot x & (\text{分配律：(4)})
\end{aligned}
$$

(6) x に関する帰納法.

$x=0$ のとき. 左辺 $= 0 \cdot (y \cdot z) \overset{(3)}{=} 0$. 一方, 右辺 $= (0 \cdot y) \cdot z \overset{(3)}{=} 0 \cdot z \overset{(3)}{=} 0$ なので, 左辺 = 右辺.

帰納ステップは $S(x) \cdot (y \cdot z) = (S(x) \cdot y) \cdot z$ が成り立つことを示せばよい.

$$
\begin{aligned}
\text{左辺} = S(x) \cdot (y \cdot z) &= (y \cdot z) \cdot S(x) & (\cdot \text{の可換性：(5) の前半}) \\
&= ((y \cdot z) \cdot x) + (y \cdot z) & (\cdot \text{の定義}) \\
&= (x \cdot (y \cdot z)) + (y \cdot z) & (\cdot \text{の可換性}) \\
\text{右辺} = (S(x) \cdot y) \cdot z &= (y \cdot S(x)) \cdot z & (\cdot \text{の可換性}) \\
&= ((y \cdot x) + y) \cdot z & (\cdot \text{の定義}) \\
&= ((y \cdot x) \cdot z) + (y \cdot z) & (\text{分配律：(4)}) \\
&= ((x \cdot y) \cdot z) + (y \cdot z) & (\cdot \text{の可換性}) \\
&= (x \cdot (y \cdot z)) + (y \cdot z) & (\text{帰納法の仮定})
\end{aligned}
$$

であるから, 左辺 = 右辺.

(7) $x \neq 0$ かつ $y \neq 0$ とすると, $x = S(u), y = S(v)$ となる u, v が存在する. よって, $x \cdot y = S(u) \cdot S(v) \overset{\cdot \text{の定義}}{=} (S(u) \cdot v) + S(u) \overset{+\text{の性質}}{=} S((S(u) \cdot v) + u)$. よって, $x \cdot y \in S(\boldsymbol{N})$. (2) の証明で述べたように, これは $x \cdot y \neq 0$ を意味し, 仮定に反す.

(8) $x \geqq y, y \geqq z$ とすると $x = y + u, y = z + v$ となる u, v が存在する. よって, $x = y + u = (z+v) + u = z + (v+u)$. ゆえに, $x \geqq z$.

(9) $x = x + 0$ なので $\geqq$ の定義より $x \geqq x$.

(10) はじめに, $x + z = x \implies z = 0$ を証明する. x に関する帰納法.

$x = 0$ のとき, $x + z = x$ より $0 + z = z = 0$.

$x = S(y)$ のとき,

$$
\begin{aligned}
S(y) + z = S(y) &\implies S(y+z) = S(y) & (+ \text{の定義}) \\
&\implies y + z = y & (S \text{の単射性}) \\
&\implies z = 0. & (\text{帰納法の仮定})
\end{aligned}
$$

さて, $x \geqq y$ とすると $\geqq$ の定義より, $x = y + z$ となる z が存在する. また, $y \geqq x$ とすると, $y = x + z'$ となる z' が存在する. よって, $x = y + z = (x + z') + z = x + (z' + z) = x + (z + z')$. 最後の 2 つの等号は, + の可換律 (1)

と結合律 $x+(y+z)=(x+y)+z$ を用いている. よって, $z+z'=0$. (2) により, $z=z'=0$. すなわち, $x=y+0=y$.

2.5 限定句は省略した.
(1) (i) 1 は 2 の累乗 (2 の 0 乗) である.
　　(ii) x が 2 の累乗なら $x\cdot 2$ も 2 の累乗である.
(2) (i) $0\in B$ かつ $1\in B$. 　(ii) $x\in B$ かつ $x\ne 0$ ならば $x0, x1\in B$.
(3) 回文という. (i) $0,1,00,11$ のどれも回文.
　　(ii) x が回文なら $0x0, 1x1$ のどちらも回文.
(4) (i) $\lambda\in D_n$ 　(ii) $x,y\in D_n \Longrightarrow [_ix]_i, xy\in D_n\ (i=1,\ldots,n)$
(5) まず, n に関する再帰で, $x=y$ なら $\mathrm{eq}(x,y)=0$, $x\ne y$ なら $\mathrm{eq}(x,y)=1$ となる関数 $\mathrm{eq}(m,n)$ を定義する:
　(i) $\mathrm{eq}(0,0)=0$, $\mathrm{eq}(0,1)=\mathrm{eq}(1,0)=1$.
　(ii) $m,n>0 \Longrightarrow \mathrm{eq}(m,0)=\mathrm{eq}(m-1,0)$, $\mathrm{eq}(0,n)=\mathrm{eq}(0,n-1)$,
　　　$\mathrm{eq}(m,n)=\mathrm{eq}(m-1,n-1)$.
次に m に関する再帰で $m\,\mathbf{mod}\,n$ (m を n で割った余り) を定義する:
　(i) $0\,\mathbf{mod}\,n=0$.
　(ii) $(m+1)\,\mathbf{mod}\,n=(m\,\mathbf{mod}\,n+1)\mathrm{eq}(m\,\mathbf{mod}\,n+1,n)$.
(6) (i) $\max(\{a_1\})=a_1$ 　(ii) $n\geq 2 \Longrightarrow \max(\{a_1,\ldots,a_n\})=a_1$ と $\max(\{a_2,\ldots,a_n\})$ の大きい方.
別解: (i) $n=1$ のとき, $\max(\{a_1,\ldots,a_n\})=a_n$. (ii) $n\geq 2$ のとき, $\max(\{a_1,\ldots,a_n\})=\max\{a_1,\ldots,a_{n/2}\}$ と $\max(\{a_{n/2+1},\ldots,a_n\})$ の大きい方 ($n/2$ は 2 で割った商とする).

2.6 (1) まず, (i) と (ii) の第 3 式によって $q(m,n)=m+n$ が定まる. (ii) の第 1 式と第 2 式より p と q は対称的 ($p(x,y)=q(y,x)$) なので, $p(m,n)=q(n,m)=m+n$.
(2) $d(x,y)=x$ を y で割った商
(3) n の桁数
(4) 括弧対 $[_1\ ]_1$ の入れ子 (ネスト) の深さ
(5) △ =「2 分木」, ○ =「葉」, $d(\bigcirc)$ =「○の深さ (根からの距離)」, □ =「高さ」. 木については, 本書の 4.3.6 項, 詳しくは拙著『離散数学入門』の 4.3.6 項を参照されたい.

2.7 $f(m,n)$ が m,n の最大公約数であることを示そう. ① $m=0$ または $n=0$ の場合は明らか. ② $m\geq n>0$ の場合, 整数 k が m および n を割り切る (すなわち, k が m,n の公約数である) 必要十分条件は k が $m-n$ および n を割り切ることであるが, これは明らかであろう. よって, $f(m,n)=f(m-n,n)$ である. 次に, $m\geq n$ なら $f(m,n)=f(m-n,n)=f(m-2n,n)=\cdots$ であるから, $m-dn\geq 0$ である最大の d は m を n で割った商であり, そのときの $m-dn$ は $m\,\mathbf{mod}\,n$ である. よって, $m\geq n$ なら $f(m,n)=f(m\,\mathbf{mod}\,n,n)=(f(x,y)=f(y,x)$ であるから$)f(n,m\,\mathbf{mod}\,n)$. ③ $n>m$ の場合には $m\,\mathbf{mod}\,n=m$ であるから,

$f(m,n) = f(n,m) = f(n, m \bmod n)$.

2.8 （1） 空語を含めない場合：
　　〈Σ 上の文字列〉 ::= a | b | 〈Σ 上の文字列〉a | 〈Σ 上の文字列〉b　　あるいは
　　〈Σ 上の文字列〉 ::= a | b | a〈Σ 上の文字列〉 | b〈Σ 上の文字列〉
空語を含める場合：
　　〈Σ 上の文字列〉 ::= λ | 〈Σ 上の文字列〉a | 〈Σ 上の文字列〉b　　あるいは
　　〈Σ 上の文字列〉 ::= λ | a〈Σ 上の文字列〉 | b〈Σ 上の文字列〉
（2） 〈回文〉 ::= a | b | aa | bb | a〈回文〉a | b〈回文〉b
（3） 〈無符号整数〉 ::= 〈数字〉 | 〈非零数字〉〈無符号整数〉
〈整数〉 ::= 〈無符号整数〉 | 〈符号〉〈無符号整数〉　　〈数字〉 ::= 0 | 〈非零数字〉
〈符号〉 ::= + | −　　〈非零数字〉 ::= 1 | $\cdots$ | 9
（4） 〈数〉 ::= 〈整数〉 | 〈実数〉
〈実数〉 ::= 〈整数〉 | 〈無符号実数〉 | 〈符号〉〈無符号実数〉
〈無符号実数〉 ::= 〈無符号整数〉.〈無符号整数〉 | 〈無符号整数〉.〈無符号整数〉E〈整数〉

2.9 まず，$\mathbf{L}, \mathbf{D}, \mathbf{A}$ が一意的に定まることは明らか．$\mathbf{N}$ の方程式 $\mathbf{N} = \mathbf{L} \cup \mathbf{NA}$ $\cdots$ ① の解が $\mathbf{N} = \mathbf{LA}^*$ だけであることを示せばよい．$\mathbf{LA}^*$ が解であることは①の右辺に代入すると $\mathbf{L} \cup \mathbf{NA} = \mathbf{L} \cup \mathbf{LA}^*\mathbf{A} = \mathbf{LA}^*$ となることから OK．

唯一の解であること：X を①の任意の解とするとき，$X = \mathbf{LA}^*$ であることを示す．拙著『離散数学入門』の定理 1.9 の証明とまったく同様に，$\mathbf{LA}^* \subseteq X$ であることが証明できる．また，$\lambda \notin \mathbf{L}$ であるから，これも同書の例 2.3(2) と同様に，$\mathbf{LA}^* \supseteq X$ であることが証明できる．よって，$\mathbf{LA}^* = X$．

2.10 （1） $(a+1)*b+2$ の構文木は下に示したように一意的に定まる．

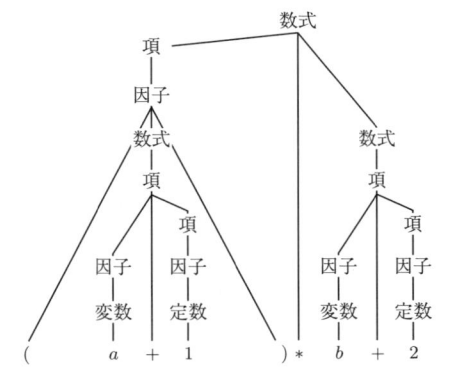

文法 3 における $(a+1)*b+2$ の構文木（この 1 つしかない）

（2） 〈数式〉, 〈変数〉, 〈定数〉をそれぞれ $\mathbf{E}, \mathbf{L}, \mathbf{D}$ で表すと，$G_2 = (\{\mathbf{E}, \mathbf{L}, \mathbf{D}\}, \{a, b, c, 0, \ldots, 9\}, \{\mathbf{E} \to \mathbf{L} \mid \mathbf{D} \mid \mathbf{E}+\mathbf{E} \mid \mathbf{E}*\mathbf{E} \mid (\mathbf{E}), \mathbf{L} \to a \mid b \mid c, \mathbf{D} \to 0 \mid \cdots \mid 9\}, \mathbf{E})$.
$(a+1)*b+2$ の導出（複数ある）の 1 つは $\mathbf{E} \Rightarrow \mathbf{E}*\mathbf{E} \Rightarrow (\mathbf{E})*\mathbf{E} \Rightarrow (\mathbf{E}+\mathbf{E})*\mathbf{E} \Rightarrow$

$(\mathbf{L}+\mathbf{E})*\mathbf{E} \Rightarrow (a+\mathbf{E})*\mathbf{E} \Rightarrow (a+\mathbf{D})*\mathbf{E} \Rightarrow (a+1)*\mathbf{E} \Rightarrow (a+1)*\mathbf{E}+\mathbf{E} \Rightarrow (a+1)*\mathbf{L}+\mathbf{E} \Rightarrow (a+1)*b+\mathbf{E} \Rightarrow (a+1)*b+\mathbf{D} \Rightarrow (a+1)*b+2.$

（3） 次の図に示すように，文法1では $(a+1)*b+2$ の計算順序が $(a+1)*(b+2)$ (左下図)にも $((a+1)*b)+2$ (右下図)にも解釈できる2つの構文木が存在する(すなわち，演算 $*, +$ の優先順位の定義が曖昧である)ので，数式を定義する文法としては好ましくない．

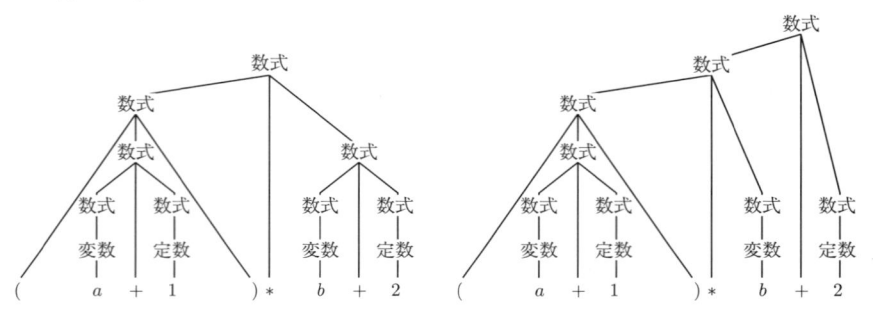

文法1における $(a+1)*b+2$ の構文木(その1)　　文法1における $(a+1)*b+2$ の構文木(その2)

文法3は $(a+1)*b+2$ の計算順を $(a+1)*(b+2)$ と一意的に定めている(加法の方が乗法よりも演算順位が高い)ので，これも良くない．文法2では $(a+1)*b+2$ の計算順は $((a+1)*b)+2$ と一意的に定まるので，この文法がもっとも良い．なお，文法2は $a+b+c$ や $a*b*c$ はそれぞれ $a+(b+c), a*(b*c)$ と計算すべきであることも定めている(構文木を描いて確かめよ)．

文法2における $(a+1)*b+2$ の構文木(この1つしかない)

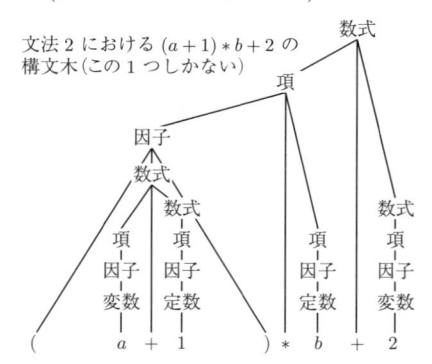

2.11 （1） $(\{B, C\}, \{0, 1\}, \{B \to 0 \mid 1C, C \to 0C \mid 1C \mid \lambda\}, B)$
（2） $(\{S, B\}, \{a, b, c\}, \{S \to aSc \mid B, B \to \lambda \mid bBc\}, S)$
（3） $(\{A_0, A_1, A_2\}, \{0, 1, 2\}, \{A_0 \to 0A_1 \mid 1A_0 \mid 2A_0, A_1 \to 0A_2 \mid 1A_1 \mid 2A_1, A_2 \to 0A_3 \mid 1A_2 \mid 2A_2, A_3 \to \lambda \mid 1A_3 \mid 2A_3\}, A_0)$ (注：A_i はそれまでに 0 を i 個生成したことを表す.)

問 題 解 答   **201**

2.12 （1） X からは任意個の X が生成され，そのそれぞれの X からは2個の Y が生成され，各 Y が1になったとき生成が終了する：$\{1^{2n} \mid n \geqq 1\}$．（注：$1^{2n}$ は1を $2n$ 個並べた文字列であり，数値1ではない！）
（2） S からは a と B が同数生成され，各 B は b になるか消滅する：$\{x \in \{a,b\}^+ \mid x$ の中の a の個数 $\geqq x$ の中の b の個数 $\}$
（3） $\{x \in \{0,1,\ldots,9\}^+ \mid x$ を10進数と見たとき，x は3の倍数 $\}$．3の倍数である必要十分条件は各桁の和が3の倍数であることを利用している．A_i はそれまでに生成した桁の和を3で割った余りを表している．例題 2.6（3）参照．

● **第3章**

3.1 （1） $R_f^{-1}(x) = \{\sqrt{x}, -\sqrt{x}\}$ であるから関数ではない．
（2） $R_f^{-1}(x) = \frac{1}{2}(x-3)$ で，関数である．　（3） $R_f^{-1}(x) = e^x$ で，関数である．
（4） $R_f^{-1}(x) = \{x, -x\}$ で，関数ではない．

3.2 （1） $S^2 = \{(a,c), (a,d), (b,d)\}$, $R \cap S = \{(a,b), (b,c)\}$, $R^* \cap S^* = \{(a,a), (a,b), (a,c), (b,b), (b,c), (c,c), (d,d)\}$, $(R \cap S)^* = \{(a,a), (a,b), (a,c), (b,b), (b,c), (c,c), (d,d)\}$.
（2） $R^2 = \{(a,c), (d,c)\}$, $R^3 = \emptyset$, $S^3 = \{(a,d)\}$, $S^4 = \emptyset$ なので $i=3$, $j=4$．

3.3 $(x,y) \in \rho_2^* \cup \rho_3^* \iff \exists i \geqq 0 \exists j \geqq 0 [\, x = 2^i y \lor x = 3^j y \,]$．一方，$(x,y) \in (\rho_2 \cup \rho_3)^* \iff \exists i \geqq 0 \exists j \geqq 0 [\, x = 2^i 3^j y \,]$, $(x,y) \in (\rho_2 \circ \rho_3)^* \iff \exists i \geqq 0 [\, x = 6^i y \,]$ だから $\subseteq$ は明らか．$\subsetneqq$ については，例えば $(30,5) \in (\rho_2 \cup \rho_3)^*$ だが $(30,5) \notin \rho_2^* \cup \rho_3^*$, $(9,1) \in (\rho_2 \cup \rho_3)^*$ だが $(9,1) \notin (\rho_2 \circ \rho_3)^*$ より．

3.4 J_2 の元は東京駅の1つおいて隣りの駅と東京駅自身 (東京駅 ◯ 隣の駅 ◯ 東京駅 であることに注意)．J_* は JR の駅すべてからなる集合 (JR のすべての駅に東京駅から行ける場合)．

3.5 $x R^* y \iff \exists n \geqq 0 [\, x R^n y \,] \iff \exists n \geqq 0 [\, x = y + 2n \,]$ だから，$x R^* 0$ は x が非負の偶数であることを表し，$x R^+ 1$ は x が正の奇数であることを表す．

3.6 $|x-y| \leqq i$．厳密には，i に関する帰納法で証明する．$i=0$ のときは明らか．$x \rho^{i+1} y \iff x \rho^i \circ \rho y \iff$（累乗の定義）$\exists z [x\rho z$ かつ $z\rho^i y] \iff$（ρ の定義と帰納法の仮定）$\exists z [|x-z| \leqq 1$ かつ $|z-y| \leqq i] \iff |x-y| \leqq i+1$．

3.7 (ii) $(x,y) \in (R_3 \cap R_2) \circ R_1 \implies \exists z [(x,z) \in R_1 \land (z,y) \in R_3 \cap R_2] \implies \exists z [(x,z) \in R_1 \land (z,y) \in R_3 \land (z,y) \in R_2] \implies (x,y) \in R_3 \circ R_1 \land (x,y) \in R_2 \circ R_1 \implies (x,y) \in (R_3 \circ R_1 \cap R_2 \circ R_1)$.
$\therefore (R_3 \cap R_2) \circ R_1 \subseteq R_3 \circ R_1 \cap R_2 \circ R_1$．もう一つも同様．
(iii) $\mathrm{Dom}\, R_1 = A$ ならば任意の $x \in A$ に対して $(x,y) \in R_1$ となる y が存在する．このとき，$(y,x) \in R_1^{-1}$ であるから，合成の定義より $(x,x) \in R_1^{-1} \circ R_1$．
(v) $(x,y) \in (R_2 \cup R_3)^{-1} \iff (y,x) \in (R_2 \cup R_3) \iff (y,x) \in R_2 \lor (y,x) \in R_3 \iff (x,y) \in R_2^{-1} \lor (x,y) \in R_3^{-1} \iff (x,y) \in R_2^{-1} \cup R_3^{-1}$．もう一方も同様．

(vi) $(x,y) \in (R_2-R_3)^{-1} \iff (y,x) \in (R_2-R_3) \iff (y,x) \in R_2 \land (y,x) \notin R_3 \iff (x,y) \in R_2^{-1} \land (x,y) \notin R_3^{-1} \iff (x,y) \in R_2^{-1} - R_3^{-1}$.

3.8 (1) m に関する帰納法．$R^0 = id_A$, $R^1 = R$ であることに注意すれば，$m = 0, 1$ のときは容易．$m \geqq 2$ のとき，$\circ$ は結合律を満たすことより，$R^m \circ R \overset{\text{合成の定義}}{=} (R^{m-1} \circ R) \circ R \overset{\text{帰納法の仮定}}{=} (R \circ R^{m-1}) \circ R \overset{\text{結合律}}{=} R \circ (R^{m-1} \circ R) \overset{\text{合成の定義}}{=} R \circ R^m$.
(2) m に関する帰納法．$m = 0, 1$ のときは明らか．$(a,b) \in (R^{-1})^{m+1} \iff$ 合成の定義より $(a,b) \in (R^{-1})^m \circ R^{-1} \iff$ (1) より $(a,b) \in R^{-1} \circ (R^{-1})^m \iff \exists c\,[\,(a,c) \in (R^{-1})^m \land (c,b) \in R^{-1}\,] \iff$ 帰納法の仮定から $\exists c\,[\,(a,c) \in (R^m)^{-1} \land (c,b) \in R^{-1}\,] \iff \exists c\,[\,(c,a) \in R^m \land (b,c) \in R\,] \iff (b,a) \in R^{m+1} \iff (a,b) \in (R^{m+1})^{-1}$.
(3) (2) より．
(4) 任意の m について，n に関する帰納法で示す．$n = 0$ のときは $R^m \circ R^0 = R^m \circ id_A = R^m$ は容易にわかる．$R^m \circ R^{n+1} \overset{n+1\text{乗の定義}}{=} R^m \circ (R^n \circ R) \overset{\text{定理3.1}}{=} (R^m \circ R^n) \circ R \overset{\text{帰納法の仮定}}{=} R^{m+n} \circ R \overset{n+1\text{乗の定義}}{=} R^{m+n+1}$.

3.9 例えば，$R = \{(b,a), (b,b)\}$ とすると，$R^1 \circ R^{-1} = \{(a,a), (a,b), (b,a), (b,b)\} \neq R^0$ である．

3.10 $R^2 = R$ について．$R^2 \subseteq R$ は $(a,b), (b,c) \in R \Longrightarrow (a,c) \in R$ を意味するので，$R^2 \subseteq R$ は R が推移律を満たすための必要十分条件である．逆に，$R^2 \supseteq R$ とすると，任意の $(a,c) \in R$ に対し，$(a,b), (b,c) \in R$ となる b が存在しなければならないが，$R \supseteq id_A$ はそのための十分条件の1つである ($b = a$ とすればよい)．よって，R が推移的かつ反射的であることは $R^2 = R$ であるための十分条件の1つである．

$R^* = R^+$ について．定義より $R^+ \subseteq R^*$ なので，$R^* \subseteq R^+$ が成り立つ条件を求めればよい．$R^* = R^+ \cup id_A$ なので，それは $id_A \subseteq R^+$ である．

3.11 正しくない．例えば，$R = \{(a,b), (b,c), (c,a)\}$, $S = R^{-1}$ とすると $R \neq S$ であるが，$R^+ = S^+$ である．

3.12 任意の k について $R^k \subseteq A \times A$ である．一方，$|A \times A| = n^2$, $|2^{A \times A}| = 2^{n^2}$ であるから，$2^{n^2}+1$ 個の R_i, $0 \leqq i \leqq 2^{n^2}$, の中には等しいものが存在する．

3.13 (1) yes. 同値類は，'月曜日である日の集合'，'火曜日である日の集合'，$\cdots$，'日曜日である日の集合'，の7つ．
(2) no. 1 に対して反射律が成り立たない．推移律も成り立たない．
(3) no. $\sim_1$ も $\sim_2$ も推移律が成り立たない．
(4) 前者は yes，後者は no (推移律が成り立たない)．前者の同値類は，'a を頭文字とする単語の集合'，$\cdots$，'z を頭文字とする単語の集合'．
(5) '面積が等しい' という関係は明らかに同値関係である．また，R も同値関係であるから，例題 3.5 より，面積が等しく R が成り立つという関係も同値関係である．

3.14 (1) cRd だが dRc でない (対称律が成り立たない) し，dRd でもない (反射律が成り立たない)．定理 3.4 より $R' = (R \cup R^{-1})^*$ であるが，$R \cup R^{-1} =$

$(R \cup R^{-1})^* = R \cup \{(d,c), (d,d)\}$ である.

(2) R' の同値類は $\{a,b,c,d,e\}/R' = \{\{a,b\}, \{c,d\}, \{e\}\}$.

3.15 (1) no. 例えば $R \cap S = \emptyset$ なら推移律が成り立たない.
(2) no. 例えば, $R = \{(a,a)\}$, $S = \{(b,b)\}$.
(3) yes. R が同値関係なら対称律が成り立つので $R^{-1} \subseteq R$. 両辺の逆関係を考えると $R = (R^{-1})^{-1} \subseteq R^{-1}$. よって, $R = R^{-1}$.
(4) yes. R が同値関係なら反射律, 対称律, 推移律が成り立ち, それらはそれぞれ $id_A \subseteq R$, $R^{-1} \subseteq R$, $R^2 \subseteq R$ と表すことができる. これらそれぞれの両辺の 2 乗をとると (包含関係は保たれることに注意) $id_A^2 = id_A \subseteq R^2$, $(R^2)^{-1} = (R^{-1})^2$ (問題 3.8) $\subseteq R^2$, $R^4 = R^2 \circ R^2 \subseteq R^2$. すなわち, R^2 は反射律, 対称律, 推移律のいずれも満たすので同値関係である.
(5) yes. 明らかに, R^* は反射律と推移律を満たす. また, R が同値関係であるから, R は対称律を満たすので R^* も対称律を満たす (問題 3.8 参照).

3.16 (1) $(a,c) \sim (a',c')$ より $a + c' = c + a'$, $(b,d) \sim (b',d')$ より $b + d' = d + b'$ なので $(a + b) + (c' + d') = (c + d) + (a' + b')$ である. これは $(a+b, c+d) \sim (a'+b', c'+d')$ を意味する.
(2) $(a,c) \sim (a',c')$, $(b,d) \sim (b',d')$ とすると $a+c' = c+a'$, $b+d' = d+b'$ であるから, $(ab+cd+a'd'+b'c')-(ad+bc+a'b'+c'd') = (a-c)(b-d)+(a'-c')(d'-b') = 0$. これは $(ab+cd, ad+bc) \sim (a'b'+c'd', a'd'+b'c')$ を意味し, それは代表元の取り方によらないことを意味する.
(3) $\boldsymbol{a}, \boldsymbol{b}, \boldsymbol{c}$ の任意の代表元をそれぞれ $[a,c]$, $[b,d]$, $[e,f]$ とする. $\boldsymbol{a} + \boldsymbol{b} = [a+b, c+d] = [b+a, d+c] = \boldsymbol{b} + \boldsymbol{a}$. $\boldsymbol{ab} = \boldsymbol{ba}$ も同様.
$(\boldsymbol{a} + \boldsymbol{b}) + \boldsymbol{c} = ([a,c] + [b,d]) + [e,f] = [a+b, c+d] + [e,f] = [(a+b) + e, (c+d) + f] = [a+(b+e), c+(d+f)] = [a,c] + [b+e, d+f] = \boldsymbol{a} + (\boldsymbol{b} + \boldsymbol{c})$.
$(\boldsymbol{ab})\boldsymbol{c} = \boldsymbol{a}(\boldsymbol{bc})$ も同様.
$\boldsymbol{a}(\boldsymbol{b} + \boldsymbol{c}) = [a,c]([b,d] + [e,f]) = [a,c][b+e, d+f] = [a(b+e) + c(d+f), a(d+f) + c(b+e)] = [(ab+cd) + (ae+cf), (ad+bc) + (af+ce)] = [ab+cd, ad+bc] + [ae+cf, af+ce] = [a,c][b,d] + [a,c][e,f] = \boldsymbol{ab} + \boldsymbol{ac}$.

3.17 $a,b,e \in \boldsymbol{Z}$; $c,d,f \in \boldsymbol{N}_{>0}$ を任意の元とする. 反射律: $ab = ba$ だから $(a,b) \approx (a,b)$. 対称律: $(a,b) \approx (c,d) \Longrightarrow ad = bc \Longrightarrow cb = da \Longrightarrow (c,d) \approx (a,b)$. 推移律: $(a,b) \approx (c,d) \wedge (c,d) \approx (e,f) \Longrightarrow (ad = bc) \wedge (cf = de) \Longrightarrow adcf = bcde \Longrightarrow af = be$ ($cd \neq 0$ に注意) $\Longrightarrow (a,b) \approx (e,f)$.

3.18 この論法では (i),(ii) が成り立つ前提として, 任意の x に対して xRy となる y が存在することが必要である. よって, R が A 上の関係の場合, $\text{Dom } R = A$ であることが必要である.

3.19 R が同値関係なら, 対称律により $aRb \Longrightarrow bRa$. これと aRc より推移律により bRc が成り立つ. 逆は, 反射律が成り立っているという仮定より, 任意の $a \in A$ に対して aRa. 任意の $a,b,c \in A$ に対して $aRb \wedge aRc \Longrightarrow bRc$ であることより, $aRb \wedge aRa \Longrightarrow bRa$. よって, $aRb \Longrightarrow bRa$ であるから対称律が成り

立つ．推移律が成り立つことは，$aRb \wedge bRc \implies$ （すでに証明した対称律により）$bRa \wedge bRc \implies aRc$ （仮定の条件式による）．

3.20 （1） 仮定より $x - x' = mp, y - y' = mq$ なる整数 p, q が存在するので，$(x+y) - (x'+y') = m(p+q)$．これは $x+y \equiv x'+y' \pmod{m}$ を意味する．一方，$xy - x'y' = (x'+mp)(y'+mq) - x'y' = (py' + qx' + pqm)m$ なので $xy \equiv x'y' \pmod{m}$ も成り立つ．

（2） $ax \equiv b \pmod{m}$ が整数解を持つなら $b = ax - mk$ となる整数 x, k が存在する．a, m の最大公約数を d とすると $(d \mid a) \wedge (d \mid m)$ であるから，$d \mid (ax - mk)$．すなわち，$d \mid b$．

逆に，a, m の最大公約数を d とすると，$a = a'd, b = b'd, m = m'd$ となる整数 a', b', m' が存在し，a' と m' は互いに素である．合同式 $a'x \equiv b' \pmod{m'}$ を考える．まず，$0, 1, \ldots, m'-1$ それぞれを m' で割ったときの余りの全体 $\{b' \bmod m' \mid 0 \leq b' \leq m'-1\}$ は $\{0, 1, \ldots, m'-1\}$ に等しいことは明らか（**mod** は余りを求める演算）．この集合は $0, a', \ldots, a'(m'-1)$ それぞれを m' で割ったときの余りの全体 $\{a'x' \bmod m' \mid 0 \leq x' \leq m'-1\}$ に等しいことを証明する．後者の集合のどの元も値が 0 以上 $m'-1$ 以下であるから，どの 2 元も異なることを示せばよい．もし $a'x' \bmod m' = a'x'' \bmod m'$ なる $0 \leq x'' < x' \leq m'-1$ が存在したとすると，$a'(x'-x'')$ は m' で割り切れなければならないが，a' と m' は互いに素で $0 < x'-x'' < m'-1$ は m' で割り切れないので，矛盾である．

さて，b' を m' で割った余りは $0, 1, \ldots, m'-1$ のどれかであるから，上で証明したことにより $a'x' \bmod m$ $(0 \leq x' \leq m'-1)$ のどれかに等しい．すなわち，$a'x' \equiv b' \pmod{m'}$ である．このとき，$a'dx' \equiv b'd \pmod{m'd}$ であり，これは $ax' \equiv b \pmod{m}$ を意味するので，x' は $ax \equiv b \pmod{m}$ の整数解である．

3.21 （1） 任意の点 P, Q に対し，P$\to^k$Q は「コマ位置 P からコマ位置 Q へ k ステップで行ける」ことを表し，P$\to^*$Q は「P から Q へ 0 ステップ以上で行ける」ことを表す．一般に，任意の 2 項関係 R に対して，R^* は反射的かつ推移的である．跳び方の定義から，$\to^*$ は対称的でもある．よって，同値関係である．

（2） $\begin{cases} u = x + k - 2i & (i = 0, 1, \ldots, k) \\ v = y + 2k - 4j & (j = 0, 1, \ldots, k) \end{cases}$

（3） $(\mathbf{Z} \times \mathbf{Z})/\to^* = \{[(0,0)], [(0,1)], [(1,0)], [(1,1)]\}$．すなわち，$(\mathbf{Z} \times \mathbf{Z})/\to^*$ は $(0,0), (0,1), (1,0), (1,1)$ を代表元とする 4 個の同値類からなる．同値類 $[(x,y)]$ は点 (x,y) から移ることのできる点の集合である．

（4） (x,y) から $(x+1,y+1), (x+1,y-1), (x-1,y+1), (x-1,y-1)$ のどれか 1 箇所へ跳べさえすればよい．それにより，4 つの同値類が 1 つの同値類になるからである．

3.22 （1） 言えない．反例：$R = \{(a,a), (a,b)\}$．

（2） 存在する．例えば，恒等関係の任意の部分集合．

（3）言えない．例えば，$R = \{(a,b), (b,c), (c,b)\}$ は対称律も非対称律も成り立たっていない．逆は常に成り立つ．

3.23 （ⅰ）は R の定義から明らかに成立する．（ⅱ）を示すために $aRb \wedge bRa$ と仮定すると，R の定義より $(aR'b \vee a=b) \wedge (bR'a \vee b=a)$．よって，もし $a \neq b$ だとすると，$aR'b \wedge bR'a$ が成り立ち，(ⅱ)' に反す．よって，$a = b$．最後に，(ⅲ) を示すために $aRb \wedge bRc$ とすると，R の定義より $(aR'b \vee a=b) \wedge (bR'c \vee b=c)$ である．もし $a \neq b \wedge b \neq c$ とすると，$aR'b \wedge bR'c$ なので (ⅲ)' より $aR'c$ が成り立つ．もし $a = b$ だとすると $bR'c \vee b = c$ より $aR'c \vee a = c$ となるが，R' の定義より $a \neq c$ であるから $aR'c$ が成り立つ．$b = c$ としても同様．よって，いずれの場合も $aR'c$ が成り立つが，$R' \subseteq R$ なので aRc が成り立つ．

3.24 次の表にまとめた．

	反射的	対称的	反対称的	推移的	同値関係	半順序	擬順序	全順序
(1)	○	○	×	×	×	×	×	×
(2)	×	○	×	×	×	×	×	×
(3)	○	×	○	○	×	○	○	×
(4)	○	○	×	×	×	×	×	×
(5)	×	○	×	×	×	×	×	×
(6a)	×	×	×	○	×	×	○	×
(6b)	○	×	×	×	×	×	×	×
(6c)	○	×	○	○	×	○	○	○
(7a)	○	×	○	○	×	○	○	×
(7b)	○	×	○	○	×	○	○	×
(8)	○	○	×	○	○	×	×	×
(9)	○	×	×	○	×	×	○	×
(10)	○	×	○	×	×	○	×	×

3.25 $\leqq$ が半順序であることの証明：任意の $a, a', a'' \in A$, $b, b', b'' \in B$ を考える．反射律：$\leqq_1, \leqq_2$ が反射的であることより $a \leqq_1 a$, $b \leqq_2 b$ であるから，$\leqq$ の定義より $(a,b) \leqq (a,b)$．反対称律：$(a,b) \leqq (a',b') \wedge (a',b') \leqq (a,b)$ とすると $a \leqq_1 a' \wedge b \leqq_2 b' \wedge a' \leqq_1 a \wedge b' \leqq_2 b$ であるから，$\leqq_1, \leqq_2$ が反対称的であることより $a = a' \wedge b = b'$，すなわち $(a,b) = (a',b')$．推移律：$(a,b) \leqq (a',b') \wedge (a',b') \leqq (a'',b'')$ とすると $a \leqq_1 a' \wedge b \leqq_2 b' \wedge a' \leqq_1 a'' \wedge b' \leqq_2 b''$ であるから，$\leqq_1, \leqq_2$ が推移的であることより $a \leqq_1 a'' \wedge b \leqq_2 b''$．よって，$(a,b) \leqq (a'',b'')$．

$\leqq_1, \leqq_2$ が全順序であっても $\leqq$ は全順序であるとは限らない．例えば，$a <_1 a'$, $b >_2 b'$ のとき (a,b) と (a',b') は比較不能である．$\vee$ の場合，$\leqq$ は半順序にさえなるとは限らない．

3.26 最大元は (a_1, b_1)，最小元は (a_2, b_2)．複数の極大(極小)元がある場合，

(A の極大元, B の極大元) が $A \times B$ の極大元である．極小元についても同様．

3.27 $\min A = 1$, $\sup A = 120$, $\inf A = 1$. $\min B = 2$, $\inf B = 2$. $\max A$, $\max B$, $\sup B$ は存在しない．

3.28 (1) 容易にわかるように, $a \vee b = \max\{a,b\}$, $a \wedge b = \min\{a,b\}$ であり，これらは任意の $a, b \in \boldsymbol{N}$ に対して存在するから $(\boldsymbol{N}, \leqq)$ は束である．
(2) 例えば, X を任意の集合とするとき $(2^X, \subseteq)$. $A, B \subseteq X$ に対して $A \vee B = A \cup B$, $A \wedge B = A \cap B$ である．論理値に順序 $\boldsymbol{F} < \boldsymbol{T}$ を入れた $(\{\boldsymbol{F}, \boldsymbol{T}\}, \leqq)$ も束であり, $\vee$ は論理和, $\wedge$ は論理積である．
(3) 例えば，(2) の $(2^X, \subseteq)$, $(\{\boldsymbol{F}, \boldsymbol{T}\}, \leqq)$ はいずれもブール代数である．前者の最大元は X, 最小元は $\emptyset$ であり, 後者の最大元は $\boldsymbol{T}$, 最小元は $\boldsymbol{F}$ である．

3.29 (1) 半順序. $id_A \subseteq R$, $R \circ R \subseteq R$, $R \cap R^{-1} = id_A$ はそれぞれ R が反射的, 推移的, 反対称的であることを式で表したものである．
(2) 半順序. $R = R^*$ より $id_A = R^0 \subseteq R$, $R \circ R = R^2 \subseteq R$ が得られる．
(3) このような条件を満たす R は存在しない. $\because R^* \subseteq R$ より $id_A \subseteq R$ であるから $a \in A$ なら $(a,a) \in R$ であるが, 最後の式より $(a,a) \notin R$ という矛盾が導かれる．

3.30 (1) $\boldsymbol{Z}$ の部分集合である $\boldsymbol{Z}$ 自身が最小元を持たないので, $\boldsymbol{Z}$ は整列集合ではない．例えば，次のように順序を定義すると整列順序である：$0 < -1 < 1 < -2 < 2 < -3 < 3 < \cdots < n < -n < \cdots$.
(2) $\cdots < aaab < aab < ab < b$ であるから $\{a^n b \mid n \geqq 0\}$ は最小元を持たない Σ^* の部分集合なので, Σ^* は整列集合でない．
$\sqsubseteq$ を辞書式順序とするとき, $x \leqq y \overset{\text{def}}{\Longleftrightarrow} (|x| < |y|) \vee (|x| = |y| \wedge x \sqsubseteq y)$ と定義すれば, $\leqq$ は Σ^* 上の整列順序である．

3.31 (1) $V = \{a,b,c,d,e,f,g,h,i,j,k\}$, $E = \{(a,a), (a,b), (a,c), (a,g), (b,c), (c,h), (d,i), (d,j), (f,a), (f,g), (g,f), (h,d), (i,h), (j,i), (k,j)\}$.
(2) 位数 11, サイズ 15. すなわち, $(11, 15)$ 有向グラフである．
(3) a：入次数 in–deg$(a) = 2$, 出次数 out–deg$(a) = 4$, 次数 deg$(a) = 6$.
in–deg(e)=out–deg(e)=deg(e)=0. in–deg(g)=2, out–deg(g)=1, deg(g)=3.
(4) 長さ 2 の道：a, c, h. 長さ 3 の道：a, a, c, h; a, b, c, h. 長さ 4 の道：a, a, b, c, h; a, a, a, c, h. 長さ 5 の道：a, a, a, a, c, h; a, a, a, b, c, h; a, g, f, a, c, h.
(5) $a, a, g, f, a, b, c, h, d, j, i, h$ あるいは $a, g, f, a, b, c, h, d, j, i, h$
(6) $g, f, a, b, c, h, d, j, i$
(7) a, g, f, a; d, i, h, d; d, j, i, h, d
(8) 次の 6 個：$(\{a,f,g\}, \{(a,a), (a,g), (f,a), (f,g), (g,f)\})$, $(\{d,h,i,j\}, \{(d,i), (d,j), (h,d), (i,h), (j,i)\})$, $(\{b\}, \emptyset)$, $(\{c\}, \emptyset)$, $(\{e\}, \emptyset)$, $(\{k\}, \emptyset)$
(9) 次の 3 個：$(V - \{e,k\}, E - \{(k,j)\})$, $(\{d,h,i,j,k\}, \{(d,i), (d,j), (h,d), (i,h), (j,i), (k,j)\})$, $(\{e\}, \emptyset)$
(10) 次の 2 つ：$(V - \{e\}, E)$, $(\{e\}, \emptyset)$

問 題 解 答　　　　　　　　　　　　　　　　　　　　　　　　**207**

3.32 （1）　　　　　　　　　　　　　　　（2）

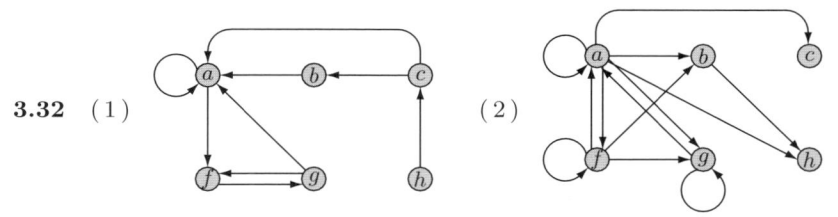

（3）　頂点集合 $= V$, 辺集合 $= (V \times V) - \{(b,a), (b,f), (b,g), (c,a), (c,b), (c,f),$
$(c,g), (h,a), (h,b), (h,c), (h,f), (h,g)\}$

（4）　　　　　　　　　　　　　　　　　　（5）

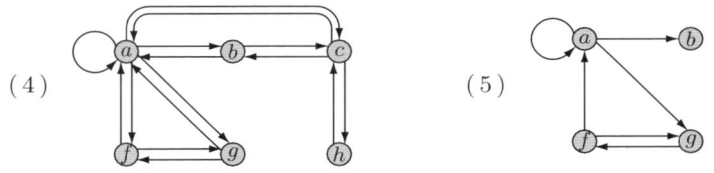

3.33　注：有向グラフ $G = (V, E)$ の到達可能性行列は $G^* := (V, E^*)$ の隣接行列に等しい．

$$A = \begin{pmatrix} 1 & 1 & 0 & 1 \\ 0 & 0 & 0 & 0 \\ 1 & 0 & 0 & 1 \\ 0 & 0 & 1 & 0 \end{pmatrix}, \quad B = \begin{pmatrix} 1 & 1 & 1 & 0 & 0 & 0 \\ 0 & 0 & 0 & 0 & 0 & 0 \\ 0 & 0 & 0 & 1 & 1 & 0 \\ 0 & 0 & 0 & 0 & 0 & 1 \end{pmatrix}, \quad C = \begin{pmatrix} 1 & 1 & 1 & 1 \\ 0 & 1 & 0 & 0 \\ 1 & 1 & 1 & 1 \\ 1 & 1 & 1 & 1 \end{pmatrix}$$

3.34　（1）　$\Sigma = \{\text{this, is, a, red, pencil, and, that, an, oily, ballpoint, pen}\}$.
明らかに，R は反射的かつ対称的な関係であるから，$R' = \{(\text{this, is}), (\text{this, that}),$
$(\text{pencil, pen}), (\text{pencil, ballpoint}), (\text{pencil, oily}), (\text{and, an}), (\text{and, ballpoint})\}$ と
すると $R = (id_\Sigma - \{(a,a)\}) \cup R' \cup (R')^{-1}$ である．
（2）　R は反射的であるから，有向グラフ G のすべての頂点には**自己ループ**(自分から出て自分へ入っている辺のこと．すなわち，id_Σ の元)がある．また，対称的であるから，α から β への辺 (α, β)（これは R' の元である）があれば，β から α への辺 (β, α)（これは $(R')^{-1}$ の元である）もある．よって，以下に示した G では，すべての自己ループを描かず，2 つの辺 $(\alpha, \beta), (\beta, \alpha)$ をまとめて向きのない辺 ⓐ―ⓑ として描いた．

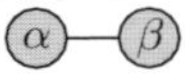

this　is　a　pencil　and　that　an　oily　ballpoint　pen

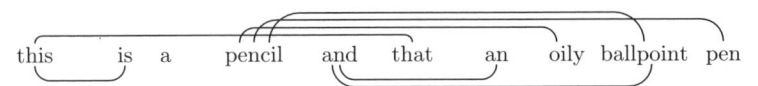

（3）　R^2 に属す元は，（2）の有向グラフ G の辺を丁度 2 つ通る 2 頂点の対である．
G の a 以外の各頂点には自己ループがあることを考慮すると，$R^2 = R \cup \{(\text{is, that}),$
$(\text{that, is}), (\text{pencil, and}), (\text{and, pencil}), (\text{an, ballpoint}), (\text{ballpoint, an})\}$ なので，
求める有向グラフは G の (is, that) 間，(and, pencil) 間，(an, ballpoint) 間に辺を
追加したものである．また，$R^* = R^2 \cup \{(\text{pencil, an}), (\text{an, pencil})\}$ である．

3.35 (1), (2) 〔図〕

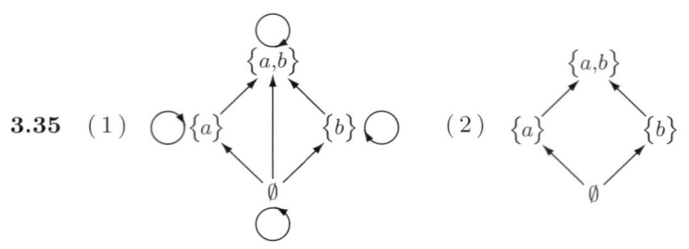

(3) 位数は 8, サイズは 12

3.36 どの辺も丁度 1 つの頂点へ接続しているから，頂点の入次数を合計するときに各辺は丁度 1 回ずつカウントされる．したがって，$\sum_{v \in V}$ in-deg$(v) = |E|$．同様に，どの辺も丁度 1 つの頂点から接続していることにより，$\sum_{v \in V}$ out-deg$(v) = |E|$ であることがいえる．

3.37 (1) 点線で囲んで示す．辺は完全に点線の内部にあるもののみ．

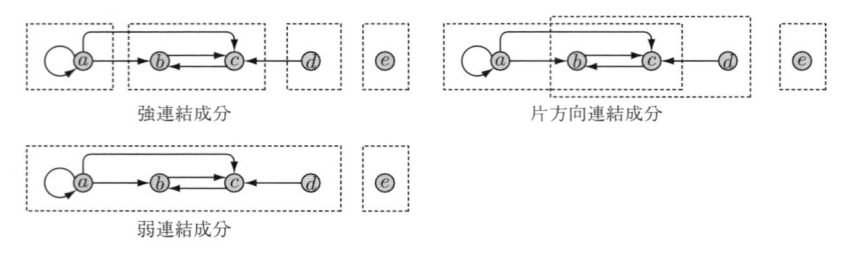

〔図：強連結成分，片方向連結成分，弱連結成分〕

(2) 強連結成分： $(\{b,c,d,e\}, \{(b,c),(c,d),(d,e),(e,b)\})$ と $(\{a\}, \emptyset)$．
片方向連結成分，弱連結成分： G．

3.38 (1) G が片方向連結とは，任意の $(u,v) \in V \times V$ に対して u から v への道 または v から u への道があることである．定理 3.6 より，前者は $(u,v) \in E^*$ と同値であり，後者は $(u,v) \in (E^{-1})^*$ と同値である．「または」は，$(u,v) \in E^* \cup (E^{-1})^*$ を意味する．

(2) (1) において「または」を「かつ」に置き換えたもの．

(3) 定義そのもの．

3.39 s から x へのどの道も x を含むので $x \geqq_s x$ すなわち $\geqq_s$ は反射的である．また，$x \geqq_s y$ かつ $y \geqq_s z$ すなわち s から y へのどの道も x を含みかつ s から z へのどの道も y を含むなら s から z へのどの道も x を含むから $\geqq_s$ は推移的である．よって，$\geqq_s$ が反対称的でもあることを示せばよい．実際，$x \neq y$ で $x \geqq_s y$ であるなら $y \geqq_s x$ が成り立つことはない（∵ もし $y \geqq_s x$ が成り立つとすると，s から x へのどの道も y を含む．そのような道のうち，終点以外には x を含まないものを p とする．p は必ず存在する．なぜなら，もし x を含んでいたら，s に最も近い x（x_0 と呼ぼう）を考えると，$\geqq_s$ の定義より，s から x_0 へのどの道の上にも y があるので，s から x_0 へのこの道を p とすればよい．一方，$x \geqq_s y$ であるから，

$\geqq_s$ の定義より s から y への道 (p の前半) は x を含んでいるはずであるが，これは p の取り方に反す）．

3.40 (1) 擬順序の有向グラフは，どの連結成分も弱連結で閉路が無く，どの頂点にも自己ループは無く，どの2頂点間にも辺は高々1本しかなく，道がある2頂点間には辺もある．
(2) 同値関係の有向グラフでは，どの連結成分も強連結で反射的 (どの頂点にも自己ループがある) かつ対称的 (どの2頂点間にも両向きの辺がある) である完全有向グラフである．このような連結成分それぞれが同値類である．

3.41 (1) 正しい．連結成分の任意の2点を u,v とすれば，同じ連結成分の2点なので $(u,v) \in E$ または $(v,u) \in E$ である．同値関係であることより E は対称的であるから $(u,v) \in E$ かつ $(v,u) \in E$ である．すなわち，連結成分のどの2頂点間にも両方向の辺があるから強連結である．
(2) 正しくない．例えば，$\{(a,c),(b,c)\}$ は $\{a,b,c\}$ の上の半順序であるが，a,b 間に道が存在しないので片方向連結ではない．
(3) 正しくない．片方向連結成分の中に強連結成分 (閉路) を含めば半順序のハッセ図とはなりえない．閉路を含まなければ正しい．
(4) 正しい．$G=(V,E)$ が強連結なら，E を V 上の2項関係と考えたとき E^* は同値関係であり，強連結成分の頂点集合は V 上の同値類であるから，強連結成分は頂点も辺も共有しない．(定理 3.3(5) 参照)

3.42 行の和は各頂点の出次数を表し，列の和は各頂点の入次数を表す．

3.43 定理 3.7 をそれぞれ次のように述べなおすことができる (『離散数学入門』の定理 3.14 (p.95) を参照のこと．A^n の (i,j) 成分の値は第 i 頂点から第 j 頂点への長さ n の道の本数に等しい)．
(1) $A^{|V|}$ のどの成分も正である．
(2) $A^{|V|} + {}^t\!A^{|V|}$ のどの成分も正である．
(3) $(A + {}^t\!A)^{|V|}$ のどの成分も正である．

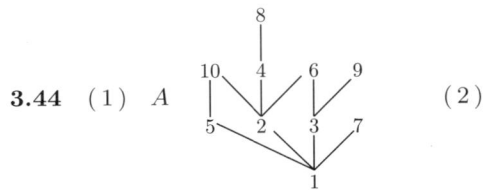

3.44 (1) A　　(2) スペースの都合により，図を上下に描く代わりに左右に描いた (右方向に昇順)．

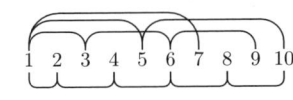

A の極小元は 1, 最小元は 1, 極大元は 6,7,8,9,10, 最大元は存在しない．一方，0 は B の最大元かつ極大元となる．B の極小元, 最小元は A のそれと同じ．B は束である．

3.45 例えば，〈祖父, 父, 母, 叔父, 本人, 兄, 弟, 従兄, 長男, 長女, 孫〉など．

3.46 (1) 次ページ左図．　(2) 正しくない．次ページ右図 (写像 φ : $\{a,b,c,d\} \to \{A,B,C,D\}$; $a \mapsto A$, $b \mapsto B$, $c \mapsto C$, $d \mapsto D$ は全単射である

が，この2つの有向グラフは同型ではない).

3.47 はじめに $t(R) \subseteq R^+$ を示す．このためには，R^+ が推移的であることを示せば，推移的閉包の最小性の条件より $t(R) \subseteq R^+$ がいえる．$(a,b) \in R^+$, $(b,c) \in R^+$ とすると，R^+ の定義より $(a,b) \in R^p$, $(b,c) \in R^q$ となる正整数 p, q が存在する．よって，$(a,c) \in R^q \circ R^p = R^{p+q}$ であり，これは $(a,c) \in R^+$ を意味する．ゆえに，R^+ は推移的である．

$R^+ \subseteq t(R)$ を示すためには，n に関する数学的帰納法で $n \geqq 1$ なら $R^n \subseteq t(R)$ であることを示せばよい．$n=1$ のとき，$t(R)$ の定義から $R^1 = R \subseteq t(R)$. 次に，$(a,b) \in R^{k+1}$ とすると，$(a,c) \in R \wedge (c,b) \in R^k$ となる c が存在する．帰納法の仮定から $(a,c) \in t(R) \wedge (c,b) \in t(R)$ であるから，$t(R)$ の推移性により $(a,b) \in t(R)$ がいえ，$R^{k+1} \subseteq t(R)$ が示された．

3.48 例えば，$R = \{(a,b),(c,b)\}$ とすると，$s(t(R)) = R \cup \{(b,a),(b,c)\} = s(R) \subsetneqq t(s(R)) = s(R) \cup \{(a,a),(a,c),(b,b),(c,a),(c,c)\}$. また，$R = \{(a,b),(c,d)\}, S = \{(a,c),(b,d)\}$ とすると，$t(R) \cup t(S) = R \cup S \subsetneqq R \cup S \cup \{(a,d)\} = t(R \cup S)$.

3.49 (1) 定理3.9より，$r(t(s(R))) = r((R \cup R^{-1})^+) = (R \cup R^{-1})^+ \cup id_A = (R \cup R^{-1})^*$ でありこれは $rst(R)$ に等しい．$s(tr(R)) = s(R^*) = R^* \cup (R^*)^{-1} = R^* \cup (R^{-1})^*$. これは前問と同様に $rst(R)$ に等しくない例を容易に作ることができる．例えば，$A = \{a,b,c\}$ で $R = \{(a,b),(c,b)\}$ とすると $R^* \cup (R^*)^{-1} = id_A \cup \{(a,b),(b,a),(b,c),(c,b)\}$ であるが，$rst(R) = R^* \cup (R^*)^{-1} \cup \{(a,c),(c,a)\}$. 最後に，$t(rs(R)) = t(R \cup R^{-1} \cup id_A) = (R \cup R^{-1})^+ \cup id_A = rst(R)$.

3.50 (1) $r(=) = (=), r(\emptyset) = id_{\boldsymbol{R}}, s(=) = (=), s(\neq) = (\neq), s(<) = (\neq), s(\leqq) = \boldsymbol{R} \times \boldsymbol{R}, t(=) = (=), t(\leqq) = (\leqq)$.
(2) $rt(<) = (\leqq), rs(<) = rst(<) = \boldsymbol{R} \times \boldsymbol{R}, st(<) = (\neq)$.

3.51 (1) ($\Longrightarrow$) $|x|$ に関する数学的帰納法で証明する．

$|x| = 0$ すなわち $x = \lambda$ のときは明らか．$|x| > 0$ のとき，$x \succ^* \lambda$ とすると $\succ$ の定義より，$x = y()z \succ yz \succ^* \lambda$ となる $y, z \in \Sigma^*$ が存在する．帰納法の仮定より yz は整合していなければならないが，それは x も整合していることを意味する．

($\Longleftarrow$) x が含む括弧対の個数に関する帰納法で証明する．

0個すなわち $x = \lambda$ のとき，$\lambda \succ^* \lambda$ なので ok. $x \neq \lambda$ のとき，$x = u(v)w$ となる整合している $u, v, w \in \Sigma^*$ が存在する．帰納法の仮定より，$u \succ^* \lambda, v \succ^* \lambda, w \succ^* \lambda$ が成り立つ．よって，$x = u(v)w \succ^* (v)w \succ^* ()w \succ w \succ^* \lambda$ が成り立つ．
(2) まず，$x, y \in \Sigma^*$ のとき，$x \succ y$ なら y は x より長さが短かくなるので，$\succ$ は有限的である．次に，チャーチ・ロッサーであることを示すためには，定理3.10より，$x \succ u, x \succ v$ であるならば $u \succ^* w$ かつ $v \succ^* w$ となる $w \in \Sigma^*$ が存在する

ことを示せばよい. $\succ$ の定義より, $x = \alpha()\beta = \gamma()\delta$, $u = \alpha\beta$, $v = \gamma\delta$, $\alpha = \gamma()\varepsilon$, $\delta = \varepsilon()\beta$ となる $\alpha, \beta, \gamma, \delta, \varepsilon$ が存在する (下図参照). $u = v$ の場合は $w = u = v$ とすればよい. $u \neq v$ の場合, $x = \alpha()\beta \succ u = \alpha\beta = \gamma()\varepsilon\beta \succ \gamma\varepsilon\beta$ かつ $x = \gamma()\delta \succ v = \gamma\delta = \gamma\varepsilon()\beta \succ \gamma\varepsilon\beta$ が成り立つので, $w = \gamma\varepsilon\beta$ が求めるものである.

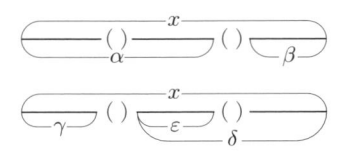

3.52 (1) $m \models n$ なら $m > n > 0$ であるので, $\Vdash$ は有限的である. $m \models n$ かつ $m \models n'$ のとき, n, n' の公約数を ℓ とすると $n \Vdash^* \ell$ かつ $n' \Vdash^* \ell$ である. 任意の n, n' に対して ℓ は必ず存在する (例えば, $\ell = 1$) ので, 定理 3.10 により, $\Vdash$ はチャーチ–ロッサーである.

$n \Vdash^{-1} m \iff m \models n$ であるから, $n \Vdash^{-1} m$ は m が n の倍数であることを表す. したがって, $\Vdash^{-1}$ は有限的ではない (いくらでも大きい倍数が存在する) ので, チャーチ–ロッサーではない.

(2) X が最大元 $\max X$ を持つ場合, 任意の $a \in X$ に対して, $a \prec b$ かつ $a \prec c$ であるなら $b \prec^* \max X$ かつ $c \prec^* \max X$ であるから, $\prec$ が有限的であれば (例えば, X が有限集合の場合など) には定理 3.10 により, $\prec$ はチャーチ–ロッサーである.

3.53 (1) $|^*_{3,4,5}$ も $|^+_{3,4,5}$ も半順序ではないが, $|^+_{3,4,5}$ は擬順序である. なぜなら, まず, $|^+_{3,4,5}$ は反射的ではないから半順序ではない. 次に, $|^*_{3,4,5}$ は $|_{3,4,5}$ の反射推移閉包なので反射的かつ推移的であるのは明らかであるが, $x|_{3,4,5}y$ かつ $y|_{3,4,5}x$ が成り立つとすると, $x = py$ かつ $y = qx$ となる $p, q \in \{3, 4, 5\}$ が存在するので $x = pqx$ となるが, このような x は存在しない. よって, $|^*_{3,4,5}$ は反対称的でないので半順序ではない.

$|^+_{3,4,5}$ が非反射的かつ推移的なのは明らかである. また, $x|^+_{3,4,5}y$ が成り立つなら $y|^+_{3,4,5}x$ は成り立たないので非対称的である. よって, $|^+_{3,4,5}$ は擬順序である.

(2) 6 通り. $|^+_{3,4,5}$ のハッセ図は下図 ($x|_{3,4,5}y$ のとき y を x の上側に描いた).

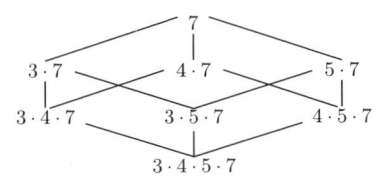

```
              7
         /    |    \
      3·7    4·7    5·7
      /  \ X    X  /  \
   3·4·7    3·5·7    4·5·7
         \    |    /
           3·4·5·7
```

3.54 T_1, T_2 いずれを適用しても頂点または辺が減少するので, 有限的であることは明らか. $\Rightarrow$ がチャーチ–ロッサーであることを示すには, 定理 3.10 より, $G \Rightarrow G_1$ かつ $G \Rightarrow G_2$ であるなら $G_1 \Rightarrow^* G'$ かつ $G_2 \Rightarrow^* G'$ となる G' が存在することを示せばよい. T_1 を自己ループ (x, x) に適用することを $T_1(x)$ と書き, T_2 を 2 頂

点 x, y に適用することを $T_2(x, y)$ と書くことにする．まず，操作 $T_1(x)$ は x の如何にかかわらず他の操作 $T_1(y)$ や $T_2(x, y)$, $T_2(y, z)$ に影響を及ぼす (適用できなくなったり，新たに適用可能になったりする) ことがないことは明らかであるから，$G \Rightarrow G_1$, $G \Rightarrow G_2$ において適用された操作のうちの少なくとも一方が T_1 の場合は G' が存在することが保障される ($G \Rightarrow G_1$, $G \Rightarrow G_2$ のうち T_1 が適用されていない方はその後で T_1 を適用し，T_1 が適用された方はその後で T_2 を適用すれば同じ結果 G' に到達する)．そこで，残されたケースとして $G \Rightarrow G_1$ by $T_2(x, y)$ かつ $G \Rightarrow G_2$ by $T_2(x', y')$ の場合を考えればよい．$x = x'$ の場合は $T_2(x, y)$ を先に適用すると $x = y$, $(x, y') \in E(G_1)$, $\mathrm{indeg}(y') = 1$ となるので (下図参照) 直後に $T_2(x, y')$ を適用することができ G_2 が得られる．$T_2(x', y')$ を先に適用した場合も同様である．

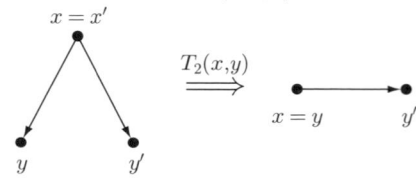

$x \neq x'$ の場合，T_2 を適用する頂点が異なるので，それぞれの頂点ではその頂点でもともと適用した T_2 を適用した後に他方で適用した T_2 を引き続いて適用すればよい．

3.55 (1)

$R[A, B]$

A	B
a	x
b	y
b	x
d	z

(2)(a)

$S[A, C, D]$

A	C	D
a	1	2
b	3	2
c	5	4

$T[A, B, C, D]$

A	B	C	D
a	x	1	2
b	y	3	2
b	x	3	2

(b)

$U[A, C]$

A	C
a	3
a	5
b	3
b	5

3.56 $X \to Y$, $Y \to Z$ とする．また，$X = \{A_{i_1}, \ldots, A_{i_x}\}$, $Y = \{A_{j_1}, \ldots, A_{j_y}\}$, $Z = \{A_{k_1}, \ldots, A_{k_z}\}$ とする．任意のタプル $\boldsymbol{a} = (a_1, \ldots, a_n)$, $\boldsymbol{b} = (b_1, \ldots, b_n)$ を考える．$X \to Y$ より，

$$a_{i_1} = b_{i_1}, \ldots, a_{i_x} = b_{i_x} \implies a_{j_1} = b_{j_1}, \ldots, a_{j_y} = b_{j_y}$$

である．また，$Y \to Z$ より，

$$a_{j_1} = b_{j_1}, \ldots, a_{j_y} = b_{j_y} \implies a_{k_1} = b_{k_1}, \ldots, a_{k_z} = b_{k_z}$$

である．よって，

$$a_{i_1} = b_{i_1}, \ldots, a_{i_x} = b_{i_x} \implies a_{k_1} = b_{k_1}, \ldots, a_{k_z} = b_{k_z}$$

である．これは $X \to Z$ であることを示している．

3.57 (1)(a) ①

$\sigma_{A \geqq '70'}(S)[N, S, A, G, C]$

N	S	A	G	C
E1J020	西田	89	93	88
E2J002	浅野	77	80	57
E2J102	石田	98	65	78
E0J037	森高	85	55	74

問題解答　　　　　　　　　　　　　　　　　　　213

② $\pi_S(\sigma_{J='新宿区'}(T))[S]$

S
森高
細川
浅野

③ $\pi_{2,1}(S \bowtie_{N=N} T)[S, N]$

S	N
西田	E1J020
小川	E2J054
石田	E2J102
森高	E0J037

④ $(S \bowtie T)[N, S, A, G, C, J]$

N	S	A	G	C	J
E1J020	西田	89	93	88	杉並区
E2J102	石田	98	65	78	中野区
E0J037	森高	85	55	74	新宿区

⑤ $\pi_{N,C,C}(S)[N, C, C]$

N	C	C
E1J020	88	88
E2J002	57	57
E2J054	20	20
E2J102	78	78
E0J037	74	74
E9J078	66	66

なので

$(\pi_{N,C,C}(S) \bowtie T)[N, C, C, S, J]$

N	C	C	S	J
E1J020	88	88	西田	杉並区
E2J054	20	20	細川	新宿区
E2J102	78	78	石田	中野区
E0J037	74	74	森高	新宿区

⑥ $(S \times T) \div T = S$ である．

(b) $\pi_{S,N,J}(\sigma_{(A \geq '60') \wedge (G \geq '60') \wedge (C \geq '60')}(S \bowtie T))$ など．

(2) $T_1 = \sigma_{A=A}(R \times S) = \{(a, b, a, b') \mid (a, b) \in R, (a, b') \in S\}$, $T_2 = \sigma_{B=B}(R \times S) = \{(a, b, a', b) \mid (a, b) \in R, (a', b) \in S\}$ とおくと，

$$T_1 \bowtie T_2 = \pi_{1,2,3,4}(\sigma_{(1=5) \wedge (2=6) \wedge (3=7) \wedge (4=8)}(T_1 \times T_2))$$
$$= \pi_{1,2,3,4}(\{(a, b, a, b, a, b, a, b) \mid (a, b) \in R \cap S\})$$
$$= \{(a, b, a, b) \mid (a, b) \in R \cap S\}$$
$$= \sigma_{(1=3) \wedge (2=4)}(R \times S) = R \bowtie S.$$

● 第 4 章

4.1 どの辺 uv も u 側からと v 側から二重にカウントされているから，奇頂点が奇数個だと $\sum_{v \in V(G)} \deg(v)$ は奇数であり，2 で割り切れない．問題 3.36 も参照せよ．

4.2 $G - e := (V(G), E(G) - \{e\})$, $G + w := (V(G) \cup \{w\}, E(G) \cup \{vw \mid v \in V(G)\})$, $G + e := (V(G), E(G) \cup \{e\})$.

4.3 (1) $\delta(G - u) = \deg(v) = \deg(w) = 0$, $\Delta(G + uv) = \deg(u) = 5$.

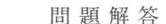

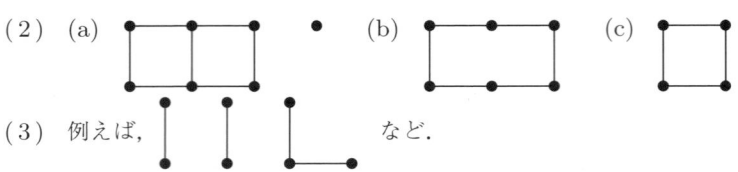

(2) (a) [図]   (b) [図]   (c) [図]

(3) 例えば, [図] など.

(4) 3個. $|V(\overline{G})|$ が偶数であるから, G の奇/隅頂点は $\overline{G}$ の隅/奇頂点である. G の隅頂点が 3 個だから, $\overline{G}$ の奇頂点は 3 個である.

4.4 問題 4.1 により奇頂点の個数は必ず偶数個であるから, 次数が 1, 3 の頂点の個数が 5 ということはない. 0, 2, 4 次正則グラフはそれぞれ以下の通り:

[図]

4.5 この問題は, G または $\overline{G}$ のいずれかは必ず 3 辺形を部分グラフとして含む, と言い換えられる. $v \in V(G)$ とすると v は v 以外の 5 頂点のいずれとも G または $\overline{G}$ において隣接しているので, v は v_1, v_2, v_3 と G において隣接していると仮定しても一般性は失なわれない. v_1, v_2, v_3 のうちどれか 2 つが G で隣接しているとすると, それらと v とが G の中で 3 辺形をなす. もし, v_1, v_2, v_3 のどれも G で隣接していないとすると, この 3 頂点は $\overline{G}$ で隣接していることになるので $\overline{G}$ の中で 3 辺形をなす.

4.6 (1) G を頂点数 p, 辺数 q の自己補グラフとすると, G と $\overline{G}$ は同型だから $\overline{G}$ の辺数は G の辺数と等しく, かつそれは $\frac{p(p-1)}{2} - q$ である ($\overline{G}$ は G の補グラフだから). よって, $p(p-1) = 4q$. p と $p-1$ が同時に 2 の倍数ではありえないから, p または $p-1$ は 4 の倍数でなければならない.
(2) K_1, P_4, C_5 および文字 A と同じ形の位数 5 のグラフ (記号の意味については 4.2 節を参照せよ).

4.7 2 部グラフ: G_2, G_3. 部は, 例えば $\{a', d'\}$ と $\{b', c'\}$, $\{a'', b''\}$ と $\{c'', d''\}$.
3 部グラフ: G_1, G_2, G_3. 部は, 例えば $\{a, d\}$ と $\{b, c\}$ と $\{e\}$, $\{a'\}$ と $\{d'\}$ と $\{b', c'\}$, $\{a''\}$ と $\{b''\}$ と $\{c'', d''\}$.

4.8 (*) G が n 部グラフ $(V_1, \ldots, V_n, E)$ で $|V_i| \geq 2$ ならば, V_i を 2 つに分割することによって, G は $n+1$ 部グラフでもあることがわかる. したがって, G が $n+1$ 部グラフでないなら G は n 部グラフでもない. $n \geq 3$ のとき, K_n が $n-1$ 部グラフでないことは明らか. 以下, (*) を順次適用すればよい.

4.9 位数 $p_1 + \cdots + p_n$, サイズ $\sum_{i \neq j} p_i p_j$

4.10 対偶を証明するために, G を無閉路グラフだとする. 任意の頂点を始点として, 隣接する頂点を順にたどっていくと, G には閉路がないので同じ頂点を 2 度通ることはない. ところが, G の頂点は有限個なので, いずれたどる先がなくなる. その終点の頂点の次数は 1 である. すなわち, $\delta(G) \leq 1$.

問 題 解 答　　　　　　　　　　　　　　　　　　　**215**

4.11　定理 4.1 より, G の連結成分 ((p_i, q_i) グラフであるとする) ごとに $q_i \geqq p_i - 1$ が成り立つので, 両辺を i について総和を取ると求める不等式が得られる.

次に, 連結な無閉路 (p, q) グラフでは $q \leqq p - 1$ が成り立つことを p に関する帰納法で証明しよう. $p = 1$ のときは $q = 0$ なので ok. $p \geqq 2$ のとき, v を次数 1 以下の頂点とする (存在は問題 4.10). $G' := G - v$ も無閉路グラフである ((p', q') グラフとする) から, 帰納法の仮定により $q' \leqq p' - 1$. 一方, $p' = p - 1$ であり, $\deg(v) = 0$ のとき $q' = q$, $\deg(v) = 1$ のとき $q' = q - 1$ であるから, $q \leqq p - 1$. よって, 無閉路グラフでは $q = p - 1$ が成り立ち, 求める等式が導かれる.

4.12　① $O(q)$　　② $O(p^2)$　　③ $O(1)$　　④ $O(q)$

4.13　隣接行列, 接続行列, 次数行列を次のように定義する :

$$a_{ij} = \begin{cases} 1 & ((v_i, v_j) \in E(G)) \\ 0 & (その他) \end{cases} \quad b_{ij} = \begin{cases} 1 & (\exists k \neq i\,[e_j = (v_k, v_i) \in E(G)]) \\ -1 & (\exists k \neq i\,[e_j = (v_i, v_k) \in E(G)]) \\ 0 & (その他) \end{cases}$$

$$c_{ij} = \begin{cases} \deg^+(v_i) + \deg^-(v_i) & (i = j) \\ 0 & (i \neq j) \end{cases}$$

定義より, v_i に自己ループがあれば $a_{ii} = 1$ であり, e_j が自己ループの場合 $b_{ij} = 0$ であることに注意する.

$A[G] + {}^tA[G] + B[G] \cdot {}^tB[G] = C[G]$ が成り立つことを示す. $i \neq j$ の場合, e_k が v_i, v_j 間の辺 (どちら向きでもよい) のとき $b_{ik} \cdot {}^tb_{kj} = -1$. $i = j$ の場合, e_k が v_i に/から接続する辺 (自己ループを除く) のとき $b_{ik} \cdot {}^tb_{kj} = 1$. その他の場合 $b_{ik} \cdot {}^tb_{kj} = 0$ である. よって, $i \neq j$ の場合, $\sum_{k=1}^{q} b_{ik} \cdot {}^tb_{kj} = -(a_{ij} + {}^ta_{ij})$. $i = j$ の場合, $\sum_{k=1}^{q} b_{ik} \cdot {}^tb_{kj} = \text{in-deg}(v_i) + \text{out-deg}(v_i) - 2(v_i$ における自己ループの個数) である (∵ v_i における自己ループ e_k は in-deg(v_i) によっても out-deg(v_i) によっても 1 回ずつカウントされるのに, $b_{ik} \cdot {}^tb_{ki} = 0$ であるから $\sum_{k=1}^{q} b_{ik} \cdot {}^tb_{kj}$ ではカウントされていない). 一方, v_i における自己ループの個数 $= \frac{c_{ii}}{2}$ である.

4.14　$\text{rad}(G) \leqq \text{diam}(G)$ は明らか. 三角不等式より $\text{d}(u, v) \leqq \text{d}(u, w) + \text{d}(w, v) \leqq \max\{\text{d}(u, w) \mid u \in V(G)\} + \max\{\text{d}(w, v) \mid v \in V(G)\} = 2 \cdot \text{e}(w)$. 任意の u, v, w に対してこれが成り立つのだから, $\text{rad}(G) = \text{e}(w_0)$, $\text{diam}(G) = \text{d}(u_0, v_0)$ となる u_0, v_0, w_0 に対しても $\text{d}(u_0, v_0) \leqq 2\text{e}(w_0)$. 等号が成り立つ例 : $\text{rad}(C_{2n}) = \text{diam}(C_{2n})$, $\text{diam}(P_{2n+1}) = 2\text{rad}(P_{2n+1})$.

4.15　$G = (V, E)$ が連結でないとすると, 1 つの連結成分 $G_1 = (V_1, E_1)$ と, G から G_1 を除いた部分 $G_2 = (V_2, E_2)$ に分割できる : $V = V_1 \cup V_2$, $V_1 \cap V_2 = \emptyset$, $\{v_1 v_2 \mid v_1 \in V_1, v_2 \in V_2\} \cap E = \emptyset$. よって, $\overline{G}$ は全頂点を含む完全 2 部グラフ $(V_1, V_2, \{v_1 v_2 \mid v_1 \in V_1, v_2 \in V_2\})$ を含んでいるので連結グラフである.

4.16　2 つの最長基本道 $P_1 := \langle u_1, u_2, \ldots, u_n \rangle$, $P_2 := \langle v_1, v_2, \ldots, v_n \rangle$ を考える. これらが交差していないとすると, 連結グラフなので P_1 上のある頂点 u_i と P_2 上のある頂点 v_j とを結ぶ道 Q が存在する. この道は同じ頂点をダブって通らないように (すなわち, 基本道となるようにように) 選ぶことができ, $i \geqq j$ とする ($i \leqq j$ として

4.17 (1) なし (2) なし (3) 3 (4) 3
(5) $\{\langle b,i\rangle, \langle b,a,i\rangle, \langle b,c,i\rangle, \langle b,h,i\rangle\}$ など.
(6) $\{\langle a,b,c,d,j\rangle, \langle a,i,j\rangle, \langle a,h,f,g,j\rangle\}$ など.

4.18 $\delta(G) = 0$ のときは明らか. $\delta(G) \geqq 2$ のとき, 問題 4.10 より, このグラフは閉路を持つ. 閉路上の辺 (明らかに, それらは橋辺ではない) を除いたグラフのどの頂点も次数が偶数のままであるから, そのグラフにも閉路が存在し, それは元のグラフの閉路でもある. この閉路上の辺 (それらは元のグラフにおいても橋辺ではない) を除いたグラフを考えるとどの辺の次数も偶数のままなので $\cdots$, と繰り返すと最後には辺がなくなる. 以上の過程で取り除いたのは橋辺でない辺だけだから, このことは元のグラフには橋辺がなかったことを意味する. (参考：次節で証明する定理 4.6 を使えば, このグラフがオイラーグラフであることより, すべての辺が閉路上にあることが導かれる.)

4.19 切断点の場合を証明する (切断辺の場合も同様). G が連結であるとし, v が切断点なら $G - v$ の異なる連結成分からそれぞれ u, w を選ぶ. もし v を含まないような uw 道があったとすると, この道の上のどの辺も v に接続していないので $G - v$ の辺である. よって, この道は $G - v$ における道でもあり, u と w は $G - v$ の同じ連結成分に属することになり, 矛盾.

逆に, 題意を満たす u, w が存在したとすると $G - v$ に uw 道は存在しない. これは $G - v$ が非連結であることを意味する.

4.20 $\mathrm{d}(u, v) = \mathrm{diam}(G)$ とすると, u, v は非切断点であることを示す. なぜなら, 例えば v が切断点だとすると問題 4.19 の定理 4.4 より, v と異なる 2 頂点 x, y が存在して, すべての xy 道は v を通る. 定理 4.4 の証明によると, $x = u$ としてもよい. このとき, すべての uy 道が v を通ることより, $\mathrm{d}(u,y) = \mathrm{d}(u,v) + \mathrm{d}(v,y)$. $v \neq y$ であるから $\mathrm{d}(v,y) > 0$. $\therefore$ $\mathrm{d}(u,y) > \mathrm{d}(u,v)$. これは $\mathrm{d}(u,v)$ が直径 (最長な 2 点間の距離) であることに反する.

4.21 $\kappa(G) = 1$ なので切断点 v が存在し, $G - v$ は 2 つ以上の連結成分に分かれる. 連結成分の 1 つを G_1 とし, G から G_1 の除いた部分を G_2 とする. $\deg(v) = r$ なので, (v と隣接している G_1 の頂点数) $\leqq \frac{r}{2}$ または (v と隣接している G_2 の頂点数) $\leqq \frac{r}{2}$ である. よって, v に接続する $\frac{r}{2}$ 本以下の辺を取り除いて G_1 (または G_2) と v とを非連結にできる.

4.22 G の一例は右図. 内点素な uv 道は 3 本 (3 本以下であることは定理 4.3 による).

4.23 $\Longleftarrow$ は明らか. 逆に, $e = uv$ が橋辺でないとすると, $G - e$ は連結のままだから頂点 u と v を連結する道 P が存在する. P に e を加えた道は閉路となる. すなわち, e は閉路上にある. したがって, G が 2 重辺連結 $\Longleftrightarrow$ G のどの辺も橋辺ではない $\Longleftrightarrow$ G のどの辺も閉路上にある.

2 重連結に関する反例：1 頂点だけを共有する 2 つのサイクルからなるグラフ.

問 題 解 答　　　　　　　　　　　　　　　**217**

4.24 ($\Longrightarrow$) G は切断点をもたないので橋辺ももたない．したがって，G のどの辺もサイクル上にある (前問による)．G の任意の 2 頂点 u, v を考える．$U := \{w \mid w$ は u を含むサイクル上の頂点 $\} - \{u\}$ と定義する．u は切断点ではなく，かつサイクルの上にあるので $U \neq \emptyset$ である．$v \in U$ なら u, v は同一サイクル上にある．$v \notin U$ とすると矛盾が生じることを示す．

$w \in U$ の中で $d(w, v)$ が最小の点 w を取り，w, u を含むサイクルを C とする．$d(w, v)$ を与える wv 道の 1 つを P とする．P 上で w の隣接点を w' とする．u と w' は連結で，w は切断点でないから，w を通らない uw' 道 P' が存在する．$Q := P'\langle w', w \rangle \langle C$ 上の wu 道 $\rangle$ と定義すると，Q は u を含むサイクルだから $w' \in U$ である．一方，$d(w', v) < d(w, v)$ だから，これは w の取り方に反す．

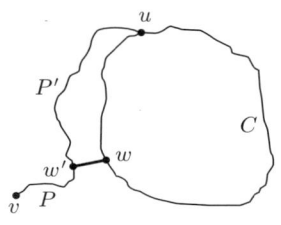

($\Longleftarrow$) 任意の頂点 v に対し，$G - v$ の任意の 2 頂点 u, w が連結であることを示せばよい．仮定より，G には，u, v, w を含むサイクル C が存在する．$C - v$ は連結なので，u と w は $G - v$ において連結である．

4.25 G を頂点数 3 以上のブロックとすると G は 2 重連結なので問題 4.24 により，どの辺もサイクル上にある．もし，互いに隣接する辺 uv と vw が異なるサイクル C, C' 上にあるとすると C と C' は v 以外の頂点を共有しない (なぜなら，もし v' がもう一つの共有頂点だとすると，$\langle v, u \rangle \langle C$ に沿った uv' 道 (v を通らない側) $\rangle \langle C'$ に沿った $v'w$ 道 (v を通らない側) $\rangle \langle w, v \rangle$ は uv と vw の両方を含むサイクルとなり，仮定に反す)．よって，v を削除すると C と C' は非連結になるので v は切断点である．これは G がブロックであることに矛盾する．

逆に，G が連結ではあるがブロックでないとすると切断点 v が存在する．v は端点ではないから v に接続する (したがって，互いに隣接する) 2 つ以上の辺が存在する．これらの辺のうち少なくとも 2 つは同一サイクル上にない (もしどの 2 辺も同一サイクル上にあるとすると v は切断点ではありえず，矛盾)．

頂点数が 2 のブロックは K_2 だけなので，そもそも隣接する 2 辺が存在せず，この場合も主張は成り立つ．

4.26 $k = 1$ のとき，$\kappa(G) \geq 1$ は連結を意味する．$\delta(G) \geq 2$ なので，G には閉路が存在する (なぜなら，任意の頂点 v から出発して辺をたどっていくと，$\deg(v) \geq 2$ だから，いつかは v に戻って来なければならない)．この閉路上の辺を削除しても G は連結のままある．

$k = 2$ のとき，$\kappa(G) \geq 2$ は 2 重連結を意味する．問題 4.24 より，どの辺もサイクルの上にある．あるサイクル C 上の辺 $e = uv$ を考える．$\deg(u) \geq 3$ だから u に接続する辺 $e' := uw'$ が存在し，e' も別のサイクル C' の上にある．このようなどの C' も C と頂点 u しか共有していな

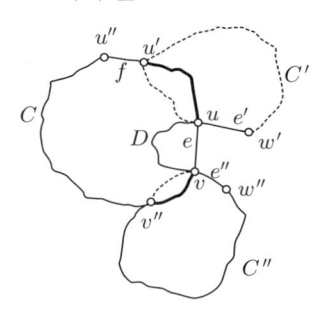

いとすると u は切断点となり $\kappa(G) \geq 2$ であることに反す．よって，C' は u 以外の点 u' で C と交わるサイクルである (C との交点は u, u' のみ)．

同様に，v に接続する辺 $e'' := w''v$ が存在し e'' は v と v'' ($v \neq v''$) だけで C と交わるサイクル C'' 上にある．よって，C 上の頂点のうち，図の太線部分は $G - e$ においてサイクル上にある．図のように e を含むサイクル D が存在する場合，$C - e$ のどの 2 頂点も，また，G のその他のどの 2 頂点も $G - e$ においてサイクル上にあるので，e が求める辺である．このような D が必ず存在することを示そう．C 上で u' (あるいは v'') の隣接点で太線上にない頂点を u'' とし $f := u'u''$ として，上述と同様な議論によりサイクル $C''', \ldots$ を求める．これを繰り返すと，C はサイクル $C', C'', C''', \ldots$ に対応する部分 (図の太線部分) と辺 $e, f, \ldots$ とに分解される．$C', C'', C''', \ldots$ のどれも C とは 2 点だけで交わっていることと，これらのサイクル上のどの頂点も $\deg \geq 3$ であることとより，これらのどのサイクル上のどの頂点 (C 上の頂点以外) も他のサイクル上のある頂点 (C 上の頂点以外) と C 上の頂点を含まない道で結ばれている．これらの道をつなげると D が得られる．

4.27 (1) $\kappa(P_1) = \lambda(P_1) = 0$. $n \geq 2$ なら $\kappa(P_n) = \lambda(P_n) = 1$
(2) $n \leq 3$ なら $\kappa(\overline{P_n}) = \lambda(\overline{P_n}) = 0$. $n \geq 4$ なら $\kappa(\overline{P_n}) = \lambda(\overline{P_n}) = n - 3$

理由：$\overline{P_n}$ から k 頂点を削除したものを Q_{n-k} とすると，$n - k \geq 4$ ならば，どの k 頂点が削除されたにせよ，そのうちの 4 頂点はそれらだけで連結であり (下図参照)，かつそのうちの 1 頂点 (× で示した頂点) 以外のどれも残りの $n - k$ 頂点と隣接している．よって，それらの 4 頂点以外のどの頂点を Q_{n-k} から削除しても連結のままである．したがって，$\overline{P_n}$ を非連結にするには Q_{n-k} を 3 頂点以下，すなわち $n - k \leq 3$ とすることが必要である．$\therefore \kappa(\overline{P_n}) \geq n - 3$. 一方，$\overline{P_n}$ から $n - 3$ 個の頂点を削除すれば非連結にできることは，$\overline{P_n}$ には次数 $n - 3$ の頂点 (P_n の両端以外の頂点) が存在することよりわかる．以上より，$\kappa(\overline{P_n}) = n - 3$.

下図において，太線は P_n における辺を，破線は $\overline{P_n}$ における辺を，細い実線は P_n における辺の有無が不明の箇所を表している：

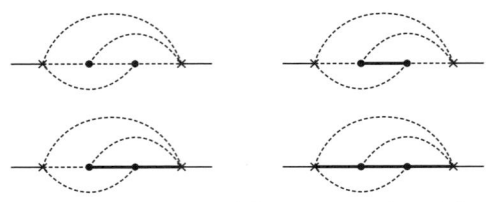

$\lambda(\overline{P_n})$ についても同様．なぜなら，(直感的には) 辺を 1 本削除することは頂点 1 個を削除することより弱い (連結性をくずさない) からである．一方，次数 $n - 3$ の頂点が存在するので，その頂点は $n - 3$ 本の接続辺を削除すると孤立点になる．

$\overline{C_n}$ については，P_n と違い，両端となる点がないだけで，条件は $\overline{P_n}$ と同じである．(3) $n \leq 4$ なら $\kappa(\overline{C_n}) = \lambda(\overline{C_n}) = 0$. $n \geq 5$ なら $\kappa(C_n) = \lambda(C_n) = n - 3$
(4) 連結度, 辺連結度ともに 3   (5) ともに $3n$ (6) ともに 4

4.28 $\kappa(G) \geq n$ なので，定理 4.2 より，$\delta(G) \geq n$. つまり，どの頂点からも辺

が n 本以上出ている．よって，$|E(G)| \geq \frac{n|V(G)|}{2}$ (2 で割っているのは各辺がその両端の頂点で二重にカウントされるため)．

4.29 $K_1 + K_1 \cong K_1 \times K_2 \cong K_2 \cong Q_1$, $K_{1,2} \cong P_3$, $\overline{K_2} \times K_1$, $K_3 \cong C_3 \cong \overline{P_1 \cup P_2}$, $K_{2,3} \cong \overline{K_2} + \overline{K_3}$, $C_4 \cong \overline{P_2} + \overline{P_2} \cong P_2^2 \cong Q_2$, $\overline{C_4} \cong P_2 \cup P_2 \cong \overline{P_2 \times P_2}$, $C_5 \cong \overline{C_5}$, $\overline{K_5} \cong \overline{K_2} \cup \overline{K_3}$

4.30 (1) 成り立つ例は無い．$\because G_i$ を (p_i, q_i) グラフとする．同型だとすると，$\overline{G_1 + G_2}$ と $\overline{G_1} + \overline{G_2}$ の辺数が等しいことから $\frac{(p_1+p_2)(p_1+p_2-1)}{2} - (q_1 + q_2 + p_1 p_2) = (\frac{p_1(p_1-1)}{2} - q_1) + (\frac{p_2(p_2-1)}{2} - q_2) + p_1 p_2$．これより，$p_1 p_2 = 0$ であるが，これを満たす正の整数解は存在しない．

成り立たない例：任意の G_1 と G_2．例えば，$G_1 = G_2 = K_1$ を考えてみよ．

(2) 成り立つ例：$G_1 = G_2 = K_1$ のとき，$\overline{G_1 \times G_2} = \overline{K_1} = K_1$ であり，$\overline{G_1} \times \overline{G_2} = K_1 \times K_1 = K_1$．

成り立たない例：$G_1 = K_n$, $G_2 = K_m$ のとき，$\overline{G_1 \times G_2} = \overline{K}_{m+n} \cong \bigcup_{i=1}^{n+m} K_1$ であるが，$\overline{G_1} \times \overline{G_2} \cong K_{n,m}$．

4.31 $v \notin V(G)$ に対して $G + K_1 = G + v$ であるとする．もし $G + v$ が n 重連結以下だとすると，G の $n - 1$ 個の頂点と v とを合わせた n 個の頂点を取り除くか，または G の n 個の頂点を取り除くことによって $G + v$ を非連結にできる．前者の場合，G の $n - 1$ 個の頂点を除くと G が非連結になることを意味し (v は G のすべての頂点と隣接しているので)，仮定に反す．後者の場合，G から除かれた n 個の頂点以外のどの頂点も v と隣接しているので，これらはすべて (v も含む) 連結していることになり，非連結であることに反す．

4.32 (1) C_n ($n \geq 5$)　　(2) $(\{a, b, c, d\}, \{ab, ac, ad, bc\})$

4.33 科目を頂点とし，教えている先生が異なる科目を辺で結んだグラフを考えよ．どの頂点の次数も 3 以上となるので系 4.8 よりこのグラフにはハミルトン道が存在する．このハミルトン道が求める試験日程である．

4.34 $C_4 + K_1$ (左下図) はハミルトングラフであるがオイラーグラフではない (奇頂点が 4 つある)．また，$(K_2 \cup K_2) + K_1$ (右下図) はオイラーグラフであるがハミルトングラフではない．

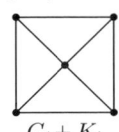

$C_4 + K_1$　　　　　$(K_2 \cup K_2) + K_1$

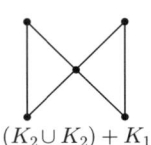

4.35 G がハミルトングラフなら，明らかに $C(G)$ もハミルトングラフである．逆に，$C(G)$ がハミルトングラフなら，$C(G)$ から辺 uv を削除してもなお $\deg(u) + \deg(v) \geq p$ が満たされているなら，①により $C(G) - uv$ はハミルトングラフのままである．G から $C(G)$ を得るに至った操作を逆にたどるとそれはこのような辺削除操作の繰り返しであり，それにより $C(G)$ から G が得られる．よって，G はハミルトングラフである．

①の証明について：G がハミルトングラフなら明らかに $G+uv$ もハミルトングラフである．逆に，$G+uv$ がハミルトングラフで $\deg(u)+\deg(v) \geqq p$ であるとすると，G がハミルトングラフでないなら $\deg(u)+\deg(v) < p$ であるという矛盾を導くことができる (証明は『離散数学入門』の定理 4.11 の証明とほとんど同じ)．

4.36 (1) 正しくない．K_{100} の 100 個のどの頂点も次数が 99(奇数) であるから，オイラーグラフの特徴付け定理 (定理 4.6) に反す．
(2) 正しい．G^2 の頂点 (v,v) の次数 $\deg_{G^2}(v,v)$ は G における v の次数 $\deg_G(v)$ の 2 倍であるから，定理 4.6 より G^2 はオイラーグラフである．一般に，$\deg_{G_1 \times G_2}(u,v) = \deg_{G_1}(u) + \deg_{G_2}(v)$ である．逆は成り立たない．例えば，K_2^2 はオイラーグラフであるが K_2 はそうではない．
(3) 正しくない．例えば，2 つのサイクルが 1 点だけを共有しているグラフは全域閉路を持つがハミルトングラフではない．
(4) 正しい．このグラフ G のハミルトン道は G のすべての頂点を含み，かつ，閉路がないので P_n (n は G の頂点数) に一致する．
(5) 正しい．G_1 の頂点 u から出発し，G_1 内のハミルトン閉路 (この閉路の最後の辺を (v,u) とする) を経て v まで来たら，v から G_2 の任意の頂点 w に行き，G_2 内のハミルトン閉路を経て w へ戻る直前の頂点から u へ戻ると $G_1 + G_2$ のハミルトン閉路が得られる．

4.37 招待者を頂点とし，知り合い同士である 2 人を辺で結んだグラフを考える．全員が知り合い同士なら OK なので，a と b が知り合いでないとする．任意の c について，仮定より a または c は b の知り合いであるはずだから，c と b は知り合いである．もし a と c が知り合いでなかったとすると，a は高々 $n-3$ 人としか知り合いでなくなるので仮定に反す．よって，a と c も知り合いである．a と b が知り合いでないときは，任意の c についてこのことがいえるのだから，$\deg(a) = \deg(b) \geqq n-2$ である．よって，$n \geqq 4$ なら $\deg(a) + \deg(b) \geqq 2n-4 \geqq n$ であり，定理 4.7 よりこのグラフにはハミルトン閉路が存在する．このハミルトン閉路は求める座席順である．

4.38 n 本のプログラムを頂点とし，$c_i \geqq p_j$ なら頂点 i から頂点 j へ向かう辺が引かれている有向グラフを考えよ．これは完全有向グラフ (どの 2 頂点間にもどちらか向きの辺がある有向グラフのこと) であり，定理 4.10 によりハミルトン道を持つ．このハミルトン道が求める順序である．

4.39 n に関する帰納法．$n=2$ のときは $Q_2 \cong C_4$ であるから明らか．$n \geqq 3$ のとき Q_{n+1} の頂点と辺は，
$V(Q_{n+1}) = \{(0,x),(1,x) \mid x \in V(Q_n)\}, \quad E(Q_{n+1}) = A_0 \cup A_1 \cup B,$
$A_0 := \{(0,u)(0,v) \mid uv \in E(Q_n)\}, \qquad A_2 := \{(1,u)(1,v) \mid uv \in E(Q_n)\},$
$B := \{(0,x)(1,x) \mid x \in V(Q_n)\}$
と表すことができる．A_0, A_1 それぞれは 2 つの Q_n の辺集合に対応し，B は 2 つの Q_n の対応する頂点同士を結ぶ辺の集合である ($Q_{n+1} = K_2 \times Q_n$ であるから，Q_{n+1} は 2 つの Q_n の対応する頂点同士を辺で結んでできるグラフであることに注意)．帰納法の仮定より，Q_n のハミルト閉路が存在するのでそれらを

$H_0 := \langle v_1, v_2, \ldots, v_{2^n}, v_1 \rangle$, $H_1 := \langle v'_1, v'_2, \ldots, v'_{2^n}, v'_1 \rangle$ とする (v_i と v'_i は 2 つの Q_n の対応する頂点). H_0 の辺, B の辺, H_1 の辺をこの順に繰り返して通る道 $\langle v_1, v_2, v'_2, v'_3, v_3, v_4, v'_4, \ldots, v_{2^n}, v'_{2^n}, v'_1, v_1 \rangle$ は Q_{n+1} のハミルトン閉路である. 無向グラフのときは, 別のハミルトン閉路の取り方 (2 つの Q_n のハミルトン閉路を独立に逆向きに通るもの) もある.

4.40 基本的アイデアは前問の証明と同じ. $|V(G_1)| = p_1$, $|V(G_2)| = p_2$ とする. G_1 と G_2 の直積 $G_1 \times G_2$ は, G_1 の各頂点の位置に G_2 のコピーを置き, それらのコピー G_2 同士の同じ頂点のうち G_1 の辺に対応するもの同士だけを辺で結んでできるグラフであるから, G_1, G_2 がハミルトングラフなら, G_1 のハミルトン閉路を $\langle v_1, v_2, \ldots, v_{p_1}, v_1 \rangle$ とし, 頂点 v_i の上に置かれた G_2 のハミルトン閉路を $\langle v'_{i1}, v'_{i2}, \ldots, v'_{ip_2}, v'_{i1} \rangle$ とするとき, 求める $G_1 \times G_2$ のハミルトン閉路は, $\cdots$, G_1 のハミルトン閉路上の i 番目の頂点の上に置かれた G_2 の辺 (G_2 の辺は G_2 のハミルトン閉路に沿った順序でたどる), i 番目の G_2 と $i+1$ 番目の G_2 の同じ頂点同士を結ぶ辺, $i+1$ 番目の G_2 の辺, $\cdots$ という順序で辺をたどる道 $\langle v'_{11}, v'_{12}, v'_{22}, v'_{23}, v'_{33}, v'_{34}, \ldots, v'_{ii}, v'_{i,(i+1) \bmod p_2}, v'_{(i+1) \bmod p_1, (i+1) \bmod p_2}, \ldots, v'_{11} \rangle$ である.

以上より, G がハミルトングラフなら G^n もハミルトングラフであることがわかる. 前問はこの問の系である. 前問の 2 つ目のたどり方と同様なたどり方もある.

4.41 隣接しない 2 頂点の組 (辺のない頂点の対) の個数は

$$(*) \quad \frac{p(p-1)}{2} - q \leq \frac{p(p-1)}{2} - \frac{p^2 - 3p + 6}{2} = p - 3$$

である. よって, 隣接しない任意の 2 頂点 u, v はそれぞれ最大で $p-2$ 個の隣接頂点をもちうる (そのうちの 1 つは u, v 間の辺) が, もし $\deg(u) + \deg(v) \leq p - 1$ であるとすると u または v に隣接しない頂点の個数は (u または v に隣接している頂点の最大数) $-$ (隣接する頂点数) $= \{2(p-1) - 1\} - (p-1) = p - 2$ 以上となり $(*)$ に矛盾する. よって, 定理 4.7 の条件が成り立つのでハミルトングラフ.

4.42 どのグラフも正則なハミルトングラフであるが, 2 部グラフであるのは正 6 面体のグラフだけである (定理 4.11 参照).

4.43 右図の通り.

4.44 ハミルトン閉路 $\langle v_1, v_2, \ldots, v_n, v_1 \rangle$ (ただし, $v_1 \in V_1$ で, $i \neq j$ なら $v_i \neq v_j$) が存在したとすると, n は偶数で, かつ $v_{奇数} \in V_1$, $v_{偶数} \in V_2$. しかも, $V_1 \cup V_2 = \{v_i \mid 1 \leq i \leq n\}$ かつ $V_1 \cap V_2 = \emptyset$ であるから, $|V_1| \neq |V_2|$ とすると V_1, V_2 の頂点が交互に現れることに矛盾する.

4.45 定理 4.11 より, 奇数長の閉路を含まないなら 2 部グラフである. 各部の頂点数を p_1, p_2 とすると,

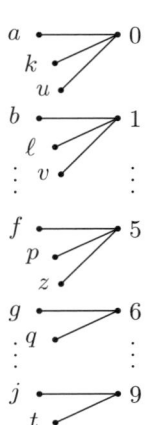

$p = p_1 + p_2$, $q = \frac{p^2}{4} \leqq p_1 p_2$. これより $(p_1 - p_2)^2 \leqq 0$. ∴ $p_1 = p_2 = \frac{p}{2}$.

4.46 $p = 2$ のときだけ等号が成立しうる (前問). $p \geqq 3$ について, p に関する帰納法で $q < \frac{p^2}{4}$ を示す (p が偶数の場合と奇数の場合を分けて証明する). $p = 3, 4$ のときは明らかに成り立つ. $p \leqq 2n$ なる任意の偶数 p のとき成り立つとして, $p = 2n+2$ のときを考える. $q = 0$ の場合は成り立っているので, $q \geqq 1$ の場合を考える. 辺 $e = uv$ が存在する. G から 2 頂点 u, v を除いたグラフ $G' := G - \{u, v\}$ の頂点数は $2n$ 個で G' は 3 辺形を持たないので, 帰納法の仮定により, 辺数 $q' \leqq \frac{4n^2}{4} = n^2$ である. G において u, v 両方に隣接する頂点はない (もしあったとすると 3 辺形ができてしまう) ので, u が G' において k 個の頂点と隣接しているとすると v は G' において $2n - k - 1$ 個の頂点としか隣接していない. よって, G はたかだか $n^2 + k + (2n - k - 1) + 1 < (n+1)^2 = \frac{p^2}{4}$ 本の辺しかもち得ない. p が奇数の場合も同様.

4.47 $P_n = \langle v_1, v_2, \ldots, v_n \rangle$ とする. 次の図のように, 頂点 v_i と区間 I_i を対応させればよい. $V(K_n) = \{w_1, \ldots, w_n\}$ の各頂点 w_i には区間 J_i を対応させればよい.

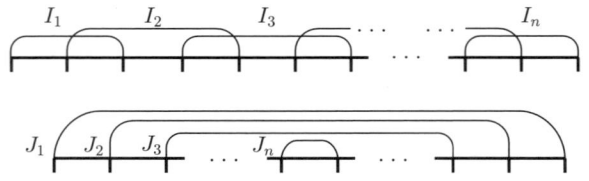

C_n が区間グラフだとすると次のような区間群 I_i $(1 \leqq i \leqq n)$ が存在する. ① I_i は I_{i+1} とだけ共通部分をもち $(1 \leqq i \leqq n-1)$, ② I_n は I_1 とだけ共通部分をもつ. ①を満たす区間は上図のようなものしかあり得ない. さらに②を満たすためには, I_n は $I_2 \sim I_{n-1}$ とも交わらなければならなくなるが, そのような区間群 $I_1 \sim I_n$ が表すグラフは C_n ではない.

4.48 弦グラフの定義より, 区間グラフが長さ 4 以上のサイクルを持たないときは OK. C_n $(n \geqq 4)$ を持つときは, 前問の解答で見たように, I_n は $I_2 \sim I_{n-1}$ とも交わらなければならないが, それは頂点 v_n と頂点 $v_2 \sim v_{n-1}$ の間に辺 (弦) があることを意味し, 弦グラフであるための条件が満たされる.

4.49 長さ 4 以上のサイクル C_n が存在する場合, 弦グラフの定義より, C_n 内の 2 頂点 (v_i と v_j $(i < j)$ とする) を結ぶ弦が存在するので,

$\langle v_1, v_2, \ldots, v_i, v_j, v_{j+1}, \ldots, v_n, v_1 \rangle$ と $\langle v_i, v_{i+1}, \ldots, v_{j-1}, v_j, v_i \rangle$

はともにサイクルである. 同様に, これら 2 つのサイクルも長さ 4 以上なら弦があるので, 同じ議論を繰り返すことにより, どのサイクル C_n にもその上の連続する 3 頂点 v_i, v_{i+1}, v_{i+2} が成す長さ 3 のサイクルが存在することが導かれる. $v = v_{i+1}$ とすると, $G - v$ は C_n を C_{n-1} に変える. と同時に, v に接続する辺のうち, C_n 上の辺でないものも削除されるが, それによってサイクルが非サイクルに変わることはあっても, 新たにサイクルが生まれることはなく, v を削除することによって除かれ

た辺は $G-v$ の弦ではありえない (すなわち, $G-v$ の弦が削除されることはない) ので, $G-v$ が弦グラフであることは保たれる.

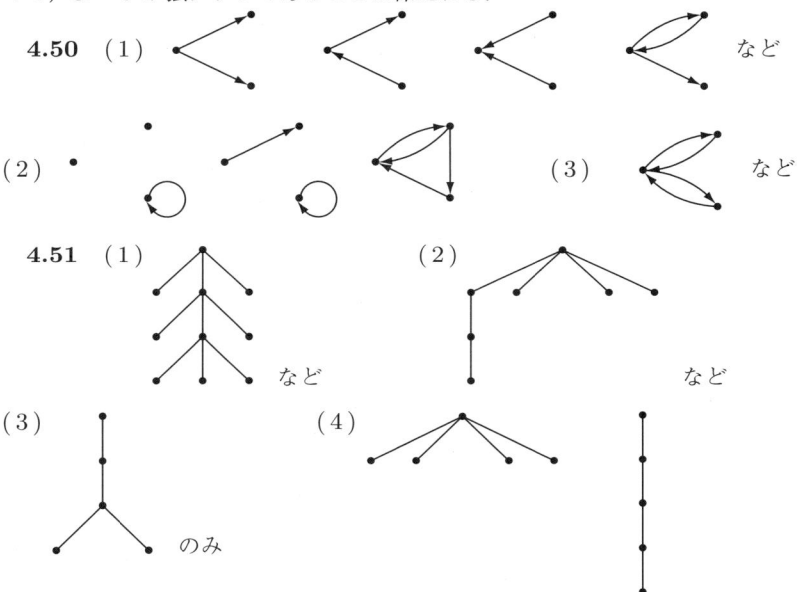

4.50 (1) など

(2)   (3) など

4.51 (1)   (2) など

(3)   (4)

のみ

(5) $\sum_{i=0}^{h} n^i = \frac{n^{h+1}-1}{n-1}$ (6) $nh+1$

(7) $\sum_{d=0}^{h}(d+1) = \frac{(h+1)(h+2)}{2}$

4.52 次数 1 の頂点を k 個とする. $\frac{\text{全頂点の次数の和}}{2} =$ 辺の本数 であるから, 木の場合, 辺の本数 = 頂点の個数 -1 であることより, $\frac{4\times 1 + 3\times 2 + 2\times 3 + 1\times k}{2} = (1+2+3+k)-1$. これを解くと, $k=6$.

4.53 連結かつ無閉路で辺数が最大な部分グラフは全域木である. 中心を求めてから (複数あるときは 1 つ選ぶ), 各サイクル上の辺のうち中心からの距離が最も大きいものを 1 つ除けばよい. 中心を根とする. 例えば, 右図 (根は大きい黒丸のうち, どちらでもよい).

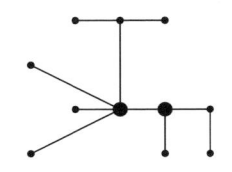

4.54 根以外のどの頂点も親があり, どの頂点もちょうど 2 個ずつ子をもつので, 根以外の頂点の個数は 2 の倍数である. これに頂点を足すと総計で奇数個.

4.55 どの i ($1 \leqq i \leqq h$) についても深さ i の頂点が n 個しかない場合が葉の数が最小となり, それは $h(n-1)+1$ である.

4.56 頂点が 1 個の場合 (K_1) と 2 個の場合 (K_2) は明らか. 頂点が 3 個以上ある木 T の場合, T から端点 (次数が 1 の頂点) を取り除いたグラフを T' とすると明らかに T' も木である. T と T' の中心が一致することを証明すればよい (T から次々

に端点を取り除いていくと、やがて K_2 か K_1 になるから). 明らかに, T の与えられた点 v からもっとも遠い点は T の端点である. したがって, T' の各点の離心数は同じ点の T における離心数より 1 だけ小さい. よって, T と T' の中心は一致する.

4.57 どの 2 頂点間にも道は 1 つしか存在しないので, 前問と同じ方法により, T から T' をつくると, T の直径の両端 u, v を結ぶ道は T' の直径の両端を結ぶ道になる. これを繰り返す $(T, T', (T')', \ldots)$ と, 最終的にその道は K_1 または K_2 の中心 (それは T の中心でもある) を通る道になる.

一般のグラフでは成り立たない. 例えば, メッシュ $P_n \times P_n$ $(n \geq 2)$.

4.58 トーナメント表を根付き木だと考えると, 内点数 = 試合数, チーム数 = 葉の数 であり, 前問の結果から,

$$(3-1) \text{ 内点数} = (\text{葉の数}) - 1$$

であるから, 試合数 $= \frac{(\text{参加チーム数})-1}{2}$ である.

よって, チーム数 n は $n \geq 3$ かつ奇数でなければならない. 逆に, チーム数 n $(n \geq 3)$ が奇数であれば, トーナメントが成立することは n に関する帰納法で証明することができる.

$n = 3$ のときは明らか. $n \geq 5$ のとき, 帰納法の仮定から $n-2$ チームでトーナメントが成立するので, その勝者と残りの 2 チームで優勝を争うようにすれば (公平な運用ではないが) トーナメントは成立する.

最後に, 優勝までに必要な最悪の場合の試合数はトーナメント表を表す根付き木 T の高さに等しく, それは定理 4.13 (1) より, $\lceil \log_3 (T \text{ の葉の数}) \rceil = \lceil \log_3 n \rceil$.

4.59 入次数が 0 の頂点 (r とする) がちょうど 1 個あり, それ以外の頂点はすべて入次数が 1 でかつ r から連結である (r からちょうど 1 つだけ道が存在する) ような有向グラフ. r が根, 出次数が 0 の頂点が葉, x から y へ道があれば x は y の祖先である. 基本閉路を含まないことは容易に示すことができる.

4.60 (1) (a)(b) 次図 (太線・太字は接木した部分).

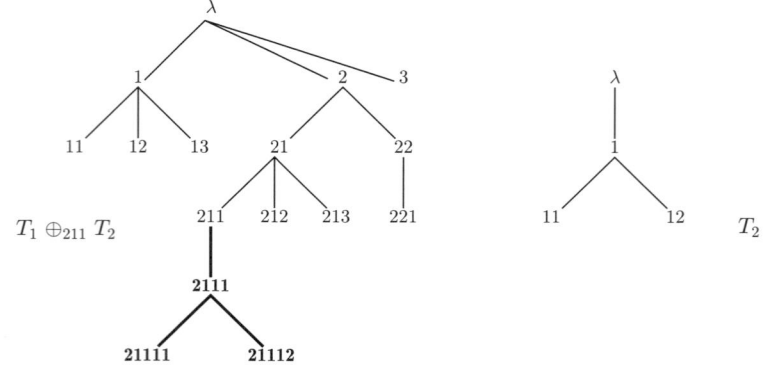

(2) (a) $|x|$ は x の深さ (根からの距離), $\max\{|x| \mid x \in T\}$ は木 T の高さ.
(b) T が正則 $\iff \forall x \in T \, [x1, x2 \in T \text{ または } x1, x2 \notin T]$.

T' は T における x の左部分木 $\iff T' = \{y \mid x1y \in T\}$.
(3) $\exists i, j, k, l, w \ [i < j \wedge u = wij \wedge v = wkl]$

4.61 例えば，独立した 2 つの 3 辺形からなるグラフ (このグラフは連結ではないことに注意) では $p - q + r = 6 - 6 + 3 = 3$.

4.62 例えば，K_5 の各頂点に髭を生やして奇頂点を 10 個にしたグラフ．このグラフは定理 4.16 より平面的グラフではない．また，定理 4.6 よりオイラーグラフではない．次数 1 の頂点 (髭の片方の端点) が 5 個あり，これらすべてを通る閉路はないので，ハミルトングラフではない．

4.63 平面グラフとして描いたものは右図．no — なぜなら，このグラフの領域はすべて 3 辺形となっているので，頂点数 p と辺数 q の関係が $q \leq 3p - 6$ (p.93 参照．この例では $p = 9, q = 21$). 辺を 1 本増やすとこの関係が成り立たなくなる．この例のように，それ以上辺を増やすと平面的グラフではなくなってしまうグラフを**極大平面的グラフ**という．

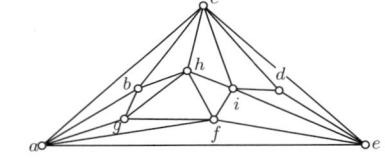

4.64 すべての領域が 3 辺形なら，各辺はちょうど 2 つの領域に接し，各領域は 3 辺からなるので $2q = 3r$ が成り立つ．これと $p - q + r = 2$ より．極大平面グラフと極大平面的グラフとは異なる概念である．しかし，極大平面的グラフを平面上に平面グラフとして描くと極大平面グラフである．また，逆も成り立つ．したがって，両者は本質的に同じものである．また，位数が 4 以上の極大平面グラフは 3 重連結である．

4.65 G を (p, q) 平面グラフとする．$p \leq 6$ なら明らか．$p \geq 7$ の場合，$q \leq 3p - 6$ より $\sum_{v \in V(G)} \deg(v) = 2q \leq 6p - 12$ を得る．G のすべての頂点の次数が 6 以上なら $2q \geq 6p$ となってしまう．

4.66 (1) 各辺はちょうど 2 つの領域の境界として数えられるので，$2q = 5r$. これと $p - q + r = 2$, $p = 8$ より $q = 10$, $r = 4$.
(2) どの領域も少なくとも 4 辺で囲まれているので (a) とまったく同様に考えると $2q \leq 4r$. これと $p - q + r = 2$ より．
(3) 2 部グラフは奇数長の閉路を含まないので，どの領域も 3 辺形ではない．よって，(2) より．

4.67 G' は G の細分 $\iff G \rightarrowtail^* G'$, が成り立つ．一方，$G \leftarrowtail G' \implies G$ は G' の縮約，が成り立つが，この逆は一般には成り立たない．定理 4.16 は次のように述べることもできる：
クラトウスキーの定理 G が平面的グラフである必要十分条件は，$K_{3,3}$ の細分または K_5 の細分を部分グラフとして含まないことである．

(参考) 辺の縮約 (G/e) と除去 ($G - e$) を繰り返して G から H が得られるとき，H を G の**マイナー**という．平面グラフは K_5 と $K_{3,3}$ をマイナーとしてもたない．

4.68 反射律と推移律が成り立つことは明らか．縮約や除去を適用するとグラフの頂点や辺が減少することより，反対称律も成り立つ．

226 問題解答

4.69 以下，ほんの一例．
1. 道路網 (地点間を結ぶ辺に距離などをラベル付けしたもの)
2. 鉄道やバスなどの路線図 (頂点に駅名/バス停名をラベル付けしたもの)
3. 系図 (ノードに氏名がラベル付けされた根付き木) や系統図
4. 組織の間の関係を表した有向グラフ (頂点に組織名をラベル付け)
5. いろんなネットワーク (頂点にはステーションの情報がラベル付けされ，辺にはステーション間の関係がラベル付けされた有向グラフ)
6. 作業やプログラムの流れ図 (頂点に作業内容をラベル付け，辺に分岐条件をラベル付けした有向グラフ)
7. 河川 (頂点は支流の合流点，辺に川幅をラベル付け)，水道配管 (辺に水道管の容量をラベル付け)，下水網 (水道配管と同様) など．

4.70 同じ強さの演算子は左優先とした．
(1)　　　　　　(2)　　　　　　(3)

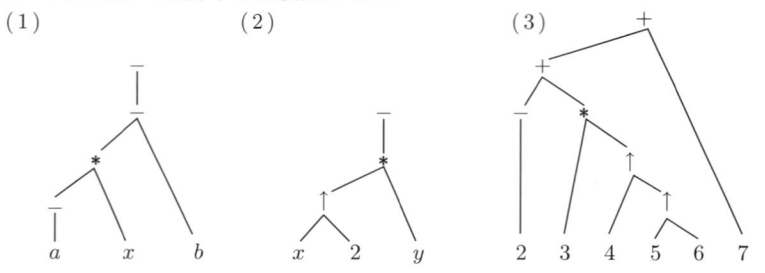

4.71 夫婦を (A,a), (B,b), (C,c) で表すことにする (大文字が夫で小文字が妻). 可能な渡河方法は次のような有向グラフで表すことができる．有向辺とそれに付けられたラベルは舟の進む向きと舟に乗る人を表し，舟は楕円内のアンダーラインのある方の岸にあるものとする．有向グラフは一部分だけを示した．また，〇↔〇 は 〇⇄〇 を表すものとする．

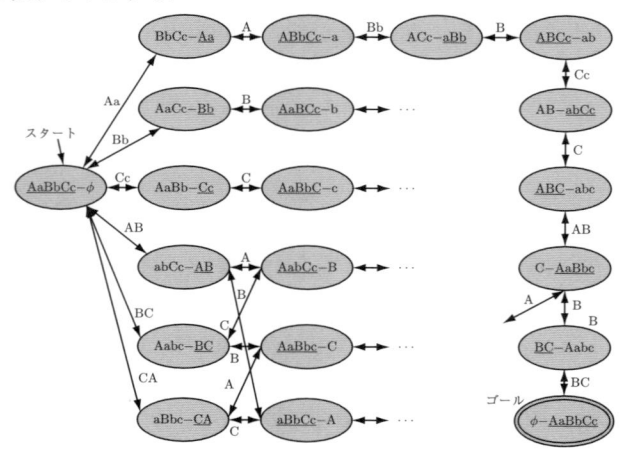

4.72 下図.

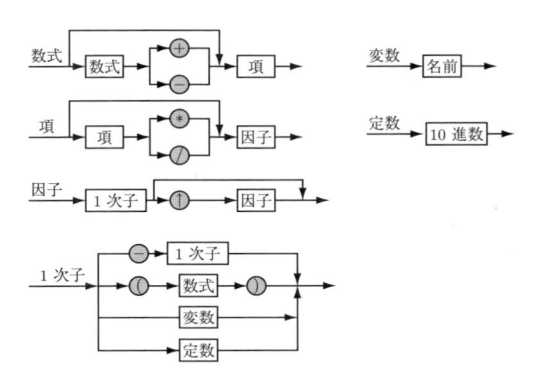

4.73 （1） $\{0\}\{0,1\}^*$ （$0\{0,1\}^*$ と書いてもよい）　（2） $\{0\}\{01,10\}^*$
（3） $\{aa,c\}(\{c\}^*\{bb\}\{aa,c\})^*\{c\}^*$ （$(\{a^2,c\}(c^*b^2\{a^2,c\})^*c^*$ などと書いてもよい）．他にも $(\{aa,c\}c^*bb)^*\{aa,c\}c^*$ など，表し方は一意的ではない．
（4） $\{a\}^* \cup \{a\}^*\{b\}^+\{c\}\{a,b\}^*$ （例えば $a^* \cup a^*bb^*c\{a,b\}^*$ と書いてもよい）

4.74 以下に遷移図を示す．

（1） 非決定性　　　　　　　　　　（2） 決定性

（3） 決定性

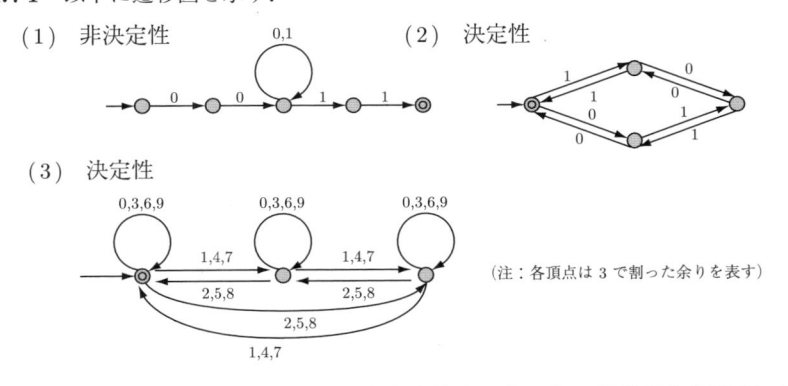

(注：各頂点は 3 で割った余りを表す)

4.75 求めるパターンは，下図のような有限オートマトンが受理する言語によって表され，それは例えば

$L(M) = (\{食,遊,寝\}^*勉\,[(遊^*勉\,\{勉,遊\}^*食)^*(\{食,寝\} \cup 勉\,\{勉,遊\}^*寝)])^*$

である．$\{勉\}, \{寝\}$ などは 勉, 寝 などと略記した．

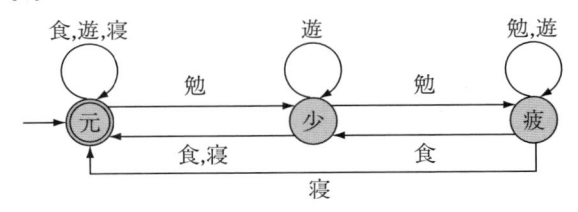

4.76 (2) $G_2 = (\{p,q,r\}, \{0,1\}, \{p \to 0q, q \to 0r \mid 1p \mid \lambda, r \to 1q\}, p)$
(3) $G_3 = (\{p,q,r,s\}, \{a,b,c\}, \{p \to aq \mid cs, q \to as, r \to bp, s \to br \mid cs \mid \lambda\}, p)$
(4) $G_4 = (\{p,q,r\}, \{a,b,c\}, \{p \to ap \mid bq \mid \lambda, q \to bq \mid cr, r \to ar \mid br \mid \lambda\}, p)$

4.77 問題 4.74 (1) の非決定性有限オートマトン $M_4 = (\{p,q,r,s,t\}, \{0,1\}, \delta, p, \{t\})$ に対して，それと同値な決定性有限オートマトンは $M_4' = (\{2^{\{p,q,r,s,t\}}, \{0,1\}, \delta', \{p\}, \{r,s,t\}), \delta'(\{p\}, 0) = \{q\}, \delta'(\{q\}, 0) = \{r\}, \delta'(\{r\}, 0) = \{r\}, \delta'(\{r\}, 1) = \{r,s\}, \delta'(\{r,s\}, 0) = \{r\}, \delta'(\{r,s\}, 1) = \{r,s,t\}, \delta'(\{r,s,t\}, 0) = \{r\}, \delta'(\{r,s,t\}, 1) = \{r,s,t\}$ である (不要な状態は削除した).

4.78 領域染色数を χ'' で表す．
(1) $n = 0$ のとき $\chi = 1$, $n \geqq 1$ のとき $\chi = 2$. $\chi' = n$. $n = 0,1$ のとき $\chi'' = 1$, $n = 2,3$ のとき $\chi'' = n$, $n \geqq 4$ なら平面的グラフではない．$Q_4 = Q_3 \times K_2$ の立方体 Q_3 上の正方形 $K_2 \times K_2$ の 4 頂点と K_2 の 1 頂点とからなる Q_4 の部分グラフは K_5 と位相同型なので定理 4.16 により Q_4 は平面的グラフではない．
(2) 完全 n 部グラフは各部を異なる色に塗ればよく，$\chi = n$. $\chi' = \Delta(K_{p_1,\ldots,p_n})$. $n = 1$ のとき $\chi'' = 1$, $n \geqq 2$ のときは，いくつかの例外（例えば，$K_{1,1,p}$, $K_{1,1,1,1}$ など）を除き平面的グラフではない．
(3) $\chi = 3$, $\chi' = 3$, $\chi'' = 4$　　(4) $\chi = 2$, $\chi' = 4$, $\chi'' = 3$

4.79 例えば，第 i 頂点と第 j 頂点を結ぶ辺は第 $((i+j) \bmod n) + 1$ 色で塗ればよい．

4.80 2 色必要かつ 2 色あれば十分．厳密には k に関する数学的帰納法で証明すればよいが，その方針を下図に示す．

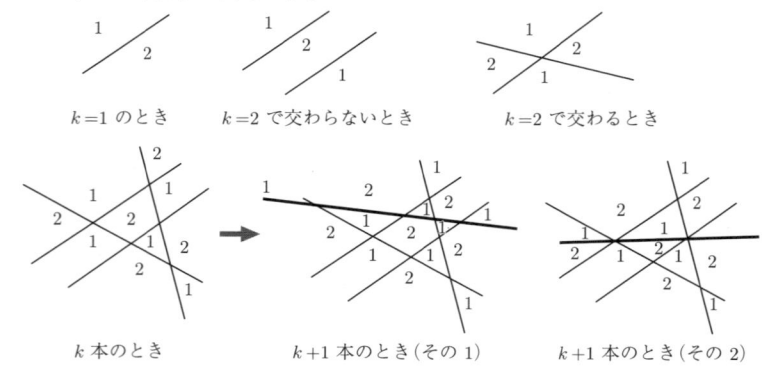

$k=1$ のとき　　$k=2$ で交わらないとき　　$k=2$ で交わるとき

k 本のとき　　$k+1$ 本のとき（その 1）　　$k+1$ 本のとき（その 2）

4.81 考えるグラフは連結であると仮定してもよい（連結でない場合には，連結成分ごとに考えればよい）．
(1) サイクルがなければ，次のように 2 色で彩色できる．任意の頂点に色 1 を塗ることから始め，色 i が塗られた頂点に隣接する頂点でまだ色が塗られていないものには色 $(i+1) \bmod 2$ を塗る．
(2) 定理 4.11 より，偶数長のサイクルしかないグラフは 2 部グラフである．2 部グ

ラフでは，同一部内の頂点は同じ色で塗ればよい．

4.82 もっと一般に，次のことが成り立つ：平面グラフ G が 2-領域彩色可能である必要十分条件は，G がオイラーグラフであることである．どの頂点も偶頂点であるグラフはオイラーグラフであることに注意 (定理 4.6)．

($\Longrightarrow$) 任意の 2 彩色可能な平面グラフ G の双対は平面グラフでかつ 2 部グラフである (同じ色の領域に対応する頂点を同じ部にすればよい)．また，任意の平面 2 部グラフ H の双対 H^* はオイラーグラフである．なぜなら，H^* のどの頂点も H の辺を横切るような辺しか持たず，この頂点を含む H の領域を囲むサイクル上の全頂点は 2 色で彩色されているので，この領域を囲むサイクルは偶数長である．よって，この頂点に接続する辺の本数 (その頂点の次数) は偶数である．双対の双対は元のグラフになるので，以上のことと定理 4.9 より，G はオイラーグラフである．

($\Longleftarrow$) G が平面オイラーグラフ (どの頂点も偶頂点) のとき，その双対 G^* において，G のどの頂点を含む領域を囲むサイクルもちょうどその頂点の次数に等しい本数の辺 (G においてその頂点に接続する G の各辺に G^* の辺がちょうど 1 つ対応する) からなる．したがって，このサイクルは偶数長である．すべてのサイクルが偶数長なのでサイクル上のすべての点 (すなわち G^* の頂点) は 2 色で彩色できる (前問)．すなわち，G は 2-領域彩色可能である．

4.83 ($\Longrightarrow$) 辺の本数 q に関する帰納法．$q = 0$ のときは明らか．いま，G が $\Delta(G)$ 色で彩色できているとき，2 つの部の間に辺を 1 本追加したグラフを考える．これによって最大次数が上がる場合には，追加した辺は増えた色で塗ればよい．次数が上がらない場合，追加した辺 $e = uv$ の両端 u, v で使われていない色 (G の彩色において) がある．それらが同じ色だったら，e はその色で塗ればよい．そうでない場合，u, v で使われていない色を c_u, c_v とする (c_u は v で使われ，c_v は u で使われているものとする)．頂点 x を含み，2 色で辺彩色されている極大部分グラフを H_x とする．u, v は G の異なる部に属しているので，H_u の点だけを通過するどんな uv 道も，最初の辺が c_v 色だったら最後の辺も c_v 色で塗られている．c_v は v で使われていない色なので頂点 v は H_u の点ではない．そこで，H_u の辺の色を入れ替えてやると，$e = uv$ を c_v 色で塗ることができる (H_u の辺彩色を入れ替えたことで元の辺彩色と矛盾することはない．なぜか？)．

逆が成り立たない例：完全グラフ．

4.84 科目を頂点にし，ある学生が両方とも取りたいと思っている 2 つの科目を辺で結んだグラフ G を考える．このグラフの染色数 $\chi(G)$ が求める時限数で (同一時限に置けない科目は異なる色)，それは 6 である．

4.85 4 色 (関東甲信越地方)．

4.86 頂点数 k に関する帰納法．$k \leq 5$ では明らかに成り立つ．頂点数が k 未満のとき成り立つとして，頂点数が k のグラフ G を考える．問題 4.65 より，G には次数が 5 以下の頂点 v が存在する．$G' := G - v$ とする．帰納法の仮定から，G' は 5 彩色可能である．G における v の隣接頂点を $v_1 \sim v_i$ ($i \leq 5$) とする．G' の彩色に使った色の 1 つが $v_1 \sim v_i$ のどれにも使われていなかったら，それで v を彩

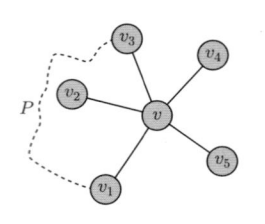

色すれば G を 5 色で彩色できることになるので, $v_1 \sim v_5$ はそれぞれ異なる 5 色で塗られていると仮定してよい.

$v_1 \sim v_5$ は右図のように時計回りに配置されているとし, v_i は色 i で塗られているものとする.

場合 1：色 1 または色 3 で塗られた頂点だけを通過して v_1 から v_3 へ至る道が存在しないとき. v_1 を始点とし, 色 1 または色 3 の頂点だけを通るような道すべてからなる G の部分グラフを H とする. したがって, v_3 は H の頂点ではない. また, H に属さず, H の頂点に隣接する頂点はどれも色 1 でも色 3 でもない. よって, H において色 1 と色 3 を入れ替えると, それは G' の別の 5 彩色であり, その彩色においては v_1 と v_3 はともに色 3 である. よって, 余った色 1 を使って v を塗ればよい.

場合 2：色 1 または色 3 で塗られた頂点だけを通過して v_1 から v_3 へ至る道 P が存在するとき. この道の前後に辺 vv_1, v_3v を付けるとサイクルになる. $v_1 \sim v_5$ の配置の仕方より, v_2, v_4, v_5 のすべてがこのサイクル C の内部に入ることはない. 例えば, 上図のようになっているとすると, どの v_2v_4 道も C と交差する. G は平面グラフだから, そのような交差は頂点のところでしか起こらない. したがって, G' における v_2v_4 道は色 2, 色 4 以外の色も使っている. この状況は, すでに 5 色で彩色できることを証明した「場合 1」と同じ状況である (色 1,3 の代わりに, ここでは色 2,4).

4.87 $\chi_2(G_1) = \chi_2(G_2) = 5$, $\chi_2(G_3) = \chi_2(G_4) = 4$. 頂点と辺に色番号を記した.

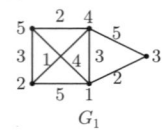

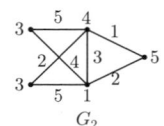

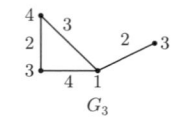

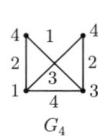

4.88 初めてたどられる頂点順を示す.
(1) (a) DFS：A-C-B-D, BFS：A-C-B-D
 (b) DFS：A-B-D-C-E, BFS：A-B-D-E-C
 (c) DFS：A-C-F-E-G-H-J-K-D-B-I, BFS：A-C-D-F-E-G-J-H-K-B-I
(2) (a) DFS：A-B-C-D, BFS：A-B-C-D
 (b) DFS：A-B-D-C-E, BFS：A-B-D-E-C
 (c) DFS：A-B-C-F-E-G-H-J-I-K-D, BFS：A-B-C-D-E-I-F-G-J-H-K

4.89 (1) $f(n)$ は n の各桁の数字の和を値とする. $f(123)$ の実行順を表す木は次ページ上左図 (分岐のない 1 分木). ただし, 葉の 1 は実行結果. 上付きの添字は実行順を表す. 次のように実行される (上付き添字は実行順序)：

$$f(123)^1 = f(12)^2 + 3$$
$$= (f(1)^3 + 2) + 3$$
$$= (1^4 + 2) + 3 = 6.$$

問題解答　　　　　　　　**231**

（2）$g(x)=|x|$. 実行順を表す木は下右図 (意味は (1) と同じ). 上付きの添字で示したのは関数値が計算される順序.

$$g(abcde)^1 = g(ab)^2 + g(cde) = (g(a)^3 + g(b)) + g(cde)$$
$$= (1^4 + g(b)^5) + g(cde) = (1 + 1^6) + g(cde)$$
$$= 2 + g(cde)^7 = 2 + (g(c)^8 + g(de))$$
$$= 2 + (1^9 + g(de)^{10}) = 2 + (1 + (g(d)^{11} + g(e)))$$
$$= 2 + (1 + (1^{12} + g(e)^{13})) = 2 + (1 + (1 + 1^{14}))$$
$$= 2 + (1 + 2) = 2 + 3 = 5.$$

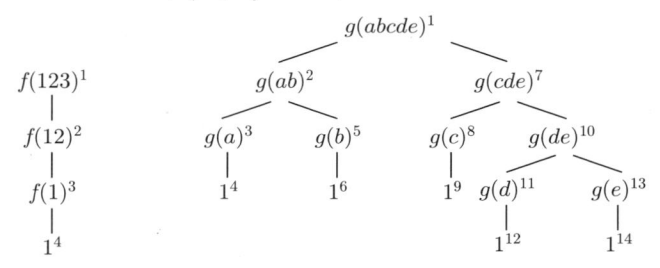

4.90　左側がトップ：空 $\to 12 \to 3, 12 \to 15 \to 15$
左側がフロント：空 $\to 5 \to 5, 4 \to 4, 5 \to 5$

4.91　ポーランド (前置) 記法：（1） $-*a+b/cde$　　（2） $-+1*-234-56$
逆ポーランド (後置) 記法：（1） $abcd/+*e-$　　（2） $123-4*+56--$

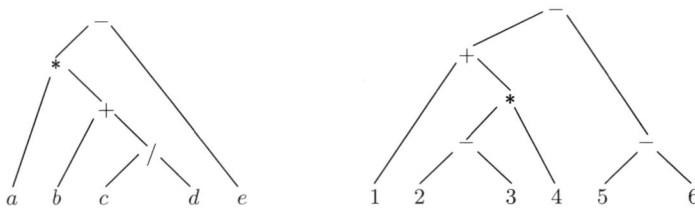

4.92　まず, $a_1, a_2, \ldots, a_n$ をオペランド (数式の中でこの順序で現れるとする) とする中置記法の数式 (つまり, 普通の数式. 括弧を含んでいてもよい) の計算順序は, $a_1, a_2, \ldots, a_n$ を葉のラベル (左から右にこの順序) とする正則 2 分木 (内点は演算子を表し, その個数は $n-1$) に一意的に変換できることに注意する. ただし, 例えば ① $a+b-c$ は ② $(a+b)-c$ なのか ③ $a+(b-c)$ なのかによって 2 つの正則 2 分木が対応するが, ②,③どちらの計算順序で計算しても計算結果が変わらない ($+,-$ および $*,/$ それぞれに対しては結合律が成り立つ) ので括弧を省略した表現①を使っているのであるから, 変換の際にどちらかを選ぶかを決めておけば (例えば, 左優先とする, など) 一意的になる.

(注：内点数が k の正則 2 分木の形は, 0 と 1 を k 個ずつ含み 0 の個数が 1 の個

数に先行する 2 進数と 1 対 1 に対応する．この 2 進数は，2 分木を前順序でたどり，左に分岐するとき 0，右に分岐するとき 1 として得られる．1 には演算子が 1 対 1 に対応する．)

前置記法 (後置記法) の数式は，2 分木を前順序 (後順序) でたどったとき出会うラベルを並べたものに等しいから，数式の計算順を表す正則 2 分木と 1 対 1 に対応する．また，数式における括弧の存在は計算順序を指定するためだけのものであるから，計算順を表す正則 2 分木においては必要ない．ゆえに，その正則 2 分木と 1 対 1 対応する前置記法の数式においても括弧を必要としない．

4.93 (1) 最小値：根から左の枝だけをたどってたどり着いたところにある．最大値：根から右の枝だけをたどってたどり着いたところにある．
(2) 根から左の枝だけをたどってたどり着いた頂点を x とする．x に右の子があれば，そこを始点として左の枝だけをたどってたどり着いたところ 2 番目に小さいデータがある．x に右の子がなければ，x の親のところ．

4.94 (1) × (2) ○ (3) × (4) ○

4.95 右の子しかいない一直線の木を作ってそれに昇順に並べたデータをラベル付けしたものも 2 分探索木ではあるが，あまり役には立たない．

例題 4.26 の解答に述べた方法だと，データの個数が n のとき，ソーティングに最低でも $n \log n$ に比例する時間がかかり，その後で木を作る時間は $O(n)$．

これと同じ時間かかる方法として次のようなものも考えられる．データはソーティングせずに中間値を求め (平易ではないが，中間値を $O(n)$ 時間で求める方法がある)，それを根にラベル付けし，中間値より小さいものを左部分木に，中間値よりも大きいものを右部分木に同様な方法で再帰的に割り当てる．

次に述べる方法は最悪の場合には出来あがる木が一直線となり，作るのにも $O(n^2)$ 時間かかるが，ランダムなデータのもとで平均的には左右がバランスした 2 分探索木 (木の高さ $O(\log n)$) が $O(n \log n)$ 時間で得られることが知られている．データ $x_1, \ldots, x_n$ がこの順に与えられたとき，次の再帰的手続き insert(T, x) を $x = x_1 \sim x_n$ に対して実行する．ただし，T は作りたい 2 分探索木で，最初は空である．また，データはすべて異なるとする．

  function insert(T, x) /* T に x を挿入する */
  begin
    T が空だったら，新しい頂点を作り，それに x をラベル付けし，
    それ (が存在する場所＝ポインタ) を関数値として返す．
    T が空でない場合には，T の根のラベルと x を比べる．
      $x <$ (根のラベル) だったら insert$(T$ の左部分木$, x)$ を呼び出す．
        ただし，左部分木が空の場合には，insert$(T$ の左部分木$, x)$ を
        T の左部分木として付け加える．
      (根のラベル) $> x$ だったら insert$(T$ の右部分木$, x)$ を呼び出す．
        ただし，右部分木が空の場合には，insert$(T$ の右部分木$, x)$ を
        T の右部分木として付け加える．
  end

問 題 解 答   **233**

4.96 2分探索木では，どの頂点 v についても，v の左 (右) 部分木に属すどの頂点も中間順では必ず v よりも前 (後) にたどられ，一方，左 (右) 部分木内のどの頂点のラベルも v のラベルより小さい (大きい) から (形式的には，木の高さに関する帰納法で証明する)，中間順でたどった順に並べれば (昇順に) ソートされている．

具体的には，2分探索木を T とするとき，次の再帰的手続きを inorder_sort (T の根) として呼び出せばよい:

    procedure inorder_sort(v)   /* v は T の頂点 */
    begin
        v に左の子があれば，inorder_sort(v の左の子) を呼び出す．
        v のラベルを出力する．
        v に右の子があれば，inorder_sort(v の右の子) を呼び出す．
    end

実行時間は頂点の個数に比例する (すなわち，線形時間アルゴリズムである)．

4.97 根から始めて順次，頂点のラベルと x とを比較する．x の方が小さかったら左部分木について同じことを，x の方が大きかったら右部分木について同じことを再帰的に行う．これを x が見つかるまでくり返す．x が存在しない場合が最悪の場合 (葉からはみ出してしまう) で，実行時間は比較の回数に比例し，比較の回数は最悪で (2分探索木の高さ) $+1$ である．

2分探索木を T とする．次の手続き search(T, x) を呼び出す:

    procedure search(T, x)   /* T の中で x を探す */
    begin
        T が空なら，'x は存在しない' として終了する．
        T の根のラベル $= x$ なら，'見つかった' ので終了する．
        $x < T$ の根のラベル なら，search(T の左部分木, x) を呼び出す．
        $x > T$ の根のラベル なら，search(T の右部分木, x) を呼び出す．
    end

4.98 連結であるかどうかと，閉路が存在するかどうかを判定できればよい．それには，G を任意の頂点を始点として DFS する．その途中で，すでにたどった頂点に再度出会えば (それは閉路がある場合にだけ起こる) no と判定する．すべての頂点を1度だけたどって始点に戻ることができれば連結しているので yes と判定する．

4.99 クラスカルあるいはプリムのアルゴリズムにおいて，'重み最小' の辺の代りに '重み最大' の辺を考えればよい．

4.100 $e = uv$ とし，e を含まない最小全域木を T とする．w を重み関数とする．T が木であることより，$T + e$ には e を含む閉路が存在する (定理 4.12)．e の重み $w(e)$ はこの閉路上のどの辺 e' の重み $w(e')$ よりも大きくはないので，$T' := (T - e) + e'$ の辺の重みの和 $w(T')$ と T の辺の重みの和 $w(T)$ は $w(T') \leqq w(T)$ を満たす．T は最小全域木で，T' も G の全域木であるので，$w(T) \leqq w(T')$．よって，$w(T') = w(T)$．すなわち，T' も G の最小全域木で，e を含んでいる．

4.101 まず，始点から到達可能なサイクル上の辺の重みの和が負となるような場合 (次ページの左図)，最短道が存在しない．最短道が存在する場合でも，次ページ右図のように，ダイクストラのアルゴリズムでは最短道が正しく求められないことがある．ダイクストラのアルゴリズムでは最短道として $s-a-b-t$ を選んでしまうが，実際の最短道は $s-c-d-t$ である．

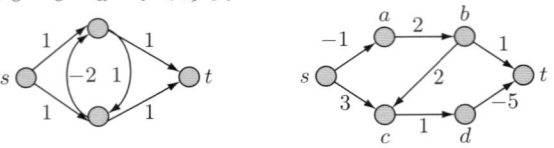

重みの総和が負のサイクルがない場合，たとえ重みが負の辺があっても最短道を求めることができる．その一つの方法が次に述べるジョンソン(Johnson)のアルゴリズムである．

$h: V \to \mathbf{R}$ を各頂点に実数を対応させる関数とする．グラフ G の各辺 (uv) の重み $w(uv)$ を $w'(uv) := w(u, v) + h(u) - h(v) > 0$ となるようにに代えたグラフを G' とする．重みの総和が負のサイクルがなければ，G' のどの辺の重みも正となるように h を求めることができる (なぜか？) G が w のもとで重みの総和が負のサイクルを持たない必要十分条件は G' が w' のもとで重みの総和が負のサイクルを持たないことであり，かつ，G における任意の 2 頂点間の最短経路と G' におけるそれとは一致することが証明できる．よって，G をこのように G' に変換してからそれにダイクストラのアルゴリズムを適用する．

4.102 ダイクストラのアルゴリズムでは 1 ステップごとに，新たに 1 つの頂点について始点 s からの最短道が定まる．ステップ数に関する帰納法で，そのステップで定まる最短道が正しいことを証明する．

ステップ数 0 のときは，s から s への最短道は距離 0 であることが定まり，それは正しい．ステップ k 未満で定まった最短道が正しいとして，ステップ k では辺 ba が選ばれたとする (その結果，s から a への最短道として $s \leadsto b \to a$ が定まる).

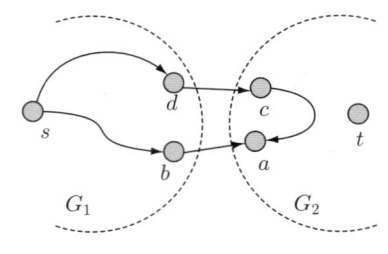

もし，これが a への最短道でないとすると，他の最短道 $s \leadsto d \leadsto a$ が存在する．もし，$d \leadsto a$ 上に G_2 の頂点がないとすると，それは d が a に隣接することを意味し，$s \leadsto d \to a$ の距離の方が $s \leadsto b \to a$ の距離よりも小さいのだから，ダイクストラのアルゴリズムのステップの進め方より，辺 ba よりも先に辺 da が選ばれていなければならないことになり，仮定に反す．よって，上図のような点 $c \in V(G_2)$ が存在する．G には負の重みの辺は無いので，$s \leadsto d \to c \leadsto a$ の距離の方が $s \leadsto b \to a$ の距離よりも小さいことより，$s \leadsto d \to c$ の距離は $s \leadsto b \to a$ の距離よりも小さいことが導かれる．これは辺 ba よりも先に辺 dc が選ばれるなければならないことを意味し，矛盾である．

問 題 解 答

4.103 クラスカルやプリムのアルゴリズムでは重みの小さい辺から順に選んでいくため，最初から辺を重みが小さい順にソートしておくとすると，それだけで $O(n\log n)$ 時間がかかる (6.1 節参照) のに対し，ヒープを使うと，まず全データ (各辺の重み) に対するヒープを $O(n)$ 時間で作ることができ (例題 4.29)，そこから重みが最小の辺を取り出すのは定数時間しかかからない (最小値はヒープの根にある)．その後始末としてヒープの修正にかかる時間は $O($そのときのヒープの高さ$)$ である．すべての辺が使われる場合には，最小辺の削除とヒープの修正にかかる総時間は結局 $n\log n$ に比例する時間になってしまう (そうでないとすると，問題 4.105 により，ソーティングが $n\log n$ よりも少ない時間でできてしまうことになってしまい，どんなソーティングアルゴリズムも $n\log n$ に比例する時間以上かかるという事実 (6.1 節参照) に反す) が，使われる辺数が全辺数に比べて少ない場合には高速なアルゴリズムとなる．

4.104 高さ h の完全2分木の樹形は $T_h := \bigcup_{i=0}^{h}\{1,2\}^i$ である．高さ h のヒープの樹形は T_{h-1} に葉として $\{1,2\}^h$ の元を次の順序で途中まで加えたものである：h ビットの2進数を値の小さい順に $00\cdots00, 00\cdots01, 00\cdots10, 001\cdots11, \ldots, 011\cdots11, 101\cdots11, 111\cdots11$ と並べて，$0\to 1, 1\to 2$ と置き換えたもの．

4.105 データは配列 $X[1], \ldots, X[n]$ にあるものとし，ソートした結果もこの配列に格納するものとする (結果として，$X[1]\leqq X[2]\leqq\cdots\leqq X[n]$ となる)．

procedure heap_sort(H, n)　　/* H はヒープ，n はそのノード数 */
begin
　1. /* データ $X[1]\sim X[n]$ に対するヒープを作る */
　　$i = 1\sim n$ について，heap_insert$(H, i, X[i])$ を実行する．
　2. /* ヒープの根のデータを X へ移すことを繰り返す */
　　$k\leftarrow n$ としてから，$j = 1\sim n$ について次を実行する．
　　　2.1. $X[j]\leftarrow H[1]$ とする．/* $H[1]$ は未処理データの最小値 */
　　　2.2. $H[1]\leftarrow H[k]; k\leftarrow k-1$ とする．
　　　2.3. reheapify(H, n) を実行する．
end

procedure reheapify$(H, n);$　/* n はヒープのノード数 */
begin
　1. $i\leftarrow 1$ とする．
　2. $H[i]$ に子があり，かつ，$H[i]$ のラベルが 2 人の子のどちらかの
　　ラベルより大きい限り，以下のことを根から葉に向かって進める．
　　　2.1. 小さい方のラベルを持つ子を $H[j]$ とする．
　　　2.2. $H[j]$ のラベルと $H[i]$ のラベルを入れ替える．
　　　2.3. $i\leftarrow j$ として 2.1 へ戻る．
end

4.106 以下において，(a) はマッチングの辺の選び方，(b) は完全マッチングが存在する条件である．
(1)　(a) 1 つおきに辺を選ぶ．　　(b) n が偶数．

(2) (a) 下左図. (b) G_1, G_2 の完全マッチングは存在しない. G_3, G_4 の完全マッチングは下右図.

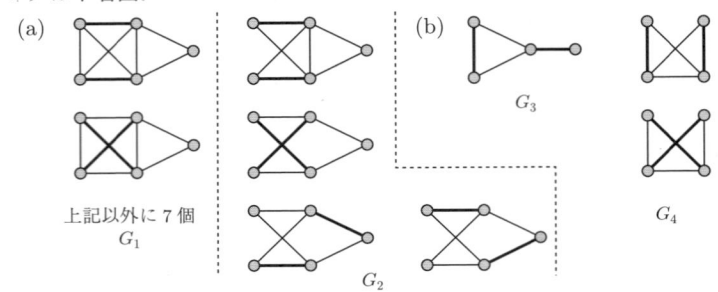

(3) 下図に示したような完全マッチングが存在する.

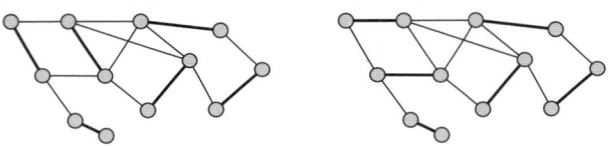

4.107 木 T が完全マッチング (M とする) を持つ場合, T の次数が 1 の頂点はどれも M に属す辺 (「マッチ辺」とよぶ) の端点であることに注意する. このことを出発点として, M の元となることができる辺は以下のように一意的に定まる.

1. 次数が 1 の頂点を端点とする辺を「葉枝」とよぶ. 他のどの葉枝とも端点を共有しないような葉枝すべてをマッチ辺として M に加える. 端点を共有する葉枝があれば T は完全マッチングを持たない.
2. マッチ辺に隣接する未処理の辺すべてを非マッチ辺とする.
3. 非マッチ辺に隣接する未処理の辺のうち, 端点を共有しないものすべて (複数の組合せがある場合, そのうちの 1 つ) をマッチ辺として M に加える.
4. 2, 3 をすべての辺がマッチ辺か非マッチ辺になるまで繰り返す.
5. マッチ辺の端点になっていない頂点があれば T は完全マッチングを持たない.

4.108 (1) できない. 求職者と求人を頂点とし, 就職希望と求人条件が双方満たされる求職者と求人とを辺で結んだ 2 部グラフを考えよ.

$x_1: \{y_1\}$, $x_2: \{y_1, y_4\}$, $x_3: \{y_3, y_5\}$, $x_4: \{y_2, y_4\}$, $x_5: \{y_4\}$. $|x_1 \cup x_2 \cup x_5| = |\{y_1, y_4\}| = 2$ だから, 定理 4.21 により, この集合族 $\{x_1, \ldots, x_5\}$ は独立代表系を持たない.

(2) 可能. 集合族 $\{x_1, \ldots, x_5\}$ は独立代表系として例えば ($x_1, \ldots, x_5$ の順に) y_1, y_4, y_3, y_2, y_5 を持つ.

4.109 有限集合の族 $\mathcal{A} = \{A_1, \ldots, A_n\}$ に対して, 各 A_i から 1 つずつ元を取ってきて作った集合 $\{a_i \mid 1 \leqq i \leqq n, a_i \in A_i\}$ を $\mathcal{A}$ の**代表系**といい, とくにすべての

a_i が異なるとき $\mathcal{A}$ の**独立代表系**あるいは**横断**という．定理 4.21 より，$\mathcal{A}$ が独立代表系を持つための必要十分条件は，任意の $I \subseteq \{1, \ldots, n\}$ に対して $|\bigcup_{i \in I} A_i| \geqq |I|$ が成り立つことである．

男子 $a_1, \ldots, a_m$ と女子 $b_1, \ldots, b_n$ それぞれの幼なじみの集合をそれぞれ $A_1, \ldots, A_m, B_1, \ldots, B_n$ で表すことにする．仮定より，どの i についても $|A_i| = |B_i| = k$ である．定理 4.21 より，任意の $I \subseteq \{1, \ldots, m\}$ に対して $|\bigcup_{i \in I} A_i| \geqq |I|$ が成り立つことを示せばよい．

仮定より，$|I| \leqq k$ のときは明らか．$J := I \cup \{j\}$ $(j \notin I)$ を考える．もし $|\bigcup_{i \in I} A_i \cup A_j| \leqq |I|$ だとすると，帰納法の仮定 $|\bigcup_{i \in I} A_i| \geqq |I|$ より，$|\bigcup_{i \in I} A_i| = |I|$ で，$A_j \subseteq \bigcup_{i \in I} A_i$ である．もし，ある i について $A_j \subseteq A_i$ だとすると $|A_i| = |A_j|(= k)$ であることより，$A_i = A_j$ である．ところが $|I| > k$ であるから，$x \in A_i \cap A_j$ かつ $y \in A_j - A_i$ かつ $z \in A_i - A_j$ となる x, y, z が存在する．x と y は A_j の幼なじみ，x と z は A_i の幼なじみなので，y は A_i の幼なじみでもある．これは，A_i には幼なじみが $k+1$ 人以上いる (実際，$|A_i \cup A_j|$ 人以上いる) ことを意味し，仮定に反す．よって，$|\bigcup_{i \in I} A_i \cup A_j| \geqq |I| + 1 = |I \cup \{j\}|$ でなければならない．

● **第 5 章**

5.1 （1）偽な命題　（2）命題でない (n が何を表すか不明)
（3）真な命題　（4）命題でない
（5）命題でない (8 月は暑いとは限らない)　（6）真な命題

5.2 A, B, C が命題変数であるか論理式であるかで違いはない．

(1)
A	$\to$	A
T	T	T
F	T	F

トートロジー

(2)
$(A$	$\to$	$\neg A)$	$\to$	$(A$	$\to$	$B)$
T	F	F	T	T	T	T
T	F	F	T	T	F	F
F	T	T	T	F	T	T
F	T	T	T	F	T	F

トートロジー

(3)
A	$\vee$	B	$\to$	$(\neg A$	$\to$	$C)$
T	T	T	T	F	T	T
T	T	T	T	F	T	F
T	T	F	T	F	T	T
T	T	F	T	F	T	F
F	T	T	T	T	T	T
F	T	T	F	T	F	F
F	F	T	T	T	T	T
F	F	F	T	T	F	F

トートロジーでない

(4)
A	$\to$	B	$\wedge$	$\neg$	C	$\leftrightarrow$	$\neg A$	$\vee$	$\neg$	$(C$	$\vee$	$\neg B)$
T	F	T	F	F	T	T	F	F	F	T	T	F
T	T	T	T	T	F	T	F	T	T	F	F	F
T	F	F	F	F	T	T	F	F	F	T	T	T
T	F	F	F	T	F	T	F	F	F	F	T	T
F	T	T	F	F	T	T	T	T	F	T	T	F
F	T	T	T	T	F	T	T	T	T	F	F	F
F	T	F	F	F	T	T	T	T	F	T	T	T
F	T	F	F	T	F	T	T	T	F	F	T	T

トートロジー

5.3 （1） $\neg(\neg A \vee A) \to B \equiv \neg \boldsymbol{T} \to B$ （定理 5.1 (13)）

$\equiv \neg\neg \boldsymbol{T} \vee B$ （定理 5.1 (9)）

$\equiv \boldsymbol{T} \vee B$ （二重否定）

$\equiv \boldsymbol{T}$ （定理 5.1 (13)）

（2） 与式 $\equiv \neg(A \to B) \vee \neg(B \to C) \vee (A \to C)$ （定理 5.1 (9)，結合律）

$\equiv \neg(\neg A \vee B) \vee \neg(\neg B \vee C) \vee \neg A \vee C$ （定理 5.1 (9)）

$\equiv (A \wedge \neg B) \vee (B \wedge \neg C) \vee \neg A \vee C$ （ド・モルガン律，二重否定）

$\equiv ((A \wedge \neg B) \vee \neg A) \vee ((B \wedge \neg C) \vee C)$ （可換律，結合律）

$\equiv ((A \vee \neg A) \wedge (\neg B \vee \neg A)) \vee ((B \vee C) \wedge (\neg C \vee C))$ （分配律）

$\equiv (\boldsymbol{T} \wedge (\neg B \vee \neg A)) \vee ((B \vee C) \wedge \boldsymbol{T})$

$\equiv (\neg B \vee \neg A) \vee (B \vee C)$

$\equiv (\neg B \vee B) \vee \neg A \vee C$ （可換律，結合律）

$\equiv \boldsymbol{T} \vee \neg A \vee C \equiv \boldsymbol{T}$

（3） $(A \wedge B) \vee ((C \vee A) \wedge A) \equiv (A \wedge B) \vee A$ （吸収律）

$\equiv A$ （吸収律）

（4） 与式 $\equiv (\neg A \vee B \vee \neg A) \wedge (B \to A)$ （定理 5.1 (9)）

$\equiv (\neg A \vee B) \wedge (B \to A)$ （可換律，巾等律）

$\equiv (A \to B) \wedge (B \to A) \equiv A \leftrightarrow B$ （定理 5.1 (8) (9)）

5.4 同値変形 (論理的に等しい式で置き換えていく方法) により $\boldsymbol{T}$ と論理的に等しいことを示してもよいが，$\models \mathcal{A} \to \mathcal{B}$ を示すには，任意の付値 σ の下で，$\sigma(\mathcal{A}) = \boldsymbol{T}$ ならば $\sigma(\mathcal{B}) = \boldsymbol{T}$ であることを示せばよい．

$\sigma((A \to B) \wedge (C \to D)) = \boldsymbol{T}$ とすると，$\sigma(A \to B) = \boldsymbol{T}$ かつ $\sigma(C \to D) = \boldsymbol{T}$ である．よって，$\sigma(A) = \boldsymbol{T}$ とすると $\sigma(B) = \boldsymbol{T}$ でなければならず，$\sigma(C) = \boldsymbol{T}$ とすると $\sigma(D) = \boldsymbol{T}$ でなければならない．この場合，$\sigma(A \wedge B \to C \wedge D) = \boldsymbol{T}$ である．残った場合は $\sigma(A) = \boldsymbol{F}$ または $\sigma(C) = \boldsymbol{F}$ となるときで，このとき $\sigma(A \wedge C) = \boldsymbol{F}$ なので $\sigma(A \wedge C \to B \wedge D) = \boldsymbol{F}$ である．

以後の問の解答では，σ を明示しないで述べることもある．

5.5 ① $\models \mathcal{A} \wedge \mathcal{B}$ ならば任意の付値 σ に対して $\sigma(\mathcal{A} \wedge \mathcal{B}) = \boldsymbol{T}$．これは $\sigma(\mathcal{A}) = \sigma(\mathcal{B}) = \boldsymbol{T}$ のときだけ成り立つ．よって，$\models \mathcal{A}$ かつ $\models \mathcal{B}$．逆も同様．

② $\models \mathcal{A}$ または $\models \mathcal{B}$ ならば任意の付値 σ に対して $\sigma(\mathcal{A}) = \boldsymbol{T}$ または $\sigma(\mathcal{B}) = \boldsymbol{T}$，したがって，$\sigma(\mathcal{A} \vee \mathcal{B}) = \boldsymbol{T}$．よって，$\models \mathcal{A} \vee \mathcal{B}$．逆が成り立たない例としては，$\mathcal{A} = A$, $\mathcal{B} = \neg A$ とすると，$\models A \vee \neg A$ であるが，$\models A$ でも $\models \neg A$ でもない．

5.6 主張の仮定部分は $\mathcal{X} = (A \to ((B \to C) \wedge (\neg B \to \neg C))) \wedge (\neg A \to \neg D)$ と表せ，結論部分は $\mathcal{Y} = (C \wedge D \to B)$ と表せ，主張は $\mathcal{X} \to \mathcal{Y}$ と表すことができる．$\mathcal{X} \to \mathcal{Y}$ がトートロジーであることを示せばよい．それには，任意の付値のもと

で, $\mathcal{X}$ が $\boldsymbol{T}$ のとき $\mathcal{Y}$ も $\boldsymbol{T}$ であることを示せばよい. $\mathcal{Y}$ が $\boldsymbol{T}$ であることを示すには, その付値のもとで $C \wedge D$ が $\boldsymbol{T}$ なら B も $\boldsymbol{T}$ であることを示せばよい.

$C \wedge D$ が $\boldsymbol{T}$ とすると C も D も $\boldsymbol{T}$ である. 一方, $\mathcal{X}$ が $\boldsymbol{T}$ であることより, $\neg A \to \neg D$ が $\boldsymbol{T}$ であり, これと論理的に等しい (対偶) $D \to A$ も $\boldsymbol{T}$ である. ところが, D は $\boldsymbol{T}$ であったから A が $\boldsymbol{T}$ であることが導かれる. 再び, $\mathcal{X}$ が $\boldsymbol{T}$ であることより $A \to ((B \to C) \wedge (\neg B \to \neg C))$ が $\boldsymbol{T}$ であり, これと A が $\boldsymbol{T}$ であることより $(B \to C) \wedge (\neg B \to \neg C)$ が $\boldsymbol{T}$ であることが得られる. ところが, $\neg B \to \neg C$ は $C \to B$ と論理的に等しい (対偶) ので, $(B \to C) \wedge (\neg B \to \neg C) \equiv (B \to C) \wedge (C \to B) \equiv (B \leftrightarrow C)$ が $\boldsymbol{T}$ である. したがって, C が $\boldsymbol{T}$ であったので B は $\boldsymbol{T}$ である.

5.7 命題変数 $A_1, \ldots, A_n, B_1, \ldots, B_n$ を考え, 論理式 $((A_1 \to B_1) \wedge \cdots \wedge (A_n \to B_n)) \to (A_1 \wedge \cdots \wedge A_n \to B_1 \wedge \cdots \wedge B_n)$ がトートロジーであることを示せばよい.

n に関する帰納法で証明しよう. $n=1$ のときは証明すべき論理式は $(A_1 \to B_1) \to (A_1 \to B_1)$ なので, 明らかにトートロジーである. この論理式は $\mathcal{A} \to \mathcal{A}$ なる形をしているので (A_1, B_1) に対する 4 組の付値を考える必要はないことに注意. $n \geq 2$ のとき, $\mathcal{X} = ((A_1 \to B_1) \wedge \cdots \wedge (A_{n-1} \to B_{n-1}))$, $\mathcal{A} = A_1 \wedge \cdots \wedge A_{n-1}$, $\mathcal{B} = B_1 \wedge \cdots \wedge B_{n-1}$, $\mathcal{C} = A_n$, $\mathcal{D} = B_n$ とおくと, トートロジーであることを示すべき式は ① $\mathcal{X} \wedge (\mathcal{C} \to \mathcal{D}) \to (\mathcal{A} \wedge \mathcal{C} \to \mathcal{B} \wedge \mathcal{D})$ である. 帰納法の仮定より, ② $\mathcal{X} \to (\mathcal{A} \to \mathcal{B})$ はトートロジーであるから, ③ $(\mathcal{A} \to \mathcal{B}) \wedge (\mathcal{C} \to \mathcal{D}) \to (\mathcal{A} \wedge \mathcal{C} \to \mathcal{B} \wedge \mathcal{D})$ がトートロジーであることを示せばよい. なぜなら, ① がトートロジーであることを示すには, $\mathcal{X} \wedge (\mathcal{C} \to \mathcal{D}) = \boldsymbol{T}$ なら $(\mathcal{A} \wedge \mathcal{C} \to \mathcal{B} \wedge \mathcal{D}) = \boldsymbol{T}$ となることを示せばよいが, $\mathcal{X} \wedge (\mathcal{C} \to \mathcal{D}) = \boldsymbol{T}$ とすると $\mathcal{X} = \boldsymbol{T}$ かつ $(\mathcal{C} \to \mathcal{D}) = \boldsymbol{T}$ であるから, ② より $(\mathcal{A} \to \mathcal{B}) = \boldsymbol{T}$ である. よって, $(\mathcal{C} \to \mathcal{D}) = \boldsymbol{T}$ かつ $(\mathcal{A} \to \mathcal{B}) = \boldsymbol{T}$ であり, ③ より $(\mathcal{A} \wedge \mathcal{C} \to \mathcal{B} \wedge \mathcal{D}) = \boldsymbol{T}$ が導かれるからである. ③ は問題 5.4 で示した.

5.8 以下の命題変数を考える. A: 良い授業である. B: 先生が熱心である. C: 生徒が真面目に聞いている. D: 生徒が雑談している. これらを使うと, 求める論理式 ($\mathcal{A}$ とする) は $(A \leftrightarrow B \wedge C) \wedge (D \to \neg C) \to (D \to \neg A)$ と表すことができる ($\leftrightarrow$ は $\to$ でもよい).

$\mathcal{A}$ がトートロジーであることを示すには (真理表を書くと表のサイズが大きくなるので) 問題 5.4 と同様な方法を用いる.

$\sigma((A \leftrightarrow B \wedge C) \wedge (D \to \neg C)) = \boldsymbol{T}$ とすると, $\sigma(A \leftrightarrow B \wedge C) = \boldsymbol{T}$ かつ $\sigma(D \to \neg C) = \boldsymbol{T}$ である. 場合 (1): もし $\sigma(D) = \boldsymbol{T}$ であるとすると, $\sigma(D \to \neg C) = \boldsymbol{T}$ であることより, $\sigma(\neg C) = \boldsymbol{T}$ すなわち $\sigma(C) = \boldsymbol{F}$ でなければならない. よって, $\sigma(B \wedge C) = \boldsymbol{F}$ となり, $\sigma(A \leftrightarrow B \wedge C) = \boldsymbol{T}$ より $\sigma(A) = \boldsymbol{F}$ でなければならない ($\sigma(A \to B \wedge C) = \boldsymbol{T}$ の場合もやはり $\sigma(A) = \boldsymbol{F}$ でなければならない). このとき, $\sigma(D \to \neg A) = \boldsymbol{T} \to \neg \boldsymbol{F} = \boldsymbol{T}$ である. 場合 (2): もし $\sigma(D) = \boldsymbol{F}$ とすると, $\sigma(A)$ の値のいかんにかかわらず $\sigma(D \to \neg A) = \boldsymbol{T}$ である. いずれにしても $\sigma(D \to \neg A) = \boldsymbol{T}$ である.

5.9 満たすべき条件 (i)~(iv) はそれぞれ次のような論理式で表すことができる:

(i) $A\wedge B$, (ii) $\neg B \to A \wedge D$, (iii) $\neg C \to B \vee E$, (iv) $\neg A \wedge \neg C \to D \wedge F$.
これらがすべて成り立つ必要があるので，求める条件は
$$(A \wedge B) \wedge (\neg B \to A \wedge D) \wedge (\neg C \to B \vee E) \wedge (\neg A \wedge \neg C \to D \wedge F)$$
である．これを簡単化すると，

$$\begin{aligned}
\text{与式} &\equiv (A \wedge B) \wedge (\neg\neg B \vee A \wedge D) \wedge (\neg\neg C \vee B \vee E) \wedge \\
&\quad (\neg(\neg A \wedge \neg C) \vee D \wedge F) \quad\quad\quad \text{(定理 5.1(9))} \\
&\equiv A \wedge B \wedge (B \vee A \wedge D) \wedge (C \vee B \vee E) \wedge (\neg\neg A \vee \neg\neg C \vee D \wedge F) \\
&\quad\quad\quad\quad\quad\quad\quad\quad\quad\quad\quad\quad \text{(結合律，二重否定，ド・モルガン律)}\\
&\equiv A \wedge \underline{(B \wedge (B \vee A \wedge D))} \wedge (C \vee B \vee E) \wedge (A \vee C \vee D \wedge F) \\
&\quad\quad\quad\quad\quad\quad\quad\quad\quad\quad\quad\quad \text{(結合律，二重否定)}\\
&\equiv A \wedge B \wedge \underline{(B \vee C \vee E)} \wedge (A \vee C \vee D \wedge F) \quad \text{(吸収律，結合律)}\\
&\equiv A \wedge B \wedge (A \vee C \vee D \wedge F) \quad\quad\quad\quad\quad\quad \text{(吸収律)}\\
&\equiv B \wedge \underline{A \wedge (A \vee C \vee D \wedge F)} \quad\quad\quad\quad\quad\quad \text{(可換律，結合律)}\\
&\equiv B \wedge A \equiv A \wedge B \quad\quad\quad\quad\quad\quad\quad\quad\quad \text{(吸収律，可換律)}
\end{aligned}$$

となるので，求める条件は「条件 A と B を満たすこと」である．
　(注：(iv) は，$A \vee C \to \neg(D \wedge F)$ ではないことに注意．)

5.10　(1) 与式 $\equiv \neg(\neg(A\vee C) \vee \neg(A\vee B)) \equiv (A\vee C) \wedge (A\vee B) \equiv A \vee (B \wedge C) \equiv A \vee \neg(\neg B \vee \neg C) \equiv A \vee \neg(\neg B \downarrow \neg C)$.
(2) $A \downarrow (A \downarrow A) \equiv A \mid \neg A \equiv \neg(A \wedge \neg A) \equiv \neg \boldsymbol{F} \equiv \boldsymbol{T}$. よって，$\models$ 与式．
(3) 与式は $\mathcal{A} \downarrow \mathcal{A} \equiv \neg \mathcal{A}$ の形をしているので，与式 $\equiv \neg(A \downarrow (A \downarrow A)) \equiv \neg(A \downarrow \neg A) \equiv \neg\neg(A \vee \neg A) \equiv \boldsymbol{T}$.
(4) $(A \mid B)^* \equiv (\neg(A \wedge B))^* \equiv \neg(A \vee B) \equiv A \downarrow B$. 因みに，$\mathcal{A}^{**} = \mathcal{A}$ であるから，$(A \downarrow B)^* \equiv A \mid B$ であることがこの結果よりただちに導かれる．

5.11　(1) 正しくない．$\neg A \vee \neg B \wedge \neg A$ はきちんと括弧をつけると $(\neg A) \vee (\neg B \wedge \neg A)$ のことなので，その双対は $(\neg A) \wedge (\neg B \vee \neg A) \equiv (\neg A) \wedge \neg(B \wedge A)$ であり，$\neg A \wedge B \vee \neg A \equiv ((\neg A) \wedge B) \vee (\neg A) \overset{\text{分配律}}{\equiv} (\neg A \vee \neg A) \wedge (B \vee (\neg A)) \overset{\text{巾等律，ド・モルガン律}}{\equiv} (\neg A) \wedge \neg((\neg B) \wedge A)$ とは論理的に等しくない．
(2) $\sigma(A) = \boldsymbol{F}$ のもとでは，$\sigma(B)$ の値いかんにかかわらず，$\sigma(A \to A \wedge B) = \boldsymbol{F} \to (\boldsymbol{F} \wedge \sigma(B)) = \boldsymbol{F} \to \boldsymbol{F} = \boldsymbol{T}$ である．
(3) 正しくない．$\sigma(A)=\sigma(C)=\boldsymbol{T}$ とすると，$\sigma(A\to((A\vee B\to C)\to\neg A))=\boldsymbol{T}\to((\boldsymbol{T}\vee\sigma(B)\to\boldsymbol{T})\to\neg\boldsymbol{T})=\boldsymbol{T}\to((\boldsymbol{T}\to\boldsymbol{T})\to\boldsymbol{F})=\boldsymbol{T}\to(\boldsymbol{T}\to\boldsymbol{F})=\boldsymbol{T}\to\boldsymbol{F}=\boldsymbol{F}$ である．
(4) 真理表を書いて定理 5.4 を使う．$(\neg A \wedge \neg B \wedge \neg C) \vee (\neg A \wedge \neg B \wedge C) \vee (\neg A \wedge B \wedge C) \vee (A \wedge \neg B \wedge C) \vee (A \wedge B \wedge C)$.
(5) 正しい．$\sigma(\mathcal{A}) = \boldsymbol{T}$ であるような任意の付値 σ に対して，$\models \mathcal{A} \to \mathcal{B}$ より $\sigma(\mathcal{B}) = \boldsymbol{T}$. よって，$\models \mathcal{B} \to \mathcal{C}$ より $\sigma(\mathcal{C}) = \boldsymbol{T}$. ゆえに，このとき $\sigma(\mathcal{A} \to \mathcal{C}) = \boldsymbol{T}$. 一方，$\sigma(\mathcal{A}) = \boldsymbol{F}$ のときは，$\sigma(\mathcal{C})$ のいかんにかかわらず

$\sigma(\mathcal{A} \to \mathcal{C}) = \sigma(\mathcal{A}) \to \sigma(\mathcal{C}) = \sigma(\boldsymbol{F} \to \boldsymbol{T}) = \boldsymbol{T}$. いずれの場合も $\sigma(\mathcal{A} \to \mathcal{C}) = \boldsymbol{T}$ なので $\models \mathcal{A} \to \mathcal{C}$.

（6） 正しくない. $\neg(A \wedge B \vee C) \equiv \neg((A \wedge B) \vee C) \equiv \neg(A \wedge B) \wedge (\neg C) \equiv (\neg A \vee \neg B) \wedge \neg C \not\equiv \neg A \vee (\neg B \wedge \neg C) \equiv \neg A \vee \neg B \wedge \neg C$.

（7） 正しい. $\mathcal{A} \equiv \mathcal{B}$ が成り立つ必要十分条件は任意の付値 σ に対して $\sigma(\mathcal{A}) = \sigma(\mathcal{B})$ が成り立つことであるから, $=$ が同値関係であることより導かれる.

5.12 2項演算 α だけでどんな論理式も表すことができるとする. $\boldsymbol{T}\alpha\boldsymbol{T} = \boldsymbol{T}$ だとすると, 論理式 $\mathcal{A}$ の中のすべての命題変数に値 $\boldsymbol{T}$ を与えたとき $\mathcal{A}$ の値は $\boldsymbol{T}$ となるはずである. ところが, 例えば $\mathcal{A} = A \wedge \neg B$ に対してこのことは正しくない. よって, $\boldsymbol{T}\alpha\boldsymbol{T} = \boldsymbol{F}$ でなければならない. 同様に, $\boldsymbol{F}\alpha\boldsymbol{F} = \boldsymbol{T}$ でなければならない. このとき, もし $\boldsymbol{T}\alpha\boldsymbol{F} = \boldsymbol{T}, \boldsymbol{F}\alpha\boldsymbol{T} = \boldsymbol{F}$ だとすると $A \alpha B \equiv \neg B$ であり, $\boldsymbol{T}\alpha\boldsymbol{F} = \boldsymbol{F}, \boldsymbol{F}\alpha\boldsymbol{T} = \boldsymbol{T}$ だとすると $A \alpha B \equiv \neg A$ であり, いずれにしても α が $\neg$ だけで表すことができることを意味する. しかし, $\neg$ だけではすべての論理式を表すことはできない (例えばトートロジーを表せない) ので, これは矛盾である. 以上より, 残されたのは α が $|$ か $\downarrow$ の場合だけである.

5.13 （1） 2項演算 α を $A \alpha B := \neg A \vee \neg B$ で定義すると, $\neg A \equiv \neg A \vee \neg A = A \alpha A$ であり, $A \to B \equiv \neg A \vee \neg\neg B \equiv A \alpha \neg B \equiv A \alpha (B \alpha B)$ であるから, $\neg$ も $\to$ も α だけで表すことができる. よって, すべての論理式が $\neg$ と $\to$ だけで表せるとすると, すべての論理式は α だけで表すことができることになる. ところが, 前問で証明したように, α だけではすべての論理式を表すことはできない (α は $|$ とも $\downarrow$ とも異なる) から, これは矛盾である.

（2） $A \wedge B \equiv \neg(\neg A \vee \neg B) \equiv \neg(A \alpha B) \equiv (A \alpha B) \alpha (A \alpha B)$ であり, $A \leftrightarrow B \equiv (A \to B) \wedge (B \to A)$ であるから, $\neg$ と $\leftrightarrow$ だけですべての論理式が表せるとすると, （1）も考慮すると, α だけですべての論理式を表せることになり, やはり矛盾である.

5.14 はじめに, $\leftrightarrow$ が可換かつ結合的であること, すなわち, $A \leftrightarrow B \equiv B \leftrightarrow A$ かつ $A \leftrightarrow (B \leftrightarrow C) \equiv (A \leftrightarrow B) \leftrightarrow C$ が成り立つことを示す. これは $(A \leftrightarrow B) \leftrightarrow (B \leftrightarrow A)$ および $(A \leftrightarrow (B \leftrightarrow C)) \leftrightarrow ((A \leftrightarrow B) \leftrightarrow C)$ の真理表を書いてみればトートロジーであることを容易に確かめることができる. よって, $\mathcal{A}$ は ( ) をすべて外して考えてよい.

$\mathcal{A}$ の中に現れる A の個数に関する帰納法で次のことを証明する:
- $\mathcal{A}$ の中に現れる A が偶数個なら $\models \mathcal{A}$.
- $\mathcal{A}$ の中に現れる A が奇数個なら $\mathcal{A} \equiv \boldsymbol{T} \leftrightarrow A$.

（基礎）$\mathcal{A}$ が A 1個だけから成るなら明らかに $\mathcal{A} = A$ であり, $\mathcal{A} \equiv \boldsymbol{T} \leftrightarrow A$ だから $\mathcal{A} \equiv \boldsymbol{T} \leftrightarrow A$ である. $\mathcal{A}$ が A を2個だけ含んでいる場合, $\mathcal{A} = A \leftrightarrow A$ であるから $\models \mathcal{A}$.

（帰納ステップ）$\mathcal{A}$ が A を3個以上含んでいる場合, $\mathcal{A} = \mathcal{B} \leftrightarrow A$ と書くことができる ($\leftrightarrow$ が結合的なので).

（1） $\mathcal{B}$ が A を偶数個含んでいる場合, 帰納法の仮定から $\models \mathcal{B}$ であるから,

$\mathcal{A} \equiv \boldsymbol{T} \leftrightarrow A$.

（2） $\mathcal{B}$ が A を奇数個含んでいる場合，帰納法の仮定から $\models \mathcal{B} \equiv \boldsymbol{T} \leftrightarrow A$ であるから，$\mathcal{A} \equiv (\boldsymbol{T} \leftrightarrow A) \leftrightarrow A \equiv \boldsymbol{T} \leftrightarrow (A \leftrightarrow A) \equiv \boldsymbol{T} \leftrightarrow \boldsymbol{T} \equiv \boldsymbol{T}$．よって，$\models \mathcal{A}$．

5.15 定理 5.4 による．
（1） 主乗法標準形は $\neg A \vee B$，主加法標準形は $(A \wedge B) \vee (\neg A \wedge B) \vee (\neg A \wedge \neg B)$.

（2） 真理表は右の表．よって，主加法標準形は
$(A \wedge B \wedge C) \vee (\neg A \wedge B \wedge C) \vee (\neg A \wedge B \wedge \neg C)$
$\vee (\neg A \wedge \neg B \wedge C) \vee (\neg A \wedge \neg B \wedge \neg C)$，
主乗法標準形は
$(\neg A \vee \neg B \vee C) \wedge (\neg A \vee B \vee \neg C) \wedge (\neg A \vee B \vee C)$．

A	$\mid$	$(B$	$\mid$	$C)$
T	T	T	F	T
T	F	T	T	F
T	F	F	T	T
T	F	F	F	F
F	T	T	F	T
F	T	T	T	F
F	T	F	T	T
F	T	F	T	F

（3） $\neg(\neg B \to A) \to \neg A$ はトートロジーであるから，主加法標準形は $(A \wedge B) \vee (A \wedge \neg B) \vee (\neg A \wedge B) \vee (\neg A \wedge \neg B)$．主乗法標準形は無い．

5.16 $A \to B \equiv \neg A \vee B \equiv \neg(A \wedge \neg B)$，$A \vee B \equiv \neg A \to B \equiv \neg(\neg A \wedge \neg B)$，$A \wedge B \equiv \neg(\neg A \vee \neg B)$ に注意して，これらを使う．
（1） $A \leftrightarrow B \equiv (A \to B) \wedge (B \to A) \equiv \neg(A \wedge \neg B) \wedge \neg(\neg A \wedge B)$，$A \downarrow (B \mid C)$
$\equiv \neg(A \vee \neg(B \wedge C)) \equiv \neg A \wedge B \wedge C$，$A \to (B \to C) \equiv \neg(A \wedge \neg(B \to C))$
$\equiv \neg(A \wedge B \wedge \neg C)$．
（2） （1）の結果にド・モルガンの法則を適用する．$A \leftrightarrow B \equiv \neg(\neg(\neg A \vee B) \vee \neg(A \vee \neg B))$，$A \downarrow (B \mid C) \equiv \neg(A \vee \neg B \vee \neg C)$，$A \to (B \to C) \equiv \neg A \vee \neg B \vee C$．
（3） $A \leftrightarrow B \equiv (A \to B) \wedge (B \to A) \equiv \neg(\neg(A \to B) \vee \neg(B \to A))$
$\equiv \neg((A \to B) \to \neg(B \to A))$，$A \downarrow (B \mid C) \equiv \neg(A \vee \neg B \vee \neg C) \equiv$
$\neg((B \to A) \vee \neg C) \equiv \neg(C \to (B \to A))$，$A \to (B \to C)$ はそのまま．
（4） $\neg A \equiv A \mid A \equiv A \downarrow A$ などを使う．$A \leftrightarrow B \equiv (A \mid \neg B) \wedge (B \mid \neg A)$
$\equiv ((A \mid (B \mid B)) \mid (B \mid (A \mid A))) \mid ((A \mid (B \mid B)) \mid (B \mid (A \mid A)))$．
$(*) = A \downarrow (B \mid C)$ は，$A \downarrow B \equiv ((A \mid A) \mid (B \mid B)) \mid ((A \mid A) \mid (B \mid B))$ を使うと $(*) \equiv ((A \mid A) \mid ((B \mid C) \mid (B \mid C))) \mid ((A \mid A) \mid ((B \mid C) \mid (B \mid C)))$．
（2）の結果 $(*) \equiv \neg(A \vee \neg B \vee \neg C)$ を使うと，$(*) \equiv ((A \mid (B \mid B)) \mid ((A \mid (B \mid B))) \mid (C \mid C)$．

$(**) = A \to (B \to C)$ は，$A \to B \equiv A \mid (B \mid B)$ を使うと $(**) \equiv A \mid ((B \mid (C \mid C)) \mid (B \mid (C \mid C)))$．
（5） （4）の結果に $A \mid B \equiv (((A \downarrow A) \downarrow (B \downarrow B)) \downarrow ((A \downarrow A) \downarrow (B \downarrow B)))$ を適用してもよいが，（1）の結果を使うともっと簡単になる場合もある．例えば，$A \leftrightarrow B \equiv \neg(A \wedge \neg B) \wedge \neg(\neg A \wedge B) \equiv ((A \downarrow (B \downarrow B)) \downarrow (B \downarrow (A \downarrow A)))$，$A \downarrow (B \mid C) \equiv \neg(A \vee \neg B \vee \neg C) \equiv \neg A \wedge \neg(\neg B \vee \neg C) \equiv A \downarrow [((B \downarrow B) \downarrow (C \downarrow C)) \downarrow ((B \downarrow B) \downarrow (C \downarrow C))]$，$A \to (B \to C) \equiv \neg A \vee \neg B \vee C \equiv$
$\neg\neg(\neg A \vee \neg\neg(\neg B \vee C)) \equiv \underline{(A \downarrow A) \downarrow (((B \downarrow B) \downarrow C) \downarrow ((B \downarrow B) \downarrow C))} \downarrow [\text{左の}$
下線部と同じもの]．

5.17 （1）の結果を用いると，

$$\mathcal{A}[A_1, \ldots, A_n] \equiv \bigvee_{i=1}^{2^n} \sigma_i(\mathcal{A}) \wedge A_1^{\sigma_i(A_1)} \wedge \cdots \wedge A_n^{\sigma_i(A_n)} \qquad ①$$

$$\equiv \neg \mathcal{A}^*[\neg A_1, \ldots, \neg A_n] \qquad (\text{双対の原理 (定理 5.2 (1)))}$$

$$\equiv \neg\Bigl(\bigwedge_{i=1}^{2^n} \bigl(\neg\sigma_i(\mathcal{A}) \vee (\neg A_1)^{\sigma_i(A_1)} \vee \cdots \vee (\neg A_n)^{\sigma_i(A_n)}\bigr)\Bigr)$$

ここでは，①の右辺の双対を取る際，$\sigma_i(\mathcal{A})$ は定数であるからその $\boldsymbol{T}, \boldsymbol{F}$ を逆にするために $\neg\sigma_i(\mathcal{A})$ に置き換えている．$\mathcal{A}$ に $\neg\mathcal{A}$ を代入すると

$$\neg\mathcal{A}[A_1, \ldots, A_n] \equiv \neg\Bigl(\bigwedge_{i=1}^{2^n} \bigl(\neg\sigma_i(\neg\mathcal{A}) \vee (\neg A_1)^{\sigma_i(A_1)} \vee \cdots \vee (\neg A_n)^{\sigma_i(A_n)}\bigr)\Bigr)$$

$$\equiv \neg\Bigl(\bigwedge_{i=1}^{2^n} \bigl(\sigma_i(\mathcal{A}) \vee A_1^{\neg\sigma_i(A_1)} \vee \cdots \vee A_n^{\neg\sigma_i(A_n)}\bigr)\Bigr)$$

ここでは，$\neg\sigma_i(\neg\mathcal{A}) \equiv \neg\neg\sigma_i(\mathcal{A}) \equiv \sigma_i(\mathcal{A})$ であること，および A^a の定義より $(\neg A_j)^{\sigma_i(A_j)} \equiv A_j^{\neg\sigma_i(A_j)}$ であることを用いている．以上より，$\mathcal{A}[A_1, \ldots, A_n] \equiv \bigwedge_{i=1}^{2^n} \bigl(\sigma_i(\mathcal{A}) \vee A_1^{\neg\sigma_i(A_1)} \vee \cdots \vee A_n^{\neg\sigma_i(A_n)}\bigr)$.

5.18 (1) $(A \to B)^* \equiv (\neg A \vee B)^* = \neg A \wedge B \equiv \neg(A \vee \neg B) \equiv \neg(B \to A)$. あるいは，双対の原理 (定理 5.2 (1)) と対偶 (定理 5.1 (10)) を使うと，$(A \to B)^* \equiv \neg(\neg A \to \neg B) \equiv \neg(B \to A)$.
(2) $(A \leftrightarrow B)^* \equiv ((A \to B) \wedge (B \to A))^* \equiv (A \to B)^* \vee (B \to A)^* \equiv \neg(B \to A) \vee \neg(A \to B) \equiv \neg((B \to A) \wedge (A \to B)) \equiv \neg(A \leftrightarrow B)$.

5.19 自由変数に下線を引いて示した．構文木は下図．
(1) すべて自由変数． (2) すべて束縛変数．
(3) $\forall x(P(x, f(x)) \wedge Q(x, \underline{y})) \to \exists z P(z, a) \wedge Q(\underline{y}, \underline{z})$

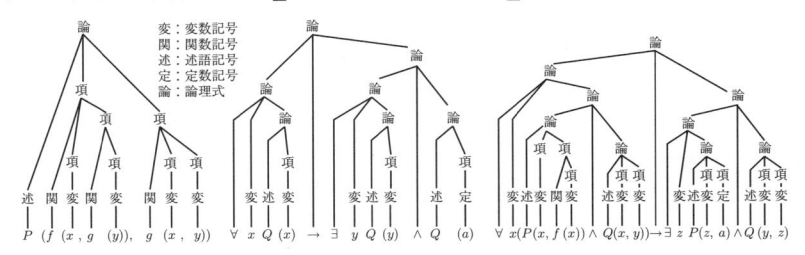

5.20 (1) $L(x, y): x$ は y を愛す，とする．求める論理式は
$\forall x[\neg \exists y L(x, y) \to \forall y \neg L(y, x)]$ あるいは $\forall x[\neg \exists y L(x, y) \to \neg \exists y L(y, x)]$.
(2) 読みやすいように，() 以外の括弧も使う．

$M(x): x$ は男である，$K(x): x$ は結婚できる，$W(x): x$ は女である，$B(x): x$ は美人である，$G(x): x$ は気立てが良い，$L(x, y): x$ は y が好きである，とすると，求める論理式は

$\forall x[M(x) \wedge K(x) \rightarrow \exists y(W(y) \wedge (B(y) \vee G(y)) \wedge L(y,x))]$
$\wedge \neg \forall y[W(y) \wedge (B(y) \vee G(y)) \rightarrow \forall x(M(x) \rightarrow L(y,x))]$
$\rightarrow \exists x[M(x) \wedge \neg K(x)]$.

(3) $W(x): x$ は女性である,$L(x,y): x$ は y が好きである,$P(x): x$ は可愛らしいものである,$B_1(x): x$ はブランド品である,$B_2(x): x$ はバーゲン品である,とすると,求める論理式は

$[\forall x(W(x) \rightarrow \exists y((P(y) \vee B_1(y)) \wedge L(x,y))]$
$\wedge [\exists x(W(x) \wedge \forall y(P(y) \rightarrow \neg L(x,y)) \wedge \forall y(B_2(y) \rightarrow L(x,y)))]$
$\rightarrow [\exists x(W(x) \wedge \exists y \exists z(B_1(y) \wedge B_2(z) \wedge L(x,y) \wedge L(x,z))]$.

5.21 (1) 正しい.$\mathcal{I}$ のもとで $P(f(x),a)$ は $x^2 \geqq 0$ を表す.これは,任意の実数 $x \in \mathbf{R}$ に対して成り立つ.
(2) 正しくない.$\mathcal{I}'$ は $a = 1$ 以外は $\mathcal{I}$ と同じ解釈とする.$\mathcal{I}'$ のもとで $P(f(x),a)$ は $x^2 \geqq 1$ を表し,これはすべての実数に対して成り立つわけではないので,$\mathcal{I}' \models \forall x P(f(x),a)$ ではない.よって,$\models \forall x P(f(x),a)$ でもない.
(3) 正しい.σ を任意の解釈のもとの任意の付値とする.$\sigma(\forall x \mathcal{A}(x) \wedge \exists y \mathcal{A}(y)) = \mathbf{T}$ とすると,$\sigma(\forall x \mathcal{A}(x)) = \sigma(\exists y \mathcal{A}(y)) = \mathbf{T}$ である.よって,$\sigma(\forall x \mathcal{A}(x) \wedge \exists y \mathcal{A}(y) \rightarrow \forall x \mathcal{A}(x)) = \mathbf{T}$ である(注:$\sigma(\forall x \mathcal{A}(x) \wedge \exists y \mathcal{A}(y)) = \mathbf{F}$ の場合には,$\sigma(\forall x \mathcal{A}(x))$ の値によらず $\sigma(\forall x \mathcal{A}(x) \wedge \exists y \mathcal{A}(y) \rightarrow \forall x \mathcal{A}(x)) = \mathbf{T}$ である).逆に,$\sigma(\forall x \mathcal{A}(x)) = \mathbf{T}$ とすると,任意の付値 $\sigma' =_x \sigma$ に対して $\sigma'(\mathcal{A}(x)) = \mathbf{T}$ であるから,$\sigma'(\mathcal{A}(y)) = \mathbf{T}$ であり,したがって,$\sigma(\exists y \mathcal{A}(y)) = \mathbf{T}$ である.ゆえに,$\sigma(\forall x \mathcal{A}(x) \wedge \exists y \mathcal{A}(y)) = \mathbf{T}$ であり,$\sigma(\forall x \mathcal{A}(x) \rightarrow \forall x \mathcal{A}(x) \wedge \exists y \mathcal{A}(y)) = \mathbf{T}$ が導かれる.以上より,$\sigma(\text{左辺} \leftrightarrow \text{右辺}) = \mathbf{T}$,すなわち,左辺 ≡ 右辺 が示された.

5.22 (1) $x^2 + y^2 \leqq 0 \Longrightarrow x = 0 \wedge y = 0$ (2) $\mathbf{T}$
(3) $(x \cup x) \cap (y \cup y) \subseteqq \emptyset \Longrightarrow x = \emptyset \wedge y = \emptyset$ (4) $\{0\}$
(5) $\{0\} \cap \{1,2\}$ (6) $\mathbf{T}$ (7) $\mathbf{F}$ (8) $\mathbf{F}$
(9) ない (10) できる

5.23 (1) 「任意の 0 でない実数 x に対して,$x \cdot \frac{1}{y} = 1$ となる 0 でない実数 y が存在する.」
(2) 例えば,$|\mathcal{I}'| = \mathbf{R}$ である以外は $\mathcal{I}$ と同じ解釈 $\mathcal{I}'$ を考えれば,$x = 0$ のとき $x \cdot \frac{1}{y} = 1$ を満たす実数は存在しないから,$\mathcal{I}' \models \mathcal{A}$ ではない.
(3) 例えば $\exists x \exists y \exists z (P(a,x,y) \wedge P(y,z,b))$ でもよいが,これと $\forall x \forall y \forall z (P(x,y,z) \rightarrow P(y,x,z))$ を $\wedge$ で結ぶともっとよい.
(4) 以下,同値変形の過程も示す.最後の式が求めるもの.
$\neg \forall x(\forall y P(x,y,a) \rightarrow \exists y \exists z P(x,y,z)) \equiv \neg \forall x(\neg \forall y P(x,y,a) \vee \exists y \exists z P(x,y,z))$
$\equiv \exists x \neg(\neg \forall y P(x,y,a) \vee \exists y \exists z P(x,y,z)) \equiv \exists x(\neg \neg \forall y P(x,y,a) \wedge \neg \exists y \exists z P(x,y,z))$
$\equiv \exists x(\forall y P(x,y,a) \wedge \forall y \forall z \neg P(x,y,z)) \equiv \exists x \forall y(P(x,y,a) \wedge \forall z \neg P(x,y,z)) \equiv \exists x \forall y \forall z(P(x,y,a) \wedge \neg P(x,y,z))$.

5.24 (viii) $\forall x, \exists x$ の定義から明らか.$\leftrightarrow$ に対する反例:$\mathcal{A} := P(x)$ とし,$\mathbf{R}$ を定義域とする解釈において $P(x) \overset{\text{def}}{\Longleftrightarrow} x > 10$ とする.$\exists x (x > 10) \rightarrow \forall x (x > 10)$

はこの解釈の下で F. もう1つは $\mathcal{A}=(x\geq y)$ を考えよ.
(ix) 任意の解釈 $\mathcal{I}$ と $\mathcal{I}$ における任意の付値 σ を考える. $\sigma(\forall x(\mathcal{A}\to\mathcal{B}))=T$ とすると, $\sigma=_x\sigma'$ なる任意の付値 σ' に対して $\sigma'(\mathcal{A}\to\mathcal{B})=T$. よって, $\sigma'(\mathcal{A})=T$ なら $\sigma'(\mathcal{B})=T$. これは $\sigma(\forall x\mathcal{A})=T$ なら $\sigma(\forall x\mathcal{B})=T$ を意味するから $\sigma(\forall x\mathcal{A}\to\forall x\mathcal{B})=T$. よって, $\sigma($与式$)=T$ であり $\models$ 与式. $\leftrightarrow$ に対する反例:$\mathcal{A}=(x>0)$, $\mathcal{B}=(x<0)$ を定義域 R で考えよ. 他も同様.

(x)〜(xiii) (ix) と同様. (x) の後半は $\mathcal{A}$ を $\neg\mathcal{A}$ とした前半の対偶である. (x) の前半の $\leftrightarrow$ に対する反例は, 例えば $\mathcal{A}(x)=(x>0)$, $a=1$ を定義域 R で考えよ. (x) の後半の $\leftrightarrow$ に対する反例:$\mathcal{A}(x)=(x>0)$, $a=-1$.

(xiii) (a) の前半:(i),(ii) により $\forall x\mathcal{A}(x)\to\mathcal{B}\equiv\neg\forall x\mathcal{A}(x)\vee\mathcal{B}\equiv\exists x\neg\mathcal{A}(x)\vee\mathcal{B}$. 一方, (i),(vi) により $\exists y(\mathcal{A}(y)\to\mathcal{B})\equiv\exists y(\neg\mathcal{A}(y)\vee\mathcal{B})\equiv\exists y\neg\mathcal{A}(y)\vee\mathcal{B}$. (xii) より $\exists x\neg\mathcal{A}(x)\equiv\exists y\neg\mathcal{A}(y)$ だから, $\exists x\neg\mathcal{A}(x)\vee\mathcal{B}\equiv\exists y\neg\mathcal{A}(y)\vee\mathcal{B}$. したがって, $\forall x\mathcal{A}(x)\to\mathcal{B}\equiv\exists y(\mathcal{A}(y)\to\mathcal{B})$. 後半も同様.
(b) は (a) において $\mathcal{A},\mathcal{B}$ の代りに $\neg\mathcal{A}$, $\neg\mathcal{B}$ を考え, (i), [対偶], (xii) を使う.

5.25 $A(x)$:x は運がある, $B(x)$:x は出世する, とすると2つの主張は $\forall x(\neg A(x)\to\neg B(x))$ と $\forall x(B(x)\to A(x))$ であるから, 公式 (i),(xi) により, この2つは論理的に等しい.

5.26 (1) $\forall xP(x)\to\forall yQ(y)\equiv\neg\forall xP(x)\vee\forall yQ(y)\equiv\exists x\neg P(x)\vee\forall yQ(y)$ $\equiv\exists x(\neg P(x)\vee\forall yQ(y))\equiv\exists x\forall y(\neg P(x)\vee Q(y))$. $P(x)$ は y を含まず, $Q(y)$ は x を含まないことに注意.
(2) $\models\forall x(P(x,a)\to\exists yP(x,y))\overset{\text{公式 (ix)}}{\Longrightarrow}\models\forall xP(x,a)\to\forall x\exists yP(x,y)\overset{\text{公式 (x)}}{\Longrightarrow}$ $\models\forall xP(x,a)\to\exists x\exists yP(x,y)$ であるから与式は恒真な論理式であり, 冠頭標準形は存在しない.
(3) $P(x,y)\to\exists y(Q(y)\to(\exists xQ(x)\vee R(y)))\overset{\text{公式 (i)}}{\equiv}P(x,y)\to\exists y(\neg Q(y)\vee\exists x(Q(x)\vee R(y)))\overset{\text{公式 (vi)}}{\equiv}P(x,y)\to\exists y\exists x(\neg Q(y)\vee Q(x)\vee R(y))\overset{\text{公式 (xii)}}{\equiv}\neg P(x,y)\vee\exists v\exists u(\neg Q(v)\vee Q(u)\vee R(v))\overset{\text{公式 (vi)}}{\equiv}\exists v\exists u(\neg P(x,y)\vee\neg Q(v)\vee Q(u)\vee R(v))$.

5.27 (1) 吸収律より, 与式 $=a+\bar{a}=1$. (2) $aa=a, a|a=\bar{a}$ などより, $\bar{a}$. (3) $a\oplus b$ (4) $(a+b+c)(\bar{a}+\bar{b}+\bar{c})=a\overline{bc}+b\overline{ca}+c\overline{ab}$ (5) $xx=x$, $x\oplus x=0$ より, 0.

5.28 (1) 真理表を書いてみると $x\oplus y=(x+y)(\bar{x}+\bar{y})$ であることは容易に確かめることができる. $(x+y)(\bar{x}+\bar{y})=x\bar{x}+x\bar{y}+y\bar{x}+y\bar{y}=x\bar{y}+\bar{x}y$. また, この結果を使うと, $x\oplus x=x\bar{x}+\bar{x}x=0$ であり, $x\oplus(x\oplus x)=x\oplus 0=x\bar{0}+\bar{x}0=x$.
(2) 真理表を書けば $x\oplus(y\oplus z)$ の値と $(x\oplus y)\oplus z$ の値が一致することは容易に確かめることができるが, 次のように式変形で示すこともできる. $x\oplus y=x\bar{y}+\bar{x}y$ であることと, $+$ と $\cdot$ は結合律, 可換律, 分配律を満たすので普通の数式のように自由に展開などができること, ド・モルガンの法則, 二重否定, $w\bar{w}=0$ などを用いる:$x\oplus(y\oplus z)$ $=x(\overline{y\bar{z}+\bar{y}z})+\bar{x}(y\bar{z}+\bar{y}z)=x(\bar{y}+z)(y+\bar{z})+\bar{x}y\bar{z}+\bar{x}\,\bar{y}z=x(\bar{y}y+\bar{y}\,\bar{z}+zy+z\bar{z})+\bar{x}y\bar{z}+\bar{x}\,\bar{y}z=x(\bar{y}\,\bar{z}+yz)+\bar{x}y\bar{z}+\bar{x}\,\bar{y}z=xyz+x\bar{y}\,\bar{z}+\bar{x}y\bar{z}+\bar{x}\,\bar{y}z$, $(x\oplus y)\oplus z$

$= (x\overline{y}+\overline{x}y)\overline{z}+\overline{(x\overline{y}+\overline{x}y)}z = x\overline{y}\,\overline{z}+\overline{x}y\overline{z}+(\overline{x}+y)(x+\overline{y})z = x\overline{y}\,\overline{z}+\overline{x}y\overline{z}+(\overline{x}\,\overline{y}+yx)z$
$= xyz + x\overline{y}\,\overline{z} + \overline{x}y\overline{z} + \overline{x}\,\overline{y}z.$ よって, $x \oplus (y \oplus z) = (x \oplus y) \oplus z.$
(3) n に関する帰納法. $n = 1$ のときは自明.
$$p_{n+1} = 1 \iff p_n \oplus x_{n+1} = 1$$
$\overset{x \oplus y = x\overline{y}+\overline{x}y}{\iff} (p_n = 1 \text{ かつ } x_{n+1} = 0) \text{ または } (p_n = 0 \text{ かつ } x_{n+1} = 1)$
$\overset{帰納法の仮定}{\iff} (x_1,\ldots,x_n \text{ のうちの } 1 \text{ の個数が奇数かつ } x_{n+1}=0) \text{ または }$
$\qquad (x_1,\ldots,x_n \text{ のうちの } 1 \text{ の個数が偶数かつ } x_{n+1}=1)$
$\iff x_1,\ldots,x_n,x_{n+1}$ のうちの 1 の個数が奇数.

5.29 (1) $x = y = z = 0$ ならば $x \oplus y \oplus z = 0 = xyz.$ $x = y = z = 1$ ならば $x \oplus y \oplus z = 1 = xyz.$
(2) $1 \oplus x = \overline{x}$ であること, および $\oplus$ は可換で結合律を満たすことに注意すると, $1 \oplus 1 \oplus (x \oplus y) \oplus 1 = (1 \oplus 1 \oplus 1) \oplus (x \oplus y) = 1 \oplus (x \oplus y) = \overline{x \oplus y}$
$= \overline{x\overline{y}+\overline{x}y} = (\overline{x}+y)(x+\overline{y}) = \overline{x}x + \overline{x}\,\overline{y} + yx + y\overline{y} = xy + \overline{x}\,\overline{y}.$
(3) 分配律と吸収律を使うと, $(x+u)(x+v) = x(x+v) + u(x+v) = x+u(x+v) = x+ux+uv = x+uv.$ 同様に, $(y+u)(y+v) = y+uv.$ よって, $(x+u)(x+v)(y+u)(y+v) = (x+uv)(y+uv) = xy + xuv + yuv + uv = xy + uv.$ 最後の等号は, 吸収律により $yuv + uv = uv, xuv + uv = uv$ を用いている.

5.30 (1) いろんな変形の仕方が可能であるが, 例えば, $f_2(x_1,x_2) = (x_1 + x_2)(x_1 \oplus x_2) = (x_1+x_2)(x_1\overline{x}_2+\overline{x}_1x_2) \overset{分配律}{=} (x_1+x_2)x_1\overline{x}_2+(x_1+x_2)\overline{x}_1x_2 \overset{交換律}{=} x_1\overline{x}_2(x_1+x_2) + \overline{x}_1x_2(x_1+x_2) \overset{分配律}{=} (x_1\overline{x}_2)x_1+(x_1\overline{x}_2)x_2+(\overline{x}_1x_2)x_1+(\overline{x}_1x_2)x_2 \overset{結合律・交換律}{=} (x_1x_1)\overline{x}_2+x_1(\overline{x}_2x_2)+(\overline{x}_1x_1)x_2+\overline{x}_1(x_2x_2) \overset{冪等律,\,x\overline{x}=0}{=} x_1\overline{x}_2+x_10+0x_2+\overline{x}_1x_2 \overset{x0=0x=0,\,x+0=0+x=x}{=} x_1\overline{x}_2+\overline{x}_1x_2 = x_1 \oplus x_2.$
(2) (3) によると, $g(x_1,x_2,x_3) = (x_1 \oplus x_2 \oplus x_3) \oplus x_1 = (x_1 \oplus x_1) \oplus x_2 \oplus x_3 = x_2 \oplus x_3 = x_2\overline{x}_3 + \overline{x}_2x_3$ なので (この式は x_2 または x_3 のどちらか一方だけが 1 のときにだけ $g(x_1,x_2.x_3)$ は値 1 を取ることを表している), 計算をしなくても真理表は直ちに書ける:

x_1	x_2	x_3	$g(x_1,x_2,x_3)$
0	0	0	0
0	0	1	1
0	1	0	1
0	1	1	0
1	0	0	0
1	0	1	1
1	1	0	1
1	1	1	0

左の真理値表より,

主加法標準形:
$\overline{x}_1\overline{x}_2x_3 + \overline{x}_1x_2\overline{x}_3 + x_1\overline{x}_2x_3 + x_1x_2\overline{x}_3$

主乗法標準形:
$(x_1+x_2+x_3)(x_1+\overline{x}_2+\overline{x}_3)$
$(\overline{x}_1+x_2+x_3)(\overline{x}_1+\overline{x}_2+\overline{x}_3)$

リード–マラー標準形:
$x_2 \oplus x_3$

(3) 問題 5.28 (3) より, $x_1 \oplus \cdots \oplus x_n = 1 \iff x_i = 1$ である x_i が奇数個. 一方, $x_1 + \cdots + x_n = 1 \iff (x_i = 1$ である x_i が 1 個以上), であるから, $f_n(x_1,\ldots,x_n) = 1$

$\iff (x_1 \oplus \cdots \oplus x_n)(x_1 + \cdots + x_n) = 1 \iff x_1 \oplus \cdots \oplus x_n = 1$ かつ $x_1 + \cdots + x_n = 1$ $\iff x_i = 1$ である x_i が奇数個かつ $x_i = 1$ である x_i が 1 個以上 $\iff x_i = 1$ である x_i が奇数個 $\iff x_1 \oplus \cdots \oplus x_n = 1$. すなわち, $f_n(x_1, \ldots, x_n) = x_1 \oplus \cdots \oplus x_n$.

5.31 シャノン展開が正しいことは, $x_1 = 0, 1$ それぞれに対して左右両辺が等しいことを確かめればよい. 実際, $x_1 = 0$ のとき, $\overline{x}_1 f(0, x_2, \ldots, x_n) + x_1 f(1, x_2, \ldots, x_n) = 1 f(0, x_2, \ldots, x_n) + 0 f(1, x_2, \ldots, x_n) = f(0, x_2, \ldots, x_n)$ であり, $x_1 = 1$ のときも同様.

定理 5.4′ が成り立つことをシャノン展開を使って数学的帰納法で証明する.

$n = 1$ の場合 (初期ステップ), $f(x_1)$ は $0, 1, x_1, \overline{x}_1$ のいずれか, またはそれらの和 ($+$) あるいは積 ($\cdot$) であり, いずれの場合も $f(x_1) = f(0)\overline{x}_1 + f(1)x_1$ が成り立ち OK (正確には, $f(x_1)$ が含む $+$ と $\cdot$ の総数に関する帰納法で証明する).

(帰納ステップ) $n \geq 1$ とする.

$$f(x_1, \ldots, x_n, x_{n+1}) \stackrel{\text{シャノン展開}}{=} \overline{x}_{n+1} f(x_1, \ldots, x_n, 0) + x_{n+1} f(x_1, \ldots, x_n, 1)$$

$$\stackrel{\text{帰納法の仮定}}{=} \overline{x}_{n+1} \Big(\sum_{(a_1, \ldots, a_n) \in \{0,1\}^n} f(a_1, \ldots, a_n, 0) \cdot x_1^{a_1} \cdots x_n^{a_n} \Big)$$
$$+ x_{n+1} \Big(\sum_{(a_1, \ldots, a_n) \in \{0,1\}^n} f(a_1, \ldots, a_n, 1) \cdot x_1^{a_1} \cdots x_n^{a_n} \Big)$$

$$\stackrel{x^a \text{の定義}}{=} \Big(\sum_{(a_1, \ldots, a_n, 0) \in \{0,1\}^n} f(a_1, \ldots, a_n, 0) \cdot x_1^{a_1} \cdots x_n^{a_n} x_{n+1}^0 \Big)$$
$$+ \Big(\sum_{(a_1, \ldots, a_n, 1) \in \{0,1\}^n} f(a_1, \ldots, a_n, 1) \cdot x_1^{a_1} \cdots x_n^{a_n} x_{n+1}^1 \Big)$$

$$= \sum_{(a_1, \ldots, a_n, a_{n+1}) \in \{0,1\}^{n+1}} f(a_1, \ldots, a_n, a_{n+1}) \cdot x_1^{a_1} \cdots x_n^{a_n} x_{n+1}^{a_{n+1}}$$

であるから, 帰納ステップも成り立つ.

5.32 (1) 結合律, 可換律, 吸収律により $x + xy + xyz = x + (xy + xyz) = x + xy = x$, $(x + y + z)(y + z)z = ((y + z)((y + z) + x))z = (y + z)z = z$ であるから, 与式 $= x + z = \overline{x}z + x\overline{z} + xz$.

(2) 変形の仕方によっていろんな形が得られる:

① 与式 $\stackrel{w + \overline{w} = 1}{=} x\overline{y}(z + \overline{z}) + \overline{x}y(z + \overline{z}) + (x + \overline{x})\overline{y}z + \overline{y}z(x + \overline{x}) \stackrel{\text{分配律}}{=} x\overline{y}z + x\overline{y}\,\overline{z} + \overline{x}yz + \overline{x}y\overline{z} + x\overline{y}z + \overline{x}\,\overline{y}z + x\overline{y}z + \overline{x}\,\overline{y}z \stackrel{\text{分配律, 巾等律, 結合律}}{=} x\overline{y}(\overline{z} + z) + \overline{x}z(y + \overline{y}) + y\overline{z}(x + \overline{x}) = x\overline{y} + \overline{x}z + y\overline{z}$. これは $\overline{x}y + \overline{y}z + \overline{z}x$ にも等しい. カルノー図を描くともっと容易に求められる.

② 同様に, 与式 $= \overline{x}y + \overline{y}z + \overline{z}x = (x + y + z)(\overline{x} + \overline{y} + \overline{z})$.

(3) 与式 $\stackrel{\text{ド・モルガン律}}{=} b\overline{d} + ab\overline{c} + \overline{a}bc + \overline{a}bc\overline{d} + \overline{a}\,\overline{b}c\overline{d} = b\overline{d}(a + \overline{a})(c + \overline{c}) + ab\overline{c}(d + \overline{d}) + \overline{a}bc(d + \overline{d}) + \overline{a}bc\overline{d} + \overline{a}\,\overline{b}c\overline{d} \stackrel{\text{分配律ほか}}{=} ab\overline{c}(d + \overline{d}) + ac\overline{d}(b + \overline{b}) + \overline{a}bc(d + \overline{d}) + \overline{a}\,\overline{c}\overline{d}(b + \overline{b}) = ab\overline{c} + ac\overline{d} + \overline{a}bc + \overline{a}\,\overline{c}\overline{d}$.

(1)　　　　　　　　(2) OR-AND 2 段回路

(2) AND-OR 2 段回路　　(3)

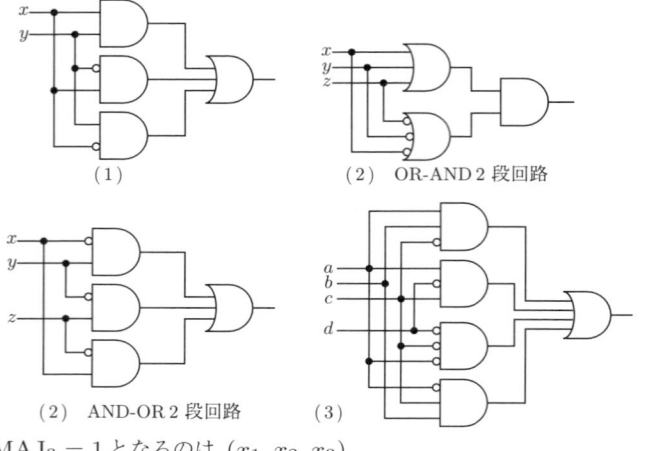

5.33 $\mathrm{MAJ}_3 = 1$ となるのは, $(x_1, x_2, x_3) = (0,1,1), (1,0,1), (1,1,0), (1,1,1)$ の場合であるから, 標準形定理 (定理 5.4′) により $\mathrm{MAJ}_3 = \overline{x}_1 x_2 x_3 + x_1 \overline{x}_2 x_3 + x_1 x_2 \overline{x}_3 + x_1 x_2 x_3$. これは $(x_1 \overline{x}_2 + \overline{x}_1 x_2) x_3 + x_1 x_2 (\overline{x}_3 + x_3) = x_1 x_2 + (x_1 \oplus x_2) x_3$ と簡単化される.

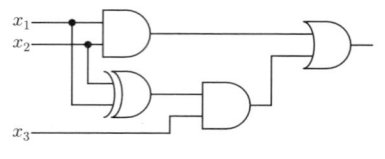

5.34 (1) 例えば赤球を 1 つ以上含むための条件は x_2 または x_4 が 1 であることであり, それは $x_2 + x_4 = 1$ と同値である. よって, 求める条件は $f(x_1, x_2, x_3, x_4, x_5) = (x_2 + x_4)(x_1 + x_3)(x_1 + x_2 + x_4)(x_1 + x_3 + x_4)(x_2 + x_3) x_5$ である.

x_5 を除く部分だけを簡単化する. まず, 吸収律により $(x_2 + x_4)(x_1 + x_2 + x_4) = x_2 + x_4$, $(x_1 + x_3)(x_1 + x_3 + x_4) = x_1 + x_3$ であるから $f = (x_1 + x_3)(x_2 + x_3)(x_2 + x_4) x_5$. 以下, 分配律で展開し, 吸収律を使って簡単化すると, $(x_1 x_2 + x_1 x_4 + x_2 x_3 + x_3 x_4)(x_2 + x_3) = x_1 x_2 (x_2 + x_3) + x_1 x_4 (x_2 + x_3) + x_2 x_3 (x_2 + x_3) + x_3 x_4 (x_2 + x_3) = x_1 x_2 + x_1 x_4 (x_2 + x_3) + x_2 x_3 + x_3 x_4 = x_1 x_2 + x_2 x_3 + x_3 x_4$. よって, $f(x_1, x_2, x_3, x_4, x_5) = (x_1 x_2 + x_2 x_3 + x_3 x_4) x_5$.
(2) 右図.

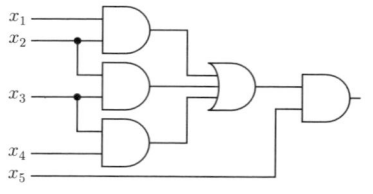

5.35 (1) $\overline{x \oplus y} = \overline{\overline{x} y + x \overline{y}} = (\overline{\overline{x} y})(\overline{x \overline{y}}) = (x + \overline{y})(\overline{x} + y) = xy + \overline{x}\,\overline{y}$ なので, 一般に, $f_n(x_1, \ldots, x_n) = (x_1 \cdots x_n)(x_1 + \cdots + x_n) + (\overline{x_1 \cdots x_n})(\overline{x_1 + \cdots + x_n}) = (x_1 \cdots x_n)(x_1 + \cdots + x_n) + (\overline{x}_1 + \cdots + \overline{x}_n)(\overline{x}_1 \cdots \overline{x}_n)$. また, 巾等律を使うと, $x_1 \cdots x_n (x_1 + \cdots + x_n) = x_1 \cdots x_n$ であることがわかるから, $f_n(x_1, \ldots, x_n) = x_1 \cdots x_n + \overline{x}_1 \cdots \overline{x}_n$. とくに, $f_3(x_1, x_2, x_3) = x_1 x_2 x_3 + \overline{x}_1 \overline{x}_2 \overline{x}_3$.

(2)

x_1	x_2	x_3	$f(x_1,x_2,x_3)$
0	0	0	1
0	0	1	0
0	1	0	0
0	1	1	0
1	0	0	0
1	0	1	0
1	1	0	0
1	1	1	1

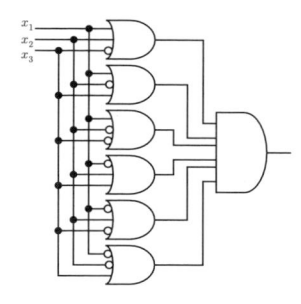

主加法標準形は $x_1x_2x_3 + \overline{x}_1\overline{x}_2\overline{x}_3$, 主乗法標準形は $(x_1+x_2+x_3)(x_1+\overline{x}_2+x_3)(x_1+\overline{x}_2+\overline{x}_3)(\overline{x}_1+x_2+x_3)(\overline{x}_1+x_2+x_3)$ である. どちらも, 真理表を書かなくてもすぐに分かる.

(3) 回路は下左図.

(4) $x_1x_2x_3 + \overline{x}_1\overline{x}_2\overline{x}_3 = x_1x_2x_3 \oplus \overline{x}_1\overline{x}_2\overline{x}_3$ である (容易にわかるように, $xy=0$ なら $x \oplus y = x+y$ であるが, $(x_1x_2x_3)(\overline{x}_1\overline{x}_2\overline{x}_3)=0$ であるから). これに基づいて構成した AND-XOR 2 段回路は下右図.

リード–マラー標準形は $x_1x_2 \oplus x_2x_3 \oplus x_3x_1 \oplus x_1 \oplus x_2 \oplus x_3 \oplus 1$ である ($\overline{x}_1\overline{x}_2\overline{x}_3 = (x_1 \oplus 1)(x_2 \oplus 1)(x_3 \oplus 1)$ であることと, p.130 の $\oplus$ に関する公式 (4) を使って変形せよ). 実は, 定理 5.5 を使うと真理表から容易にリード–マラー標準形が求められる. 定理 5.5 では詳細を省略したが, 例えば 3 変数関数 $f(x_1,x_2,x_3)$ の場合, $f(x_1,x_2,x_3) = f(0,0,0) \oplus x_1\{f(\underline{0},0,0) \oplus f(\underline{1},0,0)\} \oplus x_2\{f(0,\underline{0},0) \oplus f(0,\underline{1},0)\} \oplus x_3\{f(0,0,\underline{0}) \oplus f(0,0,\underline{1})\} \oplus x_1x_2\{f(\underline{0},\underline{0},0) \oplus f(\underline{0},\underline{1},0) \oplus f(\underline{1},\underline{0},0) \oplus f(\underline{1},\underline{1},0)\} \oplus x_2x_3\{f(0,\underline{0},\underline{0}) \oplus f(0,\underline{0},\underline{1}) \oplus f(0,\underline{1},\underline{0}) \oplus f(0,\underline{1},\underline{1})\} \oplus x_1x_3\{f(\underline{0},0,\underline{0}) \oplus f(\underline{0},0,\underline{1}) \oplus f(\underline{1},0,\underline{0}) \oplus f(\underline{1},0,\underline{1})\} \oplus x_1x_2x_3\{f(\underline{0},\underline{0},\underline{0}) \oplus f(\underline{0},\underline{0},\underline{1}) \oplus f(\underline{0},\underline{1},\underline{0}) \oplus f(\underline{0},\underline{1},\underline{1}) \cdots \oplus f(\underline{1},\underline{1},\underline{1})\}$ である (変数の添え字と下線部の対応に注意). 一般の n 変数関数の場合も同様.

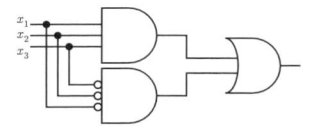

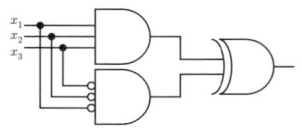

5.36 f_1 と x_1, y_1 の間の関係, および f_k と x_k, y_k, f_{k-1} の間の関係は右の表. これより, $f_1 = \overline{x}_1 y_1$.

また, $k \geq 2$ のとき, 標準形定理より,
$$f_k = \overline{x}_k \overline{y}_k f_{k-1} + \overline{x}_k y_k \overline{f}_{k-1} + \overline{x}_k y_k f_{k-1} + x_k y_k f_{k-1}$$
$$= \overline{x}_k(\overline{y}_k f_{k-1} + y_k \overline{f}_{k-1}) + (\overline{x}_k + x_k) y_k f_{k-1}$$
$$= \overline{x}_k(y_k \oplus f_{k-1}) + y_k f_{k-1}$$
あるいは

x_1	y_1	f_1
0	0	0
0	1	1
1	0	0
1	1	0

x_k	y_k	f_{k-1}	f_k
0	0	0	0
0	0	1	1
0	1	0	1
0	1	1	1
1	0	0	0
1	0	1	0
1	1	0	0
1	1	1	1

$f_k = \overline{x}_k\overline{y}_k f_{k-1} + \overline{x}_k y_k \overline{f}_{k-1} + \overline{x}_k y_k f_{k-1} + x_k y_k f_{k-1} = (\overline{x}_k y_k \overline{f}_{k-1} + \overline{x}_k y_k f_{k-1})$
$+ (\overline{x}_k \overline{y}_k f_{k-1} + \overline{x}_k y_k \overline{f}_{k-1}) + (\overline{x}_k y_k f_{k-1} + x_k y_k f_{k-1}) = \overline{x}_k y_k (\overline{f}_{k-1} + f_{k-1}) +$
$\overline{x}_k f_{k-1}(\overline{y}_k + y_k) + y_k f_{k-1}(\overline{x}_k + x_k) = \overline{x}_k y_k + \overline{x}_k f_{k-1} + y_k f_{k-1}$
を使うと，
$$f_1 = \overline{x}_1 y_1, \quad f_k = \overline{x}_k y_k + \overline{x}_k f_{k-1} + y_k f_{k-1} \ (2 \leqq k \leqq n)$$
となる．これに基づき，求める比較器の k ビット目 $(2 \leqq k \leqq n)$ を処理する回路 CMP と 1 ビット目 (最下位ビット) を処理する回路 CMP_1

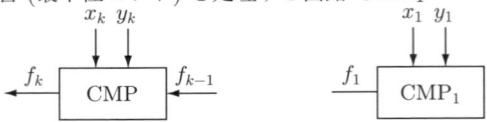

をつくり，これを次のように連結すればよい：

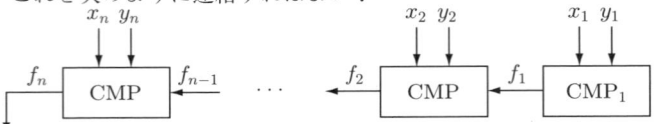

5.37 次のようにループを選ぶとよい．このとき，次の簡単化が得られる：
(1) $\overline{x}_1\overline{x}_2 + \overline{x}_1\overline{x}_3\overline{x}_4 + \overline{x}_2\overline{x}_3\overline{x}_4 + x_1 x_4$.
(2) $x_4 x_5 + \overline{x}_1 x_3 \overline{x}_5 + \overline{x}_1 x_2 \overline{x}_5 + x_1 \overline{x}_2 \overline{x}_5 + x_1 x_3 x_5$.

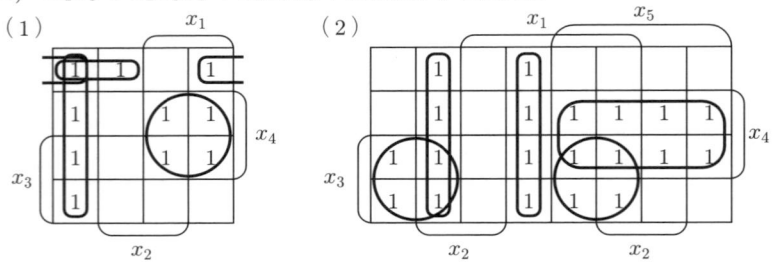

5.38 (1) 次の左図のカルノー図によると $x + z$.
(3) 次の右図のカルノー図によると $ab\overline{c} + ac\overline{d} + \overline{a}bc + \overline{a}\,\overline{c}\,\overline{d}$.

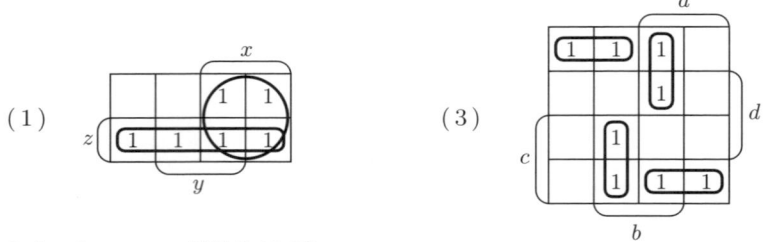

(2) 次の 2 つの簡単化が可能：

$x\overline{y} + y\overline{z} + z\overline{x}$ 　　　　　$\overline{x}y + \overline{y}z + \overline{z}x$

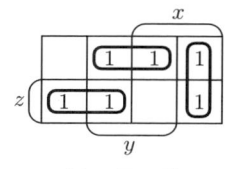

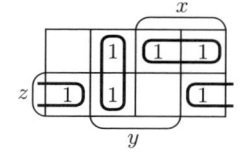

5.39 役立つ．双対の原理により，1 と 0，$\cdot$ と $+$ を入れ替えたものを考えると，まったく同様なことが成り立つ．

もう少し具体的に言うと以下のとおり．ブール関数 $f(x_1,\ldots,x_n)$ のカルノー図に対し，0 と 1 を入れ替えたものを考えると，それは $\overline{f(x_1,\ldots,x_n)}$ のカルノー図である．このカルノー図において，できるだけ大きいループによってすべての 1 をカバーすることによって，$\overline{f(x_1,\ldots,x_n)}$ の積和形の簡単化が得られる．この結果である $\overline{f(x_1,\ldots,x_n)} = \cdots$ の両辺の否定をとると，
$$\overline{\overline{f(x_1,\ldots,x_n)}} = f(x_1,\ldots,x_n) = \overline{\cdots}$$
が得られ，この右辺 (積和形 $\cdots$ の否定) をド・モルガンの法則により展開すると和積形が得られる．

結局，次のようにすれば和積形の簡単化が得られる：

> カルノー図において，1 のセルを削除し，0 のセルだけを考える．長方形状に隣接し，値 0 だけが書き込まれた 2^k 個のセルからなる部分を反ループと呼ぶことにする．なるべく大きい反ループをできるだけ少なく用いて，カルノー図上のすべての 0 を反ループで囲む．正リテラル (変数 x) に対応するセルはその否定 ($\overline{x}$) を取り，逆に，負リテラル ($\overline{x}$) に対応するセルは正リテラル (x) を取り，それらの論理和を反ループに対応させる．それらすべての論理積が求める和積形である．

具体例は，例題 5.12 の解答を参照せよ．

5.40 (1)(2) $\overline{f}(a,b,c,d) \stackrel{冪等律}{=} \overline{a}\overline{b}cd + \overline{a}\overline{b}c\overline{d} + (\overline{a}\overline{b}\overline{c}d + \overline{a}b\overline{c}d) + \overline{a}\overline{b}\overline{c}\overline{d} + \overline{a}b\overline{c}\overline{d}$ $\stackrel{結合律, 交換律, 分配律}{=} \overline{a}\overline{b}c(d+\overline{d}) + \overline{a}\overline{b}\overline{c}(d+\overline{d}) + \overline{a}\overline{c}d(b+\overline{b})$ (冪等律を使わない場合 $\overline{a}\overline{b}c(d+\overline{d}) + \overline{a}\overline{b}\overline{c}(d+\overline{d}) + \overline{a}\overline{b}\overline{c}d$) $\stackrel{x+\overline{x}=1, x1=x}{=} \overline{a}\overline{b}c + \overline{a}\overline{b}\overline{c} + \overline{a}\overline{c}d \stackrel{交換律, 分配律}{=} \overline{a}\overline{b}c + \overline{a}\overline{c}(b+d)$ なので，9 素子 (2 入力 AND を 4 個，2 入力 OR を 2 個，NOT を 3 個) で実現できる．

$\overline{f} = \overline{a}\overline{b}c + \overline{a}\overline{c+b+d}$ なので，$\overline{f}$ の回路の出力部に NOT 素子を付ければ f に対する 10 素子の回路ができるが，この $\overline{f}$ の否定をとってド・モルガン律を適用すると $f = \overline{\overline{a}\overline{b}c}(a+c+\overline{b+d})$ となり，これは 9 素子の回路で実現できる．

カルノー図を使う場合，通常のように積和形を求めると

f のカルノー図

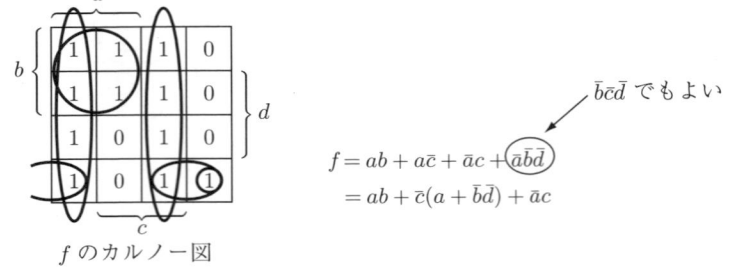

$\bar{b}\bar{c}\bar{d}$ でもよい

$f = ab + a\bar{c} + \bar{a}c + \bar{a}\bar{b}\bar{d}$
$= ab + \bar{c}(a + \bar{b}\bar{d}) + \bar{a}c$

である (11 素子) が，和積形を求めると

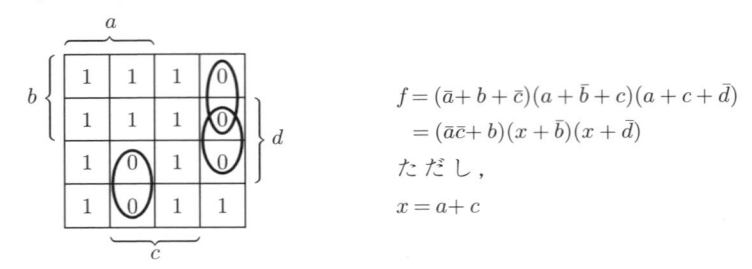

$f = (\bar{a} + b + \bar{c})(a + \bar{b} + c)(a + c + \bar{d})$
$= (\bar{a}\bar{c} + b)(x + \bar{b})(x + \bar{d})$
ただし，
$x = a + c$

であり，10 素子で実現可能である．

5.41 -15：1 の補数表現 $= 11110000$，2 の補数表現 $= 11110001$.
-112：1 の補数 $= 10001111$，2 の補数 $= 10010000$.

● 第 6 章

6.1 （1） $\Theta(2^n)$ 　（2） $\Theta(n)$ 　（3） $\Theta(n \log n)$. これは自明ではない．$n! \leqq n^n$ だから $\log n! = O(n \log n)$. 一方，$n! \geqq n(n-1)(n-2) \cdots (\lceil \frac{n}{2} \rceil) \geqq (\frac{n}{2})^{\frac{n}{2}}$ だから $n \geqq 4$ ならば $\log n! \geqq (\frac{n}{2}) \log (\frac{n}{2}) \geqq (\frac{n}{4}) \log n$ であり，$\log n! = \Omega(n \log n)$. ∴ $\log n! = \Theta(n \log n)$. 　（4） 　等比数列の和より，$\Theta(2^n)$

（5） $\int_1^n \frac{dx}{x} \leqq \sum_{i=1}^n \frac{1}{i} \leqq 1 + \int_1^n \frac{dx}{x} = 1 + \log n$ であることより，$\Theta(\log n)$.

（6） $\sum_{i=1}^n \frac{1}{i!} \leqq \sum_{i=0}^\infty \frac{1}{i!} = e = 2.718 \cdots$ より，$\Theta(1)$.

（7） $\sum_{i=1}^n i^2 = \frac{n(n+1)(2n+1)}{6}$ であることより，$\Theta(n^3)$.

（8） $O(n^3)$ かつ $\Omega(n^2)$ であり，$\Theta(n^2)$ でも $\Theta(n^3)$ でもない．

6.2 （1） $f(n) = O(g(n)) \stackrel{\text{def}}{\Longleftrightarrow} \exists c > 0 \; \exists n_0 \; \forall n \geqq n_0 \; [f(n) \leqq cg(n)] \Longleftrightarrow \exists c' > 0 \; \exists n_0 \; \forall n \geqq n_0 \; [g(n) \geqq c'f(n)] \; (c' = \frac{1}{c}) \stackrel{\text{def}}{\Longleftrightarrow} g(n) = \Omega(f(n))$.

（2） $f(n) = o(g(n)) \stackrel{\text{def}}{\Longleftrightarrow} \lim_{n \to \infty} \left[\frac{f(n)}{g(n)} = 0\right] \Longleftrightarrow \lim_{n \to \infty} \left[\frac{g(n)}{f(n)} = \infty\right] \stackrel{\text{def}}{\Longleftrightarrow} g(n) = \Omega(f(n))$.

6.3 （1） $\lim_{n\to\infty} f(n) = 0$ なので $\sup_{n\to\infty} f(n) = \inf_{n\to\infty} f(n) = 0$.
（2） n を偶数とすると (奇数のときも同様) $\sup\left\{\frac{1}{n+1}, -\frac{1}{n+2}, \frac{1}{n+3}, -\frac{1}{n+4}, \cdots\right\} = \frac{1}{n+1}$, $\inf\left\{\frac{1}{n+1}, -\frac{1}{n+2}, \frac{1}{n+3}, -\frac{1}{n+4}, \cdots\right\} = -\frac{1}{n+2}$ なので, $\sup_{n\to\infty} f(n) = \inf_{n\to\infty} f(n) = 0$.
（3） $\sup_{n\to\infty} f(n) = \infty$, $\inf_{n\to\infty} f(n) = -\infty$.
（4） $\sup\{\sin n, \sin(n+1), \ldots\} = 1$, $\inf\{\sin n, \sin(n+1), \ldots\} = -1$ なので (n は整数なので, 単純に $|\sin x| \leq 1$ $(0 < x < \infty)$ であるというだけではないことに注意), $\sup_{n\to\infty} \sin n = 1$, $\inf_{n\to\infty} \sin n = -1$.
（5） $\sup_{n\to\infty} f(n) = \infty$, $\inf_{n\to\infty} f(n) = 0$

6.4 （1） 数列 $\{a_n\}$ が a に収束する ($\lim_{n\to\infty} a_n = a$) とは, $\forall \varepsilon > 0 \; \exists n_0 \; \forall n \geq n_0 \; [|a_n - a| < \varepsilon]$ が成り立つことである (解析学の基礎知識) から, $f(n) = o(g(n)) \stackrel{\text{def}}{\iff} \lim_{n\to\infty} \frac{f(n)}{g(n)} = 0 \iff \forall c > 0 \; \exists n_0 \; \forall n \geq n_0 \; \left[\frac{f(n)}{g(n)} < \frac{1}{c}\right]$.
（2） （1）と同様.

6.5 $f(n) = \text{op}(g(n))$ を以下の表にまとめた ($\text{op} \in \{o, \Omega, \Theta\}$).

$f(n)$ \ $g(n)$	$\log n$	n^ε	n	ε^n
$\log n$	Θ	o	o	o
n^ε	ω	Θ	$\varepsilon > 1$ のとき ω $\varepsilon = 1$ のとき Θ $\varepsilon < 1$ のとき o	o
n	ω	$\varepsilon > 1$ のとき o $\varepsilon = 1$ のとき Θ $\varepsilon < 1$ のとき ω	Θ	o
ε^n	ω	ω	ω	Θ

任意の ε に対して, $\log n = o(n^\varepsilon)$ である, したがって, $n^\varepsilon = \omega(\log n)$ でもあることは, $\lim_{n\to\infty} \log \frac{n}{n^\varepsilon} = \lim_{n\to\infty} \frac{\frac{1}{n}}{\varepsilon n^{\varepsilon-1}} = 0$ による. 次の事実を用いている：

> **定理 A.2** （ロピタルの定理） 関数 $f(x), g(x)$ が $\mathbf{R}$ で微分可能で, $x \to \infty$ のとき $f(x) \to \infty$, $g(x) \to \infty$ であるとする. $\lim_{x\to\infty} \frac{f'(x)}{g'(x)}$ が存在するならば $\lim_{x\to\infty} \frac{f(x)}{g(x)}$ も存在して, それらの極限値は一致する.

6.6 (1) $O(1)$ と $\Theta(1)$ はほぼ同じ意味で,「(正の) 定数」を表す. $\Omega(1)$ は「n が十分大きければ正の値である」ことを表す.
(2) $n^{O(1)}$ は, (n が十分大きければ) n の多項式 (「n の巾 (累乗)」と言ってもよい) で上からおさえられる (換言すると, 高々多項式である) ことを意味する.
　$n^{\Theta(1)}$ は, (n が十分大きければ) n の多項式 (「n の巾」) であることを意味し, $n^{\Omega(1)}$ は, (n が十分大きければ) n の多項式 (「n の巾」) で下から押さえられる (すなわち, 多項式よりも増加速度が遅くはない) ことを意味する.

6.7 (1) 漸近記法における = の使い方には向きがあり (例えば $f(n) = O(g(n))$ は $f(n) \in \{h(n) \mid \exists c > 0 \ \exists n_0 \ \forall n \geq n_0 \ [h(n) \leq cg(n)]\}$ と考えるとよい), 推移律は成り立つが, 対称律は成り立たない (例えば, $2 = O(1)$ であるが, $O(1) = 2$ ではない) ので, この問のような結論を導くことはできない.
(2) n がどんなに大きい値 (例えば $n = 10^{10000}$) であっても, $10^{10000} = O(1)$ であるが, この場合のように変数であるときには, $O(n) = 1$ ではない. 実際, $f(n) = O(n^2)$ である.

6.8 (1) 正しい. $2^{n+1} = 2 \cdot 2^n$ なので, 2^{n+1} と $2 \cdot 2^n$ のオーダーは等しい. 一般に, $c > 0$ が定数なら, $O(f(n)) = O(cf(n))$.
(2) 正しくない. $\lim_{n \to \infty} \frac{2^n}{2^{2n}} = \lim_{n \to \infty} \frac{1}{2^n} = 0$ なので, $2^n = o(2^{2n})$.
(3) 正しい. $\lim_{n \to \infty} \frac{(2^2)^n}{2^{2^n}} = \lim_{n \to \infty} \frac{2^{2n}}{2^{2^n}} = 0$ なので, $(2^2)^n = o(2^{2^n})$. よって, $(2^2)^n = O(2^{2^n})$ でも正しい.
(4) 正しい. $\frac{n!}{n^n} = \frac{n}{n} \frac{n-1}{n} \cdots \frac{1}{n} < \frac{1}{n}$ なので, $\lim_{n \to \infty} \frac{n!}{n^n} = 0$.
(5) 正しい. $n \geq 1$ なら $\frac{2^n}{n!} = \frac{2}{n} \frac{2}{n-1} \cdots \frac{2}{1} \leq \frac{4}{n}$ なので, $\lim_{n \to \infty} \frac{2^n}{n!} = 0$ である. よって, $2^n = o(\log n!)$.
(6) 正しい. 問題 6.7 で示したように, $\log n = o(n)$ だから, $\log \log n = o(\log n)$.

6.9 $n \to \infty$ のとき, $n^{1+\sin n}$ の指数部 $1 + \sin n$ は 0 と 2 の間の任意の値を取るので, $f(n)$ は n^0 と n^2 の間をいつまでも振動する. よって, $f(n) = O(n)$ でも $f(n) = \Omega(n)$ でもありえない.

6.10 (1) 区間 $[0,1], [1,2], \ldots, [n-1,n]$ を底辺とし, 高さが $1^k, 2^k, \ldots, n^k$ の矩形の集まりと, $\int_0^n x^k \, dx$ が表す図形の面積とを比較することにより, $\frac{1}{k+1} n^{k+1} = \int_0^n x^k \, dx \leq \sum_{i=1}^n i^k$ が得られる. 同様に, $\sum_{i=1}^n i^k \leq \int_0^{n+1} x^k \, dx = \frac{1}{k+1}(n+1)^{k+1}$. 一方, $\lim_{n \to \infty} \left(\frac{(n+1)^{k+1}}{k+1}\right) / \left(\frac{n^{k+1}}{k+1}\right) = 1$ なので, $\lim_{n \to \infty} \left(\sum_{i=1}^n i^k\right) / \left(\frac{1}{k+1} n^{k+1}\right) = 1$.
(2) $\int_1^n \log x \, dx$ と, 点 $(1,0), (2, \log 2), \ldots, (n, \log n), (n, 0)$ を頂点とする多角形の面積との差を S_n とおく. $\log x$ は上に凸な関数であるから $\int_k^{k+1} \log x \, dx < \log k + \frac{1}{2k}$ であり $((k, 0), (k, \log k), (k+1, 0), (k+1, \log k + \frac{1}{2k}))$ を頂点とする多角形の面積を考えよ), したがって,

$$\int_1^n \log x \, dx = \sum_{k=1}^{n-1} \left(\int_k^{k+1} \log x \, dx\right) < \log(n-1)! + \frac{1}{2} \sum_{k=1}^{n-1} \frac{1}{k} + \frac{1}{2n}$$

である．よって，$S_n = \int_1^n \log x dx - \sum_{k=1}^{n-1}(\log k + \frac{1}{2}(\log(k+1) - \log k))$
$= \int_1^n \log x dx - \log(n-1)! - \frac{1}{2}\log n < (\sum_{k=1}^n \frac{1}{k} - \log n)/2 < \frac{1}{2}$．以上より，$S_n = (n\log n - n + 1) - \log n! + \frac{1}{2}\log n$ はある値に収束する．ゆえに，$e^{S_n} = n^n e^{-n} \frac{e\sqrt{n}}{n!}$ はある正の数 $\frac{1}{d}$ に収束する（e は自然対数の底）ので，$c = \frac{e}{d}$ とすると，$\lim_{n\to\infty} c n^{n+1/2} \frac{e^{-n}}{n!} = 1$．

6.11 （1）$f(1) = \Theta(1)$, $f(n) = f(n-1) + \Theta(1)$, $f(n) = \Theta(n)$.
（2）$f(1) = \Theta(1)$, $f(n) \leqq 2f(\lceil \frac{n}{2} \rceil) + \Theta(1)$, $f(n) = O(n)$（実は，$f(n) = \Theta(n)$）．
（3）$f(1) = \Theta(1)$, $f(n) \leqq f(\lceil \frac{n}{2} \rceil) + \Theta(\lceil \frac{n}{2} \rceil)$, $f(n) = O(n)$（実は，$f(n) = \Theta(n)$）．
次の反復的アルゴリズムでも実行時間は $\Theta(n)$ である．

    function $\max(x_1, \ldots, x_n)$
    begin
        1. $tmp\_max \leftarrow x_1$;
        2. $i = 1 \sim n$ に対して $tmp\_max \leftarrow \max\{tmp\_max, x_i\}$ とする;
        3. tmp_max が求めるもの
    end

（注：いずれの場合も，最大値は他の $n-1$ 個の数と比較しなければならないので，$f(n) = \Omega(n-1) = \Omega(n)$．）

6.12 ステップ数が最も多くなるのは $a \bmod b$ の商がつねに 1 になる場合である（$b > a$ で $\gcd(a,b)$ が $\gcd(b,a)$ に入れ替わる場合を除く）．それがどのような場合かを考えてみよう．フィボナッチ数列 $\{f_n\}$ ($f_0 = 0$, $f_1 = 1$, $f_{n+1} = f_n + f_{n-1}$) を考える．$\gcd(a,b)$ を求めるために $\gcd(x,y) = \gcd(y, x \bmod y)$ が N 回繰り返されたとすると，$\max\{a,b\} \geqq f_{N+2}$ である．フィボナッチ数列の第 n 項は $f_n = \frac{1}{\sqrt{5}}\left(\frac{1+\sqrt{5}}{2}\right)^n - \frac{1}{\sqrt{5}}\left(\frac{1-+\sqrt{5}}{2}\right)^n$ であるから，$\gcd(a,b)$ のステップ数の上限 N は $f_{N+2} \leqq \max\{a,b\}$ を満たす．すなわち，$\frac{1}{\sqrt{5}}\left(\frac{1+\sqrt{5}}{2}\right)^{N+2} - \frac{1}{\sqrt{5}}\left(\frac{1-\sqrt{5}}{2}\right)^{N+2} \leqq \max\{a,b\}$．よって，$\frac{1-\sqrt{5}}{2} < 1$ であることに注意すると，$N = O(\log \max\{a,b\})$ である．

6.13 変数 $left, right$ で，探索範囲の左端 a_{left} と右端 a_{right} を表す．

    procedure search($\langle a_1, \ldots, a_n \rangle, x$)
    begin
        1. $left \leftarrow 1$; $right \leftarrow n$ とせよ．
        2. 以下を繰り返せ．
            2.1. $left > right$ なら終了せよ（"x は存在しない"）．
            2.2. $left = right$ ならば，$x = a_1$ かどうか調べて終了せよ．
            2.3. $left < right$ のとき，$m \leftarrow \lceil \frac{left + right}{2} \rceil$ とせよ．
                2.3.1. $x = a_m$ ならば "見つかった" ので終了せよ．
                2.3.2. $x < a_m$ ならば $right \leftarrow m - 1$ とせよ．
                2.3.3. $x > a_m$ ならば $right \leftarrow m + 1$ とせよ．
        2 の繰り返し，ここまで．
    end

一般に，再帰的プログラムといえどもコンピュータの内部では反復的な方法で処理されている．その際，再帰呼び出しが起こるたびに，そのときの状態を保存するために余分なメモリが使われ，その処理のための時間も余分にかかる．また，再帰的方法では，同じ計算が重複して実行されることも起こりうる (問題 6.16 参照)．このため，再帰 (あるいは，その基になる分割統治法) によってアルゴリズム自体が劇的に高速にならないような場合には，反復的なアルゴリズムの方が実行効率は良い．

6.14 2分探索法の場合，3つに分割したときのアルゴリズムは
procedure search($\langle a_1, \ldots, a_n \rangle, x$)
begin
    1. $n = 0$ なら終了せよ ("x は存在しない")．
       $n \leq 2$ ならば，$x \in \{a_1, a_2\}$ かどうか調べて終了せよ．
    2. $n > 2$ のとき，$l \leftarrow \lceil \frac{n}{3} \rceil$; $r \leftarrow 2l$ とし，次のいずれか1つを実行せよ．
        2.1. $x < a_l$ ならば search($\langle a_1, \ldots, a_{l-1} \rangle, x$) を実行せよ．
        2.2. $x = a_l$ ならば "見つかった" ので終了せよ．
        2.3. $x < a_r$ ならば search($\langle a_{l+1}, \ldots, a_{r-1} \rangle, x$) を実行せよ．
        2.4. $x = a_r$ ならば "見つかった" ので終了せよ．
        2.5. $x > a_r$ ならば search($\langle a_{r+1}, \ldots, a_n \rangle, x$) を実行せよ．
end

であり，実行時間の漸化式は，$n \leq 2$ のとき $f(0) = \Theta(1)$，$n \geq 3$ のとき $f(n) \leq f(\lceil \frac{n}{3} \rceil) + \Theta(1)$ となる．これを解くと，$f(n) = O(\log_3 n)$ であり，2分探索法の実行時間である $O(\log_2 n)$ よりも一見 (定数倍だけ) 高速に見える．しかし，再帰呼び出し1回当たりにかかる時間はデータを3分割する方が2分割するよりも大きいので，n が小さいうちは2分探索法の方が高速である．マージソートについても同様．

6.15 ハノイの塔の問題は，再帰を理解するための例題として用いられる典型的なものの1つである．次のような考え方による．

A の位置にある円盤のうちの上から n 枚を，B の杭を作業用に使って C の位置に移動させることを H(n,A,B,C) で表すことにする．最初，A の一番下の円盤はすべての円盤の中で一番大きいものなので，他のどの円盤を上に重ねてもよいことに注意する．そこで当面，この一番大きい円盤が無いかのごとく考え，まず，H($n-1$,A,C,B) を実行する．これによって A の杭には一番大きい円盤1枚だけが残り，C の杭は空となるので，その1枚を A から C へ移動する．今度は，C に移動した円盤 (一番大きい円盤) を無いかのごとく考えて，H($n-1$,B,A,C) を実行する．これで，すべての円盤を，条件を満たしながら C に移動することができる．

次のプログラムを a=A, b=B, c=C として実行すれば求める結果が得られる．x→y は x の一番上の円盤を y の一番上へ移動することを表すものとする．

procedure Hanoi(n,a,b,c)
begin
    1. $n = 1$ なら a→c を実行して終了する．
    2. $n > 1$ のとき，
        2.1. Hanoi($n - 1$,a,c,b) を実行する．
        2.2. a→c を実行する．
        2.3. Hanoi($n - 1$,b,a,c) を実行する．
end

例えば，Hanoi(3,A,B,C) は以下のような順序で実行される (右肩に付けた数字はそこが実行される順番を表す)：

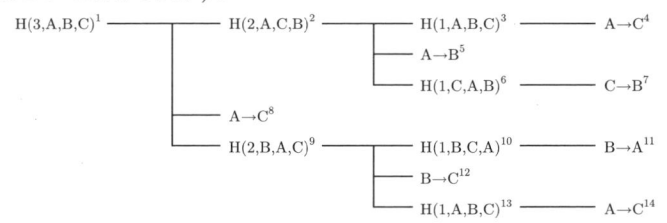

```
H(3,A,B,C)¹ ─── H(2,A,C,B)² ─── H(1,A,B,C)³ ─── A→C⁴
                              ─── A→B⁵
                              ─── H(1,C,A,B)⁶ ─── C→B⁷
              ─── A→C⁸
              ─── H(2,B,A,C)⁹ ─── H(1,B,C,A)¹⁰ ─── B→A¹¹
                              ─── B→C¹²
                              ─── H(1,A,B,C)¹³ ─── A→C¹⁴
```

Hanoi(n,a,b,c) によって円盤 1 枚の移動が行なわれる回数を $f(n)$ で表すと，上のアルゴリズムより，漸化式 $f(1) = 1$，$n \geqq 2$ のとき $f(n) = 2f(n-1) + 1$ が得られ，これを解くと，$f(n) = 2^n - 1$.

6.16 （1） $C_1 := 1$, $C_2 := 5$, $C_3 := 10$, $C_4 := 50$, $C_5 := 100$ とする．n 円をコイン $C_1 \sim C_k$ ($1 \leqq k \leqq 5$) だけを使って換金する方法の数を $ex(n, k)$ で表すことにすると，次の漸化式が得られる：

$$\begin{cases} ex(n, 1) = 1 & (n > 0) \\ ex(n, k) = 0 & (n \leqq 0,\ 1 \leqq k \leqq 5) \\ ex(n, k) = ex(n, k-1) + ex(n - C_k, k) & (n > 0,\ 2 \leqq k \leqq 5) \end{cases}$$

3 番目の式は，$ex(n, k)$ は，コイン C_k を用いないで換金する方法の数 $ex(n, k-1)$ と，C_k を 1 枚以上用いて換金する方法の数 $ex(n - C_k, k)$ との和であることを言っている．この漸化式をそのままプログラムにすると次のようになる．C_1, C_2, C_3, C_4, C_5 を表す変数は関数 $ex(n, k)$ の外にあり，ex から自由に参照できるとする (このような変数を大域的変数とか外部変数という)．

function $ex(n, k)$
begin
    1. $n \leqq 0$ なら 0 を関数値として返す．
    2. $n > 0$ のとき，
        2.1. $k = 1$ なら 1 を関数値として返す．
        2.2. $k > 1$ なら $ex(n, k-1) + ex(n - C_k, k)$ を関数値として返す．
end

$ex(n, 5)$ を実行すれば求める答が得られる．

(2) 実行時間 $f(n)$ は $ex(n,5)$ の実行時間にほぼ比例するので，$ex(n,k)$ について考えればよい ($k=1,2,\ldots,5$)．

(3) 例として，$ex(20,3)$ の計算の過程を木で表したもの (一部分) を下に示した ($ex(i,j)$ は単に (i,j) で表している)．この木を深さ優先探索でたどるのと同じ順序で $ex(20,3)$ は実行される．したがって，□ で示した部分は重複して実行されることがわかる．n がもっと大きくなれば，$ex(n,k)$ の実行を表す木において，このような同じ計算を表す頂点が多数生じる．

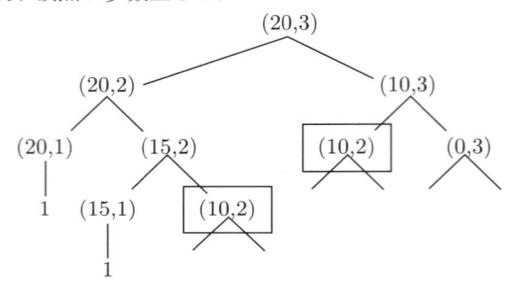

```
                      (20,3)
                    /        \
                (20,2)       (10,3)
                /    \       /    \
            (20,1) (15,2) (10,2)  (0,3)
              |    /   \
              1 (15,1) (10,2)
                  |
                  1
```

(4) $ex(n,k)$ の値 (であると同時に，実行時間にもほぼ比例する) を求めてみよう．まず，$k=2$ として考える．このとき，
$$\begin{cases} ex(n,1) = 1 & (n>0) \\ ex(n,1) = ex(n,2) = 0 & (n \leqq 0) \\ ex(n,2) = ex(n,1) + ex(n-5,2) & (n>0) \end{cases}$$
であるので，$ex(n,2) = 1 + ex(n-5,2) = 1 + (1 + ex(n-10,2)) = \cdots = \lceil \frac{n}{5} \rceil + ex(0 \text{ または負}, 2) \leqq \lceil \frac{n}{5} \rceil$ (以下，簡単のために $\frac{n}{5}$ で表す)．また，
$$\begin{cases} ex(n,1) = 1 & (n>0) \\ ex(n,1) = ex(n,2) = 0 & (n \leqq 0) \\ ex(n,3) = ex(n,2) + ex(n-10,3) & (n>0) \end{cases}$$
なので，$ex(n,3) \leqq \frac{n}{5} + ex(n-10,3)$．これより，$ex(n,3) = O(\frac{n^2}{4})$．同様にして，$ex(n,k) = O(n^{k-1})$ であることを示すことができる．

さて，$ex(n,k)$ を計算するのに漸化式通りに再帰を用いると，(3) で述べたように重複計算が生じて時間がかかるので (幸い，この問題では $ex(n,k)$ の値は n の多項式なのでさほど計算時間はかからないが，問題によっては n の指数関数となって，n がちょっと大きくなるだけで手に負えなくなることがある)，これをなくすために，再帰を展開していくのとは逆に，「$ex(n,k)$ の値を n,k の値が小さい方から順にすべて求めていく」という方法が考えられる．この場合，計算の途中で $n \times k$ 個の値すべてを記憶しておく必要があるのでメモリをたくさん必要とするという欠点はあるが，それに耐えうるような n,k の場合には，この方法の方が実行時間が少なくてすむ (一般に，n,k の多項式程度の時間で計算できる)．このように，漸化式があってもそれを上から再帰的に展開することはしないで，数学的帰納法のように下の方から値を決めていくという手法を**動的計画法**という．この例では，次のようなプログラムになる．こ

のプログラムでは，k の値が小さい方から順に n 以下のすべての i について $ex(i,k)$ の値を決めていく．一般の動的計画法では，n も k も小さい方から順に $ex(n,k)$ の値を決めていくという方法が取られることもあるが，この問題ではメモリの節約のために ($ex(i,k)$ の計算のときには $ex(\cdot, k-2$ 以下の値$)$ の値はもはや必要としないことに注目して) 各 k ごとにすべての $ex(i,k)$, $i=1,\ldots,n$, の値を計算する．

function $ex(n,k)$
begin
    1. $n<0$ なら 0 を関数値として返す．
    2. $i=0 \sim n$ に対し，$a[i] \leftarrow 1$ とする．/* $k=1$ の場合にあたる */
    3. $j=2 \sim k$ に対して，次を実行する．
       3.1. $i=C_j \sim n$ に対して，$a[i] \leftarrow a[i]+a[i-C_j]$ を計算する．
    4. $a[n]$ に求まっている $ex(n,k)$ の値を出力する．
end

$a[i]$ は添字付き変数 a_i を表す．

$ex(n,k)$ の計算に再帰を用いる場合でも，それぞれの (n,k) に対して，すでに計算が済んでいるかどうかを値と一緒に記録しておき，すでに計算済みの $ex(n,k)$ が再帰呼び出しされたときには再度計算を行わないようにすれば，動的計画法と同じ効果を得ることができる (**メモ化再帰**という)．

6.17 帰納法の帰納ステップを先に考える．ある $n_0 \in \mathbf{N}$ が存在して $n \geq n_0$ ならば $f(n) \leq cn^2$ であるという仮定の下で $f(n+1) \leq c(n+1)^2$ であることを示す．
 $f(n) = f(n-1) + O(n)$ であるから，ある正定数 $c' > 0$，自然数 n_0' が存在して $n \geq n_0'$ ならば $f(n+1) \leq f(n) + c'n$ である．よって，$n \geq \max\{n_0, n_0'\}$ のとき，$f(n+1) \leq f(n) + c'n \underset{\text{帰納法の仮定}}{\leq} cn^2 + c'n \underset{c' \leq 2c \text{ のとき}}{\leq} c(n+1)^2$ が成り立つ．一方，$n_1 \geq n_0'$ とすると $f(n_1) \leq f(n_1-1) + c'(n_1-1) \leq f(n_1-2) + c'(n_1-2) + c'(n_1-1) \leq \cdots \leq f(0) + c'(1+2+\cdots+n_1-1) = f(0) + \frac{n_1(n_1-1)}{2}$ が成り立つので，$f(n_1) \leq c'' n_1^2$ となる定数 c'' が存在する．そこで，$n_0 \geq n_0'$, $c \geq \max\{\frac{c'}{2}, c''\}$ となる n_0, c を取れば，任意の $n \geq n_0$ に対して $f(n) \leq cn^2$ が成り立つ．すなわち，$f(n) = O(n^2)$．

6.18 (1) 実行過程を表す木は次のようになる：

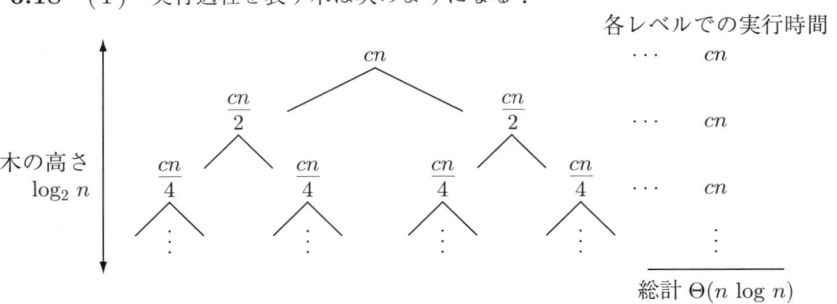

よって，$f(n) = \Theta(n \log n)$ と推測される．ただし，こうして求めた $f(n)$ はあくまでも推測であって，正しいとは限らない．正しいことは問題 6.17 と同様に数学的帰納法で証明する必要がある．

（2） この場合の実行の木は次ページに示したようになる．葉の深さ（根からの距離）は右側ほど大きく，左端の葉の深さは $\log_3 n$ であるのに対して右端の葉の深さは $\log_{3/2} n$ である．しかし，オーダーとしては同じであるので，（1）と同じ漸近解が得られる．

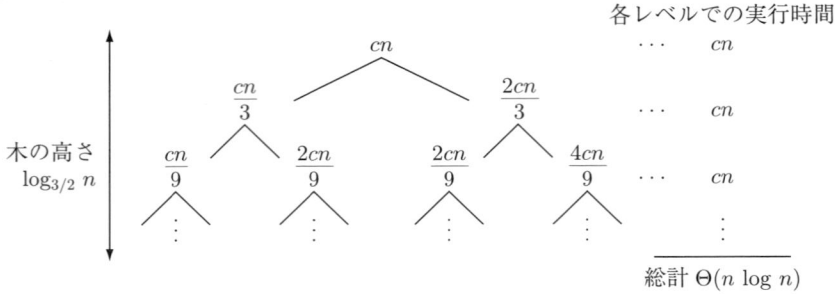

6.19 （1） $\lfloor \cdot \rfloor$, $\lceil \cdot \rceil$ の定義より明らか．
（2）(a) n が偶数のときは $\lfloor \frac{n}{2} \rfloor = \lceil \frac{n}{2} \rceil = \frac{n}{2}$ なので明らかに成り立つ．n が奇数のときは $\lfloor \frac{n}{2} \rfloor = \frac{n-1}{2}$, $\lceil \frac{n}{2} \rceil = \frac{n+1}{2}$ なので，やはり成り立つ．
(b) $n,a,b>0$ の場合を示す（他の場合も同様）．（1）により，$\frac{n}{ab}-1 < \lfloor \frac{n}{ab} \rfloor \leq \frac{n}{ab}$．一方，$\lfloor \frac{\lfloor n/a \rfloor}{b} \rfloor \leq \frac{\lfloor n/a \rfloor}{b} \leq \frac{n}{ab}$．$n$ を p で割ったときの商 $\lfloor \frac{n}{p} \rfloor$ と余り q を考えると，$n = \lfloor \frac{n}{p} \rfloor p + q$ $(0 \leq q \leq p-1)$ だから，$\frac{n}{p} + \frac{1}{p} - 1 \leq \lfloor \frac{n}{p} \rfloor$．よって，$\lfloor \frac{\lfloor n/a \rfloor}{b} \rfloor \geq \lfloor \frac{n/a + 1/a - 1}{b} \rfloor \geq \frac{n}{ab} + \frac{1}{ab} - \frac{1}{b} + \frac{1}{b} - 1 > \frac{n}{ab} - 1$．以上のことより，$\lfloor \frac{n}{ab} \rfloor$ も $\lfloor \frac{\lfloor n/a \rfloor}{b} \rfloor$ も $\frac{n}{ab} - 1$ より大きく $\frac{n}{ab}$ 以下（この間には1つの整数しか存在しない）であることがわかり，両者は一致する．
(c) (b) と同様．

6.20 （1） $f_0 = 0$, $f_1 = 1$, $f_n = f_{n-1} + f_{n-2}$ だから，$(1 - X - X^2) f(X) = f_0 + (f_1 - f_0) X + (f_2 - f_1 - f_0) X^2 + \cdots + (f_n - f_{n-1} - f_{n-2}) X^n + \cdots = f_0 + (f_1 - f_0) X = X$．よって，$f(X) = \frac{X}{1 - X - X^2} = \frac{1}{\sqrt{5}} \left(\frac{1}{1 - \phi X} - \frac{1}{1 - \hat{\phi} X} \right)$．ただし，$\phi = \frac{1 + \sqrt{5}}{2}$, $\hat{\phi} = \frac{1 - \sqrt{5}}{2}$．一方，$\frac{1}{1 - \phi X} = 1 + \phi X + \phi^2 X^2 + \cdots$, $\frac{1}{1 - \hat{\phi} X} = 1 + \hat{\phi} X + \hat{\phi}^2 X^2 + \cdots$ だから，$f(X) = \frac{1}{\sqrt{5}} ((1 + \phi X + \phi^2 X^2 + \cdots) - \frac{1}{\sqrt{5}} (1 + \hat{\phi} X + \hat{\phi}^2 X^2 + \cdots)) = \frac{1}{\sqrt{5}} ((\phi - \hat{\phi}) X + (\phi^2 - \hat{\phi}^2) X^2 + \cdots)$．$X^n$ の係数が f_n だから，$f_n = \frac{1}{\sqrt{5}} \left(\frac{1 + \sqrt{5}}{2} \right)^n - \frac{1}{\sqrt{5}} \left(\frac{1 - \sqrt{5}}{2} \right)^n$．
（2） 数列 $a_0 = 3$, $a_1 = 7$, $a_n - 4a_{n-1} + 3a_{n-2} = 0$ の母関数を $f(X) = \sum_{n=0}^{\infty} a_n X^n$ とし，次のように形式的な計算を行う．

$$f(X) = a_0 + a_1 X + a_2 X^2 + \cdots + a_n X^n + \cdots$$
$$-4X f(X) = -4a_0 X - 4a_1 X^2 - \cdots - 4a_{n-1} X^n - \cdots$$
$$3X^2 f(X) = 3a_0 X^2 + \cdots + 3a_{n-2} X^n + \cdots$$

なので
$$(1-4X+3X^2)f(X) = a_0+(a_1-4a_0)X+\cdots+(a_n-4a_{n-1}+3a_{n-2})X^n+\cdots$$
$$= a_0+(a_1-4a_0)X = 3-5X.$$
よって, $f(X) = \frac{3-5X}{1-4X+3X^2} = \frac{1}{1-X} + \frac{2}{1-3X}$. 一方, $\frac{1}{1-X} = 1+X+X^2+\cdots$, $\frac{1}{1-3X} = 1+3X+3^2X^2+\cdots$ だから (右辺が収束する $|X|<1$ の場合を考える), $f(X) = (1+X+X^2+\cdots)+2(1+3X+3^2X^2+\cdots) = \sum_{n=0}^{\infty}(1+2\times3^n)X^n$ と形式的に計算することができる. これより $a_n = 1+2\times3^n$ $(n \geq 0)$ が得られる. すなわち, 解は $f(n) = 1+2\times3^n$ であると予想され, 実際, それは正しい.

6.21 (1) 定理 6.1 の (2) が適用できて ($\log_b a = 2$), $f(n) = \Theta(n^2\log n)$. 展開法で求めるなら, n を 2 の巾として,
$$f(n) = 4f(\tfrac{n}{2}) + n^2 = 4^2 f(\tfrac{n}{2^2}) + 2n^2 = \cdots = 4^{\log_2 n}f(1) + \underbrace{(1+1+\cdots+1)}_{\log_2 n}n^2 = f(1)n^2 + n^2\log_2 n = \Theta(n^2\log_2 n) = \Theta(n^2\log n).$$
(2) これも定理 6.1 の (2) が適用できて ($\log_b a = \tfrac{1}{2}$), $f(n) = \Theta(\sqrt{n}\log n)$.
(3) 任意の $\varepsilon > 0$ に対して $\log n = o(n^\varepsilon)$ である (問題 6.5 (2)) から, $g(n) = n\log n = o(n^{1+\varepsilon}) = O(n^{\log_2 3 - \varepsilon'})$ となるように $\varepsilon > 0$ と $\varepsilon' > 0$ を選ぶことができる. よって, 定理 6.1 の (1) より, $f(n) = \Theta(n^{\log_2 3})$.
(4) 展開法で解を予想する. $f(n) = f(n-1) + \frac{1}{n} = f(n-2) + \frac{1}{n} + \frac{1}{n-1} = \cdots = f(0) + 1 + \frac{1}{2} + \cdots + \frac{1}{n} = \Theta(\log n)$. 最後の等号は, 級数 $\sum_{i=2}^{n}\frac{1}{i}$ や $\sum_{i=1}^{n-1}\frac{1}{i}$ と定積分 $\int_1^{n+1}\frac{dx}{x}$ を比べて得られる.
(5) $f(n) \leq 2f(n-1) \leq 2^2f(n-2) \leq \cdots = 2^n f(0)$ なので, $f(n) = O(2^n)$. $f(0) = 0$ かも知れないし, $f(1) = 10^{10}$ かも知れないので, $f(n) \leq 2^n$ としてはいけない. また, 与式が不等式なので, $f(n) = \Theta(2^n)$ としてもいけない.

6.22 $m = \log_3 n$ と変数変換すると $f(3^m) = 3f(3^{m/3}) + m\log 3$ となり, さらに, $g(m) = f(3^m)$ とおくと, $g(m) = g(\tfrac{m}{3}) + cm$ となるので, $g(m) = O(m\log m)$ と解くことができ, $f(n) = \Theta(\log n \log\log n)$.

6.23 (1) 同次線形差分方程式なので, 特性方程式 $x-2=0$ の解 $\alpha = 2$ を使って $f(n) = c\alpha^n$ と書ける. $f(0) = 1$ より, $c = 1$. $\therefore f(n) = 2^n$.
(2) 特性方程式 $x^2 - 3x - 4 = 0$ の解は $\alpha_1 = 4$, $\alpha_2 = -1$. $f(n) = c_1 4^n + c_2 (-1)^n$ と $f(0) = 1$, $f(1) = 2$ より, $c_1 = \tfrac{3}{5}$, $c_2 = \tfrac{2}{5}$. よって, $f(n) = \tfrac{3}{5}4^n + \tfrac{2}{5}(-1)^n$.
(3) 同次解は $f(n) = 0$. 一方, $f(n) = n^2 + c$ (c は任意の定数) は $f(n) - f(n-1) = 2n-1$ の特殊解なので, 一般解は $f(n) = n^2 + c$. ただし, $f(0) = 0$ より, $c = 0$.
(4) 対応する同次差分方程式の特性方程式 $x^3 - 6x^2 + 12x - 8 = 0$ を解くと, 3 重解 $x = 2$ を得る. これは "異なる実数解" ではない. しかし, 特性方程式が多重解 (解 α_i の多重度を m とする) を持つ場合には, 同次解は
$$(c_1 n^{m-1} + c_2 n^{m-2} + \cdots + c_{m-1}n + c_m)\alpha_i^n$$
という形になることが知られている. この問題の場合には, 解 $x = 2$ の多重度は 3 であるから, 同次解は $(c_1 n^2 + c_2 n + c_3)2^n$ となる.

一方，特殊解を求める一般的な方法は知られていないが，この問題の場合には 2^n+1 が特殊解である (代入して確かめよ). よって，一般解は $f(n) = (c_1n^2+c_2n+c_3+1)2^n+1$ である. 初期条件 $f(0)=0$, $f(1)=1$, $f(2)=5$ より, $c_1=0$, $c_2=1$, $c_3=-2$ が得られ，一般解は $f(n) = (n-1)2^n+1$ である.

6.24 (1) 1　　(2) 60　　(3) 1　　(4) $n(n-1)(n-2)$
(5) 1　　(6) 10　　(7) 1　　(8) $\frac{1}{6}n(n-1)(n-2)$
(9) 5　　(10) $\{\{1,2,3,4\},\{2,3,4,5\},\{3,4,5,1\},\{4,5,1,2\},\{5,1,2,3\}\}$
(11) 5　　(12) 35

6.25 3つのサイコロ 1〜3 を同時に振ったとき，サイコロ i の目が偶数である事象を A_i とする．これらは互いに独立であり，その起こり方は3通りである．
(1) 積の法則より，場合の数は $3 \times 3 \times 3 = 27$ 通りである．
(2) 出た目の和が偶数となるのは，どれか1つだけのサイコロの目が偶数となる場合か，すべてのサイコロの目が偶数となる場合のどちらか (それらは排反事象) である．すなわち，(奇, 奇, 偶), (奇, 偶, 奇), (偶, 奇, 奇), (偶, 偶, 偶) のどれかが起こる場合であり，これらは互いに排反な事象である．これら4つのそれぞれは，独立な3つの事象 (それぞれのサイコロの偶奇：起こり方はそれぞれ3通り) の積事象であるから，求める場合の数は $4 \times (3 \times 3 \times 3) = 108$ 通りである．
　実際，もっと簡単に次のように考えてもよい．3つのサイコロの目の和は偶数となるか奇数となるかのいずれかであり，それぞれの場合の数は等しい．ところが，すべての場合は $6 \times 6 \times 6 = 216$ 通りあるから，そのうちの半分の108通りが求めるもの．
(3) 出た目の積が偶数となるのは，どれか1つのサイコロの目が偶数となる場合であり，和と積の法則より, $|A_1 \cup A_2 \cup A_3| - |A_1 \cap A_2| - |A_2 \cap A_3| - |A_3 \cap A_1| + |A_1 \cap A_2 \cap A_3| = (3 \times 6 \times 6 + 6 \times 3 \times 6 + 6 \times 6 \times 3) - (3 \times 3 \times 6) - (6 \times 3 \times 3) - (3 \times 6 \times 3) + (3 \times 3 \times 3) = 189$ 通りが求める場合の数である．もっと簡単に次のように考える方がよい．積が奇数になるのは3つのサイコロそれぞれの目が奇数になる場合だけであり，それは $3 \times 3 \times 3$ の 27 通りである．よって, $216 - 27 = 189$ が求めるもの．

6.26 液晶ディスプレイ，レーザープリンタ，スキャナを含んだセットをそれぞれ A_1, A_2, A_3 で表すと, $|A_1|=18, |A_2|=12, |A_3|=6$ だから,
$$|A_1 \cup A_2 \cup A_2| = 18+12+6 - |A_1 \cap A_2| - |A_1 \cap A_3| - |A_2 \cap A_3| + 3.$$
また, $|A_1 \cap A_2| \geq |A_1 \cap A_2 \cap A_3|$ 等であるから, $|A_1 \cup A_2 \cup A_3| \leq 39-3-3-3 = 30$. すなわち，1つ以上含んでいるものは高々30セットだから，どれも含んでいないものは3セット以上である．

6.27 (1) 集合 $A_1, \ldots, A_n$ それぞれから1つずつ元を取ってできる "順序が付いた" n 個の組 (タップル) の個数は $|A_1 \times A_2 \times \cdots \times A_n| = |A_1| \cdot |A_2| \cdot \cdots \cdot |A_n|$ である．
(2) 3個の集合 A, B, C の場合だけを考える．4個以上の場合も同様．例題 6.10(2) と同じ考え方によると，"順序の付いていない" 3個の組の個数は $|A \times B \times C| - \left|\binom{A \cap B}{2}\right| - \left|\binom{B \cap C}{2}\right| - \left|\binom{C \cap A}{2}\right| - \left|\binom{A \cap B \cap C}{3}\right|$ で与えられる．

(3) 例題 6.10(3) と同様な考え方による．(2) において，3 個の成分がすべて異なるようなものの個数は $\left|\binom{A\cup B\cup C}{3}\right| - \left|\binom{B\cup C-A}{3}\right| - \left|\binom{C\cup A-B}{3}\right| - \left|\binom{A\cup B-C}{3}\right| - \left|\binom{A-B-C}{3}\right| - \left|\binom{B-C-A}{3}\right| - \left|\binom{C-A-B}{3}\right|$ で与えられる．

6.28 (1) すべての整数を $2^n \cdot a$ (a は奇数) と書くことにすると，1～200 の中の整数に対しては $a = \{1, 3, 5, \ldots, 199\}$ の 100 個のいずれかである．したがって，101 個取ってきた中には $2^r \cdot a, 2^s \cdot a$ となる 2 つの整数がある．
(2) 正三角形の各辺の中点を結ぶと，4 個の合同な小正三角形ができる．鳩の巣原理により，5 点のうちのどれか 2 つは 4 つの合同な小正三角形の内部または辺上にある．これら 2 点の距離は 1(=小正三角形の 1 辺の長さ) 以下である．
(3) 数列を $a_1, a_2, \ldots, a_{n^2+1}$ とする．a_k から始まる最長の単調増加部分列の長さを x_k とし，a_k から始まる最長の単調減少部分列の長さを y_k とし，順序対 (x_k, y_k) を考える．定義より $i < j$ のとき，$a_i < a_j$ ならば $x_j < x_i$ であり，$a_i > a_j$ ならば $y_j < y_i$ である．したがって，$(\alpha, \beta) < (\alpha', \beta') \stackrel{\text{def}}{\iff} (\alpha < \alpha' \wedge \beta \leqq \beta') \vee (\alpha \leqq \alpha' \wedge \beta < \beta')$ と定義するとき，$(a_{n^2+1}, y_{n^2+1}) < (x_{n^2}, y_{n^2}) < \cdots < (x_2, y_2) < (x_1, y_1)$ が成り立っている．よって，$x_{n^2+1}, \ldots, x_2, x_1$ の中の $n+1$ 個以上，または $y_{n^2+1}, y_{n^2}, \ldots, y_2, y_1$ の中の $n+1$ 個以上は異なるものである (なぜなら，どちらにも異なるものが高々 n 個しかないとすると，$(x_i, y_i) < (x_j, y_j)$ を満たす異なる順序対 $(x_i, y_i), (x_j, y_j)$ は高々 n^2 しか存在しない)．ゆえに，$x_1 \geqq n+1$ または $y_1 \geqq n+1$ であり，これは長さ $n+1$ 以上の単調増加部分列または長さ $n+1$ 以上の単調減少部分列が存在することを言っている．

6.29 (1) 10^4 個 　(2) $_{10}P_4 = 5040$ 個 　(3) 5^4 個
(4) $5! = 120$ 個

6.30 (1) $\dfrac{15!}{5!\,3!\,3!\,4!}$
(2) r 桁未満のものは先頭に 0 を補って r 桁として考える．これら 2^r 個の 2 進数を r 桁目が 0 のものと 1 のものの対 (2^{r-1} 組ある) として分ける．どの対も，一方は偶数個の 1 を含み他方は奇数個の 1 を含む．よって，個数は 2^{r-1}．
(3) 2 数とも偶数となる選び方は $_{50}C_2$ 通りあり，2 数とも奇数となる選び方も $_{50}C_2$ 通りある．これらは重複しないから，2 数の和が偶数となる選び方は $2 \times {}_{50}C_2$ 通りある．したがって，2 数の和が奇数となる選び方は $_{100}C_2 - 2 \times {}_{50}C_2$ 通りある．
(4) 各行 (横方向) 各列 (縦方向) ともに各々 1 つずつの飛車を置くしかないから，i 行目では a_i 列に飛車が置かれるものとすると $a_1, \ldots, a_9$ はすべて異なる．求める配置はこれらの順列でありその総数は 9! である．
(5) 最初 1 点を選ぶと，それと結ぶ相手の点は $2n-1$ 通り．残った $2n-2$ 点について同様に考えて $2n-3$ 通り．以下同様にして，求める結び方は全部で $(2n-1)(2n-3)(2n-5)\cdots 3 \cdot 1$ 通り．
(6) A の要素を $x_1 < x_2 < x_3 < x_4$ とすると，条件 (ii) より $1 \leqq x_1 < x_2 < x_3 < x_4 \leqq 7$ であるから，1 から 7 までの整数の中から 4 個の整数を選ぶ選び方の総数に等しい．よって，$_7C_4 = 35$ 通り．

6.31 （1） $(1+x)^{n+m} = (1+x)^n(1+x)^m$ において，両辺の x^r の係数が等しいことによる．
（2） $\binom{n}{r} = \binom{n-1}{r-1} + \binom{n-2}{r-1} + \cdots + \binom{r-1}{r-1}$ を示せばよい．n 個の元 $\{a_1, \ldots, a_n\}$ から r 個を取り出す組合せにおいて，a_1 を含むものは ${}_{n-1}C_{r-1}$ 個あり，a_1 を含まず a_2 を含むものは ${}_{n-2}C_{r-1}$ 個あり，a_1 も a_2 も含まず a_3 を含むものは ${}_{n-3}C_{r-1}$ 個あり，$\cdots$ であることから．

6.32 （1） k で割り切れるものの集合を A_k とすると，$|A_3| = \lfloor \frac{300}{3} \rfloor = 100$，$|A_5| = \lfloor \frac{300}{5} \rfloor = 60$，$|A_7| = \lfloor \frac{300}{7} \rfloor = 42$，$|A_3 \cap A_5| = \lfloor \frac{300}{15} \rfloor = 20$，$|A_3 \cap A_7| = \lfloor \frac{300}{21} \rfloor = 14$，$|A_5 \cap A_7| = \lfloor \frac{300}{35} \rfloor = 8$，$|A_3 \cap A_5 \cap A_7| = \lfloor \frac{300}{105} \rfloor = 2$ であるから，3 で割り切れて，5 でも 7 でも割り切れないものの集合は $A_3 - A_5 - A_7$ であり，その個数は，包含と排除の原理より，$|A_3| - |A_3 \cap A_5| - |A_3 \cap A_7| + |A_3 \cap A_5 \cap A_7| = 100 - 20 - 14 + 2 = 68$ である．

3 または 5 で割り切れて 7 では割り切れないものの集合は $A_3 \cup A_5 - A_7$ であり，その個数は $|A_3| + |A_5| - |A_3 \cap A_5| - |A_3 \cap A_7| - |A_5 \cap A_7| + |A_3 \cap A_5 \cap A_7| = 100 + 60 - 20 - 14 - 8 + 2 = 120$ である．

（2） 観覧車，メリーゴーランド，ジェットコースターに乗った子供の集合をそれぞれ $A_{観}, A_{メ}, A_{ジ}$ とすると，$|A_{観} \cap A_{メ} \cap A_{ジ}| = 20$，$|A_{観}| + |A_{メ}| + |A_{ジ}| = \frac{30000}{200} = 150$ である．2 つ以上に乗った人数は $|A_{観} \cap A_{メ}| + |A_{観} \cap A_{ジ}| + |A_{ジ} \cap A_{メ}| - 2|A_{観} \cap A_{メ} \cap A_{ジ}| = 55$ 人であるから，どれかに乗った子供の人数は $|A_{観}| + |A_{メ}| + |A_{ジ}| - |A_{観} \cap A_{メ}| - |A_{観} \cap A_{ジ}| - |A_{ジ} \cap A_{メ}| + |A_{観} \cap A_{メ} \cap A_{ジ}| = 150 - 55 - 20 = 75$ 人である．よって，どれにも乗らなかった子供の人数は $80 - 75 = 5$ 人である．

（3） 前半：15! 通り．

後半：まず，10 人の男子が 1 列に並ぶ方法は 10! 通りある．そのそれぞれについて，隣り合う 2 人の男子の中間 9 箇所と，左端の男子の左，右端の男子の右の計 11 箇所に女子を高々 1 人ずつ入れる場合の数 (5 つの場所を選ぶ場合の数) は ${}_{11}C_5$ であり，そのそれぞれについて 5 人の女子の並び方が 5! 通りあるから，これらを併せたもの $10! \times {}_{11}C_5 \times 5!$ が求める場合の数である．

（4） 前半：$a_1, \ldots, a_n$ を円陣に並べる場合には，順列 $\langle a_1, \ldots, a_n \rangle$ と，これを 1 つずつ左にシフトしたもの $\langle a_2, \ldots, a_n, a_1 \rangle, \langle a_3, \ldots, a_n, a_1, a_2 \rangle, \ldots, \langle a_n, a_1, \ldots, a_{n-1} \rangle$ とは同じものになるからその個数は $\frac{n!}{n} = (n-1)!$ であり，求める並べ方は 14! 通り．

後半：$9! \times {}_{10}C_5 \times 5!$．男子の並び方は 9! 通りであるが，10 箇所中の 5 箇所を選んで女子を並べる並べ方は 5! 通りである．

6.33 （1） $\frac{36}{3} = 12$ で $\frac{1+2+\cdots+36}{12} = 55.5$ なので，どれか 3 つの番号の和が 56 以上でなければならない．

（2） x_i は正だから $x_i = x'_i + 1 \ (x'_i \geqq 0)$ とおくと，$(x'_1 + 1) + \cdots + (x'_{n+1} + 1) = x_1 + \cdots + x_{n+1} = r + 1$ であるから $x'_1 + \cdots + x'_{n+1} = r - n$．一般に，不定方程式 $z_1 + \cdots + z_n = r \ (r \geqq 0)$ の非負整数解 $(z_1, \ldots, z_n)$ の個数は，n 個の中から重複を許して r 個を選ぶ (すなわち，i 番目のものを z_i 個選ぶ) 選び方の個数に等しいから，それは ${}_nH_r$ である．したがって，求める個数は ${}_{n+1}H_{r-n} = {}_rC_n$ である．

(3) (2) より, $_3H_7 = 36$ 通り.
(4) $X = x-1, Y = y-1, Z = z-1$ とおくと $X+Y+Z = 9$ ($X \geqq 0, Y \geqq 0, Z \geqq 0$) となるので, $_3H_9 = 55$ 通り. (1) によると $_{11}C_2 = 55$ 通り.

6.34 組合せでは選ばれるものの順序を考えないので, 例えば, $\{2,5,3,7\}$ が選ばれたとき, これを小さいものから順に並べた $(2,3,5,7)$ で表すことにする. このとき, 辞書式順序のもとで, $1, 2, \ldots, n$ から r 個を選んだ組合せの 1 つ $(s_1, \ldots, s_r)$ の次に大きい組合せ $(t_1, \ldots, t_r)$ は次の条件を満たすものである ($s_1 < s_2 < \cdots < s_r$, $t_1 < t_2 < \cdots < t_r$): (1) $s_1 = t_1, \ldots, s_{k-1} = t_{k-1}$. (2) $t_k = s_k + 1$. (3) $t_k + 1 = t_{k+1}, t_{k+1} + 1 = t_{k+2}, \ldots, t_{r-1} + 1 = t_r$. 例えば, $n = 8, r = 5$ のとき, $(1,3,4,7,8)$ の次に来るのは $(1,3,5,6,7)$ であり, $(2,3,4,5,7)$ の次に来るのは $(2,3,4,5,8)$ である. 条件 (3) を満たすためには, $k = \max\{k \mid s_k \neq n-r+k\}$ でなければならない.

6.35 (1) 標本空間: $\{赤, 青, 白\} \times \{大, 中, 小\}$. 事象: $\{(赤, 小), (青, 中), (白, 大)\}$.
(2) 標本空間: アルファベット $\{1, 2, \ldots, 6\}$ 上の言語 $\{1, 2, \ldots, 5\}^*\{1, 2, \ldots, 6\}$. 事象: $\{116, 126, 136, 146, 156, 216, 226, 236, 246, 256, 316, 326, 336, 346, 356, 416, 426, 436, 446, 456, 516, 526, 536, 546, 556\}$.

6.36 (i), (ii) は明らかである.
(iii) A, B それぞれを a 個, b 個の根元事象からなる事象とする (つまり, $|A| = a, |B| = b$). 場合の数に関する和と積の原理から, A と B が排反なら A と B が同時に起こることはなく, $A \cap B = \emptyset$. 一方, A または B が起こることを表す事象 $A \cup B$ に対して, 包含と排除の原理 (定理 6.2) から, $|A \cup B| = |A| + |B| - |A \cap B|$ が成り立つので, $P(A \cup B) = \frac{a+b}{n} = \frac{a}{n} + \frac{b}{n} = P(A) + P(B)$ である. n はサンプル空間の元 (根元事象) の個数.

6.37 $A \cup B = A \cup (\overline{A} \cap B)$ であり, かつ A と $\overline{A} \cap B$ は排反であるから, $P(A \cup B) = P(A) + P(\overline{A} \cap B)$. また, $B = (\overline{A} \cap B) \cup (A \cap B)$ であり, $\overline{A} \cap B$ と $A \cap B$ は排反であるから, $P(B) = P(\overline{A} \cap B) + P(A \cap B)$. これらから, 求める式 $P(A \cup B) = P(A) + P(B) - P(A \cap B)$ が得られる.

6.38 (1) 標本空間 Ω としては, 52 種のカードを表す ($\{\clubsuit, \diamondsuit, \heartsuit, \spadesuit\} \times \{A, 2, \ldots, 10, J, Q, K\}$ の異なる元 5 個 (選ばれた 5 枚のカードを表す) の組 (順序は考慮しない) からなる集合を考えればよい.
5 枚ともハートである事象は
$$\{\{(\heartsuit, a_1), (\heartsuit, a_2), \ldots, (\heartsuit, a_5)\} \mid a_i \in \{A, 2, \ldots, 10, J, Q, K\}, 1 \leqq i \leqq 5\}$$
という集合で表される. また, 3 枚以上がハートである事象は
$$\{\{(\heartsuit, a_1), (\heartsuit, a_2), (\heartsuit, a_3), (B_4, a_4), (B_5, a_5)\}$$
$$\mid B_4, B_5 \in \{\clubsuit, \diamondsuit, \heartsuit, \spadesuit\}, a_i \in \{A, 2, \ldots, 10, J, Q, K\}, 1 \leqq i \leqq 5\}$$
という集合で表される.
(2) $|\Omega| = {}_{52}C_5 = 2598960$ である. これらの事象の中で, 5 枚ともハートである場合

は $_{13}C_5 = 1287$ 通りあり，3 枚以上がハートである場合は $_{13}C_3 + _{13}C_4 + _{13}C_5 = 2288$ 通りある．よって，3 枚以上がハートである確率は $\frac{2288}{2598960} = \frac{286}{324875}$ であり，5 枚ともハートである確率は $\frac{1287}{2598960} = \frac{33}{66640}$ である．

6.39 1 枚目のカードがハートである事象を A，2 枚目のカードがハートである事象を B とする．
(1) A と B は独立で $P(A) = P(B) = \frac{1}{4}$ なので，$P(A \cap B) = \frac{1}{4} \cdot \frac{1}{4} = \frac{1}{16}$．
(2) $P(A \cup B) = P(A) + P(B) - P(A \cap B) = \frac{1}{4} + \frac{1}{4} - \frac{1}{16} = \frac{7}{16}$．
(3) この場合も $P(A) = \frac{1}{4}$ であるが，A と B は独立ではない．1 枚目のカードがハートであるという条件の下で 2 枚目のカードがハートであるという事象の確率 $P(B|A)$ は，ハートであった 1 枚目のカードは元に戻されなかったので，2 枚目のハートは 51 枚中の 12 枚のどれかであることから，$P(B|A) = \frac{12}{51}$ である．よって，1 枚目も 2 枚目もハートである確率は $P(A \cap B) = P(A)P(B|A) = \frac{1}{4} \cdot \frac{12}{51} = \frac{1}{17}$．
(4) 事象 B が起こるということは，1 枚目も 2 枚目もハートであるか，または 1 枚目はハートでなく 2 枚目がハートであるかのどちらかである．よって，$P(B) = P(A \cap B) + P(\overline{A} \cap B)$ である．ハートでないカードは 39 枚であるから，$P(\overline{A}) = \frac{39}{52} = \frac{3}{4}$．1 枚目がハートでなければ，残り 51 枚の中にハートが 13 枚あるから，2 枚目がハートである確率は $P(B|\overline{A}) = \frac{13}{51}$ である．よって，$P(\overline{A} \cap B) = \frac{3}{4} \cdot \frac{13}{51} = \frac{13}{68}$．これと $P(B) = P(A \cap B) + P(\overline{A} \cap B)$ より，$P(B) = \frac{1}{17} + \frac{13}{68} = \frac{1}{4}$．以上より，$P(A \cup B) = P(A) + P(B) - P(A \cap B) = \frac{1}{4} + \frac{1}{4} - \frac{1}{17} = \frac{15}{34}$．

6.40 (1) 少なくとも 2 人の誕生日が同じ月日である事象を A とする．標本空間 Ω は "月" と "日" の対 365 個の集合 n 個の直積である．よって，$|\Omega| = 365^n$．事象 $\overline{A}$ について考える．$\overline{A}$ は，どの 2 人も誕生日が同じ月日ではないという事象を表す．1 番目の人の誕生日は 365 通りのいずれでもありうる．2 番目の人の誕生日が 1 番目の人と異なる場合は，$365 \cdot 364$ 通りある．このように考えていくと，n 人すべての誕生日が異なる場合の数は $365 \cdot 364 \cdots (365-n+1)$ である．よって，$P(A) = 1 - P(\overline{A}) = 1 - \frac{365!}{365^n(365-n)!}$．
(2) 少なくとも 2 人の誕生日が同じ曜日である事象を B とする．標本空間 Ω は $\{$月, 火, $\ldots$, 日$\}^n$ あるから $|\Omega| = 7^n$．上述の場合と同様に考えて，$P(B) = 1 - P(\overline{B}) = 1 - \frac{7!}{7^n(7-n)!}$ $(n \leq 7)$．$n > 7$ のときは n 人の中には必ず同じ曜日に生まれた人がいる (鳩の巣原理) から，$P(B) = 1$ である．

6.41 はじめに，k 回の成功の起こる順序を固定して考えよう．例えば，最初の k 回が成功で，残りの $n-k$ 回が失敗だったとする．各回の試行は独立であるから，最初の k 回が成功でそれに続く $n-k$ 回が失敗である確率は $p^k(1-p)^{n-k}$ である．一方，n 回中 k 回が成功である場合の数は $_nC_k$ であり，そのそれぞれは独立で確率 $p^k(1-p)^{n-k}$ であるから，求める確率は $_nC_k p^k(1-p)^{n-k}$ である．

6.42 (1) 定理 6.7 より，求める確率は $_{10}C_{10}(\frac{1}{2})^{10} = \frac{1}{1024}$．次のように考えてもよい．表 (裏) が出たことを 0 (1) で表すとき，「10 回の試行結果」(長さが 10 の 0,1 の列で表すことができ，そのような列は 2^{10} 通りある) が表であったことに対応する列 0000000000 は 1 通りしかない．よって，10 回とも表となる確率は $\frac{1}{2^{10}} = \frac{1}{1024}$．

(2) (1) と同じ $\frac{1}{1024}$. 10個のコインを同時に振ったときに表であったか裏であったかを 0,1 で表して並べると (1) と同じ列になるので, (1) と同じ論法によって, (1) と (2) の確率は等しい.
(3) (2) で述べたのと同じ論法により, 求める確率は ${}_nC_r(\frac{1}{6})^r(\frac{5}{6})^{n-r}$.
(4) 5人の中の特定の1人 A に他の1人が負ける確率は $\frac{1}{3}$. したがって, 他の4人全員が A に負ける (つまり, A が勝つ) 確率は $(\frac{1}{3})^4$ である. 勝者は A に限らず誰でもよいので, 誰か1人が勝つ確率はその5倍の $5(\frac{1}{3})^4 = \frac{5}{81}$ である.

6.43 標本空間などは例題 6.15 に同じ.「2つの目の和」を表す確率変数 X は, $X(ij) = i+j$ である. $p(r) := P(X = r)$ とする. 例えば, $p(3) = P(X = 3) = P(\{12, 21\}) = \frac{2}{36}$. 他も同様で, $r = 2, 12$ に対して $p(r) = \frac{1}{36}$, $r = 3, 11$ に対して $P(r) = \frac{2}{36}$, $r = 4, 10$ に対して $p(r) = \frac{3}{36}$, $r = 5, 9$ に対して $p(r) = \frac{4}{36}$, $r = 6, 8$ に対して $p(r) = \frac{5}{36}$, $p(7) = \frac{6}{36}$ である.

6.44 (1) 6の目の出る回数は 0,1,2,3 の4通りあり, これは各回の確率が $p = \frac{1}{6}$ のベルヌーイ試行であるから3回振って6の目が r 回出る確率は ${}_3C_r\, p^r(1-p)^{3-r}$ である. よって, 求める期待値は $\sum_{r=0}^{4} {}_3C_r\, p^r(1-p)^{3-r} = \frac{1}{2}$ である. p.161 参照.
(2) 取り出される白玉の個数は 0,1,2 のいずれかで, それぞれが起こる確率は $p_0 = \frac{{}_3C_2}{{}_5C_2} = \frac{3}{10}$, $p_1 = \frac{{}_2C_1 \cdot {}_3C_1}{{}_5C_2} = \frac{6}{10}$, $p_2 = \frac{{}_2C_2}{{}_5C_2} = \frac{1}{10}$ であるから, 求める期待値は $0 \times \frac{3}{10} + 1 \times \frac{6}{10} + 2 \times \frac{1}{10} = \frac{4}{5}$ である.

6.45 目の和が r である確率を $p(r)$ とし,「獲得金額」を表す確率変数を X とすると, $E[X] = 1200 \cdot p(2) + 300 \cdot p(3) + 400 \cdot p(4) + \cdots + 1100 \cdot p(11) + 2200 \cdot p(12) = 755.5 \cdots$ だから, 平均 $800 - 755.5 \cdots =$ 約 44.4 円損する. $p(i)$ については問題 6.43 の解答を参照せよ.

6.46 (1) 定理 6.6 (確率の乗法定理) より, $P(B_i|A) = \frac{P(A \cap B_i)}{P(A)}$ である. 一方, $B_1, \ldots, B_n$ はどの2つも排反な事象だから, $A = (A \cap B_1) \cup \cdots \cup (A \cap B_n)$ であり, $P(A) = P(A \cap B_1) + \cdots + P(A \cap B_n)$ が成り立つので,
$$P(B_i|A) = \frac{P(A \cap B_i)}{P(A \cap B_1) + \cdots + P(A \cap B_n)}.$$
一方, $P(A \cap B_i) = P(A|B_i)P(B_i)$ だから, 求める式が得られる.
(2) プリンタが A 店, B 店, C 店へ行くという事象をそれぞれ B_1, B_2, B_3 で表すことにする. また, プリンタが (A,B,C 店のいずれかで) 買われたという事象を A とする. 仮定から, $P(B_1) = 0.3, P(B_2) = 0.2, P(B_3) = 0.5, P(A|B_1) = 0.2, P(A|B_2) = 0.4, P(A|B_3) = 0.3$. ゆえに,
$$P(B_2|A) = \frac{0.2 \times 0.4}{0.3 \times 0.2 + 0.2 \times 0.4 + 0.5 \times 0.3} = \frac{8}{29}.$$

6.47 (4) まず, $E[X]$ は単なる実数値 (つまり, 定数) であるから, 定理 6.8(2) より, $E[E[X]^2] = E[X]^2$ および $E[XE[X]] = E[X]^2$ が成り立っていることに注意する. また, 定理 6.8(1) も使うと,
$$Var[X] = E[(X - E[X])^2] = E[X^2 - 2XE[X] + E[X]^2]$$
$$= E[X^2] - 2E[XE[X]] + E[E[X]^2] = E[X^2] - 2E[X]^2 + E[X]^2$$

$$= E[X^2] - E[X]^2.$$
（5） やはり，定理 6.8（1），（2）を使うと，
$$Var[aX] = E[(aX)^2] - E[aX]^2 = a^2 E[X^2] - (aE[X])^2$$
$$= a^2(E[X^2] - E[X]^2) = a^2 Var[X].$$
（6） この問では，定理 6.8（1）（2）の他に（3）も使う．
$$Var[X+Y] = E[(X+Y)^2] - (E[X+Y])^2$$
$$= E[X^2 + 2XY + Y^2] - (E[X] + E[Y])^2$$
$$= E[X^2] + 2E[X]E[Y] + E[Y^2] - (E[X]^2 + 2E[X]E[Y] + E[Y]^2)$$
$$= (E[X^2] - E[X]^2) + (E[Y^2] - E[Y]^2) = Var[X] + Var[Y].$$

6.48 明らかに，$P(A) = P(B) = \frac{3}{6} = \frac{1}{2}$. また，2つのサイコロの目の和が奇数となるのは $(1,2), (1,4), (1,6), (2,1), (2,3), (2,5), \ldots, (6,1), (6,3), (6,5)$ の 18 通りあるから，$P(C) = \frac{18}{36} = \frac{1}{2}$. 一方，$A \cap B$ が成り立つのは $(1,1), (1,3), (1,5), (3,1), (3,3), (3,5), (5,1), (5,3), (5,5)$ の 9 通りであるから，$P(A \cap B) = \frac{9}{36} = \frac{1}{4}$. よって $P(A \cap B) = P(A)P(B)$ が成り立つので，A と B は独立である．

また，$A \cap C$ が成り立つ場合は $A \cap B$ が成り立つ場合とまったく同じであるから $P(A \cap C) = P(A \cap B) = \frac{1}{2}$. 同様に，$P(B \cap C) = \frac{1}{2}$. 以上により，$P(A \cap C) = P(A)P(C), P(B \cap C) = P(B)P(C)$ が成り立つので，A と C は独立，B と C も独立である．ところが $A \cap B \cap C$ は成り立たないので $P(A \cap B \cap C) = 0$.
∴ $P(A \cap B \cap C) = 0 \neq \frac{1}{8} = P(A)P(B)P(C)$.

6.49（1） 右の表のように X の値が決まると Y の値が決まる．例えば，$P(X = 3 \wedge Y = 2) = 0 \neq P(X = 3) \cdot P(Y = 2)$ であるから，X と Y は独立ではない．

X	3	2	1	0
Y	1	2	2	1
確率	$\frac{1}{8}$	$\frac{3}{8}$	$\frac{3}{8}$	$\frac{1}{8}$

（2） $Var(X+Y) = \frac{60}{8^2}$, $Var(X) = \frac{48}{8^2}$, $Var(Y) = \frac{12}{8^2}$ であるから $Var(X+Y) = Var(X) + Var(Y)$ である．これは，独立ではないが相関がない例である．

6.50 雇った人数を表す確率変数を X とすると，求める平均は $E[X] = \sum_{x=1}^{n} P(X = x)$ である．X_i を次のように定義された確率変数とする：

$$X_i := \begin{cases} 1 & i\text{ 番目に面接した者を雇ったとき} \\ 0 & \text{そうでないとき} \end{cases}$$

このとき，$X = X_1 + X_2 + \cdots + X_n$ である．まず，$E[X_i] = 1 \cdot P(X_i = 1) + 0 \cdot P(X_i = 0) = P(X_i = 1)$ であるから，$E[X_i] = P(X_i = 1)$ が成り立っていることに注意する．1～i 番目の人はランダムに来ているという仮定なので，i 番目の人が 1～$i-1$ 番目の人より印象が良い確率は $\frac{1}{i}$ である．よって，$E[X_i] = \frac{1}{i}$ である．このとき，$X = X_1 + \cdots + X_n$ であることや定理 6.8（1），問題 6.1（5）に注意すると，

$$E[X] = E\left[\sum_{i=1}^{n} X_i\right] = \sum_{i=1}^{n} E[X_i] = \sum_{i=1}^{n} \frac{1}{i} = O(\log n).$$

が得られる．

索　引

●あ行

握手補題　63
後順序　107
アルゴリズム
　　クラスカルの—　109
　　ダイクストラの—　110
　　逐次—　143
　　反復—　143
　　プリムの—　109
アルファベット　32

位数　59
位置木　88, 91
一様分布　157, 159

上に有界　56
上への　9
裏　28

枝　88
演算
　　合併—　69
　　共通集合—　69
　　結合—　69

差—　69
自然結合—　69
射影—　69
商—　69
選択—　69
直積—　69
円順列　152

オイラー
　　—グラフ　83
　　—道　83
　　—の公式　92
　　—閉路　83
横断　237
オーダー　137
重み　95
親　88, 104

●か行

解釈　123
階数　21
回文　46, 169
外平面的グラフ　93
下界　56
　　最大—　56
　　漸近—　137

可換律　117
下極限　137
拡張　8
確率　156
　　—の乗法定理　158
　　—分布　156, 159
　　—変数　159
　　等—　157
下限　56
可算集合　15
可算無限　15
片方向連結　60
合併演算　69
仮定　26
下方近似　165
加法定理　157
加法標準形　120
カルノー図　132
含意　26, 115
関係
　　—の共通部分　48
　　—の合成　47
　　—の和　48
　　逆—　47
　　A から B への　47
　　A の上の　47

索 引

R の関係にある 47
関係データベース 68
関数 8, 104
　—従属 71
　逆— 11
　合成— 9
　全域— 8
　多数決— 135
　定数— 8
　特性— 8
　パリティ— 131
　左逆— 13
　ブール— 128
　部分— 8
　右逆— 13
関節点 78
完全 88
　—グラフ 73
　—マッチング 113
　—n部グラフ 74
完全帰納法 36
冠頭標準形 125

木 88
　位置— 88, 91
　最小全域— 109
　最大全域— 109
　順序— 88
　根付き— 88
　部分— 88
　n分— 88
　2分探索— 107
キー 68

幾何分布 161
帰結 26
擬順序 55
基礎（帰納法の） 36
期待値 160
奇頂点 72
帰納ステップ 36
帰納的定義 40
帰納法
　完全— 36
　—の仮定 36
　数学的— 35
　多重— 36
帰謬法 27
基本道 59, 76
基本閉路 59, 76
逆 27
　—関係 47
　—関数 11
　—行列 22
　—像 8
逆ポーランド記法 107
キュー 105
吸収律 117
境界条件 141
狭義単調減少 10
狭義単調増加 10
鏡像 32
兄弟 88, 104
共通集合演算 69
共通部分 5
橋辺 78
行列 18
　逆— 22

交代— 19
次数— 77
正則— 22
接続— 62, 77
零— 18
対称— 19
単位— 18
転置— 19
到達可能性— 61
隣接— 61, 76
$m \times n$ — 18
n次正方— 18
強連結 60
極限
　下— 137
　上— 137
極小元 56
極大元 56
極大平面グラフ 94
極大平面的グラフ 225
距離 77
近似
　下方— 165
　上方— 165
空語 32
空集合 1
偶頂点 72
区間グラフ 86
組合せ
　—回路 132
　重複— 153
クラスカルのアルゴリズム 109

索　引

クラトウスキーの定理
　　93, 225
グラフ　72
　　オイラー——　83
　　外平面的——　93
　　完全——　73
　　完全 n 部——　74
　　極大平面——　94
　　区間——　86
　　弦——　86
　　自己補——　75
　　自明——　72
　　準完全 n 部——　87
　　正則——　73
　　全域部分——　73
　　点誘導部分——　74
　　ハミルトン——　83
　　部分——　73
　　平面——　92
　　平面的——　92
　　辺誘導部分——　74
　　補——　73
　　交わり——　86
　　無向——　72
　　無閉路——　76
　　有閉路——　76
　　n 部——　74
　　(p, q)——　72
　　2 部——　113
　　クリーン閉包　32
ゲート　132
ケーニヒの定理　86
下駄箱論法　151

結合
　　——演算　69
　　——律　117
結婚定理　114
決定性　97
　　非——　97
結論　26
元　1
　　極小——　56
　　極大——　56
　　最小——　56
　　最大——　56
　　代表——　51
弦　86
言語　32
原像　8
限定句　40

語　32
　　空——　32
　　接頭——　32
　　接尾——　32
　　符号——　33
　　部分——　32
子　88, 104
交換律　117
後者　35
合成
　　関係の——　47
　　——関数　9
交代行列　19
合同　54
恒等写像　8
構文　41

——木　42
——図　96
孤立点　72
根元事象　156

● さ　行 ═══════

差　18, 82
　　——演算　69
　　——集合　5
再帰
　　——ステップ　40
　　——方程式　141
再帰的
　　——定義　40
　　——手続き　104
サイクル　59, 76
最小
　　——元　56
　　——項　120, 129
　　——次数　72
　　——上界　56
　　——全域木　109
　　——値　112
彩色
　　全——　103
　　領域——　101
採色　101
　　辺——　101
サイズ　59
最大
　　——下界　56
　　——項　120, 129
　　——次数　72
　　——全域木　109

271

—マッチング　113
最大元　56
最短
　　　—経路　110
　　　—道　110
細分　52, 94
三段論法　27, 117

試行　158
自己補グラフ　75
自己ループ　207
事象　156
次数　59, 68, 72
　　　最小—　72
　　　最大—　72
　　　—行列　77
自然結合演算　69
自然数　35
子孫　88
下に有界　56
始点　59, 76
自明グラフ　72
射影　8
　　　—演算　69
弱連結　60
写像　8
シャノン展開　131
集合　1
　　　可算—　15
　　　差—　5
　　　商—　51
　　　真部分—　5
　　　整列—　58
　　　全順序—　55

半順序—　55, 61
部分—　5
巾—　5
補—　5
無限—　5, 14
有限—　5, 14
和—　5
終点　59, 66, 76
十分条件　2
主加法標準形　120
縮約　94
樹形　91
主乗法標準形　120
述語　28, 124
　　　—論理　123
受理　98
　　　—状態　97
準完全 n 部グラフ　87
順序
　　　後—　107
　　　擬—　55
　　　—木　88
　　　線形—　55
　　　全—　55
　　　中—　107
　　　半—　55
　　　前—　107
順列　152
　　　円—　152
　　　重複—　152
商
　　　—演算　69
　　　—集合　51
上界　56

最小—　56
漸近—　137
上極限　137
上限　56
状態　97
　　　受理—　97
　　　—遷移関数　97
　　　初期—　97
上方近似　165
乗法標準形　120
初期状態　97
初期ステップ　40
初期値　141
ジョンソンのアルゴリズム　234
シンタックス　41
真部分集合　5
真理値　26
真理値表　26
真理表　26

推移閉包　48, 65
推移律　51
数学的帰納法　35
　　　—の第 2 原理　36
スカラー倍　18
スターリングの公式　140
スタック　105

制限　8
生成　44
正則
　　　—木　88

索　引

　　　—行列　22
　　　—グラフ　73
成分　8, 18
正リテラル　120
整列集合　58
積　18
　　　—事象　156
　　　—の法則　149
　　　論理—　26, 115
積和標準形　120
接続　59, 72
接続行列　62, 77
切断点　78
切断辺　78
接頭語　32
接尾語　32
零行列　18
全域　60
　　　—関数　8
全域部分グラフ　73
遷移図　97
漸化式　141
漸近
　　　—解の公式　145
　　　—下界　137
　　　—上界　137
　　　—的に等しい　139
線形
　　　—差分方程式　146
　　　—順序　55
　　　—リスト表現　76
　　　同次—差分方程式
　　　146
全彩色　103

全射　9
全順序　55
　　　—集合　55
全称記号　2, 123
染色数　101
　　　辺—　101
　　　領域—　101
選択演算　69
全単射　9
前提　26

像　8
　　　逆—　8
　　　原—　8
双対　102, 118, 129
　　　—の原理　118,
　　　129
束　58
属性　68
束縛　123
底　105
祖先　88
外領域　92
存在記号　2, 123

●た　行

ターゲット　8
対偶　27, 117
ダイク言語　45
ダイクストラのアルゴリズム　110
対称
　　　—行列　19
　　　—差　5

　　　—閉包　65
　　　—律　51
代表系　236
　　　独立—　237
代表元　51
互いに排反　156
高さ　88
多重帰納法　36
多数決関数　135
タップル　5, 68
単位行列　18
探索　141
　　　幅優先—　104
　　　深さ優先—　104
単射　9
単純
　　　—道　59, 76
　　　—閉路　59, 76
単調減少　10
単調増加　10
端点　72

値域　8, 47
逐次アルゴリズム　143
逐次探索法　141
知識ベース　164
チャーチ–ロッサー　66
　　　有限的—　66
中心　77
超式　41
頂点　59, 72
　　　奇—　72
　　　偶—　72
重複組合せ　153

索　引

重複順列　152
超変数　41
直積　5, 82
　　　—演算　69
直和　82
直径　77

ツォルンの補題　58

定義域　8, 47, 124
定数関数　8
ディリクレの引出し論法
　151
デカルト積　5
手続き　104
　　　再帰的—　104
デデキント無限　14
点
　　関節—　78
　　孤立—　72
　　切断—　78
　　端—　72
展開法　144
天井　12
転置行列　19
点誘導部分グラフ　74

道
　　基本—　59, 76
　　最短—　110
　　単純—　59, 76
等価　2
等確率　157
同型　64, 73

位相—　93
同次解　146
同次線形差分方程式
　146
導出　44
到達可能　60, 66
　　　—性行列　61
同値　2, 100
　　　—関係　51
　　　—類　51
動的計画法　258
トートロジー　115
特殊解　146
特性関数　8
特性方程式　146
独立　113, 149, 158
閉じている　76
トップ　105
トポロジカルソート　64
貪欲法　109
ド・モルガンの法則
　28, 117

● な 行

内点　79, 88
　　　—素　79
内包的　26
長さ　32, 59, 76
中順序　107

二重否定の原理　117

根付き木　88

濃度　14, 15
ノード　88

● は 行

葉　88
排他的　149
　　　—論理和　26
排中律　117
排反　149
背理法　27
バックトラック　104
ハッセ図　61
鳩の巣原理　151
ハノイの塔の問題　143
幅優先探索　104
ハミルトン
　　　—グラフ　83
　　　—道　83
　　　—閉路　83
ハミング距離　132
林　88
パリティ関数　131
半径　77
反射推移閉包　48, 65
反射対称推移閉包　65
反射対称閉包　65
反射閉包　65
反射律　51
半順序　55
　　　—集合　55, 61
反対称律　55
反復アルゴリズム　143
反例　7

索　引

ヒープ　112
比較
　　—可能　55
　　—不能　5, 55
非決定性　97
非対称律　55
左逆関数　13
必要十分条件　2
必要条件　2
否定　2, 115
非反射律　55
標準形　21
　　加法—　120
　　冠頭—　125
　　主加法—　120
　　主乗法—　120
　　乗法—　120
　　積和—　120
　　—定理　129
　　リード–マラー—
　　　130
　　和積—　120
標準偏差　160
標本空間　156
非連結　60

部　74
フィードバック　132
フィボナッチ数列　147
ブール
　　—関数　128
　　—代数　58
　　—変数　128
深さ　88

深さ優先探索　104
復号　33
符号化　33
符号語　33
付値　115, 124
部分
　　真—集合　5
　　—関数　8
　　—木　88
　　—グラフ　73
　　—語　32
　　—集合　5
部分有向グラフ　60
負リテラル　120
プリムのアルゴリズム
　　109
ブロック　81
フロント　105
分散　160
分配律　117
分布
　　一様—　157, 159
　　確率—　156
　　2 項—　161
文脈自由
　　—言語　44
　　—文法　44
分離する　79

平均値　160
ベイズの定理　163
閉包
　　推移—　48, 65
　　対称推移—　65

対称—　65
反射推移—　48, 65
反射対称推移—
　　65
反射対称—　65
反射—　65
平面グラフ　92
平面的グラフ　92
閉路　59, 76
　　基本—　59, 76
　　単純—　59, 76
　　ハミルトン—　83
巾集合　5
巾等律　117
ベルヌーイ試行　158
辺　59, 72
　　橋—　78
　　切断—　78
　　—採色　101
　　—染色数　101
　　—素　79
　　—誘導部分グラフ
　　　74
　　—連結度　78
変数
　　ブール—　128
　　—変換　148
　　命題—　115
　　論理—　115

法　54
包含と排除の法則　150
包除原理　150
ポーランド記法　107

逆— 107
母関数 146
補グラフ 73
補集合 5
補数
　　1の— 136
　　2の— 136

● ま 行

マージソート 142
枚挙 15
マイナー 225
前順序 107
交わりグラフ 86
マッチする 113
マッチング 113
　　完全— 113
　　最大— 113

右
　　—逆関数 13
道 59, 76
　　基本— 59
　　単純— 59

無限
　　可算— 15
　　デデキント— 14
　　—集合 5, 14
無向グラフ 72
矛盾律 117
無閉路グラフ 76

命題 26

—変数 115
メモ化再帰 259
メンゲルの定理 79

森 88

● や 行

有界
　　上に— 56
　　下に— 56
ユークリッドの互除法 140, 171
　　一般化— 171
有限
　　—オートマトン 97
　　—集合 5, 14
有限的チャーチ–ロッサー 66
有向グラフ 59
　　部分— 60
有閉路グラフ 76
床 12

要素 1
余事象 156, 157

● ら 行

ラベル 95
ランダム 157

リア 105
リード–マラー標準形 130

離散的 157
離心数 77
リテラル 120, 129
　　正— 120
　　負— 120
領域 92
　　外— 92
　　—彩色 101
　　—染色数 101
隣接 59, 72
　　—行列 61, 76

累乗 48
ループ 133

連結 78
　　片方向— 60
　　強— 60
　　弱— 60
　　非— 60
　　辺 — 度 78
　　—成分 60, 78
　　—度 78
　　n 重辺— 78
　　n 重— 78
連接 32
連続の濃度 15

論理
　　—回路 128
　　—式 115, 123
　　—式の簡単化 133
　　—積 26, 115
　　—値 26

―的に等しい　26, 115, 124
―変数　115
―和　26, 115

● わ 行 ━━━━━

和　18, 82
　　論理―　26, 115
　　―事象　156
　　―集合　5
　　―の法則　149
和積原理　150
和積標準形　120

● 欧数字 ━━━━━

BNF　41
CFG　44
if 文　96
$m \times n$ 行列　18
n 次正方行列　18
n 重辺連結　78
n 重連結　78
n 乗　19, 82
n 部グラフ　74
(p, q) グラフ　72
1 対 1　9

1 の補数　136
2 項
　　―係数　153
　　―定理　153
　　―分布　161
2 の補数　136
2 部グラフ　86
2 分探索木　107
2 分探索法　141
4 色
　　―定理　102
　　―問題　102
5 色定理　102

著者略歴

守屋悦朗
（もりや　えつろう）

1970年　早稲田大学理工学部数学科卒業
現　在　早稲田大学教育・総合科学学術院教授
　　　　理学博士

主要著訳書

最近の計算理論（訳，近代科学社）
パソコンで数学（上）（下）（共訳，共立出版）
チューリングマシンと計算量の理論（培風館）
数学教育とコンピュータ（編著，学文社）
離散数学入門（サイエンス社）
情報・符号・暗号の理論入門（サイエンス社）
形式言語とオートマトン（サイエンス社）

情報系のための数学＝3
例解と演習　離散数学

2011年11月10日 ⓒ　　　　　　　初 版 発 行

著　者　守屋悦朗　　　　発行者　木下敏孝
　　　　　　　　　　　　印刷者　小宮山恒敏

発行所　　株式会社　サイエンス社

〒151-0051　東京都渋谷区千駄ヶ谷1丁目3番25号
営　業　☎(03)5474-8500(代)　振替 00170-7-2387
編　集　☎(03)5474-8600(代)
FAX　　☎(03)5474-8900

印刷・製本　小宮山印刷工業（株）
《検印省略》

本書の内容を無断で複写複製することは，著作者および出版社の権利を侵害することがありますので，その場合にはあらかじめ小社あて許諾をお求めください．

サイエンス社のホームページのご案内
http://www.saiensu.co.jp
ご意見・ご要望は
rikei@saiensu.co.jp　まで．

ISBN 978-4-7819-1292-9

PRINTED IN JAPAN

離散数学入門
守屋悦朗著　2色刷・A5・本体2500円

離散数学
浅野孝夫著　2色刷・A5・本体2300円

計算機科学入門
アービブ／クフォーリ／モル共著
甘利・金谷・嶋田共訳　A5・本体2524円

基礎 情報数学
横森　貴・小林　聡共著　2色刷・A5・本体1700円

応用 情報数学
横森　貴・小林　聡共著　2色刷・A5・本体2000円

情報数理の基礎と応用
尾畑伸明著　2色刷・A5・本体2000円

情報科学の基礎
山崎秀記著　2色刷・A5・本体1900円

情報・符号・暗号の理論入門
守屋悦朗著　2色刷・A5・本体1800円

＊表示価格は全て税抜きです．

サイエンス社